KB149799

가치공유의 **주거학**

가치공유의 주거학

초판 발행 2024년 2월 23일

지은이 최윤정 · 유복희 · 이민아 · 김진희 · 박정아 · 박희진
변나향 · 유성은 · 이종민 · 이현정 · 주수언 · 지은영 · 채혜원
펴낸이 류원식
펴낸곳 교문사

편집팀장 성혜진 | **책임진행** 전보배 | **디자인** 신나리 | **본문편집** 디자인이투이

주소 10881, 경기도 파주시 문발로 116
대표전화 031-955-6111 | **팩스** 031-955-0955
홈페이지 www.gyomoon.com | **이메일** genie@gyomoon.com
등록번호 1968.10.28. 제406-2006-000035호

ISBN 978-89-363-2528-2(93590)
정가 25,000원

저자와의 협의하에 인지를 생략합니다.
잘못된 책은 바꿔 드립니다.

가치공유의 **주거학**

최윤정 유복희 이민아
김진희 박정아 박희진 변나향 유성은
이종민 이현정 주수언 지은영 채혜원

교문사

주거학이 '주택과 이를 둘러싼 거시적·미시적 환경과 함께 가족의 삶을 담은 주생활을 다루는 학문'이라는 본질은 변하지 않는다. 그러나 주거와 환경 그리고 거주자의 유기적 관련성은 정치·경제·사회 환경의 변화와 함께 주거가 지향하는 가치의 변화를 유도해 왔다.

근대 주거는 식·주 분리 및 생활의 개선이라는 편리성과 쾌적성의 가치를 추구하며 발전하였고, 현대는 다양한 생활 그리고 가족 위주의 개인주의적 가치에 따라 지향하는 주생활을 지원하는 방향으로 발전해왔다. 그렇다면 현재 그리고 앞으로의 주거가 지향할 가치는 무엇일까?

4차 산업혁명 시대에 정보통신의 발전으로 전 지구인이 글로벌화되고 지구는 하나가 되어 간다. 그리고 기후변화가 심각해짐에 따라 전 지구의 공통적 지향점은 사회, 경제, 환경의 지속가능성을 추구하는 것이 되었다. 이런 환경에서 우리의 개인적 그리고 지역적·국가적 가치에 부합하는 주거의 방향은 어떤 것인가?

지속가능한 개발(SD, Sustainable Development)은 "미래 세대의 요구를 충족시킬 수 있는 가능성을 해치지 않으면서 현재 세대의 요구를 충족시킬 수 있는 개발"을 의미한다. 환경적으로 건전하고 지속가능한 개발이며 미래 세대를 고려한 환경, 사회, 경제의 균형적 발전을 위한 개발이다. 이는 1987년 UN의 세계환경개발위원회(WCED, World Commission on Environment and Development)가 발간한 '우리 공동의 미래(Our Common Future)'를 통해 공론화되었다.

현재 그리고 미래의 주생활은 지구환경과의 공생하는 삶을 거부할 수 없으며 전 지구인이 함께 공감하고 공유하는 주생활을 지향한다. 즉, 우리가 공유하고자 하는 주거가치는 지속가능성을 지향하고, 가까운 이웃 그리고 반대편 지역을 돌아보며 배려하는 모두가 건강하고 행복한 공생의 주거이다.

이 책은 이러한 가치공유를 목표로, 주거학의 기본서로서 학문적 범위를 모두 포괄하는 목차를 구성하고, 각 장별로 기본이론을 충실히 담고 최근의 이슈 및 앞으로의 방향을 다루고자, 크게 3부로 구성하였다.

1부는 '주거사회·문화'라는 주제로, 주거환경을 둘러싸고 있는 사회·문화적 가치를 담고자 하였다. 가족의 삶을 담는 주거의 의미와 개념, 다양한 주거문화, 한국과 서양의 주거사 그리고 주거환경에서의 환경심리행태를 기술하였다.

2부는 '주거환경·기술'이라는 주제로, 인간의 주거활동이 환경에 미치는 영향을 최소화하고, 거주자도 건강하고 쾌적하게 하는 환경과 건강한 거주환경의 지속가능성을 지향한다. 이를 위해 인간의 신체적 특성을 고려하기 위한 인간공학과 유니버설디자인, 주택의 물리적 환경 조성을 위한 주택구조 및 재료, 실내환경, 주택설비와 스마트하우징 그리고 친환경주거와 그린리모델링의 내용으로 구성하였다.

3부는 '주거계획·관리'라는 주제로, 1부와 2부에서 다룬 이론을 바탕으로 실제로 주거환경을 계획하고 디자인하고 관리하기 위한 내용을 다룬다. 가족의 요구와 건강을 우선하고 사회환경 및 공동체 생활을 반영하며, 환경적으로 균형적인 발전을 추구하는 주거환경 창출을 목표로 한다. 주택 및 주거단지 계획, 주거공간의 실내디자인, 주거복지와 정책 그리고 주거관리와 서비스의 장으로 구성하였다.

이 책은 대학의 교양수업, 주거환경학과의 전공기초 교과목, 가정교육과의 전공 교과목에 활용될 수 있으며, 일반 독자들이 미래지향적 가치를 추구하는 현대 주거의 방향성을 이해하는 데 도움이 되기를 기대한다. 이 책의 편집과 출판에 아낌없는 지원을 해주신 교문사에 감사의 말씀을 표한다.

대표저자 최윤정, 유복희, 이민아

차례

PART 2
주거환경·기술

PART 3
주거계획·관리

PART 1

주거사회·문화

CHAPTER 1
가족과 주거

먹는 것, 입는 것과 함께 인간의 생존에 필수적인 요소로 지칭되어 온 주거는 지금까지 의식주 중 가장 나중에 고려되는 요소로 바라보았다. 최근 현대인들은 사회생활의 고단함을 해소하고 개인과 가족의 질 높은 휴식과 여가를 위한 장소로서 집의 중요성을 인식하는 경향이 높아졌다. 각종 미디어, 뉴스, 플랫폼 등에서는 집 소개, 집 고치기, 집 스타일링과 같은 정보 프로그램과 콘텐츠가 넘쳐나는데, 이는 대중들의 집에 대한 높은 관심을 방증하고 있다. 주거는 단순히 사고팔고, 임대하는 상품이 아니라 개인과 가족의 일상을 담아내는 것은 물론, 거주자 개개인의 역사 그 자체로 삶의 흔적이 녹아 있는 곳이고, 그 안에서 거주자는 이상적인 주거생활에 대한 가치를 품고 있다.

본 장에서는 주거의 기본이론을 토대로 주거의 의미와 역할 그리고 우리나라의 변화하는 가족의 특성과 이에 대응하는 주거형태를 논하고 있다. 최근의 주거 추세에 맞춰 개인과 가족의 주거경험과 욕구, 가치, 주거생활양식을 이해하고 분석하여, 가까운 미래에 우리 가족에게 적합한 주거의 다양한 모습을 도출해본다.

1. 주거의 이해

1) 주거의 의미

(1) 주거의 개념

집은 “가정을 이루고 생활하는 집안(국립국어원 한국어기초사전[1])”이라는 의미로, 개인이나 가족에게 정서적으로 근본이 되는 곳에 초점을 둔 용어이며, “언어는 존재의 집”, “내 마음속 집과 같은 곳”, “우리 집 분위기” 등과 같이 상황에 따라 다양한 의미로 사용된다.

한편 주택은 주거의 물리적 구조체를 지칭하는 용어로 “사람이 살 수 있도록 만든 건물”, 영어로는 ‘하우스house’, 한자로는 ‘살 주住’와 ‘집 택宅’으로 표기한다. 주택법에서는 주택을 “세대의 구성원이 장기간 독립된 주거생활을 할 수 있는 구조로 된 건축물의 전부 또는 일부 및 그 부속토지”로 정의하고 있다(주택법 제2조 제1호, 2023).

주거의 사전적 의미는 “일정한 곳에 자리 잡고 삶, 또는 그런 집”으로 일정한 곳에 정착하여 사는 거주자의 삶과 공간을 아울러서 일컫는 말이다. 영어로는 ‘하우징housing’으로 표기하며, 한자로는 ‘살 주住’와 ‘있을 거居’로 쓴다. 그 범위는 주거의 실내외 환경과 지역사회의 모든 공간, 시설, 설비와 같은 물리적 요소뿐 아니라 그 안에서 발생하는 개인과 가족의 경험, 정서, 사회·경제적 활동을 모두 포함한다.

주거학은 주거환경과 관련된 기획, 설계, 시공, 디자인, 분양, 유통 및 구매, 거주 및 사용, 점검 및 평가, 관리, 보수 및 개선, 노후 및 소멸 등을 다룬다. 주거학의 목표는 주거의 전 과정에서 주거와 거주자, 혹은 거주자 간의 신체적·심리적·정서적·사회적 내용 요소와 상호작용을 분석하여 건강하고 쾌적한 주거환경과 높은 삶의 질을 달성하는 것이다.

---

1 본 장에서 정의하는 용어는 출처를 따로 표기하지 않는 경우 모두 ‘국립국어원 한국어기초사전(https://krdict.korean.go.kr/kor/mainAction)’을 출처로 한다.

그림 1-1 주거의 개념

(2) 주거의 유형

① 법적인 측면에서의 유형

주택법과 건축법에서는 주택을 층수와 면적, 세대수 등을 기준으로 크게 단독주택과 공동주택으로 구분하고 있다.

주택법(제2조, 2023)에서 단독주택은 "1세대가 하나의 건축물 안에서 독립된 주거생활을 할 수 있는 구조로 된 주택"이고, 공동주택은 "건축물의 벽, 복도, 계단이나 그 밖의 설비 등의 전부 또는 일부를 공동으로 사용하는 각 세대가 하나의 건축물 안에서 각각 독립된 주거생활을 할 수 있는 구조로 된 주택"으로 정의한다. 기숙사, 다중생활시설(예: 고시원 등), 오피스텔, 노인복지주택은 준주택으로 분류되고 있는데(주택법 시행령 제4조, 2023), 준주택은 "주택 외의 건축물과 부속 토지로서 주거시설로 이용 가능한 시설 등"이다.

표 1-1 법적인 측면에서의 주택유형 분류

분류[1]		바닥면적[2]	층수[3]	비고
단독	단독주택	–	–	
	다중주택	660m² 이하	3층 이하	실별 취사시설 설치 불가
	다가구주택	660m² 이하	3층 이하	19세대 이하, 임대만 가능
	공관	–	–	
공동	아파트	–	5층 이상	
	연립주택	660m² 초과	4층 이하	
	다세대주택	660m² 이하	4층 이하	세대별 개별 등기 및 구분소유 가능
	기숙사	–	–	기숙사 공동취사시설 이용 세대가 전체의 50% 이상

1) 가정어린이집, 공동생활가정, 지역아동센터, 공동육아나눔터, 작은도서관(단독주택의 경우 1층에 설치) 및 노인복지시설(노인복지주택 제외)도 해당 주택유형의 형태를 갖추었을 경우 단독, 혹은 공동주택에 포함한다.

2) 바닥면적 산정: 1개 동의 주택으로 쓰이는 바닥면적의 합계

3) 층수 산정: 주택 사용 층수 기준, 지하층 제외, 다중 · 다가구 · 다세대는 1층의 전부 혹은 일부가 필로티이고 나머지가 주택 외의 용도인 경우 층수에서 제외(단, 아파트와 연립주택은 1층 전부가 필로티인 경우 제외)

자료: 건축법 시행령(2023. 9. 12. 개정)

단독주택

다가구주택

아파트

연립주택(로하우스)

그림 1-2 다양한 주택유형

건축법에서 단독주택은 다시 단독주택, 다중주택, 다가구주택, 공관으로, 공동주택은 아파트, 연립주택, 다세대주택, 기숙사로 구분된다. 다중주택은 학생이나 직장인의 장기거주 주택(예: 하숙집 등)이며 개별 실별로 화장실, 세면대 설치는 가능하나 취사시설 설치는 불가하다. 다가구주택은 세대별로 주방과 화장실이 설치되어 있고, 주택 내 여러 세대가 임대로 거주한다. 한 건물에 여러 세대가 독립생활을 하는 공통점을 가진 다세대주택과 다가구주택은 외관상 유사할 수 있으나, 세대별 개별 등기 및 구분소유는 다세대주택만 가능하다.

② 연립주택의 다양한 유형

본 장에서는 연립주택의 다양한 유형 중 국내에서 자주 볼 수 있는 타운하우스, 로하우스, 테라스하우스를 살펴본다.

타운하우스

테라스하우스

판상형 아파트

타워형 아파트

그림 1-3 다양한 공동주택유형

타운하우스town house는 아파트의 편의성과 관리의 용이성, 단독주택의 마당과 프라이버시의 장점을 보유한 주택으로, 2~3층의 단독주택이 단지형태, 즉 저층의 주택들이 모여 타운을 이루는 유형이다. 각 단위주거별로 출입구가 있고, 마당과 울타리를 개별로 보유하거나 공유하기도 하며, 공동 방재, 방범시스템, 여가시설을 설치하여 입주민들의 커뮤니티가 형성될 수 있다. 다만, 다른 주거와 한쪽 혹은 양쪽 벽을 공유하여 측간소음의 피해를 받을 수 있다.

로하우스row hosue는 건물의 벽을 이웃과 접하여 2호 이상 연속으로 세워진 형태로 공용 홀, 복도, 계단은 없고 각 단위주거별로 출입구가 있어 프라이버시 확보가 가능하다.

한편 테라스하우스terrace house는 경사 지형을 활용한 연립주택을 지어 아래층의 지붕을 위층의 마당으로 사용하며 각 단위주거마다 남향과 조망이 확보되는 이점이 있다(대한건축학회 온라인 건축용어사전).

③ 아파트의 외관 형식에 따른 유형

아파트는 외관 형식에 따라 판상형과 타워형이 있다.

판상형은 단위주거가 일렬로 배치되어 아파트의 건물이 한쪽으로 길어지는 형태이다. 전체적인 향과 평면구성이 유사하여, 평면의 중심에 있는 거실과 주방의 창을 통해 맞통풍이 가능하고, 전체 주거의 남향이 가능하다는 장점이 있다.

타워형은 외관이 탑처럼 솟아 있는 형태로 초고층 아파트가 많고, 층별로 엘리베이터를 중심으로 주변에 단위주거가 배치된다. 건물의 평면형태가 □형태를 비롯하여, Y, T형태 등 다양하여 각 단위주거의 평면 또한 다양하며, 동의 적절한 배치를 통해 조망의 이점을 얻을 수 있다. 균등한 남향 배치가 어렵고, 환기와 통풍이 떨어질 수 있으나, 거실의 창 설계 개선 및 내부 환기시스템을 통해 단점을 보완하고 있다.

한편, 아파트 한 동을 판상형과 타워형을 혼합한 형태로 만들어 채광과 통풍, 조망의 이점을 살린 복합형 유형도 있다.

④ 단위주거의 단면형태별 유형

주택의 단면형태에 따라 단층형, 중층형, 보이드void형, 스플릿 레벨split level형, 스킵 플로어skip floor형, 필로티pilotis형으로 구분할 수 있다(신경주 외, 2005).

단층형은 모든 주거공간이 지면과 접한 전형적 주택형태로 실내외 상호소통에 용이하며 계단이 없어 노약자에게 안전하다. 반면, 한 층에 모든 공간이 구성되어야 하기 때문에 비교적 넓은 대지를 필요로 하여 도심지역에서는 보기 힘든 유형이다. 2층 이상의 주택인 중층형은 계단의 위치를 적절하게 선정하여 동선의 편의성 및 구성원 간 프라이버시를 도모한다. 층별로 공용공간과 사적공간, 혹은 부부공간과 자녀공간, 손님공간 등으로 기준을 정하여 기능을 구분할 수 있다.

보이드형은 중층형 주택에서 2층 혹은 그 이상 공간의 바닥 일부를 비우고 난간을 설치하여 아래층을 내려다볼 수 있도록 만든 형태이다. 전면창을 설치할 경우 개방적

보이드형

스플릿 레벨형

스킵 플로어형

필로티형

그림 1-4 단위주거 단면형태별 유형

이고 심미성이 향상되나, 천장높이가 높아져 냉난방비가 상승할 수 있다.

스플릿 레벨형과 스킵 플로어형은 모두 주거 내에 반 층 정도의 계단을 두어 공간의 분위기 변화를 꾀한 유형으로 전자는 주거가 경사지형에 배치되어 자연스러운 높이 차이가 생긴 경우이며, 후자는 인위적인 바닥 차이를 둔 것에 차이가 있다.

필로티형은 1층에 건물을 받치는 기둥을 둔 형태로, 기둥으로 만들어진 공간은 주차공간, 보행로, 휴게공간 등 거주자들의 공용공간으로 활용된다.

2) 주거의 역할

(1) 주거의 기능

주거는 거주자의 일상생활 영위를 위한 다양한 기능을 가지고 있다.

① 거주자 보호: 외부의 악천후, 공해, 사고, 재해, 질병, 범죄 등과 같은 위해환경으로부터 거주자의 신체와 재산을 보호한다.

② 휴식 및 휴양: 거주자가 외부에서 돌아와 편안함을 느끼면서 자기만의 시간을 갖고 충분한 휴식을 통해 재충전할 수 있도록 한다.

③ 가사작업: 거주자의 일상과 건강 유지를 위해 식사, 청소, 세탁, 정리 정돈 등의 적절한 가사작업이 이루어진다.

④ 여가문화: IT 및 AI 기술, 다양한 영상 콘텐츠와 서비스의 발달로 거주자의 다양한 취미를 비롯한 여가문화 활동이 주거 내에서 수행된다.

⑤ 가족의 일상 유지: 부부가 가정생활과 자녀 출산 후 양육을 하는 데 편의를 도모하고, 노인 거주자에게는 무리 없이 일상을 보내고 익숙하고 안락하며 머물고 싶은 장소로서의 기능을 유지한다.

⑥ 단란한 가족관계: 가족구성원이 모여 상호 소통하며 정을 돈독히 하고 서로 의지하고 도움이 될 수 있는 관계를 정립한다.

⑦ 지인과의 상호작용: 사회적 지원 네트워크의 중요성이 높아짐에 따라 친척, 친구, 지인 및 이웃과 주거환경 내에서의 공식적·비공식적 소통과 교류가 이루어진다.

(2) 주거의 조건

주거는 거주자의 안락한 일상과 건강, 만족을 위해 일정한 조건을 갖추어야 한다.

① 안전성: 설계 시 건물 자체 구조의 내구성과 재료 및 마감재의 무해성을 고려하고, 보안과 방범, 실내 안전사고 방지를 위한 설비를 갖춘다. 또한 파손되거나 노후화된 설비는 보수하고, 정기적인 안전점검을 실시해야 한다.

② 쾌적성: 주거는 일조, 조망, 온습도, 통풍 및 환기, 소음 등과 관련한 쾌적성이 유지되어야 하며, 이를 위해 적절한 공간과 개구부 크기 및 개수, 위치를 고려하고 적절한 단열, 냉난방, 환기, 급배수 및 방음설비 등이 갖추어져야 한다.

③ 위생성: 주거의 실내외 위생을 위해 화장실과 폐기물처리 시설을 갖추고, 주거관리 차원에서 정기 소독 및 단지 청소관리 서비스가 시행되어야 한다.

④ 편리성: 거주자가 생활하기에 편리한 동선과 공간구성, 치수, 적절한 수납공간 확보 및 주차의 용이성, 지역 공공시설 및 편의시설 접근성 등이 좋아야 한다.

⑤ 심미성: 주거는 거주자에게 미적으로 만족할 만한 요소를 갖추어야 한다. 최근 주거 리노베이션 시장이 크게 활성화되고, 손쉽게 접근할 수 있는 집 꾸미기 콘텐츠 등으로 거주자의 공간에 대한 눈높이가 높아지고 있다.

⑥ 사회성: 가족구성원이 함께 모여 소통할 수 있는 공간인 거실, 식당과 같은 공용공간을 갖추고, 주거지 내에서 이웃, 지역사회 주민과 공식적·비공식적으로 교류할 수 있는 커뮤니티의 장이 마련되어야 한다.

⑦ 정체성: 주거는 가족과 구성원 개개인이 살아온 역사와 그들만의 독특한 개성, 생활양식, 가치관 등이 반영되어 나타나야 한다.

⑧ 경제성: 주거의 선택 및 구매, 입주 후 자산가치 유지를 위한 관리 운영, 단지 내 서비스 및 근린환경을 이용하기 위한 비용 등이 거주자의 능력 범위 내에 있어야 한다.

3) 주거이론

(1) 주거욕구와 주거가치

거주자는 주거에 의미를 부여하고 이를 기준으로 주거를 선택하고 사용·관리한다. 이러한 거주자의 복합적 행동을 설명할 수 있는 관련 용어들을 살펴본다.

먼저, 주거욕구housing needs는 거주자가 주거에 대해 가지는 주관적인 기대와 요구를 의미하며, 이는 심리학자인 매슬로Maslow(1943)의 인간동기이론theory of human motivation으로 설명할 수 있다. 인간동기이론은 총 5단계로 구분되고, 각 단계별로 위계가 형성되어 가장 기초단계인 생리적 욕구에서 최상위 단계인 자아실현의 욕구가 있다. 각 단계를 주거욕구에 적용하면 다음과 같다.

① 1단계 생리적 욕구(the physiological needs)

인간의 생명이 최적화 상태로 유지되는 데 필요한 욕구이다. 주거를 설계·관리할 때 채광과 통풍, 환기를 위한 적절한 향을 정하고 개구부를 설치하며, 공기정화나 온습도 조절을 위한 가전제품을 사용하는 경우가 해당된다.

② 2단계 안전의 욕구(the safety needs)

사고, 상해, 질병, 재해, 범죄, 재산 손실 등으로부터 안전을 의미한다. 주택 시공 시 건물의 내구성 평가를 위한 안전진단 과정과 안전·방역설비, 범죄예방을 위한 담, 울타리, 경비시설, 최신 잠금장치 및 스마트 설비, 셉테드 디자인CPTED design 등이 있다.

③ 3단계 애정의 욕구(the love needs)

주거환경에서 가족과 이웃, 방문객들과의 상호작용 및 교류를 통한 관심, 애정, 소속감 등에 대한 욕구를 의미한다. 실내에서 같이 식사를 하고 이야기를 나눌 수 있는 공간, 단지 내 산책로, 벤치, 광장 등 주민 커뮤니티 공간, 지역사회 마을회관, 공원과 같은 공간 등이 있다. 최근에는 주거 내에서 SNS 및 화상회의를 통한 교류도 활발하므로 초고속 인터넷 등과 같은 소통에 필요한 시스템의 구비가 필요하다.

④ 4단계 자아존중의 욕구(the esteem needs)

자아존중감, 성취감, 타인에게 인정받고 싶은 욕구로, 내가 거주하는 집이 다른 사람의 기준에 부합하는 것으로 평가될 때 자아존중감이 높아질 수 있다. 2000년대 초반 사회 전반에 걸친 브랜드 아파트 구매 및 거주 트렌드는 주거에 대한 자아존중 욕구의 표현으로 볼 수 있다. 또한 단지나 지역사회에서 차별화된 주거서비스(예: 조식 서비스, 단지 내 게스트하우스 등)가 제공될 경우 나와 우리 가족이 좋은 주거에 거주하고 있다는 자아존중감을 가질 수 있다.

⑤ 5단계 자아실현의 욕구(the need for self-actualization)

인간의 최상위 욕구로서 타인의 평가나 기대보다는 거주자 본인이 느끼는 충족감과 관련하여 개인의 잠재력과 재능을 발휘함으로써 달성 가능하다. 거주자가 스스로 하는 가구 리폼하기, 정원 가꾸기 등이 있으며, DIY 가구 상품이나 아파트 분양 시 공간 확장 및 마감재 옵션제는 기업이 거주자의 자아실현 욕구에 대응하는 것이다.

인간의 기본적인 주거욕구는 개인의 신념, 특성, 시대, 사회문화 등에 따라 충족하는 방법이 달라진다. 지인들과의 교류를 위해 집에서 요리한 음식으로 함께 즐기는 사

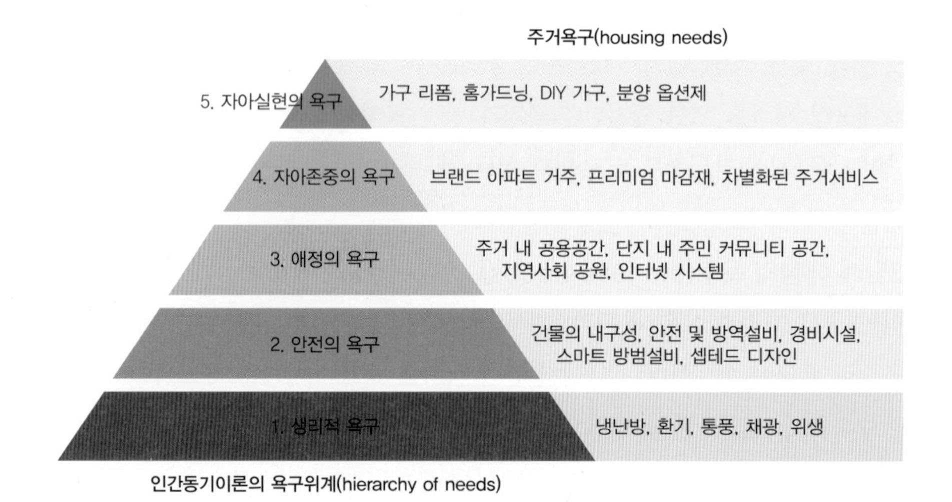

그림 1-5 매슬로(Maslow)의 인간동기이론을 적용한 주거욕구

람도 있고, 외부의 근사한 레스토랑에서 비용을 지불하면서 즐거운 시간을 보내는 사람도 있는데, 이는 거주자의 주거가치가 다르기 때문이다.

주거가치housing values는 주거환경의 다양한 요인 중 거주자가 중요하게 여기는 것으로서 시간과 공간의 변화에 따라 달라지는 상대적 요소이다. 주거가치에는 경제성, 건강성, 안전성, 사회성, 편리성, 심미성, 안락성, 프라이버시, 개성, 가족 중심, 위신, 자유 등이 있고 개인이 주거환경을 이용, 평가, 조절, 선택할 때 각기 다른 우선순위와 비중으로 나타난다.

(2) 주거규범과 주거조절

개인과 가족은 그들만의 선호와 가치관이 담긴 가족규범과 시대적, 사회적으로 유도되는 문화규범의 2가지 기준을 기반으로 주거를 평가한다(Morris & Winter, 1975). 주거규범housing norms은 개인이나 가족이 바람직하다고 여기는 주거환경의 기준인 가족규범이 그 시대와 사회의 문화규범과 절충된 것이다. 주거규범의 속성으로 소유형태, 공간, 주택유형, 주거 질, 근린환경, 주거비의 6가지가 있다(Morris & Winter, 1978).

① 소유형태(tenure)

내 집을 갖는 것은 심리적 안정 및 만족감과 같은 심리적 이유와 더불어 자산가치의 의미가 있다. 2021년 기준 우리나라의 주택 보유의식은 88.9%로 2010년(83.7%) 대비 증가하였고, 고소득과 고연령, 도지역 가구, 자가가구가 내 집을 보유해야 한다고 생각하는 비율이 높았다(국토교통부, 2022). 주거소유는 주거를 보유하는 것과 점유하는 것으로 구분되는데, 우리나라는 자가보유율(60.6%)이 자가점유율(57.3%)에 비해 약간 높은 편이나, 자가점유율이 연도에 따라 조금씩 증가하고 있다. 지역별로 수도권의 자가보유 및 점유가 낮고, 도지역이 상대적으로 높은 편이다.

표 1-2 지역별 자가보유율의 연도별 변화 (단위: %)

연도	2006	2010	2014	2016	2017	2018	2019	2020	2021
전국	61.0	60.3	58.0	59.9	61.1	61.1	61.2	60.6	60.6
수도권	56.8	54.6	51.4	52.7	54.2	54.2	54.1	53.0	54.7
광역시 등	59.3	61.2	59.9	63.1	63.1	63.0	62.8	62.2	62.0
도지역	68.1	68.3	66.8	68.9	70.3	70.3	71.2	71.4	69.0

자료: 국토교통부(2022). p.57

표 1-3 지역별 자가점유율의 연도별 변화 (단위: %)

연도	2006	2010	2014	2016	2017	2018	2019	2020	2021
전국	55.6	54.3	53.6	56.8	57.7	57.7	58.0	57.9	57.3
수도권	50.2	46.6	45.9	48.9	49.7	49.9	50.0	49.8	51.3
광역시 등	54.8	56.6	56.5	59.9	60.3	60.2	60.4	60.1	58.6
도지역	63.8	64.2	63.8	66.7	68.1	68.3	68.8	69.2	65.9

자료: 국토교통부(2022). p.58

② 공간(space)

개인과 가족이 생활하는 데 적합한 주거면적, 1인당 사용하는 방의 수, 필요 침실 수 등으로 평가한다. 우리나라의 평균 주거면적은 2021년 기준 가구당 68.2m^2, 1인당 33.9m^{2}이다.

표 1-4 지역별 평균 주거면적 (단위: m^2)

연도	2017		2018		2019		2020		2021	
	가구당	1인당	가구당	1인당	가구당	1인당	가구당	1인당	가구당	1인당
전국	65.4	31.2	66.2	31.7	68.1	32.9	68.9	33.9	68.2	33.9
수도권	62.4	28.3	62.5	28.5	65.0	29.9	66.3	31.2	66.3	31.4
광역시 등	67.8	32.0	68.1	32.5	69.8	33.3	70.4	34.7	68.2	33.9
도지역	68.4	35.1	70.5	36.1	71.6	37.3	72.0	37.7	71.4	37.8

자료: 국토교통부(2022). p.75 재구성

가구당 평균 인원과 사용하는 방의 수, 그리고 1인당 사용하는 방의 수를 통해 주거공간의 과밀함을 파악할 수 있다. 2020년을 기준으로 지난 10여 년간 우리나라

표 1-5 연도별 주거과밀의 변화 (단위: 개)

연도	가구당 평균 인원수	가구당 평균 사용 방 수	1인당 평균 사용 방 수
2020	2.3	3.7	1.6
2015	2.5	3.8	1.5
2010	2.7	3.7	1.4

자료: KOSIS 국가통계포털(각 연도).

주) 2020, 2015년: 인구총조사(표본 20%), 2010년: 주택총조사(전수)

의 가구당 평균 인원수는 줄어들고 있으나(2.7명에서 2.3명) 평균 사용 방의 수는 3.7개 내외를 유지하고 있고, 1인당 평균 사용 방의 수는 조금씩 증가하여 2020년 1.6개로 나타났다.

③ 주택유형(structure type)

우리나라는 오랜 기간에 걸쳐 국가정책 차원에서 아파트를 공급해왔고, 이로 인해 아파트에 거주하는 가구가 꾸준히 증가하고 있으며, 대도심에서 비교적 합리적 비용으로 거주할 수 있는 다세대주택 거주 또한 증가하고 있다(표 1-6). 단독주택 거주 가구는 택지가 여유로운 도지역이 다른 지역에 비해 많은 편이다. 주택 이외의 거처에 거주하는 가구 비율은 지역에 상관없이 조금씩 증가하는 추세인데, 특히 도지역은 기타 거처의 비율이 높아 신중히 살펴볼 부분이다.

④ 주거 질(quality)

주거가 거주자의 기대에 부합하는 질적 기준을 충족하고 있는지와 관련된 것으로 건축경과연수, 평면구성, 주거시설 및 설비, 마감재, 관리상태 등 다양한 요인과 관련이 있다. 2021년 우리나라 전체 가구 중 건축된 지 30년 초과 주택에 거주하는 가구는 17.6% 정도이며, 도지역, 하위소득계층, 단독주택, 혹은 비거주용 건물 내 주택 거주 가구일수록 노후주택에 거주하는 비율이 높다.

표 1-6 지역별 거주하는 주택유형[2]의 연도별 변화 (단위: %)

분류	연도	단독주택	아파트	연립주택	다세대주택	비거주용 건물 내 주택[1)]	주택 이외의 거처[2)]	
							오피스텔	기타
전국	2021	30.4	51.5	2.1	9.3	1.5	3.0	2.2
	2014	37.5	49.6	3.4	6.2	1.0	1.9	0.3
	2006	44.5	41.8	3.3	7.4	1.8	1.0	0.3
수도권	2021	22.4	52.0	2.4	14.9	1.4	4.6	2.3
	2014	30.6	50.8	5.0	9.3	0.8	3.0	0.6
	2006	36.3	44.0	5.1	11.0	1.5	1.9	0.3
광역시 등	2021	28.4	59.1	1.4	5.9	1.4	2.4	1.4
	2014	35.9	55.4	2.1	4.6	1.2	0.8	0.0
	2006	43.1	45.6	1.5	7.3	1.8	0.5	0.2
도지역	2021	44.2	45.9	2.2	2.6	1.7	0.9	2.6
	2014	49.4	44.0	1.7	2.6	1.3	0.8	0.1
	2006	57.3	36.1	2.0	2.1	2.2	0.0	0.3

1) 상가, 공장, 여관 등의 건물 내 주택

2) 주택의 요건을 갖추지 못한 공간으로 오피스텔, 숙박업소 객실, 기숙사 및 특수사회시설, 판잣집, 비닐하우스, 임시구조물 등

자료: 국토교통부(2022), p.66 재구성

표 1-7 주택 건축 경과기간 (단위: %)

구분		5년 미만	6~10년	11~15년	16~20년	21~25년	26~30년	30년 초과
전체		16.6	12.2	10.9	14.9	13.7	14.1	17.6
지역	수도권	17.2	11.8	11.3	18.9	13.2	14.3	13.2
	광역시 등	15.3	14.5	9.8	11.3	14.3	16.3	18.5
	도지역	16.2	11.5	11.0	10.9	14.2	12.3	24.0
소득 수준	하위	11.8	10.4	8.0	12.9	12.9	16.7	27.4
	중위	19.6	13.1	11.2	15.6	14.3	13.4	12.7
	상위	19.6	14.1	16.0	17.3	14.2	10.4	8.5

(계속)

2 조사기관에 따라 '주택 이외의 거처'가 조사된 경우, 자료의 제목을 '거처유형'으로 표기한 경우가 있으나, 본 장에서는 '주택유형'으로 통일하여 표기하였다.

구분		5년 미만	6~10년	11~15년	16~20년	21~25년	26~30년	30년 초과
주택 유형	단독	8.0	11.3	9.0	11.4	10.6	13.6	36.1
	아파트	20.1	11.7	12.5	15.2	16.7	14.9	8.9
	연립	13.4	13.2	5.7	13.4	13.6	16.2	24.4
	다세대	15.8	17.4	10.0	21.7	9.5	15.3	10.2
	비거주용 건물 내 주택	6.2	3.7	7.6	11.3	14.7	16.9	39.5
	주택 이외의 거처	33.0	17.3	8.4	21.5	5.3	2.7	11.8

자료: 국토교통부(2022). pp.71-73 재구성

표 1-8 현재 주택상태에 대한 주관적 평가 (단위: 점)

구분	집구조	방 수	난방	환기	채광	방음		재난 안전	화재 안전	방범	위생
						외부	내부				
전체	3.22	3.21	3.22	3.30	3.28	3.02	2.81	3.19	3.17	3.19	3.18
수도권	3.21	3.20	3.22	3.27	3.23	2.97	2.78	3.16	3.13	3.16	3.17
광역시 등	3.27	3.25	3.24	3.33	3.29	3.03	2.88	3.23	3.21	3.23	3.19
도지역	3.22	3.19	3.19	3.33	3.34	3.10	2.83	3.22	3.20	3.22	3.19

주) 4점 척도로 평가되어 1에 가까울수록 "매우 불량", 4에 가까울수록 "매우 양호"를 의미한다.

자료: 국토교통부(2022). p.77

현재 주택상태에 대한 주관적 평가 측면에서, 거주자들은 만족하고 있으나, 방음, 그중에서도 내부 방음에 불만족하여 거주자가 기대하는 수준에 미치지 못하고 있다(표 1-8).

⑤ 근린환경(neighborhood)

가족의 기대 수준에 부합하는 입지 및 지역사회 환경의 기준을 의미한다. 적합한 공기질, 녹지환경, 소음, 주변 청결, 보행 안전과 같은 입지환경, 여가 문화시설, 교통시설 및 필수 공공시설, 교육시설과 같은 편의시설 그리고 주변이웃과의 유대를 증진하는 사회적 환경이 있다(이경희 외, 1999).

〈표 1-9〉는 우리나라 거주자의 주거환경 만족도를 나타낸 것이다. 전반적으로 문화시설에 대한 만족도가 낮았고, 지역별로 수도권은 대기오염, 광역시 등은 주차시설에

표 1-9 지역별 주거환경 만족도 (단위: 점)

구분	편의시설	의료복지	공공시설	문화시설	공원녹지	대중교통	주차시설	보행안전	교육환경	치안	소음	주변청결	대기오염	지역유대
전체	2.96	2.93	2.96	2.65	3.00	2.99	2.82	3.03	2.95	3.07	2.93	3.09	3.05	3.05
수도권	3.01	2.99	3.00	2.70	3.02	3.05	2.81	3.02	2.96	3.05	2.92	3.05	2.97	3.01
광역시 등	3.03	3.03	3.04	2.76	3.02	3.03	2.76	3.05	3.05	3.11	2.93	3.12	3.06	3.04
도지역	2.83	2.79	2.84	2.51	2.97	2.86	2.86	3.02	2.87	3.07	2.96	3.13	3.15	3.12

주) 4점 척도로 평가되어 1에 가까울수록 "매우 불량", 4에 가까울수록 "매우 양호"를 의미한다.

자료: 국토교통부(2022). p.80

대한 만족도가 낮았다. 도지역은 편의시설, 의료복지시설, 공공시설, 대중교통, 교육환경 등 근린환경에 대한 만족도가 상대적으로 낮은 반면, 대기오염과 지역 유대 항목에서 다소 만족하였다.

⑥ 주거비(expenditure)

거주자의 주거구매와 임대, 운영관리와 관련한 지출 비용의 사회적 기준을 의미한다. 2021년 주거실태조사에서 현재 주택매매 시 예상가격을 조사한 결과 PIR은 평균 8.9(주택가격이 연간소득의 8.9배)로서 예년 대비 크게 증가하였고, 특히 수도권과 하위소득 가구에서 상대적으로 높게 나타났다. RIR은 평균 21.5(임대료가 월 소득의 21.5%)로 예년 대비 줄어들었는데, 이는 임대료 대비 소득의 증가 때문이다(국토교통부, 2022).

표 1-10 연도별 국내 PIR(Price to Income Ratio)의 변화 (단위: 배)

연도	전체	지역			소득		
		수도권	광역시	도지역	하위	중위	상위
2021	8.9	11.7	8.1	5.0	14.1	8.4	8.1
2014	5.7	7.1	5.1	4.1	11.2	5.8	4.5
2006	6.0	8.1	4.2	3.4	10.9	5.4	5.3

자료: 국토교통부(2022). p.97

표 1-11 연도별 국내 RIR(Rent to Income Ratio)의 변화 (단위: %)

연도	전체	지역			소득		
		수도권	광역시	도지역	하위	중위	상위
2021	21.5	24.7	18.0	14.8	23.1	19.6	23.5
2014	24.2	27.4	20.5	17.3	34.1	23.1	21.2
2006	22.9	25.3	20.1	18.5	36.3	20.7	18.5

자료: 국토교통부(2022). p.98

현 주거상황과 주거규범이 일치하지 않을 경우 주거결함housing deficit이 발생하고 거주자는 불만족하게 된다. 이에 대해 다음과 같은 주거조절housing adjustment 행동을 하게 된다(이경희 외, 1999; Morris & Winter, 1975).

- 주거이동(residential mobility): 주거규범에 부합하는 주거환경으로 이동하는 것으로서 주거의 결함과 문제가 큰 경우에 해당한다.
- 주거적응(residential adaptation): 개조나 리모델링, 공간의 기능 변화 등을 통해 주거상황을 개선하는 방법으로 이는 주거결함과 문제가 크지 않을 경우에 행해진다.
- 가족적응(family adaptation): 개인과 가족 간의 협의를 통해 주거규범을 현재의 주거수준에 맞추거나, 가족구성 및 역할 관계의 변화를 시도한다.

2. 가족의 특성과 주거

1) 가족의 변화와 주거

우리나라는 노인인구의 증가 및 가구원 수의 감소와 같은 인구구조의 변화와 함께 전형적인 가족 및 가구형태가 예전과 달라짐으로써 주거의 실내외 환경, 근린환경, 지원시스템의 변화가 요구되고 있다.

(1) 노인인구의 증가

현대사회에서 의료기술과 영양, 보건상황 등이 좋아짐에 따라 전 세계적으로 평균수명이 증가하고 있다. 우리나라는 베이비 부머baby boomer 세대(1955~1963년 출생)가 은퇴를 하면서 경제적으로 여유 있는 노인들이 증가하였고 이들을 타깃으로 하는 다양한 상품들이 개발되고 있다. 하지만 노인은 여전히 우리 사회의 신체적, 사회심리적 약자로서 주거 측면에서 일상생활을 지속할 수 있는 환경 수요가 높아지고 있다. 우리나라의 노인인구는 2023년 기준 18.4%로, 2017년 고령사회에 진입한 후 꾸준히 증가하고 있으며, 85세 이상 초고령자 비율도 큰 상승폭을 보이고 있다.

65세 이상 노인이 포함된 가구(2022년 기준 29.8%)와 노인으로만 이루어진 노인단독가구, 노인 1인 가구도 꾸준히 증가하고 있다. 초고령자 및 노인 1인 가구의 증가는 이들이 노후화된 주거에서 장기간 거주할 가능성이 높고 혼자 주거관리를 하는 것이 어렵다는 점, 응급상황 시 조기 발견 및 케어가 쉽지 않은 점 등의 문제를 의미한다. 국내 전체 가구와 비교하여 노인가구의 단독주택 거주가 많은 것도 노후주택관리에 문제가 있을 것으로 보고 있다. 한국소비자보호원은 최근 4년(2018~2021년)간 소비자위해감시 시스템(CISS)에 접수된 고령자 안전사고의 62.7%가 낙상사고였고 이는 주로 주택에서 발생하였다고 보고하였다(1코노미뉴스, 2023. 4. 26.). 대부분 욕실에서 미끄러지거나 침대에서 떨어지고, 둔부 골절과 머리 및 뇌를 다치는 경우가 많아 생명의 위협까지 있는 실정이었다.

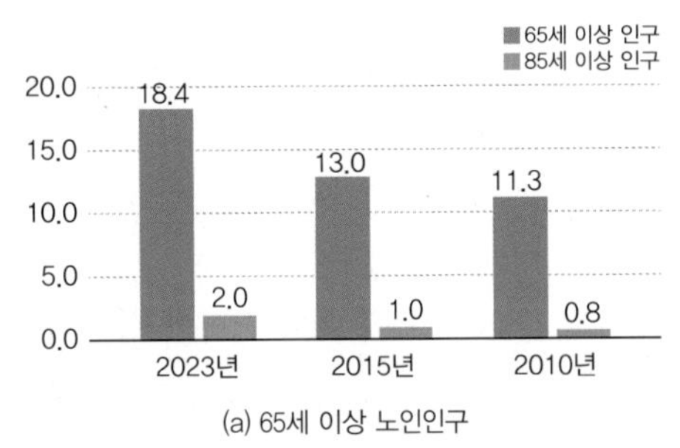

(a) 65세 이상 노인인구

자료: KOSIS(각 연도). 인구총조사(2010, 2015). 장래인구추계(2020). 인구를 비율로 환산

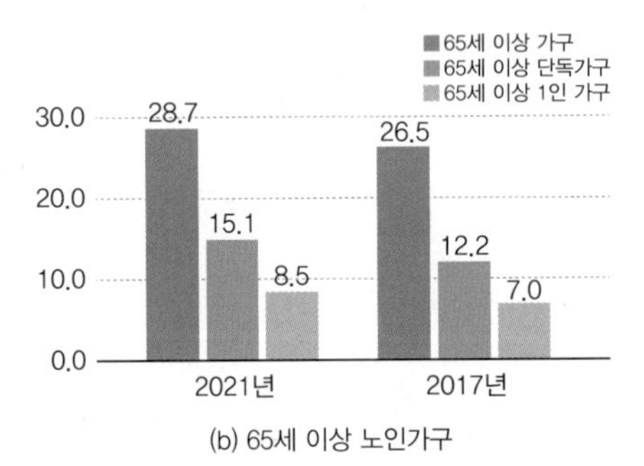

(b) 65세 이상 노인가구

자료: KOSIS(각 연도). 인구총조사. 가구 수를 비율로 환산

그림 1-6 국내 노인인구 및 노인가구 비율 변화

표 1-12 65세 이상 노인가구의 주택유형 (단위: %)

분류	단독주택	아파트	연립주택	다세대주택	비주거용 건물 내 주택	주택 이외의 거처
전체	40.8	44.4	2.4	8.3	1.5	2.6
읍부	52.0	35.1	3.2	4.7	2.0	3.0
면부	87.0	6.2	0.8	1.5	1.3	3.3
동부	28.5	54.5	2.7	10.3	1.6	2.4

자료: KOSIS(2022). 인구총조사 '거처의 종류별 가구'. 가구 수를 비율로 환산

또한 외부 활동이 많은 노인을 위해 지역사회 내 평생교육 프로그램, 경제금융 정보와 일자리 정보에 접근이 용이해야 하고, 여가모임 활성화를 위한 지자체의 노력이 필요하다.

(2) 가구원 수의 감소

우리나라는 혼인율 및 출생률 저하에 따라 가구원 수가 감소하여, 전국적으로 1인 가구 및 무자녀 부부가구가 증가하였다. 2022년 기준 우리나라의 2인 이하 가구는 62.3%, 평균 가구원 수는 2.2명으로 2010년의 48.2%, 2.7명과 큰 차이가 있다. 인구총조사 결과에서 1인 가구의 사유는 40세 미만의 경우 직장, 학업, 독립생활을 들었지만, 연령이 증가하면서 가족의 타지 거주, 가족과의 사별 등이 증가하였다(KOSIS, 2020).

우리나라의 1인 가구는 전체 가구에 비해 아파트 거주 비율이 낮고, 단독주택과 주택 이외의 거처 비율이 높다. 1인 가구는 주거가치가 학업, 직장업무에 맞추어져 있거나, 개인의 여가와 취미, 혹은 취침과 휴식 등 개인적 생활양식을 가지고 있는 경우가 많다. 주거공간 측면에서는 필요한 침실의 개수가 감소하고 공간 간의 프라이버시, 격식의 필요성이 줄어들게 된다.

표 1-13 연도별 가구원 수 변화 (단위: %)

연도	1인	2인	3인	4인	5인 이상	평균 가구원 수
2022	33.5	28.8	19.2	13.8	4.7	2.2명
2015	27.2	26.1	21.5	18.8	6.3	2.5명
2010	23.9	24.3	21.3	22.5	8.0	2.7명

자료: KOSIS(각 연도). 인구총조사. 가구 수를 비율로 환산

표 1-14 가구원 수별 주택유형 (단위: %)

구분	1인	2인	3인	4인	5인 이상
단독주택	41.0	30.0	19.0	13.3	20.6
아파트	34.0	52.4	66.5	74.7	66.2
연립주택	1.8	2.4	2.2	2.0	2.3
다세대주택	9.9	9.7	9.0	7.7	7.9
비주거용 건물 내 주택	1.8	1.5	1.1	0.9	1.4
주택 이외의 거처	11.5	4.0	2.1	1.4	1.5

자료: KOSIS(2022). 인구총조사. 가구 수를 비율로 환산

(3) 비전형 가구의 증가

① 다문화가구

최근 국제결혼, 한류, 글로벌 트렌드와 함께 국내에 정착하는 외국인이 증가하면서 우리나라의 사회문화에 많은 영향을 주고 있다. 또한 이들이 가정을 이루고, 자녀들이 국내 학교에 입학하여 또래 아이들과 어울리면서 다문화가정에 다양한 주거서비스의 필요성이 높아졌다.

다문화가구는 우리나라 전체 가구와 비교하면 소수에 불과하지만 꾸준히 증가하고 있는데, 내국인이 이민자나 귀화내국인과 결혼한 가구가 많고, 최근에는 귀화한 내국인 가구가 증가하고 있다. 평균 가구원 수는 2022년 기준 2.9명으로 우리나라의 전체 평균 가구원 수(2.2명)보다 높고(KOSIS, 2022), 전체 가구의 주택유형과 비교하여 아파트 거주 비율이 낮고 단독주택과 다세대주택의 거주 비율이 높은 편이다. 다문화가구의 증가에 따라 언어와 문화교육, 일자리 지원, 각종 체험 프로그램을 제공하는 지역 다문화센터에 접근과 연계가 필요하다.

표 1-15 연도별 다문화가구 변화 (단위: %)

구분 연도	전체 다문화가구	내국인 (귀화)	내국인(출생)+ 내국인(귀화)	내국인(출생)+ 외국인(결혼이민자)	내국인(출생)+ 다문화자녀	내국인(귀화)+ 외국인(결혼이민자)	기타
2022	1.78	19.4	23.5	31.3	11.1	5.8	8.8
2016	1.60	14.9	24.6	36.6	8.8	4.6	10.6

자료: KOSIS(각 연도). 인구총조사. 가구 수를 비율로 환산

표 1-16 다문화가구 주택유형 (단위: %)

단독주택	아파트	연립주택	다세대주택	비거주용 건물 내 주택	주택 이외의 거처
33.3	43.6	2.6	14.2	1.4	5.0

자료: KOSIS(2022). 인구총조사. 가구 수를 비율로 환산

② 한부모가구

한부모가구는 이혼이나 사별, 혹은 독신인 상태에서 자녀를 양육하는 경우이다. 우리나라의 한부모가구는 연도별로 감소하고 있으나, 한부모가구의 많은 비율을 차지하는 모자가정은 상대적으로 증가하고 있다. 아파트 거주가 많지만, 우리나라 전체 가구와 비교하여 연립/다세대 거주 비율이 높으며, 자가 비율이 현저히 낮은 실정이다.

한부모가족에게 혜택을 줄 수 있는 국민주택 우선 분양, 임대주택 특별공급, 주거비 지원 등 관련 정보의 제공이 필요하며, 1명의 보호자가 가정생활과 경제활동, 자녀 케어를 충분히 수행할 수 있도록 일자리 지원, 주거관리 및 가사작업 보조, 보육시설 서비스의 지원이 필요하다. 특히, 미취학 혹은 초등학생 자녀가 혼자 있을 때 야간보육 및 지역아동센터, 식사 제공 등의 근린환경 지원이 요구된다(여성가족부, 2022).

표 1-17 연도별 한부모가구 변화 (단위: %)

연도	2006	2011	2016	2021
비율	8.8	9.3	7.8	6.9

자료: 지표누리. 원자료: 통계청(각 연도). 장래가구추계 · 인구총조사

표 1-18 연도별 한부모가구 구성 변화 (단위: %)

연도	부+미혼자녀	부+미혼자녀+기타 가구원	모+미혼자녀	모+미혼자녀+기타 가구원
2022	18.3	6.1	65.0	10.6
2016	18.3	7.4	61.7	12.5

자료: KOSIS(각 연도). 인구총조사. 가구 수를 비율로 환산

표 1-19 한부모가구의 거주유형 및 주택유형 (단위: %)

자가	전세	보증부월세	월세/사글세	무상	공공임대	기타	단독	아파트	연립/다세대	기타
20.7	23.6	26.4	1.4	9.8	17.7	0.4	15.0	53.6	30.7	0.8

자료: 여성가족부(2022). pp.8-9 재구성

③ 비친족가구

최근 동일 주거에서 같이 살거나 서로 마음을 나눌 수 있는 관계일 경우 가족으로 생각하는 사람들이 증가하였다. 주거비 절약을 위해 친구나 동료, 지인과 함께 살거나 전통적인 결혼관과 다르게 이성과 동거가구를 이룬 경우가 있다. 이러한 비친족 가구원 수는 100만 명을 넘었는데, 30세 미만 가구주가 많고, 가구의 절반은 이성이며, 지난 10년간 50, 60대의 황혼동거가 2배 이상 증가한 점도 주목할 만하다(경향신문, 2023. 1. 2). 그러나 법적으로 인정되지 않는 가족의 형태이기 때문에 주택청약 특별공급을 받을 수 없고, 각종 사회보장제도와 공공서비스에서 배제되고 있어 상호 돌봄 시 보호자 역할을 할 수 없다는 문제가 있다.

표 1-20 연도별 비친족가구 변화 (단위: %)

연도	2000	2005	2010	2015	2022
비율	1.11	1.42	1.17	1.12	2.36

자료: KOSIS(각 연도). 인구총조사. 가구 수를 비율로 환산

2) 생애주기와 주거

(1) 청장년기

청년기(20~30대 초반)는 청소년기를 지나 의무교육을 마친 후의 시기부터 시작하여 보호자와 거주를 계속하는 경우도 있지만, 대학입학, 취업 등을 계기로 생애 처음 주거를 탐색하고 선택하는 시기이기도 하다. 결혼 전에는 대부분 혼자, 혹은 마음이 맞는 친구와 같이 살면서 학업과 업무에 집중도를 높이는 것이 주목적이므로 안전성과 편의성, 학교나 회사의 접근성이 주거 선택의 우선순위를 차지한다. 주거비 절감이 중요하기 때문에 원룸, 투룸, 다세대주택, 소형아파트 등 저렴한 임대료 및 관리의 용이성도 중요하다. 1~2인 가구를 위한 주거 대안으로 도시형 생활주택[3]이 있고, 동년배와의 교류, 진

---

3 주택법 시행령 제10조에 의거 도시지역에 건설하는 세대별 전용면적 60m^2 이하의 소형주택, 단지형 연립주택, 혹은 단지형 다세대주택을 말한다.

로와 사회생활, 업무 관련 정보를 얻기 위해 셰어하우스, LH청년임대주택, 경제적인 여유가 있다면 독립된 주거와 업무공간, 여가 및 교류공간이 복합된 코리빙하우스co-living house를 선택할 수도 있다. 결혼을 하게 되면 소형아파트나 다세대주택에서 생활을 시작하는데, 출산과 이직, 휴직 등과 같은 향후 5년 이내 변동상황을 예측한다. 해당 주거에서의 거주기간, 적정한 주택 면적과 방의 수, 가사작업의 편의성, 주생활에 도움이 되는 근린환경 등을 고려한다.

장년기(30대 중반~40대 중반)는 결혼 후 가정생활, 육아 및 자녀교육, 직장생활 등 생애 가장 활발하게 활동하는 시기로 직장 접근성, 여가, 취미, 이웃과의 교류, 친지와의 거리 등 다양한 사항들을 고려하고, 자녀의 성장에 따라 주거환경이 자주 변화한다. 자녀의 신생아기에서 학령 전까지 필요한 물품이 급격히 증가하면서 양육을 위한 공간이 필요하고, 자녀의 행동 범위 내에 있는 가구 및 설비의 안전을 고려해야 한다. 자녀가 학교에 입학할 시기가 되면 독립된 학습공간을 필요로 하므로 충분한 주거면적, 수납공간 및 방 수의 증가가 요구된다. 또한 자녀가 성장하면서 자녀의 주거욕구, 통학환경, 교통안전 환경, 자녀의 기본 생활교육에 적합한 근린환경 여부 등도 생각하여 주거를 선택하고 이동한다.

(2) 중년기

중년기(40대 후반~60대 초반)에는 가정과 사회생활의 변화가 비교적 적고, 자녀의 독립 전까지는 새로운 주거의 탐색과 변동이 많지 않아 한곳에서의 거주기간이 길어지는 시기이다. 가족 여가와 취미, 단란을 위한 물품의 구입이 증가하면서 생애주기에서 주거환경의 규모와 질이 높은 것이 일반적인 특징이다. 이 시기에는 사회생활과 가족 여가의 균형을 유지하고, 가족 간의 프라이버시와 동시에 관심, 케어의 균형을 적절히 이룰 수 있는 공간구성이 필요하다. 가족구성원의 개인적인 공간, 함께 여가를 즐길 수 있는 가족 단란공간 그리고 방문객과 함께 즐거운 시간을 보낼 수 있는 공간의 적절한 시각적, 물리적 분리가 요구된다.

(3) 노년기

노년기는 시각, 청각을 비롯한 감각의 노화와 골격구조 및 심혈관계 등 신체적 노화가 시작되고, 직장에서의 은퇴로 인한 사회생활의 축소, 자녀의 독립, 배우자 사망, 무료한 생활로 인한 심리적 고독이 수반된다. 같이 생활하는 구성원의 수가 감소하면서 주거생활 자체의 축소가 일어나고 노화로 인해 다양한 주거서비스에 의존하게 된다.

노년 초기에는 필요 없는 물품을 최대한 정리하고 독립한 자녀 및 손자녀의 방문을 대비하여 여유공간을 마련한다. 가족 및 지인들과의 연계도 중요하지만 지역사회 내 이웃들과의 지속적인 연계와 다양한 모임을 유지하여 필요시 신속한 도움을 주고받을 수 있도록 한다. 결혼한 자녀 부부와 함께 생활하는 경우 시각적·물리적 영역 분리 및 상호 도움을 줄 수 있는 공간의 융통성이 필요하다. 주거 내에서는 안전사고를 대비하기 위한 단차 제거, 침실과 화장실의 양호한 근접성, 안전손잡이, 미끄럼 방지 마감재 등의 설치가 필요하다. 감각적 노화에 대비하여 조명의 위치와 밝기, 광원을 고려하고, 가스누출 방지, 화재 관련 안전설비를 구비하며, 기억력 감퇴를 고려하여 수납설비에 라벨링을 한다. 또한 은퇴 후 심리적인 상실감을 보완할 수 있도록 다양한 여가활동 공간에의 접근 및 지역사회 참여방안, 교통입지조건 등도 함께 검토한다.

생활 및 주거관리의 편의성을 위해 노인주거복지시설 입주를 고려할 수도 있다. 단독취사 등 독립생활이 가능한 노인이 입주하는 노인복지주택, 식사 등 가사의 편의를 제공하는 노인양로시설이 있다. 지역사회에서의 노화aging in place가 대두되면서 최근 도심지역 노인양로시설이 증가하고 있고, 베이비 부머 세대의 높아진 주생활 요구를 충족시키며 일상의 편의를 제공하고 있다. 한편, 노화의 진행이 심해지고 치매를 비롯한 뇌졸중 등 중증질환이 있을 경우, 지역의 재가복지서비스, 시니어 데이케어를 적극적으로 활용하고, 노인요양시설의 입소를 고려할 수 있다.

3) 생활양식과 주거

생활양식은 "한 사회나 집단에 속한 사람들이 공통적으로 갖고 있는 삶의 방식"을 의미한다. 거주자는 연령, 성별, 학력, 소득, 직업 등의 다양한 요인과 살아온 경험에 따라 삶에 대한 방식과 가치가 다르다. 이는 주생활에도 영향을 미쳐서 거주자의 사회인구학적 특성과 주거경험, 현재 거주상황 및 미래의 이상적인 주거계획 등의 자료가 종합되어 고유한 주생활양식이 형성된다. 본 장에서는 주거의 기능과 가치 측면에서 생활양식을 구분, 명명하여 살펴본다.

(1) 기본기능형

기본기능형은 개인과 가족의 사적인 공간으로서의 주거에 중점을 둔 생활양식이다. 거주자는 집에 돌아와 씻고, 식사하고, 다른 사람의 눈치를 보지 않고 편한 옷차림과 자세로 휴식을 취하는 것에 주거의 의미를 부여한다. 자녀 양육 및 교육, 가족과의 단란한 시간을 중요하게 생각하고, TV 시청이나 음악감상 같은 가벼운 여가와 오락을 즐기며 편안한 수면을 취할 수 있는 주거 분위기 조성에 힘쓴다.

주거의 기본기능에 중점을 둔 생활양식을 가진 거주자는 공용공간인 거실과 식당에서 가족과 시간을 보내고, 개인실은 프라이버시를 지키면서 안방은 부부 휴식의 장소, 자녀방은 학습과 휴식을 할 수 있는 전형적인 공간구성과 가구배치를 한다.

최근에는 거주자들이 집에 머무는 시간이 길어지면서 휴식의 질을 한층 높이기 위한 고급 기능성 매트리스, 호텔용 침구, 안마의자, 스파설비, 발목에 무리가 없는 프리미엄 마감재, 실내 분위기를 좋게 하는 간접조명, 또 여가의 즐거움을 더하기 위한 대형 TV, 가정용 빔프로젝터와 같은 가구, 가전설비의 구비가 증가하였다.

(2) 확장기능형

'홈루덴스home ludens'[4]는 "집에서 모든 놀이와 휴식을 해결하는 사람"을 뜻하는 말로, "놀이하는 인간"이라는 의미의 '호모루덴스homo ludens'와 '홈home'의 합성어이다(한국소비자원, 2018). 팬데믹의 여파로 사람들은 그동안 외부에서 이루어졌던 개인 취미, 운동, 모임, 행사, 쇼핑, 근무 등의 활동을 주거 내에서 손쉽게 하면서 주거의 기본기능보다는 확장된 기능에 중점을 두는 생활양식을 갖게 되었다.

4 국립국어원에서는 홈루덴스의 순화어로 '집놀이족'을 제안하였다(국립국어원, 2021).

인터넷과 TV를 통한 쇼핑과 물류 유통시장의 활성화는 이미 일반화되어 신축 공동주택에는 세대별 택배함이 설치되는 등 주거에도 변화를 가져왔다. 재택근무와 온라인 학습이 증가하면서 주거 내 고성능 PC와 온라인 소통을 위한 초고속 인터넷 설치가 중요해졌고, 다른 가족구성원의 영역과 분리된 공간에서 근무, 회의, 이러닝에 집중할 수 있는 분위기 조성이 필요하게 되었다. 또한 전문 식음공간에서나 볼 수 있었던 주방설비(예: 홈바)를 갖추어 지인들을 초대, 접대하고 간단한 행사까지 주거 내에서 치르는 경우도 많아졌다.

감염병 팬데믹 등의 여파로 심리적으로 안정감을 주는 홈가드닝home gardening도 각광을 받고 있다. 집에서 쉽게 기를 수 있는 반려식물을 들여놓고 정성을 들여 가꾸고 자라나는 모습을 지켜보면서 성취감을 느낄 수 있다. 실내에서도 쉽게 자랄 수 있는 다양한 음지식물이 인기를 끌고 있고, 벽, 천장공간에도 매달 수 있는 행잉식물도 있어 집안 곳곳을 그린인테리어로 꾸미는 거주자들이 증가하였다. 또한 텃밭을 둘 수 없는 공동주택에서 옥상이나 베란다를 활용하여 채소를 키우거나, 가정용 채소재배기를 이용하여 실내에서도 어렵지 않게 유기농 채소를 자급자족할 수 있다.

홈트레이닝home training이 증가하면서 집에서 운동을 하는 일명 '홈트족'이라는 신조어가 생겨났다. 집에서 쉽게 이동하고 수납이 용이한 가정용 운동기구가 등장하였고,

홈바

음악작업실

홈시어터

그림 1-7 확장기능형 공간 사례

동영상 플랫폼 및 앱 콘텐츠를 이용하여 손쉽게 운동 관련 정보에 접근할 수 있게 되었다. 사물인터넷을 접목한 스마트 미러를 통해 전문가의 영상 화면을 따라 하면서 개인 지도(PT)를 받는 효과를 얻을 수 있다(김난도 외, 2020).

주거의 확장기능을 충족시키기 위해 거주자들은 독립공간을 마련하거나 기존 공간을 개조하기도 한다. 예로 악기연주를 위한 음악실, 다도실, 홈카페, 개인 동영상 콘텐츠 제작을 위한 작업실, 스크린 골프실, 스크린과 전문 오디오를 갖춘 음악실 및 영화관, PC방과 게임방 등이 있다. 독립공간을 만들기 어려운 경우 일반적으로 베란다 공간을 활용한다.

(3) 가치 중심형

특정한 가치를 중심으로 지역과 주거를 선택하고 해당 가치에 부합하는 삶에 큰 의미를 두고 실천하는 생활양식이다.

① 친환경 · 자연주의

일상의 편의성과 신속성, 정보습득의 용이함 대신 슬로 라이프slow life에 가치를 둔 생활양식이다. 기본적으로 자연을 덜 훼손하는 방식으로 친환경재료를 사용하여 집을 짓고, 이산화탄소 저감을 통해 자원을 절약하며 지구환경을 보호하고 쾌적한 실내환경 유지를 위한 방법을 강구한다. 지역적으로 도심 대신 녹지와 연계된 전원지역, 주거유형은 아파트 대신 마당이 있는 단독주택인 경우가 많고, 다양한 먹거리를 자급자족한다. 편리한 가전설비를 줄이고 지붕녹화 혹은 옥상녹화, 화목난로 등을 이용해 온열환경을 조절하며, 태양열 및 태양광을 활용해 난방과 온수, 전기에너지의 절약을 실천한다. 개인과 가족의 건강한 삶을 추구하고, 더 나아가 주변생물과 더불어 살아가기 위한 비오톱biotope(다양한 생물종의 공동 서식 장소)을 설치하는 등 친환경생활방식을 수행한다.

② 실용주의

일상생활의 편의성과 효율성을 우선순위에 둔 주생활양식이다. 원스톱 서비스one-stop

service 혹은 슬세권[5]을 전제로 주거의 입지는 관공서를 비롯한 병의원, 약국, 마트, 쇼핑몰, 음식점 등과 같은 생활 편의시설 및 교통시설의 근접성, 학령기 자녀가 있는 경우 보육시설 및 초중고등학교, 보습학원, 실기학원의 밀집 여부가 중요하다. 넓은 주차공간, 주차장에서 현관까지 연계된 짧은 동선, 기다리지 않고 탈 수 있는 엘리베이터와 같은 거주자 편의를 위한 기술체계가 필요하다. 주거 내에서는 공간 간 기능적인 동선, 충분한 수납공간을 구비하고 가사작업을 편리하게 해주는 식기세척기, 건조기, 쿡탑 및 오븐, 로봇청소기나 무선청소기 등 다양한 가전설비와 인공지능, 사물인터넷과 같은 네트워크를 갖춘다.

③ 개성 및 정체성 표현

"집은 곧 나"라고 하는 말이 있듯이 주거공간 내에 거주자의 개성과 정체성을 나타내는 데 중점을 둔 생활양식이다. 예를 들어, 거주자가 소속 종교기관의 라벨이나 학교 동문, 소속 직장의 표식을 현관, 대문에 부착하는 경우가 있다.

실내공간에는 주로 거실에 가족구성원의 정체성을 나타낼 수 있는 물건을 배치하는데, 이는 이웃이나 지인이 방문 시 대부분 접하는 공간이 거실이기 때문이다. 방문객은 가족사진, 평소 아끼는 수집품(예: 피규어, 여행기념품, 수석, 서적 등), 종교물품, 상장 및 상패, 트로피, 훈장, 좋아하는 화가 및 화풍의 그림 등으로 거주자의 이력과 취향을 알 수 있다. 또한 반려동물과 생활하는 거주자는 거실에 반려동물의 집, 놀이설비, 장난감 등을 놓기도 한다.

④ 경제적 투자

주거의 의미를 상품 및 자산가치에 두고 이를 통한 경제적 이익을 높이는 데 중점을 둔 유형이다. 이들은 정부의 주택정책과 부동산 시장의 변동 관련 정보 탐색에 적극적이고, 입지와 관련하여 역세권, 숲세권, 물세권과 같이 주변에 지하철역이나 산, 숲, 강

---

5 슬세권: 슬리퍼와 세권(勢圈)의 합성어로 슬리퍼와 같은 편한 복장으로 각종 여가 · 편의시설을 이용할 수 있는 주거권역을 뜻한다. (자료: 네이버 지식백과, 시사상식사전)

과 같은 자연환경이 있는 주거, 쇼핑몰을 걸어서 이용할 수 있는 지역 등에 주거를 마련하여 임대수익을 위한 투자도 한다. 향후 수년 이내의 상승 가치를 예측하여 투자를 하기 때문에 거주 및 보유기간이 긴 편이 아니며 주거의 매매가 빈번하게 행해진다.

이 외에도 다른 사람들의 시선을 의식하여 거주지역의 수준과 아파트 브랜드, 이름 있는 해외 디자이너의 가구, 소품과 장식 등에 가치를 두는 '과시형', 이웃 및 지인과의 상호작용을 중요하게 생각하여 주거공간 내 커뮤니티 및 공용공간구성에 중점을 둔 '사회적 교류형' 등의 다양한 주거생활양식이 있다.

자연주의(자연과 더불어 사는 생활)

실용주의(충분한 수납공간이 있는 집)

개성 표현(반려동물과 함께 사는 집)

경제적 투자(물세권 아파트)

그림 1-8 가치 중심형 공간 사례

관련 활동

1. 나의 생애를 통한 주거유형 히스토리 조사

보호자로부터 독립 여부와 관계없이 내가 기억하는 내 생애의 모든 주거유형(예: 자취, 기숙사 포함)을 기록하여 조사한다.

구분	지역	시기(연령)	주거유형	구성원	침실 수	거주기간	특이사항
첫 번째 주거							
두 번째 주거							
세 번째 주거							
네 번째 주거							
...							

2. 나의 주거욕구와 주거가치 조사

- 매슬로의 인간동기이론 5단계 중 나의 주거욕구는 어느 단계에 있는지 생각해보고 그 이유를 서술한다.
- 현재 내가 가장 중점을 두고 있는 주거가치가 무엇인지 생각해보고 순위별로 적어본다. 그 결과를 주변친구, 동료의 주거가치와 비교하여 다른 점이 무엇인지 알아본다.

구분	사례	나	지인 1	지인 2	지인 3
1순위	경제성				
2순위	여가/취미				
3순위	편리성				
...	건강성				

CHAPTER 2
주거와 문화

주거는 단순한 거처를 넘어 사람들의 문화와 삶의 방식을 반영하며, 이를 문화적으로 이해하는 것은 주거공간 내의 사회적, 역사적, 관습적 요소들을 포함하는 것을 의미한다. 주거는 그 지역과 문화의 정신과 생활방식에 깊게 영향을 받으며, 상호작용을 통해 문화와 함께 진화한다. 주거문화의 형성은 지역의 역사, 사회구조, 경제, 지리와 기후조건 등 다양한 요인의 영향을 받아왔지만, 최근에는 급변하는 기후위기에 대응하기 위해 새로운 주거문화를 창출해내기도 한다.
본 장에서는 전통적인 주거문화를 형성했던 요인들과 현대사회가 새롭게 당면한 주거문화 형성요소를 함께 알아보고 비교함으로써 미래의 주거문화에 지속적인 변화와 발전을 위한 방안을 탐색해본다.

1. 주거문화의 이해

주거는 단순한 거처를 넘어 그 속에 살아가는 사람들의 문화, 가치 그리고 삶의 방식을 반영하는 복잡한 의미의 집합체이다. 즉, 주거는 단순히 구조물이나 보호의 기능뿐만 아니라 주거공간이 반영하는 사람들의 가치, 신념, 생활방식, 관습, 역사 그리고 사회적 관계 등을 포함한다. 따라서 주거를 문화적으로 이해한다는 것은 주거를 구성하는 모든 요소를 문화를 구성하는 자연적·물리적·사회적 요인과 연관 지어 이해하는 것을 의미한다. 주거문화가 표현되는 방식은 지역과 시대에 따라 달라지며 궁극적으로 각각의 차이를 발견하고, 그 차이를 발생시킨 문화적 요인을 탐색하는 것은 매우 의미 있는 일이다.

외젠 비올레르뒤크Eugene Viollet-le-Duc(1875)는 주택은 긴 시간을 거쳐서만 변화된다면서 사람들이 거주하는 곳은 단순히 거주하는 공간이 아니라 집단의 관습과 취향을 반영하고, 그 지역과 문화의 정신을 반영하며 독특한 생활방식에 영향을 끼친다고 하였다. 즉, 주거는 문화를 반영하고 또 문화에 영향을 주는 상호작용의 관계에 있다는 것을 말한다.

1) 주거문화의 일상성

주거의 문화적 의미는 일상성이다. 주거는 사람들의 일상을 반영하기 때문에 주거문화는 사람들의 삶과 직접적으로 연결되어 있다. 과거 선사시대부터 현대까지 주거의 형태와 구조는 그 시대의 사회구조, 기술수준, 경제상황, 심지어는 종교와 철학에 따라 크게 변화해 왔다.

선사시대의 단순한 동굴 주거나 움집은 당시의 기술수준과 생존을 위한 필수적인 기능에 중점을 둔 것이었다. 중세시대에는 서양과 동양 모두에서 권력과 계급구조를 반영하기 시작했으며, 종교가 중심이 되기도 했다. 산업이 발달하면서 예술, 과학, 기술이 발전되고 도시화가 급속도로 진행되면서 공동주거의 문화가 시작되고 대중교통과 관련된 주거형태가 발달하였다. 현대에 이르러 지속가능한 주거, 공동체주거, 탄소중립

선사시대의 일상생활

AI 시대의 일상생활

그림 2-1 일상생활에서 나타나는 주거문화

등 전 지구적 관심이 주거문화로 나타나기도 하고, 팬데믹 이후 가속화되고 있는 나노 사회에서는 다양한 문화와 생활양식이 상호 교차하며 AI 기반 주거, 가상현실과 같은 첨단기술이 주거문화의 새로운 분야로 나타나기 시작했다.

이처럼 주거는 그 시대의 사회적·문화적·기술적 특징을 반영하는 중요한 문화적 지표로 작용한다. 주거의 변화를 통해 인류의 역사와 발전을 엿볼 수 있으며, 주거는 인간의 삶과 역사, 문화와 끊임없이 상호작용하면서 미래에 대한 통찰을 제공한다.

2) 주거문화의 지역성

주거문화의 또 다른 문화적 의미는 자연적 조화와 지역성의 반영이다. 주거는 단순히 인간의 보호와 편의를 위한 공간이 아니라 그 지역의 자연환경, 기후, 지형 및 문화적 배경과도 깊은 관계가 있다. 과거부터 지역의 기후와 자연환경은 주거공간의 구조와 재료 선택에 큰 영향을 주었다. 더운 지역에서는 통풍이 잘되는 구조와 시원한 재료를 사용하는 반면, 추운 지역에서는 보온성이 좋은 재료와 따뜻한 공간 활용을 중요시했다. 더 나아가, 지역적 특성은 그 지역의 주민들의 생활방식과 사고방식에도 영향을 끼쳤다. 자연환경과 조화롭게 살아가는 문화는 도시와 시골, 산과 바다 등 어디에서나 나타나고 그 지역의 주민들의 성격과 가치관에도 영향을 미치며, 이는 다시 주거공간의 형태와 스타일에 반영된다.

자료: 아웃 디자인

더운 지역의 주거

추운 지역의 주거

그림 2-2 주거문화의 지역성

이처럼 자연적 조화와 지역성은 주거의 문화적 의미를 깊게 이해하는 데 핵심 요소로 작용한다. 주거는 그 지역의 자연과 문화를 단순히 반영하는 것이 아니라 그것을 토대로 새로운 문화적 가치와 의미를 창출하는 과정을 통해 인간과 자연, 과거와 현재, 지역과 전 지구적 문화와 연결되게 한다. 이는 우리가 주거를 통해 자신이 속한 지역과 세계 그리고 인간이 살아가는 더 큰 환경과의 관계를 재조명하고 이해하는 데 중요하게 작용한다.

주거문화를 형성하는 데 지리적 위치와 기후조건 등 자연환경이 중요한 역할을 해왔다. 특히, 과거에는 기술이 부족했기 때문에 전적으로 자연환경에 의해 주거형태가 결정될 수밖에 없었다. 특히, 지리적 위치에 따라 온도, 습도, 일조량, 기우량 등은 주생활양식과 주거형태에 직접적인 영향을 미친다. 주거지의 지리적 위치는 지역의 특성, 지형, 접근성과 깊은 연관이 있으며 주택의 건축방식과 마을의 구조를 결정한다. 지형

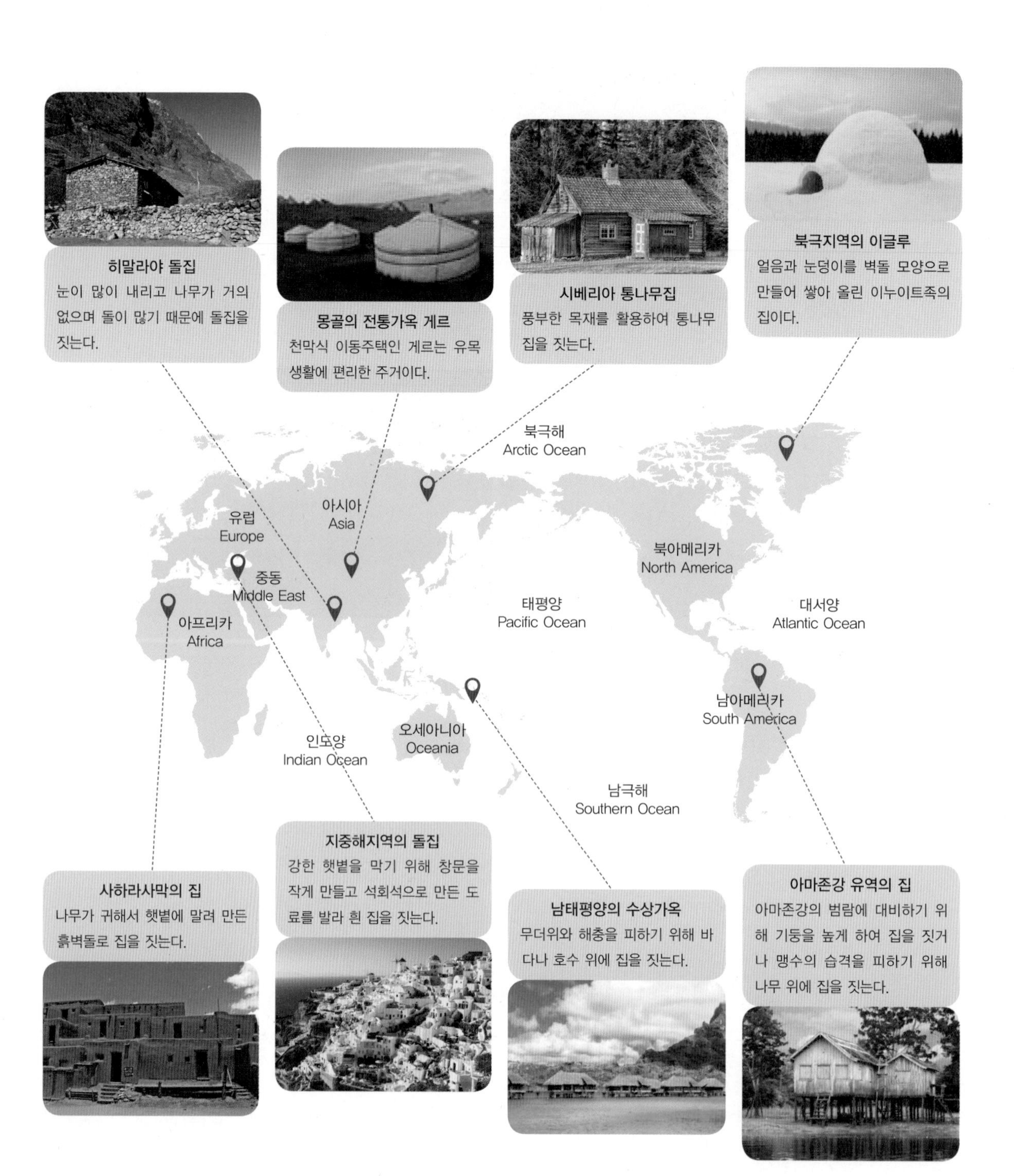

그림 2-3 자연적 요인에 따른 주거문화

에 따라 산지지역은 대부분 해발고도가 높고 경사가 있어서 경사진 지형을 활용한 계단식 구조의 마을형태가 조성되고 밭농사나 가축을 사육하는 경우가 많아 농경문화를 유지해왔다. 그러나 최근에는 지리적 위치보다 기후위기로 인한 지진, 쓰나미, 이상고온 등 주거생활의 위험성이 높아짐에 따라 기후위기의 대응방법에 관심이 높아지고 있다.

전통적으로 주거지를 형성하는 데 가장 영향을 많이 받는 요인은 기후조건이었다. 기후조건은 건축재료의 선택, 주거의 형태와 구조, 실내환경의 조절방식 등에 중요한 역할을 한다. 더운 지역에서는 통풍이 잘되는 설계와 차양 시스템이 중요하여 중동지역의 전통 주거는 더위를 막기 위해 두꺼운 벽과 작은 창문을 사용하고, 추운 지역의 주거는 보온성이 뛰어난 재료와 따뜻한 실내환경을 유지하기 위한 설계를 한다.

이누이트족은 추위를 피하고자 얼음집 이글루igloo를 지으면서 바깥과 안쪽 공간의 여유를 두어 추운 공기를 차단하고 지면 아래로 땅을 파서 지열을 이용하여 안쪽 공기를 따뜻하게 유지하였다. 대부분의 추운 지역에서는 보온성을 위해 고립된 창문을 사용하지만, 북유럽의 스칸디나비아와 핀란드에서는 일반적으로 낮은 천장과 작은 창문을 설계하고 있다.

반면 덥고 습한 동남아시아에서는 통풍이 잘되고 동물의 접근을 피할 수 있도록 지면과 떨어져 집을 짓는 고상주거를 많이 볼 수 있다. 말레이시아의 주택은 대나무와 팜 프론드palm frond로 지어져 자연재료의 아름다움을 살리며, 지붕이 고유한 형태로 지어져 있어 장마기의 비와 태양을 효과적으로 차단한다. 이처럼 각 지역의 주거는 지역 고유의 독특한 기후조건과 생태계, 지역문화를 반영하며 발전해왔다.

우리나라는 동아시아 반도에 위치하고 있고, 대륙성과 해양성 기후이며 사계절이 뚜렷하다. 이러한 기후적 특징으로 마루와 온돌을 동시에 사용하여 여름과 겨울을 견딜 수 있게 하였고, 주거지는 산을 뒤로하고 강이 앞에 흐르는 배산임수 지형을 선호하였다.

특히, 남북으로 길게 위치한 지리적 특성에 따라 각 지역마다 기후에 맞게 다른 주거형태를 보였는데, 관서지방, 관북지방, 남부지방, 중부지방, 제주도, 울릉도에 따라 구분된다. 추운 지역에는 겹집으로 지어 출입구를 최소화하는 폐쇄적인 형태를 띠고, 따뜻한 중남부지역에는 홑집의 형태로 공기의 순환을 위해 대청마루가 발달되었다. 눈이 많이 오는 울릉도에는 눈과 바람을 방지하는 방설벽과 우데기를 만들었고, 바람이 많은 제주도는 강풍에 대응하고 저항을 최소화하기 위해 지붕을 그물 모양으로 완만하게 만들었다.

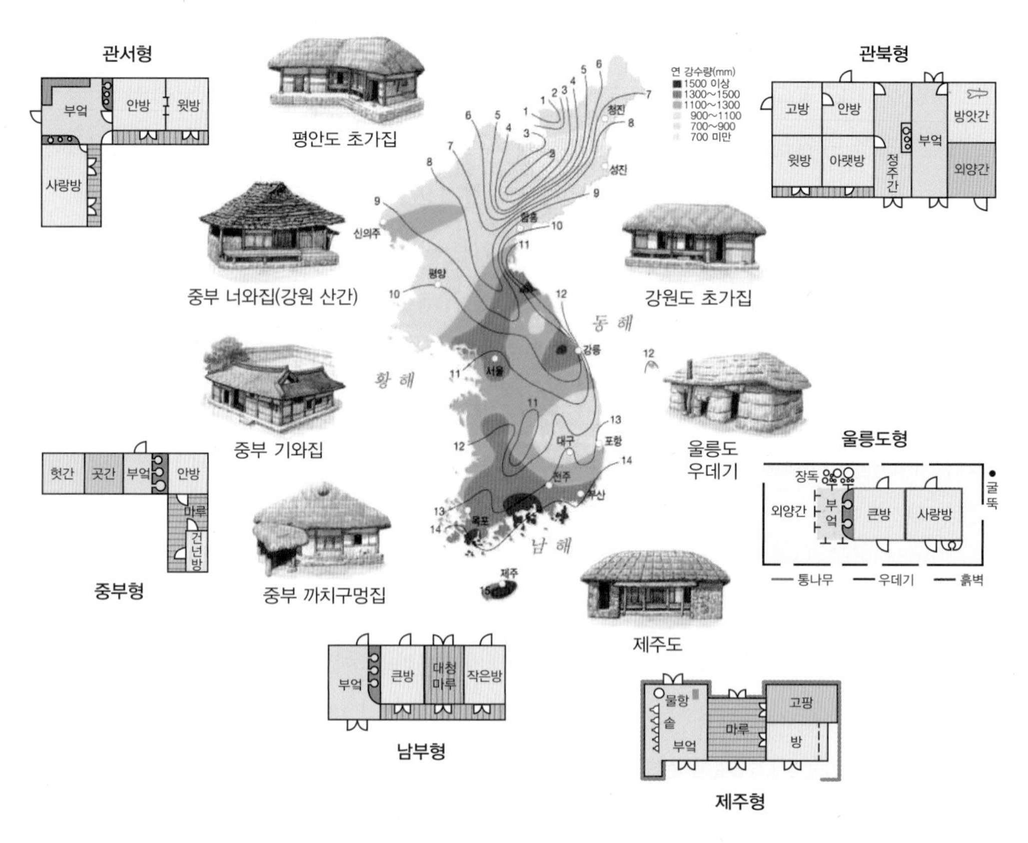

그림 2-4 자연적 요인에 따른 우리나라의 주거문화

3) 주거문화의 기술적 활용성

주거의 문화적 의미는 각 시대 문명 자원의 기술적 활용성에 있다. 주거문화는 시대별로 기술이 어떻게 발전하느냐에 따라 달라졌다. 고대시대의 주택은 돌과 나무 같은 자연재료를 사용하여 구축되었고, 당시에 가능했던 기술과 수단을 활용하여 안전과 편의를 최대한 고려했다. 이러한 방식은 현대에 비해 단순하거나 원시적으로 보일 수 있지만, 그 시대의 기술수준과 자원을 최적으로 활용한 결과물이었다. 인류는 수많은 도구를 개발했고, 산업혁명 이후 기계와 새로운 건축재료는 주거공간을 혁신하기 시작했다. 철근콘크리트 같은 재료는 더 높고 넓은 건물을 가능하게 만들었고, 재료의 대량생산은 더 많은 사람이 쾌적한 공간에 살 수 있도록 주거접근성을 향상시켰다.

자연소재로 만들어진 주거
자료: 신베이시 정부 관광여행국

철근콘크리트 주거
자료: 여성신문(2022. 7. 26.)

3D 프린터로 제작된 주거
자료: space

신소재로 제작된 주거

그림 2-5 주거문화의 기술적 활용성

특히, 현대 주거는 다양한 첨단기술의 통합으로 스마트홈 기술, 에너지 효율화, 친환경건축재료 등 생활의 편의성을 높이는 동시에 환경보전을 향상시키고 있다. 최근에는 3D 프린터로 집을 짓는 기술을 활용해 집이 긴급하게 필요한 구호민을 위해 주거지를 만들거나 감염병이 유행할 때 필요한 병원을 짓기도 하는 등 최신의 사회 이슈에 부합하는 새로운 주거문화를 창출하고 있다. 자원의 기술적 활용성은 그 시대의 기술적 발전을 통해 인류가 어떻게 생활의 질을 향상시키고 지속가능한 발전을 추구하는지를 반영한다.

주거문화를 발전시키는 주요 요인 중 하나는 기술력과 지역의 자원 유무이다. 구석기시대부터 현대에 이르기까지, 기술력과 지역의 자원 유무는 주거문화의 발전에 결정적인 영향을 끼쳐왔다.

인류는 기술의 발전으로 많은 문명을 개척해왔다. 구석기시대 자연의 형태와 재료를 그대로 이용했지만 신석기시대부터 도구를 활용하고 흙과 나무 등의 재료를 활용한 후에는 농경사회가 시작되면서 사람들이 모여 사는 정착문화를 이룰 수 있었다. 고대 문명시대에는 건축기술과 계획된 도시구조가 발전했으며 대형건축물과 상수도의 기반시설이 생기면서 사회구조와 경제구조가 변화하였다. 아울러 과거 특정 자원의 풍부함은 그 지역의 독특한 주거문화를 만들어냈지만 인류의 기술발전은 철근콘크리트, 강철, 유리 등의 새로운 재료와 컴퓨터를 활용한 설계기술을 바탕으로 매우 다양한 분야에 영향을 끼쳤다.

각 나라의 전통주택에 사용된 기술들은 그 지역에서 쉽게 구할 수 있는 자원을 가공하면서 발전된 경우가 많다. 돌은 과거에 집을 짓는 데 가장 많이 활용된 자연 자원이었다. 돌이 풍부한 유럽 국가는 석조건물을 중심으로 발전되어 왔고, 북미 일부지역과 일부 아시아 국가에서는 광범위한 숲과 풍부한 목재 자원 덕분에 목조건물이 발전하였다. 사막과 같이 흙과 모래가 많은 지역에서는 진흙으로 벽돌을 만들어 집을 지었으며 이러한 구조의 주택은 자연적인 절연재 작용을 하여 내부의 온도를 상대적으로 안정적으로 유지하고 뜨거운 낮의 열기와 차가운 밤의 기온 변화에 효과적으로 대응할 수 있도록 하였다.

그림 2-6 재료와 기술의 발전이 가져온 주거문화의 변화

이처럼 도구가 발달되고 기계화, 산업화되면서 인류는 주거를 직접 생산하던 역할에서 벗어나 점점 자동화와 대량생산을 통한 주거 건설 시스템으로 전환하였다. 산업혁명을 시작으로 기계와 공장 시스템의 등장은 주택 건설의 방식뿐만 아니라 주거문화 자체에도 큰 변화를 가져왔다. 이러한 대량생산 시스템과 교통, 인프라의 발전은 사람들이 도시로 이동하게 만들었고, 이로 인해 도시에서는 주택 수요가 급증하면서 도시화되었다. 앞으로는 지역의 자원 유무보다 어떤 기술력을 가졌느냐에 따라 각각 다른 주거문화를 향유할 수 있게 될 것으로 전망되고 있다.

4) 주거문화의 공동체성

주거문화는 사회적 구조를 반영하는 공동체의 연결성과 관련이 깊다. 주거공간은 그 소유자나 거주자의 사회적 지위, 가치관, 취향 등을 형상화하는 매우 개인적이고 심미적인 표현수단이 된다. 고대부터 현대에 이르기까지 주거공간은 그 시대 사람들의 권력과 부를 상징하는 경우가 많았다. 특히, 고대 로마나 그리스의 화려한 기둥과 조각은 당시 문화와 지배 계층의 세련된 취향을 보여준다. 중세시대의 성과 성당 역시 그 지역의 종교와 왕권을 상징하는 중요한 구조물로 여겨졌다.

종교와 왕권을 상징하는 성

자료: hotels.com

왕의 권위를 상징하는 궁궐

자료: SCB

커뮤니티를 위한 녹화공간

자료: 테크홀릭(2022. 10. 21.)

사회적 관계를 위한 공용공간

자료: 주거환경신문(2011. 3. 4.)

그림 2-7 주거를 매개로 한 사회적 상호작용

우리나라에서도 궁궐은 왕의 권위를 상징하며 국가의 정체성을 나타내는 구심점 역할을 했다. 현대사회에서도 주택의 크기, 스타일, 위치 등은 그 주택의 소유자가 어떤 사회적 지위와 가치를 가졌는지를 나타내는 중요한 지표로 작용하기도 한다. 그러나 최근에는 주거공간을 개인의 정체성과 사회적 위치를 정립하고 자아를 표현하는 중요한 수단으로 여기기도 한다.

사람들은 주거를 통해 자신의 가치와 신념, 삶의 방식을 구체화하고, 자신이 속한 커뮤니티와 사회의 관계를 규정하며 사회적 관계를 유지하고 소속감을 느낀다. 커뮤니티 공간을 공원처럼 꾸며서 녹화를 즐기거나, 커뮤니티 구성원만 활용할 수 있는 공용시설을 두어 공동체성을 강화하기도 한다. 주거는 개인과 사회, 내부와 외부, 실제와 이상 사이의 복잡한 관계를 엮어주는 중심 역할을 하며, 이러한 관계 속에서 문화와 정체성, 역사와 미래가 교차하는 공간이 된다.

2. 주거문화의 형성 요인

주거문화는 사람들이 살아가는 모든 시간과 공간을 포함하는 광범위한 현상으로 지역의 역사, 사회구조, 경제상황, 지리적 특성, 기후조건과 같은 다양한 요인의 영향을 받아 형성된다. 주거문화는 각 문화의 생활방식, 전통, 가치관을 반영하고, 이러한 요소들이 다양한 관계를 유지하면서 변화되고 시대의 흐름에 따라 여러 세대에 거쳐 전달되면서 새롭게 진화한다.

공간 설계자이면서 주거를 문화인류학적으로 접근한 학자인 라포포트Rapoport(1998)는 생활, 주거환경, 주거형태에 문화의 의미가 어떻게 작용하는지 연구하였다. 그는 주거형태가 단순히 기후나 건축기술에 의해 결정되지 않는다고 주장하면서, 기후조건이 유사한 곳에서도 주거형태가 다양하기 때문에 기후적 요인이나 기술적 요인은 결정적 요소가 아니라 수정요소modifying factor로 볼 수 있다고 주장하였다.

특히, 라포포트는 한 문화의 독특한 성격, 풍습, 가치관 등이 주택이나 주거공동체 형태에 영향을 미칠 수 있다고 강조하였다. 예를 들어 프랑스 건축가들이 북아프리카 원주민 마을에 주민들이 물을 긷거나 빨래를 하기 위해 거리가 먼 빨래터로 나오는 수

그림 2-8 커뮤니티 공간으로서의 생활환경

자료: 위키피디아

고를 덜어주기 위해 수로를 설치해준 개발사업은 실패하였는데, 마을의 여성들이 마을을 벗어나 자신들만의 이야기를 나누던 커뮤니티 공간을 잃어버린 것에 불만을 토로했기 때문이다. 건축가들은 원시적primitive인 생활을 해결하기 위한 주거환경의 변화를 계획했지만, 빨래터의 잠재적 기능latent function은 고려하지 못했던 것이었다. 이처럼 주거문화를 형성하는 것은 지역, 시대, 기술, 사회적 구조 등 복잡한 요인들과 함께 문화적 변수들을 고려해야 한다.

주거문화를 형성하는 다양한 요인들의 비교를 통해 인간과 자연, 개인과 공동체, 사회의 구조와 기능 등의 복잡한 문제를 이해할 수 있게 된다.

1) 자연적 요인

주거문화에 자연환경이 어떤 영향을 주었는지 알아보기 위해서는 인간과 환경 간의 관점에 대해 이해할 필요가 있다. 가장 많이 알려진 이론으로는 환경결정론, 환경가능론, 환경개연론이 있다.

(1) 환경결정론

환경이 인간의 행동과 문화, 나아가 사회구조까지 결정한다는 관점을 제시한다. 즉, 특정 지리적 요소나 기후조건은 그 지역의 주거문화와 생활방식을 완전히 제어한다는 주장이다. 이러한 관점은 고대 주거문화의 형성과정을 명확하게 설명할 수 있지만, 동일한 환경조건하에서 발생하는 다양한 문화현상을 설명하지 못하는 단점이 있다. 사례로는 선사시대 동굴에서 삶을 이어갔던 원시인들은 주어진 자연환경에 따라 동굴, 숲 등에 주거지를 만들기도 했다.

(2) 환경가능론

환경이 특정한 주거형태나 문화를 강제하지는 않지만, 가능한 선택지를 제한하거나 유도한다는 관점을 나타낸다. 즉, 환경은 문화를 형성하는 요소 중 하나일 뿐, 결정적인 것은 아니라는 주장이다.

이 관점은 주거문화의 다양성을 설명하는 데 유용하며, 같은 환경조건에서도 다르게 발전할 수 있는 주거문화의 유연성을 강조한다. 사례로 최근 사람들은 많은 자연환경을 극복하며 새로운 주거환경을 창출하는데, 사막에 인공숲을 조성하거나 갯벌간척사업을 통해 새로운 주거지를 건설한다.

(3) 환경개연론

환경과 인간 사이의 동적인 상호작용을 중심으로 한다. 이 관점의 핵심은 인간은 환경을 변경하고 조작할 수 있으며, 이러한 인간의 활동이 다시 환경에 영향을 미친다는 것이다. 이는 현대기술의 발전으로 인간이 환경을 능동적으로 조작하고 변화시키는 능력을 강조하며, 주거문화의 형성과 변화과정에서 인간의 역할을 중요시한다. 사례로 현대

환경결정론

환경가능론

자료: 인천광역시

환경개연론

그림 2-9 인간과 주거환경의 관계

사회에서는 주거환경을 목적에 따라 임의적으로 조작해서 범죄로부터 보다 안전한 환경을 조성한다.

2) 기술적 요인

지구온난화로 자연환경이 급격하게 변하면서 발생된 기후위기로 지구 곳곳에 이상기온, 지진과 해일, 쓰나미 등 우리의 주거생활을 위협하는 일들이 발생하고 있다. 따라서 지금까지 적용되었던 기후와 주거와의 관계에서 벗어나 새로운 접근방식으로 기후위기에 대응하는 건축설계를 고려하기 시작했다.

주거에 가장 큰 영향을 미치는 외부기온에 대응할 수 있도록 이중 외피를 만들거나, 외부 차양장치에 선스크린sun screen, 어닝awnings 등을 설치하는 기술이 유용하게 활용되고 있다. 건축공간 외부에 그린파사드를 활용하여 차양막의 기능을 강화하고, 공간 내부에 보이드공간을 활용하면서 실내기온을 조절하는 공법을 선보이기도 했다. 보이드공간의 목적은 외부환경과 내부공간의 기능 조절과 전이공간의 역할을 하는 것으로, 에콜로지컬 코어로서 건물 내부의 온도조절에 큰 역할을 한다.

한편 기온의 상승은 해수면의 높이의 변화를 가져오고, 저지대의 범람, 해안 침식, 지하수로 해수 유입 등으로 도시와 건축적 대응이 요구되어 왔다. 중력과 부력의 상호관계를 활용하여 수상건축을 발전시켜 공항, 관공서, 복합상업공간으로 활용되는 새로운 시도도 생겨나고 있다.

그림 2-10 기후위기에 대응하는 건축기술의 발전

자료: 최준호(2020). 코로나-19 이후, 인간중심의 주거공간 연구와 방향. 한국주거학회지, 15(2), pp.15-19

3) 사회문화적 요인

(1) 문화적 가치

주거문화는 각 지역의 고유한 문화적 가치, 가족 및 사회구조, 세대별 주거의식 등의 사회적 요인에 따라 영향을 받아왔다. 앞에서 다루었던 자연적 요인이나 기술적 요인은 물리적인 환경 변화에 따라 주거문화에 직접적인 영향을 주었으나, 주거생활에 문화적 규범으로 자리 잡은 사회적 요인들은 주거문화를 형성하기 위해 근본적이며 상호 유기적으로 연계되어 있었다.

인류가 시작되면서 정신적으로 지배해온 세계관, 종교, 정치체제, 사회적 계층구조, 교육 및 커뮤니케이션 방식 등 다양한 사회 요인들이 주거양식을 결정짓고 새로운 문화 창조에 일조해왔다. 세계관과 종교는 사람들의 생활방식과 가치관이 형성되는 데 큰 역할을 하였으며, 집의 구조, 배치 그리고 사용되는 재료에까지 영향을 미쳤다. 정치체제와 사회적 계층구조 역시 주거지역의 선택, 집의 크기 및 형태 그리고 소유권과 같은 주거에 관한 여러 사항을 결정짓는 데 중요한 역할을 하였다. 또한 교육과 커뮤니케이션 방식의 발전은 집 안의 공간 배분과 기능성, 주거환경에 대한 인식과 가치를 변화시켜왔다. 이처럼 주거문화는 다양한 사회 요인의 복합적인 영향을 받아 지속적으로 변화하고 발전해왔다.

더 나아가, 국제적인 이동과 이민 그리고 통신기술의 발전으로 인해 전 세계의 문화와 생활양식이 상호 교류되면서, 주거문화도 그 흐름에 영향을 받았다. 이는 도시계획, 주택디자인 그리고 인테리어 스타일 등에서 국가나 지역을 넘어서는 국제적인 영향을 받게 되었다는 것을 의미한다. 예를 들면, 서양의 모던 스타일이 동양에서도 큰 인기를 끌었고, 반대로 동양의 전통적인 요소나 디자인이 서양의 주거문화에도 영향을 미쳤다.

이렇게 각 국가나 지역의 독특한 주거문화는 세계화의 흐름 속에서 각자의 주거문화를 유지하면서도 동시에 다양한 영향을 받아 새로운 모습으로 진화해 나가고 있다. 이는 주거문화가 단순히 거주공간의 형태와 기능만을 의미하는 것이 아니라, 그 지역의 역사, 전통, 사회구조 및 문화적 가치를 반영하는 중요한 요소라는 것을 알게 해준다. 이러한 다양한 요인들이 상호작용하며 주거문화는 계속해서 발전하고, 새로운 문화

트렌드와 기술 변화에 적응하여 미래의 새로운 문화를 창출할 것이다.

주거는 그 지역에서 형성된 전통적인 신념과 가치관을 반영한다. 각 문화마다 정신세계를 이끌어온 전통사상과 삶을 대하는 태도, 생활의 특징, 종교적 신념이 주거의 형태나 구성에 영향을 주면서 주거문화가 형성되어 왔는데, 특히 세계관과 종교관은 현재까지 많은 사례가 남아 있다.

전통적으로 주거형태에 세계관을 반영한 사례로는 자연과 우주를 원형으로 인식한 북아메리카 인디언인 수족sioux의 주거지와, 세계를 사각형으로 인지한 중국의 사합원 사례를 비교해볼 수 있다. 수족은 자신들이 살고 있는 세계를 원으로 보고 집의 형태와 마을의 모양을 원형으로 만들었다. 반면 중국은 음양오행설에 바탕을 둔 풍수의 영향을 받아, 건물 네 동을 모아 만든 사합원 가옥을 지었고, 중국의 많은 건축물이 사각형으로 지어지며 마을의 형태 또한 유교와 도교의 철학에 따라 형성되었다.

우리나라는 음양오행에 따른 풍수사상에 영향을 받아 주거행태가 달라지기도 했다. 풍수사상은 삼국시대 중국에서 들어와 고려와 조선시대에 번성하였는데, 고려 태조 왕건이 풍수의 중요성을 강조하였고 집터의 선정, 공간의 배치에 좌향을 중시하였다. 또한 조상숭배정신, 남녀유별로 사당을 두어 산 자와 죽은 자의 공간을 분리하고, 사랑채와 안채를 구분하여 남녀를 구별하였다.

종교-일본의 불단

자료: 나무위키

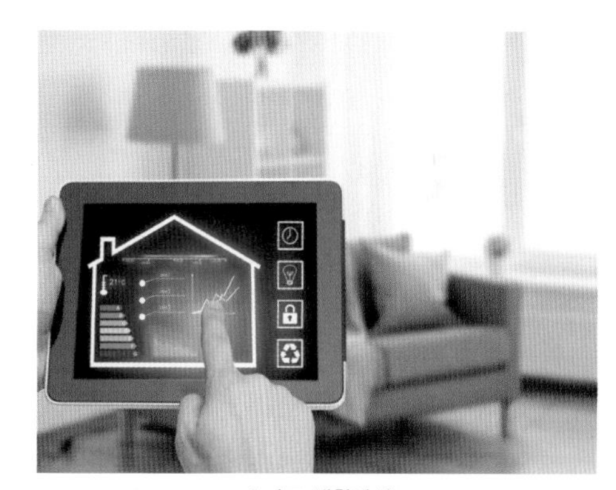
스마트 생활양식

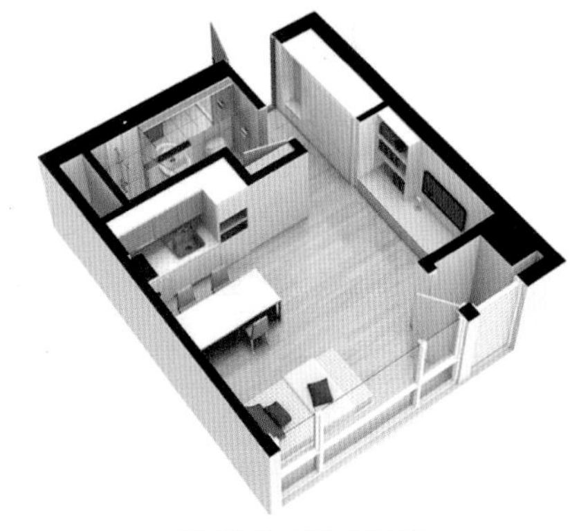
1인 가족을 위한 홈오피스

그림 2-11 사회문화적 변화와 주거문화

종교적 신념과 가치는 사람들의 일상생활과 그들의 생활환경, 특히 주거공간에 어떻게 반영되어야 하는지에 대한 규범과 지침을 제공한다. 예를 들어, 이슬람 문화권에서는 기도하는 방향이 중요하기 때문에 많은 이슬람 국가의 주택은 기도를 위한 특정 방향을 갖는다. 또한 여성의 사생활을 보호하기 위해 집 안에 개인공간을 마련한다. 불교가 주를 이루는 지역에서는 절과 같은 종교시설 주변에 마을이 형성되었고, 일본과 중국은 집 내부에 불상을 놓는 공간이 있다.

동남아시아에서는 토착신앙에 기반을 두고 초자연적 힘을 갖는 장소나 사물을 숭배하기 때문에 주택에도 이러한 종교적 특성이 반영된다. 주택 최상부로부터 지붕, 거주공간, 기초 순으로 지어지는데, 이는 신 아래 인간, 그 아래 동물이 산다는 종교적 위계와 상징성을 내포한다. 몽골의 주거공간인 게르에는 입구 쪽에서 침상의 왼쪽에 가족의 제단을 배치하기도 하고, 우리나라는 마을에 서낭당을 두어 민간신앙의 장소로 사용하였다.

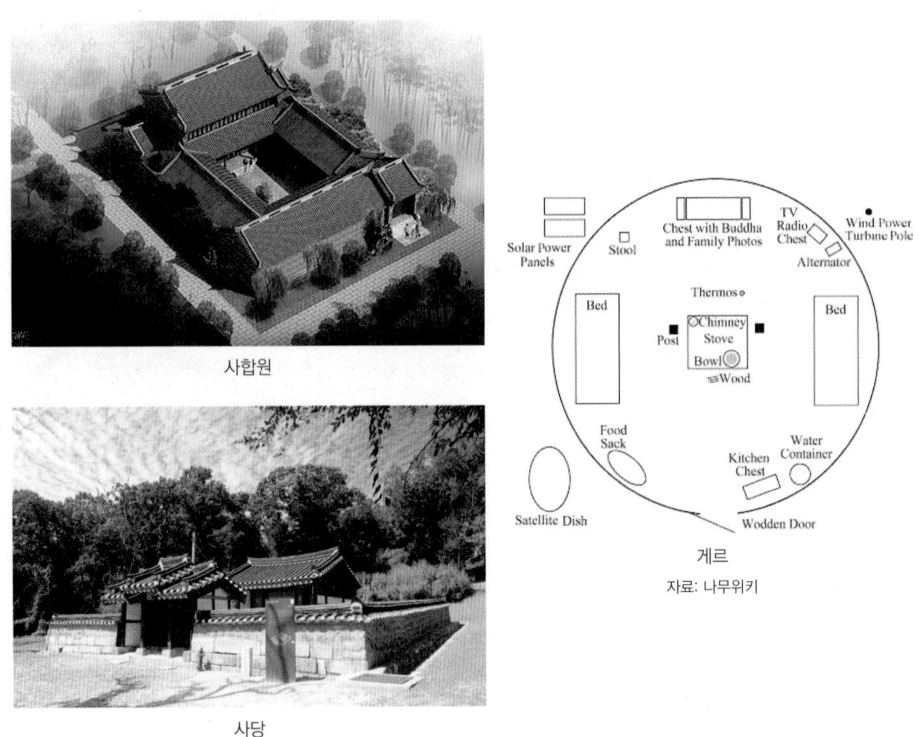

사합원

사당

자료: 한국민족문화대백과사전

게르

자료: 나무위키

그림 2-12 주거문화에 영향을 미친 세계관과 종교관

(2) 가족 및 사회구조

가족과 사회구조는 주거규모나 공간의 배분과 기능에 많은 영향을 준다. 과거 대가족 중심의 체제에서 현대 핵가족과 1인 가족의 증가는 주거형태와 구조의 혁신적인 변화를 이끌었다. 과거의 대가족 중심의 사회에서는 여러 세대가 함께 살았기 때문에 주택의 크기는 크고, 각 가족구성원의 역할에 따라 명확하게 구분된 공간이 필요했다. 예를 들어, 대청마루나 마당은 가족구성원들이 모여 소통하거나 다양한 활동을 하는 공간으로 중요하게 여겨졌다. 또한 노인과 어린이, 청소년과 성인의 공간도 확연히 구분되어 있었다.

그러나 현대의 핵가족 중심 사회로 변화하면서 주택의 크기는 상대적으로 작아졌으며, 공간의 활용도나 다목적 사용이 강조되었다. 거실, 주방, 침실 등의 공간이 통합되어 열린 구조로 디자인되었고, 이는 가족 간의 소통을 더욱 촉진하였다. 또한 1인 가구의 증가와 함께 원룸이나 스튜디오 아파트와 같은 소형주택이 인기를 얻기 시작했다. 이러한 주택은 공간의 제한된 크기를 최대한 활용할 수 있도록 실용적이고 혁신적인 디자인이 도입되었다. 이외에도 코워킹 스페이스co-working space나 공용 라운지, 공동주방 등의 공유 공간을 활용한 주거형태도 등장하였다.

공유 오피스

여가를 위한 공용 라운지

재택근무

그림 2-13 주거문화에 영향을 미친 사회구조의 변화

사회구조의 변화로 인한 가장 큰 변화는 직주분리였다. 과거 산업화가 시작되면서 많은 사람이 집과 직장이 분리된 생활을 하였고 사회 진출이 활발해지면서, 주거에 대한 요구도가 더 다양해졌다. 특히, 팬데믹 이후 재택근무로 인한 홈오피스가 대세를 이루었고 주거의 IT 효율성과 쾌적성에 대한 관심이 높아졌으며, 보안 시스템이나 다양한 편의시설의 설치 등이 중요한 고려사항으로 떠올랐다.

이처럼 가족구성과 사회구조의 변화는 주거의 형태와 기능 그리고 인간의 생활방식에 큰 영향을 미치며, 이에 따라 주거문화도 지속적으로 발전하고 변화한다. 도시화와 인구 밀집으로 인한 공간 부족 문제를 해결하기 위해 수직적인 주거공간을 활용할 수 있는 고층 아파트나 다층 주택의 건설이 활발히 진행되고 있다. 이러한 주거공간에서는 개별적인 프라이버시 보장은 물론, 다양한 커뮤니티 공간을 활용하여 사회적 연결성도 강화하고 있다.

환경문제의 부각과 지구온난화 대응을 위해 지속가능한 주거형태도 꾸준히 제기되고 있다. 에코 프렌들리eco-friendly한 주택설계와 건축에 대한 관심이 높아져 태양광 패널, 빗물 수집 시스템, 그린루프, 고효율 단열재 등의 환경친화적인 기술들이 주택건축에 적극적으로 도입되고 있다.

(3) 세대별 주거의식

세대별 주거의식은 시대와 문화, 사회적·경제적 변화에 따라 끊임없이 발전하고 변화한다. 주거문화는 시대에 따라 변화하고 진화하게 되는데 현재 다양한 세대들에게 놓인 생활환경과 상황에 따라 새롭게 생성된다. 주거의식에 대한 세대별 차이는 그 시대의 사회적·문화적·경제적 배경에서 비롯된다. 이러한 배경을 통해 세대마다의 주거에 대한 욕구, 가치관, 기대 등이 형성되며 이를 바탕으로 다양한 주거문화가 탄생한다.

주거의식의 변화는 직접적으로 주거문화에 큰 영향을 미치는데, 사람들이 어떻게 집을 선택하고, 어떻게 그 공간을 사용하며, 무엇을 중요하게 생각하는지 등에 관한 것을 포함하기 때문이다. 그 예로 최근 이슈가 되고 있는 청년세대의 주거문화와 시니어세대의 주거문화를 살펴본다.

청년세대의 주거문화는 자기만의 독특한 라이프 스타일을 추구하며, 디지털 기술에 익숙하기 때문에 스마트홈 기술, IoT 홈네트워크 등을 활용하여 디지털 주거공간을 최적화한다. 예를 들어, 작업과 휴식을 함께하는 홈오피스 스타일의 주거공간에서 다양한 취미나 활동을 반영하여 자신만의 스타일을 만들어 나간다. 한편 환경문제에 대해 인식이 높아진 세대들은 주거문화에 친환경재료, 에너지 절약형 가전제품, 재활용 등의 친환경가치를 반영하려는 경향이 있다. 그러나 높은 집값과 불안정한 고용환경 때문에 청년들은 자신만의 주택을 소유하기 어려워, 임대나 공유주거형태인 셰어하우스, 코리빙하우스, 공동주택 등을 선호하는 경향이 있다.

베이비 부머 세대가 은퇴함에 따라 시니어 세대의 주거에 대한 요구도가 높아지고 새로운 은퇴문화를 주거에 반영하는 경우가 늘어나고 있다. 과거의 시니어 세대는 전통적인 가치와 문화를 중요시했지만 베이비 부머 세대의 시니어 세대는 더욱 다양한 가치와 문화에 노출되어 있으며, 그들만의 취향과 경험을 주거에 반영하려는 경향이 있다. 이러한 변화는 주거선택뿐만 아니라 인테리어 스타일, 주거환경, 커뮤니티 활동 등에서도 드러난다. 베이비 부머 세대는 노년기의 편의와 안전, 건강과 웰니스 활동을 중요하게 생각하고 이와 관련된 다양한 주거편의시설을 선호한다. 병원시설과의 근접성이나 여가생활을 즐길 수 있는 근린환경에 대한 관심이 높고 이를 자신의 취미활동과 연계하는 경우가 많아지고 있다.

청년세대를 위한 공유주거
자료: 경향신문(2018. 5. 13.)

시니어 세대를 위한 타운하우스
자료: Solana at The Park

그림 2-14 세대별 주거의식의 변화와 현대 주거문화의 진화

이렇게 세대별로 변화하는 주거의식은 사회의 흐름과 함께 끊임없이 진화하는 주거문화를 만들어 낸다. 현대사회에서는 각 세대의 다양한 요구와 가치를 반영한 주거환경을 제공하는 것이 중요하게 되었고, 이는 도시계획 및 주거 디자인의 방향성을 제시해준다. 미래의 주거문화 역시 지속적인 변화와 발전을 거듭하게 될 것이며, 그 중심에는 다양한 세대들의 주거에 대한 바람과 기대를 반영하는 새로운 문화가 자리 잡을 것이다.

3. 공동체를 위한 주거 트렌드

오랜 시간 형성된 주거문화는 우리의 삶과 공동체에 깊은 영향을 미치고 있다. 주거문화는 지역적 특성, 역사, 가치관 등 다양한 요소의 영향을 받으며 공동체의 정체성을 형성하고 유지한다. 주거문화를 통해 사람들은 서로의 생활방식과 가치를 공유하고 소통하며, 이는 공동체 의식을 강화하고 협력을 이끌어내는 기반이 된다.

결국 주거문화를 기반으로 한 주거환경은 공동체 구성원들의 상호작용과 융합을 형성하는 장소가 된다. 이는 서로 다른 문화와 배경을 가진 사람들이 소통하고 협력하는 기회를 제공하고, 주거환경이 공동체 활동을 지원하고 다양한 사회적 관계를 형성함으로써, 사람들은 더 나은 삶의 질과 사회적 만족감을 느끼게 된다.

특히, 최근 우리가 경험하고 있는 주거문화는 디지털 기술의 발전과 결합되어 공동체 구성원들의 상호작용과 편의성을 높여주고, 다양한 공동체 문제와 결합하여 새로운 주거현상으로 나타난다. 이러한 주거문화의 특성 중 하나는 다양한 라이프 스타일을 반영한다는 점이다. 각각의 공동체 구성원들은 서로 다른 라이프 스타일과 가치관을 가지고 있으며, 이를 주거환경에서 표현하고 공유하면서 다양성을 존중하고 조화롭게 공동생활을 이루어 나가는 데 초점을 맞춘다.

이에 따라 주거공간의 디자인과 기능은 다양한 주거 라이프 스타일을 창출하며 홈오피스, 공동 작업공간 등 각각의 라이프 스타일을 지원한다. 이러한 다양한 라이프 스타일을 반영한 공동체 주거문화는 공동체 구성원들 간의 상호작용과 소통을 더욱 활발하게 만들어주며, 공동체의 화합과 융합을 높이는 중요한 역할을 하고 있다.

1) 개인성과 창의성 중심의 주거문화

젊은 세대를 중심으로 다양한 라이프 스타일을 존중하며 개개인이 자신만의 공간을 창조하고 유지할 수 있는 환경이 중시되는 주거문화가 확산되고 있다. 현대사회에는 다양한 라이프 스타일과 가치관이 존재하며, 젊은 세대들이 자유로운 생활방식을 추구하기 때문이다. 이러한 개인화된 가치관이 주거환경에 반영되고 있다.

젊은 세대는 미래를 위한 계획과 개인적인 성향을 중요시하며, 주거공간 역시 그들의 취향과 스타일을 반영하는 자신만의 독특한 공간으로 인식하는 경향이 있다. 이전 세대들이 경제적 자원에 맞춰 가성비에 맞는 주거문화를 확산시켰다면, 젊은 세대에서는 최근 자신이 선호하는 가치에 과감히 투자하는 가심비를 중시하는 문화가 확산되고 있다. 예를 들어 젊은 세대들은 도시에서의 활기찬 생활을 즐기면서 스마트하우징과 AI 기술을 활용하여 주거생활을 관리하고 자신만의 시간을 효율적으로 활용하는 것을 좋아한다. 이들은 스마트홈 시스템을 통해 조명, 온도, 보안을 제어하며, 인공지능 AI를 활용하여 하루 일과를 효율적으로 계획한다. 이처럼 젊은 세대에는 다양한 가치

PLUS+

개인성과 창의성 중심의 주거문화의 예

① 예나는 예술을 사랑하는 젊은 예술가로서, 자신만의 창작공간을 갖고 싶어 한다. 그녀는 작업실과 미니 화방을 갖춘 아파트를 선택했으며, 공간을 활용하여 창작에 몰두하고자 한다. 또한 작업 시간 이외에도 다양한 아티스트와 교류하며 공동 작업할 수 있는 공간을 조성하고, 다양한 문화적 교류의 장을 위해 홈 파티를 할 수 있는 주방을 디자인했다.

② 준호는 자연과 교감하며 평화로운 삶을 추구하는 본질주의자이다. 그는 시골에 위치한 오래된 작은 주택을 고쳐 살면서 일상에서 스트레스를 풀고 자연을 느낄 수 있는 환경 속에 살기로 했다. 정원에서 식물을 키우며 힐링하고, 주변이웃들과 함께 농촌체험도 진행하며 지역 공동체와 교류하면서 자신의 일상을 즐기고 있다.

그림 2-15 개인적 취향이 존중되는 시골집을 고쳐 사는 주거문화

자료: 한국강사신문(2021. 3. 13.)

관과 사는 방법이 주거환경에 반영되고 개인의 성향을 우선하는 주거문화가 형성되고 있다.

2) 다양성과 포용적인 주거문화

공동체 구성원들은 각자 다른 문화적 배경과 가치관을 가지고 있으나, 이를 존중하고 포용하는 문화가 형성된다. 이러한 공동체 주거문화에서는 다양한 관점과 생각을 공유하며 함께 삶을 나누는 환경이 조성된다. 개개인의 문화가 개인의 능력과 역할을 살려 협력과 공동작업이 행해지며, 서로의 능력을 보완하고 함께 문제를 해결하며 공동체 구성원들 간의 긍정적인 상호작용이 이루어진다.

최근 서울시에서는 서울시 대학생과 노인들을 대상으로 세대교류형 셰어하우스 프로젝트를 진행했다. 서울시에 주택을 소유한 60세 이상 어르신이 서울시 소재 대학(원) 학생과 함께 살게 되면 지자체에서 어르신에게 방 1실당 100만 원 이내의 환경개선 공

PLUS+

다양성과 포용적인 주거문화의 예

서영과 지민은 오랜 친구인데 같은 지역에서 직장을 다니며 독립생활을 하다가 주거비용을 절약하기 위해 코하우징을 결정했다.

서영은 패션 디자이너로 꿈을 키우며 각종 소재와 디자인에 대한 공부에 집중했고, 지민은 스트리트 아트를 전공하며 거리의 색다른 풍경을 작품에 담아냈다. 함께 살게 된 코하우징은 서로의 창의성을 공유하고 존중하는 토론의 장으로, 둘은 주거공간을 스튜디오로 활용해 아이디어를 공유하며 서로에게 영감을 주고 도움을 주었다. 서영은 지민의 작품에 패션 아이템을 디자인하여 협업 프로젝트를 시작하였고, 지민은 서영의 패션쇼를 위해 벽화를 그리는 등 함께 창작활동을 하며 더 가까워졌다.

서로의 개성을 존중하고 협력하는 이들의 코하우징은 우정을 더욱 깊게 만들어 주었고, 다양한 분야에서의 협업과 창작을 이루어 내는 주거문화의 사례로 잡지에 실리게 되었다.

그림 2-16 다양성과 포용적인 주거문화를 실천하는 공유주거
자료: 다음 부동산

사비를 보조해주고, 학생은 보증금 없이 주변시세의 50% 수준의 임대료로 살 수 있다. 노인들은 다양한 세대와 교류하고 공동생활을 즐기며 행복한 노후를 보낼 수 있고, 대학생들은 노인세대의 경험과 지혜를 공유받으며 성장할 수 있게 된다.

이런 공동주거에서는 서로 다른 세대 간의 소통과 협력을 통해 특별한 가족 같은 분위기를 느낄 수 있는 것이 장점이다. 다양한 세대가 공존하며 지내는 공동주거는 상호 간의 이해와 지지를 통해 더 나은 삶의 질을 창출하는 좋은 모델이 될 수 있다.

3) 환경과의 조화를 중시하는 주거문화

자연과 조화를 이루는 주거환경이 강조되고 있으며, 친환경적인 문화와 탄소중립과 관련된 주거문화가 점차 정착되고 있다. 환경과의 조화를 중요시하는 주거문화는 자연과 조화롭게 어우러지는 주거환경을 추구하며, 지속가능한 삶의 방식을 촉진한다. 지속가능한 삶은 주거환경에서 재생에너지 활용, 재활용 시스템 도입 등 건물 디자인부터 생활 패턴까지 환경친화적인 요소가 반영되고 있다. 또한 주거자들이 자연과 조화를 이루는 활동을 즐기며 친환경생활을 지속할 수 있는 커뮤니티가 형성되는 현상도 증가하고 있다.

최근 작은 마을에서 주거생활을 시작하며, 그곳에서 자연과 조화를 이루는 주거환경을 만들어가는 문화가 확산되고 있다. 환경을 중시하는 마을들에서는 지자체와 협력하여 재생에너지를 활용한 친환경 시스템을 갖추어 탄소배출을 최소화하고 있다. 마을 사람들은 태양광발전과 풍력발전을 통해 전력을 얻고, 에너지 절약을 통한 친환경생활을 실천하며, 마을 주민들은 함께 환경보호를 위한 다양한 활동에 참여한다. 주민들은 주기적으로 탄소중립을 실천하기 위한 마을 내 정책을 상정하기도 하고, 이를 실현시켜 지속가능한 생활방식을 유지한다.

이러한 친환경적인 주거환경에서 사는 주민들은 교류를 통해 다양한 아이디어를 공유하며 함께 성장하고 있다. 또한 마을 주민들과 함께 자연과 조화되는 활동을 즐기며 커뮤니티의 일원으로서 소중한 경험을 나누며 함께 자연과의 조화를 추구하는 주거문화를 형성한다.

PLUS+

환경과의 조화를 중시하는 주거문화의 예

알렉스와 그의 친구들은 대학에서 친환경 주거 커뮤니티를 창립하였다. 이 커뮤니티는 주거생활을 통해 환경보호에 기여하고 지속가능한 삶을 실천하는 목적을 갖고 있다. 그들은 주거지 내에서 에너지 절약과 재활용을 적극적으로 실천하며, 동시에 가든을 운영하여 유기농 채소를 자체 생산하고 있다.

매주 주거 커뮤니티 회의에서는 환경문제에 대한 논의와 아이디어 공유가 이루어진다. 알렉스와 친구들은 더 나은 주거환경을 위한 다양한 아이디어를 제시하고 협력하여 구체적인 계획을 세우고 있다. 이러한 노력은 주거지의 친환경성뿐만 아니라 주민들 간의 협력과 소통을 촉진하는 중요한 역할을 하고 있다.

그들의 노력은 단순히 주거지에서의 개별적인 환경 실천뿐만 아니라, 커뮤니티 내에서 친환경적인 문화를 조성하고 지속가능한 가치를 형성하는 모범적인 예시로 작용하고 있다. 이런 사회적 기업의 활동은 주거문화를 창출하며 동시에 지역사회와 환경을 더 좋은 방향으로 이끄는 중요한 역할을 하고 있다.

그림 2-17 환경과의 조화를 중시하는 친환경 커뮤니티
자료: 한국건설신문(2016. 10. 21.)

4) 가상공간에서의 공동체 주거문화

가상공간에서의 주거문화는 현실 세계와는 다른 차원의 새로운 경험을 제공한다. 다양한 형태와 디자인의 가상 주거지는 사람들에게 창의성과 상상력을 펼칠 수 있는 기회를 제공하며, 현실에서는 어려운 공간과 시간의 제약을 넘어설 수 있게 한다. 가상세계에 사는 사람들이 다양한 문화와 가치관을 공유하며 함께 생활하고 교류함으로써 현실 세계에서도 문화 다양성을 증진하는 영감을 줄 수 있다.

친환경 주거문화 역시 가상공간에서 중요한 역할을 하며, 미래 지속가능한 주거형태에 대한 아이디어를 모색하는 장소가 될 것이다. 또한 가상공간은 현실에서는 어려운 협업과 상호작용을 가상으로 실현하고 공동체를 형성하는 장소로서 역할을 할 수 있다. 최근 디지털 기술의 발전과 함께 가상공간에서의 주거문화는 더욱더 현실적이고 풍요로운 경험을 제공하며, 사회적·문화적으로 다양하고 창의적인 주거환경을 형성할 것으로 기대된다.

PLUS+

가상공간에서의 공동체 주거문화의 예

'버추얼 라이프virtual life'는 가상 현실과 협업이 결합된 공동체 주거환경으로, 주민들은 현실과 가상 세계 사이에서 새로운 형태의 소통과 협업을 경험할 수 있다. 이 곳에 사는 주민들은 가상 주거지 내에서 다양한 프로젝트와 활동을 공동으로 추진한다.

예를 들어, 주민들은 가상 가든을 함께 가꾸며 유기농 작물을 키우는 프로젝트를 기획하고 실행한다. 또한 다양한 예술분야에서 활동하는 주민들은 가상 작업실에서 함께 창작을 하고, 그 결과물을 가상 갤러리에서 전시하여 이웃들과 공유한다.

가상 세계에서의 협업은 주민들 간의 교류와 소통을 촉진하며, 더 나아가 현실 세계에서도 함께 협력하는 계기가 된다. 주민들은 가상 세계에서 만난 이웃들과 함께 새로운 비즈니스 아이디어를 구상하거나 사회문제에 대한 해결책을 모색하는 등 다양한 분야에서 협업한다. 이를 통해 주민들은 자신만의 능력을 발휘하고, 다양한 배경과 역량을 지닌 이웃들과 함께 새로운 가능성을 모색한다. 가상 현실은 공동체 주거를 혁신하고, 사회적 상호작용을 촉진하며, 더 나은 미래를 현실로 이끄는 잠재력을 지닌 주거환경의 역할을 한다.

그림 2-18 가상공간에서의 공동체 주거문화
자료: Electronic Arts

관련 활동

생활의 변화를 수용하는 새로운 주거문화를 조사해보고 홍보할 수 있는 스토리보드를 작성해보자.

① 조사 및 분석: 현대사회에서 나타나는 주거문화의 변화를 조사하고 분석한다. 스마트하우스, 친환경주거, 공유주거 등의 새로운 주거문화 현상을 파악하고 그 특징을 정리한다.

② 주요 내용 도출: 조사한 내용에서 주요 주거문화 변화의 원인과 영향요소를 도출하고 현대사회의 가치 변화, 환경문제, 기술발전 등이 주거문화에 어떤 영향을 미치는지 파악한다.

③ 스토리보드 설계: 동영상의 구조와 내용을 계획하는 스토리보드를 설계하고, 주요 주제와 변화 요소들을 효과적으로 전달할 수 있는 순서와 방식을 스토리보드에 작성한다.

제목: 팀 이름:

컷	스틸컷 예시	영상 설명	오디오	시간

CHAPTER 3
주거사

주거는 거주자의 생활을 반영하는 동시에 한 사회의 문화 집약체로 문화권마다 고유한 주거문화를 가지고 변화해왔다. 인류의 역사와 함께 시작된 주거는 다음 세대로 전수되면서 앞으로도 인류의 역사와 함께 지속될 것이다. 주거는 삶을 담는 형상으로 시대적 사건이나 양식적 변화보다 천천히 조정되며 광범위하게 공유되면서 변화한다.

본 장에서는 우리나라의 주거사와 서양의 주거사의 시대적 특성과 함께 유형적 변화를 살펴본다. 한국 주거사는 한반도에 인류가 살기 시작한 석기시대부터 현대의 아파트 주거문화까지의 변화를 살펴보고, 서양 주거사는 유럽을 중심으로 고대 이집트와 그리스, 로마부터 산업혁명을 거쳐 현대의 아파트가 변모해온 과정을 정리해 본다. 이를 통해 현재 우리가 살고 있는 집의 변화과정과 아파트가 유입되어 온 과정을 되돌아본다.

1. 한국 주거사

1) 고대국가 발달 이전의 주거

(1) 석기시대

한반도에는 60~40만 년 전부터 인류가 살기 시작하였으며 구석기인들은 수렵과 채집을 위해 이동하면서 자연동굴이나 바위그늘 등 일시적인 거처를 사용하였다. 후기 구석기 유적인 공주 석장리와 웅기 굴포리 등에 남아 있는 기둥자리와 25~50cm 높이의 담선, 입구를 표시하는 문돌과 내부에 불 땐 자리가 인공적인 집터의 존재를 보여준다. 이들 주거지는 수렵 중에 임시적인 거처로 사용되었을 가능성이 높으며, 주먹도끼나 돌날 등의 석기제작기술로 나뭇가지를 잘라 원추형이나 사각추형으로 묶어 구조체를 만들고 나뭇잎이나 풀, 짐승 가죽 등으로 덮었을 것으로 추정된다. 이후 원시 농경사회에 접어든 신석기인들은 기원전 약 5000년쯤부터 정착생활을 시작하였다. 갈아 만든 돌도끼를 사용한 집 짓는 기술이 발달하여 인공주거인 움집이 보편화되었다. 움집 내부에는 화덕과 저장공이 있으며 바닥깊이는 50~100cm로 깊고 규모는 30m^2 내외로 5~6명의 가족원이 생활했을 것으로 추정된다. 집터는 원형이나 방형이며 암사동, 궁산리, 지탑리, 미사리 등에서 3~10기 정도 무리를 지어 발굴되었다.

그림 3-1 신석기 움집 복원(암사동)

(2) 청동기시대

기원전 1000년경부터 시작된 청동기시대에는 원시적 농경에서 벗어나 농경 정착생활이 시작되었다. 정착생활로 취락의 규모가 커지면서 많게는 100여 기 이상이 무리를 지어 마을을 형성하고 주거의 규모도 40~50m^{2}로 커졌다. 움의 깊이가 신석기 움집에 비해 30cm 이내로 얕아지고 수직벽체가 세워진 반움집의 형태로 변화하였다.

또한 집터는 장방형으로 변화하여 공간 활용도가 높아지고 두 개의 화덕자리와 바닥의 단 차이 또는 칸막이벽의 구획 등으로 주거공간이 분화하였다. 이는 농경의 발달로 수장공간과 거주공간을 구분하여 사용하였음을 보여준다.

(3) 철기시대

기원전 4세기 전후 시작된 철기시대에 초기 국가사회가 형성되었으며 철제도구의 발달로 주거에도 변화가 생겨났다. 보편적으로 움집에 거주하였으나, 지역에 따라 지상주거가 소수 출현하였다. 지상주거는 지배계층의 주거로 추정되며 수직벽체로 내부공간 확보와 환기 및 채광이 가능하여 움집보다 주거환경이 쾌적하였다.

이 시기의 또 다른 특성은 고상高床주거의 발달이다. 고상주거의 존재는 벽화와 고상형 가형토기가 출토되고 가야지역의 유적에서 6개의 주춧돌이 2.1m 간격으로 질서 있게 배치된 모습이나 경사면을 평평하게 처리하지 않고 기둥을 세우고 기둥지름이 30cm 이상이었다는 점에서도 알 수 있다.

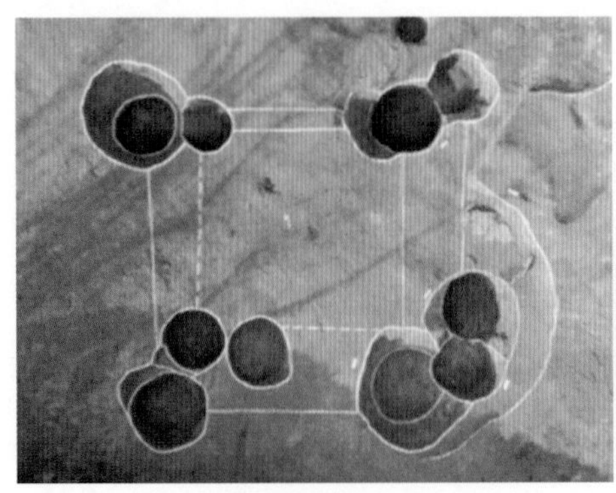

고상주거지(사천 늑도)

자료: 부산일보(2023. 2. 26.)

고상건물 복원(김해 아랫덕정)

그림 3-2 철기시대의 주거

2) 삼국시대의 주거

기원전 1세기경 고구려를 시작으로 백제와 신라가 고대 국가체계를 이뤘고, 삼국시대에는 도성을 중심으로 주거건축이 상당한 수준에 이르게 된다.

(1) 건축기술의 발달과 온돌 확산

삼국시대에 건축기술이 발달하여 신라에는 작은 촌 단위로 석공들과 장척, 문척 등의 전문기술자들이 활발히 활동하였고, 백제는 일본에 와박사를 파견하는 등 와전생산기술 수준이 높았다. 이는 ≪신당서≫나 ≪구당서≫ 고구려조에 "백성들의 집은 초가로 덮지만 왕궁과 신묘, 관청 등은 기와로 지붕을 덮는다", ≪위서≫ 동이전 고구려조에 "백성들의 습속은 검약하나 궁실 꾸미기를 좋아한다"라는 기록에서 건축기술과 다양한 건축재료가 개발되었음을 알 수 있다.

우리나라 고유의 바닥난방인 온돌 사용의 시작점이 예전에는 중국 문헌 ≪신당서≫ 동이전에 "고구려의 가난한 백성들은 겨울에 장갱을 만들어 불을 떼고 난방한다"라는 기록에 근거하여 온돌이 고구려의 하층민에서 시작되었다는 주장이 있었다. 그러나 기원전 4세기 옥저의 세죽리 집터에서 구들로 추정되는 ㄴ자 모양의 외줄고래가 발견되어 온돌의 기원을 앞당겨보아야 한다. 초기 온돌의 유적은 철기시대의 유적인 춘천 중도, 수원시 서둔동, 사천 늑도유적 등에서 나타나 이미 한반도 남부에서도 사용되었다는 것이다. 따라서 고구려에는 이미 온돌문화가 확산되었다고 보는 것이 타당할 것이다.

(2) 가사규제의 등장

삼국시대의 사회는 귀족, 평민, 노비 등 세 계층으로 구성되어 주거계층이 분화되었다. 상류계층은 기록에 금입택金入宅이라 하여 금으로 치장한 주택이 있었으며 상류계층의 집은 벽체에 석회를 바르고 단청이나 귀금속으로 치장하였다. 이처럼 집 사치가 심해지자 나라에서 주택의 규모와 주택재료 및 장식에 이르기까지 건축 전반에 걸친 내용으로 지나친 사치를 금하는 가사제한家舍制限을 두었는데, 현재는 신라의 가사제한만이 ≪삼국사기≫ 옥사조屋舍條에 남아 있다. 신라의 신분제도인 골품제에 따라 성골을 제외한 진골에서부터 백성에 이르기까지 계급별 규제가 이루어졌다.

그림 3-3 고구려벽화(안악 제3호분 동수묘)
자료: 동북아역사넷

(3) 공간의 기능적 분화

당시 주택의 모습을 추정하면 상류계층에서는 담장과 대문을 설치하였으며 주택 내의 건물은 용도별로 살림채, 부엌, 마구간, 창고 등 여러 채의 건물을 두고 기능적으로 분화되었다. ≪삼국지≫ 위지 동이전에 따르면, 고구려에는 바닥을 띄운 창고용도의 부경桴京과 서류부가혼(사위가 처가에 일정 기간 머무르는 것)의 풍습으로 사위가 기거하던 서옥壻屋이 있었는데, 이는 세대별로 생활공간을 분리하여 독립된 건물에서 생활하였음을 나타낸다.

3) 고려시대의 주거

고려는 918년에 호족세력과 유학자를 주축으로 문벌 귀족사회가 형성되었다. 고려의 실생활에는 불교가 많은 영향을 미쳤으나 정치적 이념은 유교에 입각하였다. 주자가례에 따라 가묘를 세워 제사를 지낸 것도 고려시대부터 시작되었다.

(1) 귀족주거의 발달

지배계층인 문벌귀족들은 가사제한을 무시하고 신라의 궁성을 모방한 사치스러운 주택을 건설하였다. ≪고려사열전≫에 "귀족들의 집은 면적이 수 리里에 이르고 단청을 올리고 금·은으로 장식하였다. 그리고 괴석을 모아 선산을 만들고 먼 물을 끌어들여 폭포를 만들었다"라는 기록에서 집 사치가 극에 달하였음을 알 수 있다. 반면 ≪고려도경≫ 민거조民居條에 "백성의 집이 벌집과 개미 구멍같이 보였고 기와를 덮은 집은 열에 한두 집뿐이었다"라는 기록에서 일반 백성의 주거상황은 크게 변화하지 않았음을 알 수 있다.

(2) 온돌과 마루의 결합

고려시대에 이르러 온돌은 지역적, 계층적으로 확산되었다. 문헌에 "일반 백성은 땅을 파서 아궁이를 만들고 흙 침상을 두어 그 위에 눕는다"라는 기록에서 고려 중기에 와서 바닥 전체에 온돌이 깔리고 일반화되었음을 알 수 있다. 또한 이인로의 ≪파한집≫ 〈공주동정기公州東亭記〉에 기록된 '욱실燠室과 냉천', '온실과 냉재' 등의 용어를 통해 따뜻한 방과 시원한 마루가 겸비된 주거형식이 존재하였음을 알 수 있다.

(3) 풍수사상의 전래

고려시대에 들어 풍수사상은 귀족계층의 절대적인 호응을 얻어 민간신앙으로까지 자리 잡게 되었다. 지리박사, 지리생地理生과 같은 관직을 두고 과거시험에 지리업地理業을

그림 3-4 온돌과 마루의 결합 사례(아산 맹씨 행단)
자료: 문화재청 국가문화유산포털

두어 풍수전문가를 등용하였다. 풍수사상이 주택에 어떻게 적용되었는지 알 수 있는 자료는 많지 않지만 ≪고려사절요≫에 "우리나라는 산이 많아(양) 낮은 집(음)을 지어야 조화롭고 집을 높게 지으면 후손이 쇠하게 된다" 하여 집을 높게 짓는 것을 금기시하였다.

4) 조선시대의 주거

조선은 성리학적 지배 질서와 통치이념을 가진 양반 관료사회로 이들에게 주거는 권위와 성리학적 규범에 따른 생활방식을 표현하는 도구였다. 조선시대의 주거는 우리나라 특유의 기후와 지형 등 자연환경과 사회문화적 특성, 가족적 특성과 자연관 등의 영향을 받아 우리나라 전통주거의 유형적 규범으로 자리 잡게 되었다.

(1) 신분사회와 주거계층

조선은 엄격한 신분사회로 양반, 중인, 양인 그리고 최하층 천민 등 네 개 계층으로 구분되며 계층별로 주거가 뚜렷하게 구분된다.

① 상류주택

반가班家의 특징은 노비들의 거처인 행랑채가 주택의 전면 외곽에 배치되어 대문채를 겸하여 외부에 방어적 태세를 갖추고 있다. 행랑채의 규모는 그 집의 사회적 신분이나 경제력을 상징한다. 행랑채와 함께 솟을대문은 상류주거의 상징으로 중인주택과 서민주택의 평대문과 구별된다. 또한 상류주택은 여러 채의 공간으로 분화되는데, 이는 대가족을 수용하고 내외 구별, 장유의 위계 등 유교적 가족관계를 유지하기 위한 것이다. 외벽은 회벽을 발라 외장을 하여 토벽질이나 사벽으로 거칠게 외장하는 서민주거와 구분된다. 상류주택은 유교의 영향을 받아 이념을 실천하는 수단으로 실용성보다는 관념적인 특성을 가진다.

그림 3-5 솟을대문과 평대문

② 중인주택

중인들은 대부분 서얼 출신의 하급관리로 직을 세습하며 중간 지배계층을 이루었다. 이들은 가사규제의 범주 내에서 상류주택을 모방하였고 안채와 사랑채가 구분되어 있으며 공간의 위계가 있었다. 다만, 상류주택보다 규모가 다소 작았으며 서민주택처럼 평면의 지역별 차이는 없었다.

③ 서민주택

서민주택에는 농·공·상업에 종사하는 양인인 농민이 대부분 거주하였다. 이들의 주거는 실용적이고 지역적 특성이 뚜렷하며 기후에 대응할 수 있는 평면형태이다. '민가'라고 불린 서민주택은 생업을 위한 실용적인 주택이며, 평면구성이 함경도지방형, 평안도지방형, 중부지방형, 서울지방형, 남부지방형, 제주도지방형 등으로 지역에 따라 달랐다.

④ 천민주택

천민은 주로 노비계층으로 사노비는 상전의 행랑채에 기거하는 솔거노비와 집 밖에 거주하며 출퇴근하는 외거노비가 있다. 외거노비는 독립된 주거를 소유하였는데 '가랍집' 또는 '호지집'이라 불렸으며 규모는 매우 작았다.

(2) 가사제한의 재편과 가대제한

조선은 개국과 동시에 수도를 한양으로 이전하면서 한정된 택지를 공평하게 배분하는 문제가 발생하였다. 조선의 토지는 국가 소유였으며 가대규제를 통해 품계에 따라 주택의 대지를 분급하였다. 그리고 세종 12년에 고려시대의 가사제도를 재정비하여 주택의 규모를 칸수間數로 제한하고 장식을 간소화하여 주택의 사치를 막았다.

(3) 유교사회와 주거

① 조상숭배

조선시대에 가묘제에 따라 제사를 계승하는 종가는 주택 내에 가묘인 사당을 두는 것이 의무이며 필수사항이었다. 사당은 조상의 위패를 모시는 신성한 공간으로 주택 내 입구에서 가장 멀고 집 전체를 내려다볼 수 있는 곳에 배치되었다. 또한 대청은 주거의 중심공간으로 접객과 제사를 치르는 의례공간이었고, 사랑채의 대청은 주거의 품위와 권위를 표현하며 신분이 높을수록 높고 넓은 대청을 만들었다.

② 남녀 구분과 장유의 위계

내외법에 따라 남녀의 생활영역 전체가 안채와 사랑채로 분리되었다. 안채와 사랑채는 각 독립된 마당을 가지며 내외담과 중문으로 경계를 이루었다. 남성의 영역인 사랑

그림 3-6 선교장의 공간구성(국가민속문화재 제5호)
자료: 강릉선교장

채는 집안에서 가장 권위 있게 지어졌으며 외부와 접촉할 수 있는 위치에 배치되었다. 여성의 생활영역인 안채는 외부로부터 격리, 보호되어 폐쇄적이며 중문을 통해 출입할 수 있었다.

한편 사랑채에는 가장의 거처인 '큰사랑'과 장성한 아들이 거처하는 '작은사랑'이 있으며, 규모와 장식성 등에서 차별을 두어 장유의 위계를 나타낸다.

(4) 풍수사상의 확산

조선시대에는 풍수사상이 일반화되어 이를 주택계획에 적용하는 양택론이 발달하게 된다. 양택론은 민간신앙이 종합적으로 결합되어 주택건축의 규범으로 정립된 것으로 집터와 배치, 주택의 방향과 토지의 형태 등에 대한 금기와 원칙으로 이루어져 있다.

그러나 조선 후기 실학자들은 풍수지리설의 상징적인 논리에서 벗어나 주택건축에 실용성과 합리성을 추구하였다. 대표적으로 이중환의 ≪택리지≫에는 사람이 살기 적합한 장소가 지리地理, 생리生利, 인심人心, 산수山水의 네 가지 요소를 갖춘 곳으로 기록되어 있어 주거 입지관의 변화를 보여준다.

5) 개항기의 주거

(1) 외래 주거문화의 유입

1876년 강화도조약을 시작으로 개항을 맞아 서구와 일본의 주거문화가 유입되었다. 서구인들은 선교사, 외교관, 사업가들의 숙소로 '양옥'이라는 서양식 주택을 짓기 시작하였다. 우리나라 최초의 양식주택은 1884년 인천에 세워진 세창양행의 사택으로 추정되며 이탈리아 빌라식의 아치형 베란다가 있는 전형적인 별장풍 양옥이었다. 한편 초기 선교사들은 한옥을 서양 스타일로 개조하거나 활동하던 지방에 거처할 주택으로 '한·양 절충식 주택'을 지었는데 지붕은 그들에게 익숙한 평면에 주변과의 조화를 고려하여 한식을 채용하였다.

일본인들은 부산, 인천 등 개항장을 중심으로 집단적 이주가 점차 늘면서 주택과 상업을 겸한 마치야町家와 일본식 연립주택인 나가야長屋 같은 일본식 주택을 만들어

그림 3-7 한·양 절충식 청주 양관(洋館)

일본풍 거리를 조성하였다. 이후 일본식으로 지어졌던 주택은 외국인과의 교류와 한반도의 추운 기후에 더 적합한 양풍洋風을 수용하고 온돌난방과 두꺼운 벽, 작은 창호면적 등 조선식 주거양식을 모방하였다.

이 시기의 외래주택들은 대부분 외국의 재료와 건축양식, 기술로 설계·건설되었다.

(2) 전통주택의 변화

개항 이후 대부분 전통주택에서 거주하였고 일부 부호계층에서 외래 주거양식을 그대로 받아들여 서양식 주택으로 짓거나 기존의 전통주택을 서양식으로 개조하였다. 대부분은 주택구조나 평면은 바꾸지 않았고, 새로운 건축재료인 벽돌, 유리, 시멘트, 철 등을 주택의 기능성을 보완하기 위해 부분적으로 사용하였다. 주로 동경의 대상이었던 상류주택의 솟을대문이나 다듬은 돌을 사용한 기단, 굴도리와 부연을 덧단 처마, 기와지붕 등을 사용하여 권위적·장식적 요소들이 확산되었다.

한편 개화기의 지식인들을 중심으로 주생활 개선을 통하여 근대화를 이루려고 노력하였으나, 당시 보수세력의 거부 및 사회경제적 상황이 뒷받침되지 못하였다. 이 시기의 주거의식은 위생사상을 강조하며 일조와 환기, 재래식 화장실 개선, 공간을 기능적으로 개량해야 한다고 주장하였고, 이는 일제 중반기에 전통적 주거환경과 근대화된 생활과의 모순을 극복하려는 노력으로 다시 이어졌다.

6) 일제강점기의 주거

(1) 도시형한옥의 등장

1920년대 중반 이후 도시 인구가 급증하면서 대도시에서는 주택수요가 폭증하였다. 1930년대 '집장수'라고 불린 주택개발업자들은 서울을 중심으로 도시형한옥을 적게는 6~7호, 많게는 40호씩 동시에 대량 공급하였다. 도시형한옥은 벽돌, 유리, 함석 등 근대적 건축재료를 사용하고 규모는 건평 12~13평, 대지 30~40평 정도이며 서울, 경기지방의 전통적 상류주택의 ㄱ자 혹은 ㄷ자 평면형태이다.

그림 3-8 도시형한옥(북촌)

당시 서민들의 상류주택에 대한 동경과 주의식이 부합하여 중류계층의 대표적인 도시주택으로 확산되어 갔다. 또한 도시형한옥은 식민지 상황에서 우리의 주거문화 정체성을 유지하는 데 기여하였다.

(2) 문화주택과 서구식 주거문화의 수용

개화기 이래 논의된 생활개선 의식, 주택개량 요구와 맞물려 1920년대 초반에 등장한 '문화주택'이라는 개념은 재래식 주택의 위생과 구조 등 문제점을 인식하고 식민지 상황에서 나아가야 하는 이상적 주거에 대한 논의를 촉발하였다. 문화주택이란 문화적 생활을 영위할 수 있는 주택으로 서양식이나 일식이 가미된 주택이다. 그러나 문화주택은 소수의 상류계층에서만 실현되고 경제적 이유 등으로 일반 서민층에는 확산되지 못하였다.

이후 근대적 건축교육을 받은 박인준, 박길룡 등은 근대화된 새로운 문화주택의 모델을 제시하였다. 이들은 맹목적인 서양주택의 모방이 아니라 우리의 생활양식을 접목하는 절충식 주거로 나아가자는 주택개량론을 펼쳤다. 건축가 박길룡은 한·일·양의

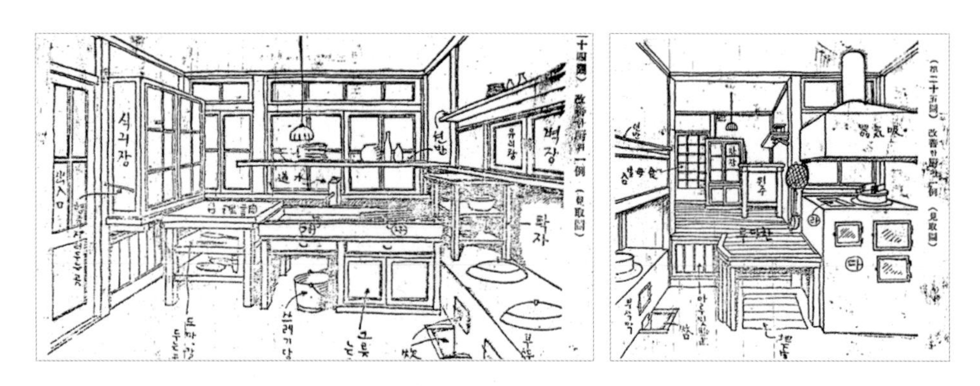

그림 3-9 박길룡의 한 · 일 · 양 절충식 주택안

자료: 동아일보(1938. 1. 1.)

절충식 주택안을 제안하고 재래식 주택의 부엌과 공간구조 등의 문제점을 구체적으로 제시하였다. 문화주택은 시대적 상황 때문에 크게 확산되지는 못했지만, 서구적 외관을 자연스럽게 받아들이고 재래 주거문화를 근본적으로 변화시키며 우리 사회에 새로운 주거문화를 모색하는 계기가 되었다.

(3) 단지계획에 의한 영단주택 공급

일제는 1941년 조선주택영단을 설립하여 일본인에게 안정적인 주택을 공급하고 한국인 노무자에게 사택을 제공하여 생산력 확대를 도모하였다. 영단주택은 최초의 공공주택사업으로 단지계획과 함께 집합주택을 공급하였다. 갑·을·병·정·무의 총 5개 분류에 29가지 평면의 연립주택으로 목조 기와지붕이며 일본식에 한국식을 가미했다. 단지계획은 6~8m 폭의 격자형 도로망으로 구획하고 광장, 녹지 등을 조성하였으며, 유아원, 집회소, 탁아소, 목욕탕, 점포, 진료소 등의 근린생활시설도 갖추었다. 이는 해방 이후까지 우리나라 도시 주거단지계획에 영향을 미쳤다.

7) 한국전쟁 이후의 주거

1950년 한국전쟁으로 주택 60만 호가 파괴되어 도시의 주택 부족이 매우 심각한 상황에서 정부는 주로 난민 수용과 도시 재건에 주안점을 두었다.

(1) 해외 원조와 공공주도의 주택 공급

광복 직후부터 1950년대 후반까지 주택 공급은 소규모의 구호주택 위주로 공급되었다. 종전 이후 정부는 UNKRA(국제연합한국재건단) 등의 원조로 전국에 후생주택을 건설하였다. 그리고 1956년까지 '재건주택', '희망주택', '부흥주택' 등의 이름으로 약 3,000여 호에 이르는 주택이 공공 분야 주도로 공급되었다. 그러나 이러한 주택들은 임시방편으로 보급된 것으로 1957년 주택영단에서 국민주택을 건설하여 지속적으로 주택을 공급하고자 하였다. 국민주택은 흙벽돌 대신 최초로 시멘트 블록을 사용하여 연립주택과 단독주택을 공급하였다. 단독주택은 대지 40평에 15평 정도 규모였고, 연립주택은 한 동에 4세대로 2층 규모였으며 생활개선과 주택개량을 목표로 리빙룸과 개량부엌을 두고 변소도 내부에 두어 인기가 높았다.

(2) 아파트의 등장

1957년 우리나라 최초의 서구식 아파트인 종암아파트가 건립되면서 아파트 주거문화가 시작되었다. 중앙산업이 성북구 종암동의 2,200여 평의 대지 위에 4~5층의 3개 동을 경사지를 이용하여 건설하였다. 해외에서 기술자를 초빙하고 최고급 자재를 사용한 거실과 발코니, 엘리베이터, 욕실, 인조석 싱크대, 수세식 변소 등 서구화된 요소가 신선한 충격을 주었고 입주자의 큰 호응을 얻었다. 아파트의 규모는 10~12평 정도로 작았으나 152가구 중 정치인, 교수, 예술인 등이 많이 입주하여 유명해졌다.

그림 3-10 종암아파트

자료: 중앙산업(주)

8) 경제개발시기의 주거

1960년대는 본격적인 산업화시기로 정부는 1962년부터 경제개발계획을 수립하고 주택건설을 시작하였다. 이때 대한주택공사가 출범하여 주택정책을 효율적으로 추진하고 공공주택건설을 주도하였다.

(1) 아파트의 양적 확산과 변화

1960년대 초 아파트 공급이 시작된 초기에는 단독주택에 대한 선호가 지배적이었고 아파트는 인기가 없었다. 1964년 우리나라 최초의 단지형 아파트인 마포아파트가 건설되면서 연탄보일러 개별난방, 수세식 화장실 등이 도입되어 아파트에 대한 인식이 변화하였다. 당시 준공식에 박정희 대통령이 참석하여 “현대적 시설을 갖춘 생활혁명의 상징이며 국민들의 생활문화 향상과 도시 집중화를 해결하는 대안으로서의 고층 주택”이라며 아파트 공급을 정책적으로 장려하였다.

이후 민간산업을 중심으로 아파트 공급이 급팽창하였다. 중산층을 대상으로 근린주구론을 적용한 반포아파트(1973)는 단지 중심에 학교와 상가를 배치함으로써 생활하기 편리한 중산층 주거라고 각인되었고 아파트에 대한 선호도는 점점 높아졌다. 아파트 생활은 도시생활과 현대인, 현대문명의 상징으로 부상하였지만 부동산투기라는 부작용을 초래하였다.

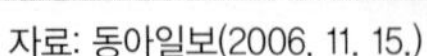
자료: 동아일보(2006. 11. 15.)

그림 3-11 최초의 단지식 마포아파트

부산 망미주공아파트 테라스하우스
자료: 건축도시연구정보센터

올림픽선수촌아파트의 단지 배치
자료: 나무위키

그림 3-12 다양한 아파트 공급의 확산

1970년, 1980년대에 대한주택공사와 민간건설업자들은 서울과 지방에 대규모 단지들을 계속적으로 건설, 공급하였다. 1976년 대단지 고층 아파트인 잠실 5단지는 15층의 주동을 판상형과 코어형으로 함께 배치하였다. 이후 아시아선수촌아파트(1986)는 주거단위를 작은 마을의 개념으로 설정하고 필로티를 설치하여 지하주차장을 최초로 도입하고 벽면 엘리베이터 홀의 돌출과 스카이라인의 변화 등으로 기존과는 다른 모습을 보여주었다. 88서울올림픽을 염두에 두고 국제현상공모 당선작으로 완공된 올림픽아파트(1988)는 상가를 중심으로 부채꼴로 단지를 배치하였다. 25평형부터 64평형의 복층세대까지 다양한 평면과 1층 세대에는 앞마당이 제공되어 단지배치와 내부공간 구성에 변화를 꾀하였다.

한편 대한주택공사는 부산 망미동에 자연경사를 활용한 테라스형 아파트(1984)를 공급하여 획일적인 개발 중심에서 벗어나고자 하였다. 이후 신당감아파트(1994), 상갈주공아파트(2001) 등이 지형의 특수성을 살려 테라스하우스라는 친환경적인 대안으로 등장하여 쾌적한 주거환경을 조성하였다. 또한 1987년 상계신시가지에 3세대 동거형 아파트를 시도하는 등 아파트의 다변화를 위한 노력은 계속되었다.

(2) 단독주택의 변화

1975년에는 우리나라의 인구 대부분인 약 90%가 단독주택에 거주하였다. 1970년대에 건축가들이 설계한 작가주택이 등장하고 영동지구 주택건립계획에 따라 강남, 서초, 송파지구와 강북의 평창동, 연희동 등에 고급 단독주택들이 들어서며 부촌을 형성하였다. 한편 1970년대 중반에는 민간업자가 지은 박공식 입면을 가진 서구적 외형이 특징인 불란서주택이 널리 보급되었다. 불란서주택은 2층형으로 난방 보일러가 보편화되고 현대식 부엌, 하나의 화장실 공간 안에 대변기, 소변기, 세면대와 목욕공간이 통합되었으며 이때 변소가 화장실이라는 명칭으로 바뀌었다.

1980년대는 도시 인구의 급증으로 단독주택을 소유한 사람들이 방 수를 늘리고 독립적인 화장실과 부엌을 내어 셋집을 두었다. 이러한 유형의 단독주택 증가와 주거환경 열악에 따라 1984년 '다세대주택', 1989년 '다가구주택'이라는 새로운 주택유형으로 법제화되었다. 제도화된 '다세대·다가구주택'은 더욱 활성화되어 1980년대 이후 도시 단독주택지에 난립하였다. 1980년대 후반 고급주택이 소수 지어진 것을 제외하고, 대부분 다가구 단독주택으로 급속히 대체되어 갔다. 이러한 현상은 2000년대 이후에도 계속되어 도심에 아파트가 증가하고 단독주택은 대부분 다가구주택으로 바뀌어갔다.

이후 신도시 단독주택지에 작가주택이 들어섬에 따라 고급 단독주택이 대중주택으로 확산되었고, 2002년 판교신도시를 비롯하여 평내지구의 블록형 단독주택지의 개성 있는 고급 단독주택이 많이 지어져 지방에까지 확대 적용되었다. 2000년대 이후의 단독주택 공급은 대부분 신도시나 택지개발사업에 의한 블록형 단독주택이었다.

9) 1990년대와 2000년 이후의 주거

(1) 신도시 개발

1980년대에 들어 정부는 신도시 개발을 통해 과밀화된 수도권 인구를 분산시켜 주택부족 문제를 해결하고 국토의 균형 있는 발전을 이루려고 하였다. 1980~1984년에 조성된 과천신도시는 정부청사가 과천지역에 조성되면서 영국의 뉴타운 개발방식을 모델로 전원 속의 도시를 표방하였다.

이후 1990년대에 서울 인접지역인 분당, 일산 등에 고밀도의 고층 아파트를 중심으로 1기 신도시를 개발하였으나, 도시의 자족성이 고려되지 못하여 수도권 인구집중을 피할 수 없게 되었다. 이후 정부는 신도시 개발에 공동주택의 공급비율을 줄이되 단독주택의 공급을 전체 30%까지 높여 주거밀도를 조절하여 주거환경을 개선하고자 하였다. 2005년 공공기관을 지방으로 이전하여 11개 광역시도에 10개의 혁신도시를 건설하였고 이후에도 신도시 개발은 계속되어 2021년 서울 인근에 3기 수도권 신도시 건설을 발표하였다.

(2) 초고층 주상복합아파트의 등장

1997년 IMF(국제통화기금) 외환위기 이후 부동산 시장이 위축되면서 건설업체는 새로운 돌파구를 모색하였고, 이때 초고층 주상복합아파트가 새로운 유형으로 등장하였다. 1960년대 후반 우리나라 최초의 주상복합아파트인 세운상가(1968년)가 고급 아파트로 분양되었으나 상부의 아파트가 기술자들의 작업장으로 전용되면서 상가로 변모했다. 이어서 1980년대에 도심 내에 낙원상가 등이 조금씩 공급되었으나 50% 이상의 상가 분양에 실패하면서 주상복합아파트 공급은 침체되었다.

2000년 전후로 고급 아파트 이미지를 가진 초고층 주상복합아파트는 서울 도곡동 아크로빌을 시작으로 삼성 타워팰리스, 경기도 분당에 주상복합아파트 타운이 형성되었고 부산 등 지방도시로 확산되었다. 고가의 초고층 주상복합아파트는 주택가격 상승을 불러왔고 거주성 저하에 대한 논란도 있었으나, 기존 아파트와 차별화된 첨단정보시스템, 수영장, 골프연습실 등의 고급 커뮤니티시설과 식사 서비스를 비롯한 호텔식 관리 서비스를 내세우며 2020년대 현재에 이르기까지 건설은 확대되었다.

(3) 공공임대주택의 다변화

우리나라는 경제개발정책 과정에서 주택의 양적 성장에 치우쳐 저소득층의 주거문제는 간과해왔다. 우리나라 임대주택의 효시는 1971년 대한주택공사에서 서울 개봉동에 건설한 13평 아파트 300세대를 1~2년 단기 임대형태 및 분양조건부로 임대한 것이다. 임대주택 도입은 저소득층의 주거문제를 해결하려는 것보다 1970년대 경기 저하로 인한 아파트 미분양문제를 해소하려는 것이었다. 이후 경기가 회복되고 주택가격이 폭등하면서 계층 간 갈등이 심화되어 저소득층의 주택문제가 심각한 사회문제로 드러났다.

1984년 임대주택건설촉진법을 거쳐 1993년 임대주택법의 전면 개정 이후 임대주택 건설이 확대되었다. 1989년에 우리나라 최초의 임대만을 목적으로 도시영세민을 위한 영구임대주택 19만 호가 공급되었다. 공공임대주택은 발전을 거듭하여 2003년 다가구 매입임대주택을 비롯한 전세임대주택 그리고 민간과의 협력을 통해 임대주택 건설에 대한 돌파구를 찾고자 2015년 「민간임대주택에 관한 특별법」을 시행하였다. 한편 임대주택의 명칭은 정권에 따라 '공공임대주택', '국민임대주택', '보금자리주택' 그리고 '행복주택' 등으로 바뀌어 갔다.

(4) 거주자 중심의 주거환경

1970년 이후 사회적 문제로 부각된 이웃과의 단절과 소외, 인간성 상실은 이전의 경제성에 치우친 획일적인 주거 공급에 대한 반성을 이끌어내었고 이를 거주자 중심의 주거환경으로 전환하여 인간성 상실을 극복하고자 하였다. 이후 협동주택과 공동체주택 등 커뮤니티를 중심에 둔 주택유형으로 확대되어 나갔으며 1인 가구의 증가로 인한 셰어하우스와 고령화사회에 대응한 노인주택 등에도 영향을 미쳤다. 그뿐만 아니라 신규 공급되는 아파트에는 커뮤니티 공간이 중요한 거주요소로 인식되면서 경쟁적으로 규모와 서비스 측면에서도 발전을 거듭해 나갔다.

2. 서양 주거사

시대적 양식의 변화에 따라 발전했던 서양의 궁전, 신전 및 교회 등의 건축물에 비해 서양의 주거형태는 거주자의 생활방식과 가치관에 따라 느리게 변모해왔다.

1) 고대의 주거

(1) 이집트

고대 이집트 문화에서 사후의 주거인 무덤이나 신전은 영속적인 것으로 여겨졌고, 돌로 건축되어 지금까지 남아 있다. 반면 현세의 주거는 크게 중요시하지 않았고 진흙 벽돌로 지어져 현재 남아 있지 않으나 텔 엘 아마르나Tell el-Amarna와 카훈Kahun 등의 노동자 집단주거지 몇 곳에서 주거형태를 확인할 수 있다.

텔 엘 아마르나는 기원전 1350년경, 궁전과 사원 등 주요 공공건물과 상류계층부터 하층민의 주택까지 다양한 규모와 형태의 주택이 불규칙하게 혼재한 도시였다. 부유층의 주택은 평지붕과 두꺼운 벽, 잘 꾸며진 정원이 있었고 니치niche를 두어 재단을 갖추고 벽화로 벽을 장식하였다. 반면 노동자들의 집단주거지는 정방형의 엄격한 기하학적 패턴으로 형성되었으며 성벽으로 둘러싸였다. 상류계층의 주택은 노동자 주거보다 약 25배 큰 규모도 있었으며 중정과 방을 4~6개 정도 갖추었다.

(2) 그리스

그리스의 건축적 특성은 비례와 선, 균형을 강조하였으며 주택은 중정을 중심으로 남성과 여성의 영역이 구분되었다. 여자는 대부분 주거 내에서 생활을 하고 남자들은 주로 정치, 토론, 사업 등 외부활동을 하였다. 남성의 공간인 안드론Andron을 제외하면 모든 공간이 여성의 영역이었다. 안드론은 주택의 출입구 주변에 위치하여 생활공간과 분리되었으며 벽을 따라 카우치가 둘러져 있어 응접실 기능을 하였다. 중정은 그리스 주택의 가장 중요한 공간으로 제우스 신을 받드는 제단이 있으며 가사활동, 식사, 휴식과 오락 등 복합적 용도로 사용되었다.

초기의 중정은 단순하고 간소하였으나 차츰 장식적으로 변화했고 헬레니즘 시대로 접어들면서 사면이 열주로 둘러싸인 페리스타일peristyle로 발전하였다. 중정은 로마와 그 이후에도 오랫동안 서양주택의 규범으로 재해석된다.

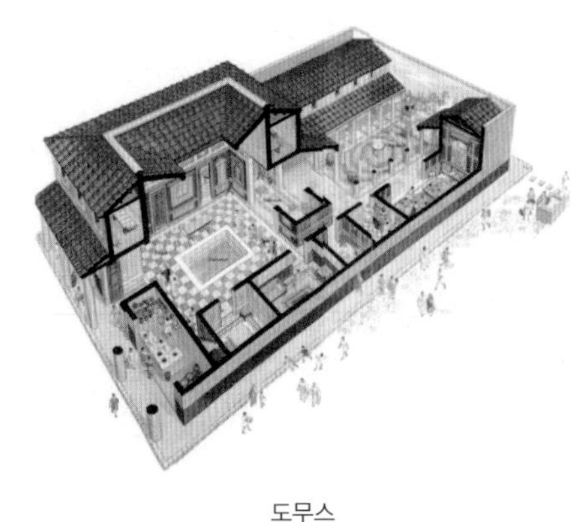

도무스

자료: https://kjs1906.tistory.com/2267/

인슐라

자료: 경기일보(2014. 6. 12.)

그림 3-13 로마의 주거

(3) 로마

로마는 그리스 문화에 근원을 두고 발전하였으나 주거는 다른 형태를 보였다. 계층에 따라 상류계층의 단독주택인 도무스Domus와 서민들의 인슐라Insula라는 공동주택으로 나누어진다. 도무스는 중앙에 아트리움이 있는 중정형 주택으로 전면에 상점과 작업장이 있고 후면에 페리스타일로 구성되었다. 인슐라는 임대용 공동주택으로 1층에 상점이 있고 높이는 보통 4, 5층 정도이나 10층도 있었으며 규모가 작은 것에서부터 3백 명이 거주하는 대규모에 이르기까지 다양한 주거 블록이었다. 도무스의 공간은 내향적으로 구성되었으나, 인슐라는 가로를 향해 개방되어 있으며 연속적으로 창이 설치되었다.

2) 중세의 주거

중세는 종교가 강력한 세력을 가지고 교회건축을 중심으로 고딕양식이 발달하였으나 일반주택에는 별 영향을 주지 못하였다. 중세의 사회계층은 귀족, 성직자, 소작농으로 구분되며 일반 서민의 주택은 보잘것없었고 성 근처에 굴뚝도 없는 오두막집에 짚을 깔고 생활하였다. 중세 주택의 특징은 직주 겸용 주택이 일반적이며 고용인들과 주인이 함께 기거하며 공동체를 형성하였다. 그리고 석재문화인 라틴계와 목재문화인 게르만계의 주거는 서로 다른 형태로 발전하였다.

(1) 탑상주택의 출현

이민족의 침입이 계속된 중세 초기에 이탈리아의 도시에는 공격과 방어를 위한 탑상주택塔狀住宅, Casa Torre이 세워졌다. 1200년경 피렌체에는 150여 채의 탑상주택이 있었고 탑의 높이는 보통 45~90m 정도이며 지붕은 평평했으며 2층에는 거실과 식당, 상층부에는 침실이 있었다. 중정을 중심으로 크고 작은 탑상주택이 집합되어 요새와 같았으며 중정 내부의 회랑을 통해 서로 연결되어 유사시에는 다른 주택으로 대피할 수 있었다.

(2) 세장형 주택의 형성

13세기 이탈리아에는 농민들이 도시로 이동하면서 노동자계층이 급증하고 이들의 주택 수요가 팽창하였다. 도시 서민과 중산계층은 가로에 면한 전면의 폭이 좁고 긴 모양의 스키에라 주택Casa a Schiera에 거주하였다. 스키에라 주택의 뜻은 "같은 유형의 주택이 반복적으로 병렬되는 형식"이며 '세장형 주택'이라고도 불린다. 중세에 일반화되었던 세장형 주택은 주택이 벽을 공유하면서 연속되어 있어 채광과 통풍이 매우 불리했다.

(3) 전면박공식 홀형 주택

영국과 독일, 스칸디나비아반도 등 게르만 문화권에서는 전통적으로 목조주택이 주류를 이루었다. 박공지붕에 커다란 홀이 있는 전면박공식 홀형 주택gable fronted hall house은 당시 중산계층의 일반적인 주택유형이었다. 이들은 우수한 목재기술을 활용하여 외벽에 정교한 목재장식을 하였다. 중세 후기로 들어서면 부유한 상인계층은 화재예방 등을 목적으로 하층부에는 석재, 상층부에는 목재를 사용하기도 하였다.

전면박공식 홀형 주택의 1층 전면에는 상점, 후면에는 커다란 홀이 배치되어 있고 지붕 밑에는 창고용도의 다락이 있다. 중심 공간인 대형 홀은 사교와 모임을 즐기는 거실 및 식당으로 사용되었으며 가족과 하인들이 함께 식사를 하고 때로는 손님과 하인들이 바닥에 자기도 하였던 다목적 공간이었다. 이는 중세 직주 겸용 주택의 특징을 잘 드러내고 있다.

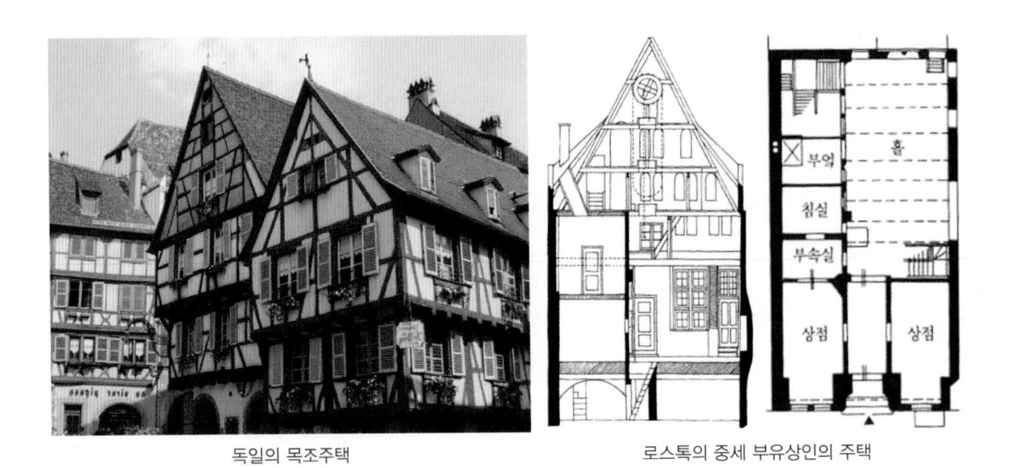

독일의 목조주택

로스톡의 중세 부유상인의 주택

자료: 손세관(2016). p.148

그림 3-14 게르만 문화권의 전면박공식 홀형 주택

3) 르네상스의 주거

르네상스의 미학체계인 좌우대칭적 구성과 비례미는 상류주택의 평면과 공간에 적극 적용되었으나 이 시기에도 서민들의 주택은 중세와 크게 다르지 않았다. 서민계층의 대부분은 전면 폭이 3~6m 정도인 작은 주택에 거주하다가 이후 공간적인 분화과정을 거치면서 공동주거화되기 시작하였다. 중세의 직주 겸용 주택이 상류계층에 의해서 조금씩 변화하다가 르네상스 시기인 17세기 이후에는 직주 분리가 일반화되었다.

(1) 귀족주택 팔라초의 확산

이탈리아의 귀족계층과 부유층인 대상인들은 도시지역에 르네상스 미학기법이 반영된 대저택 팔라초Palazzo를 짓고, 교외지역에는 별장인 빌라Villa를 건축하였다. 팔라초는 중앙에 도무스의 페리스타일과 비슷한 중정을 두었으며 모든 방은 대칭적으로 배열하여 규칙성과 질서 있는 비례체계를 적용하였다. 또한 전용 주택으로 규모가 매우 커서 독립된 하나의 블록을 형성하였다. 대표적으로 메디치궁, 루첼라이궁 등이 있다.

팔라초 메디치

빌라 로톤다

그림 3-15 르네상스의 귀족주택
자료: 위키백과

빌라는 당시 상류계층에 널리 유행한 교외의 별장저택으로 주로 연회와 휴식 장소로 이용되었다. 팔라디오Palladio의 빌라 로톤다Villa Rotonda가 대표적이며 완벽한 대칭과 규칙성의 조화가 적용되었다.

(2) 게르만 문화권의 변화

오랫동안 목조주택이 주류를 이루며 발전한 게르만 문화권의 주택은 중산층을 중심으로 벽돌이나 석재를 사용하기 시작하였고 전통적인 목조장식 기법에 새로운 르네상스의 장식 기법들이 첨가되면서 외관이 복잡하고 화려해졌다. 스위스, 오스트리아 등 게르만 문화권의 남쪽에 위치한 대규모 상인주택의 석조 벽면은 회벽 마감 위에 원형 아치, 고전 기둥, 그리스 신화 등의 프레스코화를 그려 넣어 회관을 화려하게 장식하였다.

(3) 프랑스의 계층별 주택

16~18세기까지 강력한 중앙집권적 왕권체계를 유지한 프랑스에서는 왕궁을 모방하여 귀족계층은 오텔hôtel이라는 넓은 정원이 있는 대규모 단독주택에 거주하였다. 내부의 장식은 매우 화려했으며 중정을 중심으로 생활공간이 배치되고 공간구성은 좌우대칭이었다.

이 시기에 새로이 등장한 상류층의 집합주택은 대규모 광장을 중심으로 3층 정도의 저택 40여 호가 타운하우스 형식으로 연립하였다. 광장은 각종 집회나 마상시합을

플라스 르와얄

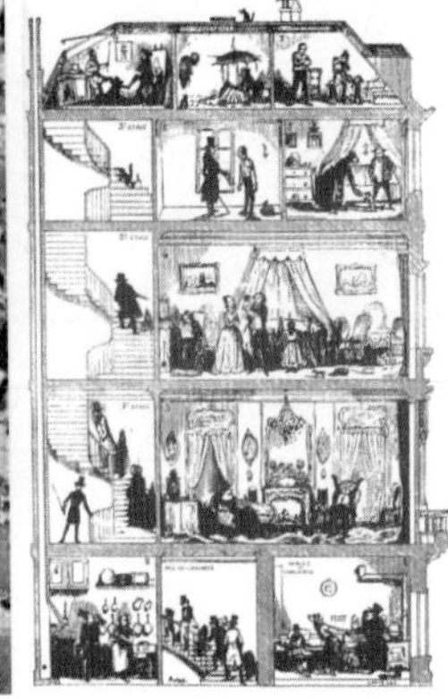

중산층 아파트의 입면과 파리의 생활상에 나타난 모습

자료 : 손세관(2016). pp.206-207

그림 3-16 프랑스의 계층별 주택

위한 공간으로 이용되었다가 이후 공원으로 변모하였다. 대표적인 상류층 집합주택으로 플라스 르와얄Place Royale과 플라스 도핀Place Dauphine이 있다.

한편 18세기 파리의 중산층과 서민들은 전면 폭이 5m 정도로 좁고 긴 5, 6층 규모의 아파트에 거주하였으며 19세기에 들어서 일반화되었다. 외관은 고전적이고 장식적이며 특이한 점은 같은 건물 내에서도 층에 따라 임대료가 달라 사회적으로 신분이 다른 계층이 하나의 건물에 섞여 살았다.

(4) 영국 중상류계층의 타운하우스

영국의 상류층은 런던을 중심으로 '테라스하우스Terrace house'라고 불리는 타운하우스에 거주하였다. 테라스하우스는 지하실을 포함하여 보통 5, 6개 층으로 구성된 다층주택으로 광장을 둘러싸고 이웃들과 연립하여 배열된 광장형 공동주택이다. 영국 타운하우스의 특징은 한 가족이 수직적으로 공간을 전용한다는 것이다. 대개 지하층은 하인 전용으로 작업과 취사를 위한 공간, 1층은 접객과 남성공간, 2층은 생활공간 및 여성공간, 3, 4층은 취침과 육아공간, 다락층은 하인공간으로 이루어졌다.

코벤트가든을 시작으로 귀족형 타운하우스가 확대되어 킹스 서커스King's Circus, 로열 크레센트Royal Crescent 등이 상당수 건설되었다. 주택 입면은 팔라디오풍의 팔라초를

로열 크레센트
자료: 위키백과, trip.com

킹스 서커스
자료: 위키백과

그림 3-17 영국의 타운하우스

모방하였으며 거대한 광장은 원형, 방형 등 다양하였다. 이후 테라스하우스는 귀족뿐 아니라 중산층과 서민의 주택유형으로 범위가 확장되었으며 오늘날 미국과 영국 등에서 흔히 볼 수 있는 주택유형으로 확산되었다.

4) 산업혁명기의 주거

18세기 말 영국에서 시작된 산업혁명으로 서구사회는 도시화, 산업화된 근대사회로 진입하게 되었다. 1911년에는 영국 전체 인구의 79%가 도시로 집중하여 과밀상태에 이르러 위생상태가 매우 열악하였다. 한편 산업혁명은 주택설비 향상에 크게 기여하여 중산층을 중심으로 석탄 벽난로에서 가스스토브로 바뀌고, 전기조명, 수세식 변소가 보급되고 가스레인지 사용이 일반화되었다.

(1) 노동자주택과 조례주택의 등장

산업혁명기 영국의 도시 노동자들의 주거환경은 매우 열악하고 슬럼화되었다. 노동자들은 지하주택에서 최대 30명이 함께 거주하기도 했으며, 특히 공업도시를 중심으로 일반화된 백투백back-to-back 주택은 13.5m²의 좁은 여러 채의 주택이 후면부의 벽을 공유하면서 연립하였는데 환기와 통풍이 어렵고 과밀한 주거환경을 형성하였다.

그림 3-18 백투백 주택
자료: 블룸버그

이에 영국 정부는 1848년 공중위생법Public Health Act을 제정하고 조례주택을 공급하여 열악한 주거환경을 개선하였으나 질적으로 하향 균질화되는 부작용을 초래하였다. 이 조례주택은 많게는 수십 채의 주택들이 이웃과 벽을 공유하면서 연속되는 형태로 건물 뒤편의 작은 정원에 변소와 석탄창고를 두었다. 이후 조례주택은 도시마다 차이는 있으나 새로 건축되는 모든 주택에 개인 정원을 갖추거나 방의 넓이와 창의 크기도 규제하였다.

(2) 중산층의 교외주택 확산

도시 거주자들은 과밀화된 도시를 피해 교외로 이주하기 시작하여 북부교외에는 서민 주거지, 남부교외에는 중산층 주거지로 구분되어 발전하였다. 영국의 철도망 발달에 따라 교외지역에는 단독주택과 2호연립이 확산되었고 서민들의 소규모 연립주택과 타운하우스까지 들어섰다.

탈도시화 현상은 19세기 말 하워드Howard의 전원도시운동으로 연결되었고 나아가 20세기의 신도시운동으로 이어졌다. 당시 중산층은 산업혁명기에 이룩한 부와 지위를 과시하고 개성을 드러내려는 성향이 강했으며 19세기 후반부는 양식적 혼란기로 고딕, 르네상스, 회화풍 등 가지각색의 건축양식이 성행하였다. 또한 중산층들은 교외에서 프라이버시, 넓은 주거공간, 안락함을 위한 기능적 측면을 중시하는 주택을 선호하였는데 이러한 경향은 1859년 모리스Morris의 '붉은 집Red House'에 집약적으로 표출되었다.

(3) 도심의 중층 아파트 정착

영국의 중산층들은 교외로 이동하여 단독주택에서 거주하였으나 사교와 사업 등을 위한 도시 활동거점이 필요하였다. 이 시기 도심에 등장한 중층 임대아파트는 처음에는 서민층에서 시작되어 점차 중산층의 고급 아파트로 퍼져갔으나 성행하지는 못하였고 서민들의 주거형태로 남게 되었다. 그러나 아파트는 영국 이외의 파리, 베를린, 뉴욕 등 대도시에서 성행하면서 도시형 주택으로 일반화되어 갔다. 이후 엘리베이터가 등장하고 급배수, 난방 등 내부설비 등 기술 발전과 함께 아파트는 더욱 확산되었고 20세기 근대건축운동의 전개와 함께 국제화한 주거형식으로 정착하였다.

5) 20세기 이후의 주거

1차대전 이후 근대건축운동이 전개되면서 기계화 사회의 기능주의적 가치관을 수용하고 대중을 위한 주택에 관심을 두었다. 이후 주거는 19세기 후반 모리스부터 바우하우스를 중심으로 국제주의 양식을 거치면서 르코르뷔지에Le Corbusier 등 거장들의 영향을 받았다. 그리고 중산층이 주택 수요의 중요 계층으로 등장하면서 주택은 대중의 다원적인 가치관과 다양성을 수용하면서 변화해 나갔다.

여기에서는 20세기 대표적인 주거유형으로 자리잡은 공동주택을 중심으로 그 변화를 살펴본다.

(1) 블록형의 공동주택 성행

20세기 초, 중정을 둘러싸는 블록형의 공동주택이 성행하였는데 외부공간 조망이 가능한 개방적 단지계획으로 채광과 통풍에 유리하였다. 독일과 네덜란드에서 적극적으로 도입하였으며 대표적인 1921년 로테르담의 슈팡엔하우스Spangen House 주거단지는 중정이 몇 개의 동으로 구분되어 영역성을 가진 공간으로 나누어지며 중앙의 건물에는 세탁소, 탁아소 등 공용시설이 설치되었다. 주택 발코니는 중정 쪽으로 향하도록 연속 배열하여 모든 주택이 중정을 향하였다. 각 세대는 복층으로 구성되어 1~2, 3~4층이 한 세대를 이루고 3층에 형성된 복도는 상부층 거주자의 개인공간 혹은 마당의 역

단지 모습

3층의 복도

그림 3-19 슈팡엔하우스 단지
자료: http://a-tub.org/en

할을 하며 통로 이상의 기능을 하였다. 이러한 주거계획은 1960년대 이후 발달한 저층 고밀 집합주택의 중요한 선례로 활용되었다.

(2) 일자형 아파트의 등장과 확산

1920년대 초반, 독일의 건축가 헤슬러Haesler가 일자형 아파트를 처음 도입하였다. 독일에서 '질렌바우Zielenbau'라고 불리는 일자형 아파트는 중정형 집합주택보다 더 개방적이고 경제적이며 표준화에 가장 부합하는 주거형태였다. 주로 정부주도의 대도시 주변의 서민 주거단지로 개발되었으며 넓고 개방적인 녹지공간과 외부공간을 확보할 수 있어 채광에 유리하였다. 그러나 고층 아파트는 기술적 문제와 위압감 등으로 유럽에서 쉽게 수용되지 못하다가 1945년 2차대전 이후 대규모 일자형 고층 아파트가 유럽은 물론 미국, 아시아와 남미 등으로 세계 각국에 확산되었다.

20세기 주거 형성에 큰 영향을 미친 르코르뷔지에는 "주택은 살기 위한 기계"로 인간의 기본적 욕구를 만족시키는 도구로 생각하였다. 그의 이러한 철학이 반영된 위니테 다비타시옹Unité d'Habitation은 필로티 형식의 길이 130m, 높이 56m의 장방형 콘크리트 건물로 중간층에는 상점, 호텔, 세탁소 등의 서비스 시설, 17층에는 150명을 수용하는 육아실, 옥상에는 휴식시설과 놀이시설, 카페테리아, 300m의 조깅트랙 등이 배치

외관
자료: 위키커먼스

서비스 시설
자료: cntraveler.com

옥상의 커뮤니티 공간
자료: cntraveler.com

그림 3-20 위니테 다비타시옹(1947~1952년)

되어 있다. 이후 1950년대 중반 대규모 공공주택개발에는 예외 없이 일자형 및 타워형의 고층 아파트가 건설되었다.

(3) 저층 고밀의 공동주택으로 전환

급속도로 확산된 일자형 공동주택은 1960년을 전후하여 저층 고밀의 공동주택으로 전환하였다. 당시 기능성과 경제성에 몰입한 고층 아파트 위주의 주거환경에 대한 비판들이 나오면서 커뮤니티가 확보되고 단위주택의 독자성이 강조된 저층형의 고밀도 공동주택이 건설되기 시작하였다.

1972년 세인트루이스의 '프루이트 이고Pruitt-Igoe 주거단지' 폭파 사건은 고층 일자형 공동주택에 대한 대중들의 인식 변화에 큰 반향을 불러일으켰다. 11~13층의 33개 동 2,870세대인 대단지 고층 아파트는 지어진 지 16년 만에 계속되는 슬럼화로 폭파되어 해체되었고 생중계되었으며 후일 영화로도 제작되었다(그림 4-1). 이후 미국에서 공공주거개발은 저층 고밀의 집합주택 위주로 전환되었다.

관련 활동

1. 한국 주거사 견학 장소

한국 주거사를 이해하기 위한 견학 장소로 고대 주거유적은 암사동 선사유적지 박물관, 조선시대의 주거는 남산골한옥마을, 창덕궁의 연경당, 안동 하회마을과 경주 양동마을 등이 있다. 그리고 근대한옥은 서울의 북촌한옥마을과 북촌문화센터에서 우리나라의 전통 주거문화 프로그램을 체험할 수 있다.

지역별 근대한옥으로 경기지역은 해평윤씨 종택, 홍사억 가옥, 민경홍 가옥, 충청지역은 김진호 가옥, 윤남석 가옥, 이주성 가옥, 전북지역은 이배원 가옥, 김안균 가옥, 전남지역은 연안김씨 종택, 이장우 가옥, 경북지역은 채효기 가옥, 김계진 가옥, 남호구택 등이 있다. 그리고 한·양 절충식 주택은 대구의 스위처 주택, 챔니스 주택, 블레어 주택, 청주의 탑동 양관 등이 있다. 일본식 주택인 적산가옥은 부산의 정란각, 초량1941, 군산의 구마모토 주택, 히로쓰 주택, 그 외 인천, 목포 등에 산재해 있으며, 주택 그대로 보존되는 경우도 있으나 카페 등 상업시설로 이용되고 있는 경우가 많다.

2. 서양 주거사를 이해하기 위한 영화와 도서

서양 주거사는 시대의 문화적·사회적 배경을 알아야 그 이해의 폭이 넓어지므로 선사시대부터 현대에 이르기까지 건축을 포함한 양식에 대한 이해 접근이 쉬운 서양미술사 관련 서적이 도움이 될 수 있다. 그리고 고층 일자형 공동주택에 대한 인식의 기폭제가 된 '프루이트 이고Pruitt-Igoe 주거단지' 폭파 사건을 담은 다큐멘터리 영화 〈The Pruitt-Igoe Myth〉를 통해 우리나라 아파트 문화를 되돌아볼 수 있을 것이다.

CHAPTER 4
주거환경심리

환경심리는 환경과 인간이 서로에게 미치는 영향을 이해하고, 사람들이 가장 편안하게 느끼는 환경을 구성하는 방법에 관한 지식들을 다룬다. 흔히 창의적인 아이디어는 천장이 높은 공간에서 나온다고 하여 구글의 사무실은 일반사무실보다 천장고가 훨씬 높고, 최근 건축된 대형 복합문화쇼핑몰에는 적절한 휴게공간이 마련되어 있어 쇼핑시간이 길어져도 스트레스를 받지 않았던 경험이 있을 것이다. 이처럼 사무실의 천장높이와 백화점의 적재적소에 휴게공간 유무를 통해 환경이 인간의 심리나 감정에 영향을 주어서 행동에 영향을 미친다는 것을 알 수 있다.
본 장에서는 환경과 인간행동관계에 관한 기초이론을 비롯하여 환경과 인간의 사회적 행태의 이해를 위한 환경심리 개념과 사례를 중심으로 쾌적한 주거환경디자인을 위해 응용하고 적용할 수 있는 아이디어를 살펴본다.

1. 환경심리와 주거환경디자인

1) 환경심리의 이해 및 특성

환경심리는 보다 나은 인간환경을 창조하는 것을 목표로 하고 있으며, 인간행동과 물리적 환경 간의 상호관계를 다루는 학문분야이다. 즉, 환경이 인간의 행동에 영향을 주어 인간의 행동변화를 가져오기도 하며, 인간의 심리적·행동적 요구가 환경을 변화시키기도 한다는 상호관계에 주목한다.

환경심리와 관련된 지식은 인간이 거주하고 사용하는 환경의 디자인과정에 활용하여 인간에게 이득이 되는 방향으로 환경을 창조하고 개선하는 것을 목적으로 한다. 특히, 인간이 거주하거나 사용하기 위해 인간이 만든 환경은 공학적 지식을 기반으로 아름답게 디자인되어야 할 뿐만 아니라 그 환경을 사용하게 될 사람들의 심리적·행동적 욕구에 부합되도록 디자인되어야 한다. 이때 디자이너나 사용자들이 이해하고 있어야 할 제반 지식들을 환경심리에서 다룬다고 보면 될 것이다. 환경심리는 심리학자나 사회학자들로부터 출발은 했지만 궁극적으로는 이러한 지식들을 응용하여 환경을 창조해내야 하는 환경디자인 전문가들의 역할이 있기 때문에 다학제적인 특성을 지니고 있다.

2) 주거환경디자인에서 환경심리의 역할

사람들이 생활을 하는 삶의 기초공간인 주거공간을 디자인하는 과정에서 환경심리적 지식은 중요한 역할을 한다. 환경심리 전공자들의 역할을 통해 그 내용을 살펴보면 다음과 같다.

환경심리 전공자들은 공간을 다루는 의사space doctor의 역할을 한다. 즉, 환자의 증상을 보고 병명을 진단하여 이의 치료방안을 제시하는 의사와 마찬가지로 공간 내에서 일어나는 제반 증상을 이해하고, 잘못된 부분은 고쳐서 공간을 개선할 수 있는 방안을 제시한다. 또한 환경심리 전공자들은 사람들의 공간에 대한 요구와 물리적 공간환경의 특성을 조율하기 위해 마치 문제를 해결해주는 변호사와 같은 역할을 한다. 즉,

클라이언트나 공간사용자들의 요구사항을 파악하여 이 요구를 공간적으로 풀어 디자이너들에게 제시하고 제시된 대안이 어떤 문제를 해결하고 가치를 줄 것인가를 전달해 주기도 한다(이연숙, 1998).

기존의 인위적 환경 중에는 공간계획자의 타고난 감각 및 경험에만 의존하고 실제로 공간을 이용하는 사람들의 요구나 제반 행태적 요구를 반영하지 않아서 실패했던 사례를 종종 발견할 수 있는데 대표적인 예로 프루이트 이고Pruitt–Igoe 아파트 단지를 들 수 있다(그림 4-1). 반면, 행복한 주거건축의 대표적인 사례로 소개되고 있는 일본

폭파된 프루이트 이고 주거단지

폐허가 된 단지

영화 포스터(2011)

그림 4–1 프루이트 이고 주거단지[1]

자료: https://live.staticflickr.com

---

1 이 사례는 일본의 유명 건축가가 주도한 미국의 프루이트 이고(Pruitt–Igoe) 주거단지로서, 미디어에서 극찬했던 것과는 달리 범죄의 온상지가 되고, 쓰레기 투기가 일어나는 공간이 되어 버리자 지어진 지 10년 만인 1972년에 미국 주택성이 폭파하였고 이 장면이 전국에 생중계되었다. 사용자들의 가치관이나 생활양식에 이르는 사용자의 행태적 특성을 간과하고 건축가의 주관대로 설계되어 소속감이나 공동체 의식 형성을 위한 공간에 대한 배려가 전혀 없었던 것이 근본적인 원인으로 지적되고 있다.

사와다맨션 전경

1층 상점

단지 내 식당

그림 4-2 사와다맨션 주거단지[2]

고치현에 소재한 사와다맨션은 비건축가 부부가 설계하였지만 사용자의 사회적 생활 행태에 기반하고 있는 집합주택으로 건축된 지 50년이 지났어도 거주자들이 행복감을 느끼고 있는 주거사례이다(그림 4-2).

이 두 사례들은 주거환경디자인 시 환경과 인간의 상호작용에 대한 이해를 기반으로 사용자들의 요구와 행위에 부합하는 환경을 제공하는 것이 무엇보다 중요하다는 것을 보여준다.

---

2 이 사례는 일본 고치시 고치현에 소재한 사와다맨션으로, 지하 1층, 지상 5층의 공동주택으로서 지어진 지 50년이 된 건축물이다. 비건축가 부부에 의해 완공된 이 공동주택에는 현재 60가구가 거주하고 있으며, 옥상에 부부의 주택이 있다. 1층에는 상점, 식당, 미용실, 주차공간 등이 있고, 이러한 공간은 주민들의 소통공간으로 활용되고 있으며, 입주 시점부터 현재까지 거주하는 노인들부터 젊은 층에 이르기까지 다양한 연령층이 거주하고 있다. 이곳은 어느 층에 살아도 1층에 거주하는 것과 같이 살도록 설계되어 있으며, 골목길이나 통로와 같은 우연한 만남공간, 카페, 공동식사 등 다양한 주민소통공간이 있는 것이 특징이다.

3) 환경과 인간행동 관계 기초이론

환경심리 분야에서는 환경이 인간에게 심리적 또는 행태적으로 미치는 영향을 보다 과학적인 방법을 활용하여 연구해왔다. 그중 인간을 위해 좀 더 쾌적한 주거환경을 만들기 위해 이해해야 할 환경과 인간행동의 관계에 관한 몇 가지 기초이론을 살펴본다.

(1) 르윈의 장(場, field)이론

르윈Lewin은 인간의 행태Behavior를 개인의 특성Personality과 개인에게 지각되는 환경Environment의 함수인 $B=f(P \cdot E)$로 나타내고 있다. 이때 외부환경에 대한 인간의 지각적 반응은 인간의 내적 동기에 영향을 받는다고 보고 있는데, 개인의 감정이나 기분 또는 상황에 따라 외부환경을 지각하는 것이 달라진다고 설명하고 있다. 즉, 같은 환경이라도 개인이 처한 상황에 따라 그 공간 내의 사물이나 환경이 사람의 마음을 움직이는 요인이 되어 긍정적이거나 부정적으로 인간의 심리적 작용을 일으키게 한다는 것이다.

예를 들어 병원을 두려워하는 아동에게 편안하고 매력적인 장난감으로 디자인된 병원공간은 아동에게 긍정적인 심리적 작용을 일으키기 때문에 좋은 디자인 방향이 될 수 있다는 것이다.

(2) 각성이론(arousal approach)

각성이란 인간이 환경 자극에 노출될 때 발생하는 현상이다. 온도나 소음수준, 과밀 등 환경의 특성에 따라 각성이 일어나며, 이는 심장 박동, 호흡, 맥박, 아드레날린 분비의 증가 등 생리적·신체적 변화를 일으킨다(Bell et al., 1996).

대도시 주거환경 주변에 공원 또는 물과 같은 자연환경적 요소들을 제공할 경우 호흡이나 맥박이 안정되어 심리적으로 편안함을 갖게 되는 것은 각성이론으로 설명할 수 있다. 각성상태의 높고 낮음이 행동에 미치는 효과는 뚜렷한 예측이 가능하므로 온도나 습도와 같은 열환경적 요소, 공기의 질, 소음수준, 과밀, 채광과 조도 등과 같은 환경요소가 인간의 행동에 미치는 영향을 설명할 때 각성모델은 특히 유용하다.

(3) 환경부하이론(environmental load approach)

사람의 정보처리 능력에는 한계가 있기 때문에 환경에서 유입되는 정보량이 개인능력의 한계를 초과할 때에는 정보과부하가 일어나고 이러한 상태에 이르면 적절한 단서에 주의를 기울이는 능력이 감소하므로 아주 작은 자극으로도 과부하되어 부정적 행동이 초래될 수 있다고 보는 것이다.

교통이 혼잡한 도로에서 사고예방을 위해 아동보호구역이나 노인보호구역을 만들거나 도심의 도로에 보행자 전용도로를 만들고 차량을 통제하는 것은 복잡한 환경에서 오는 자극의 정보량을 줄임으로써 사고유발 행동을 줄이려는 시도로 볼 수 있다. 이 이론은 사회적 문제를 일으킬 수 있는 과부하 상황을 판단하고 평가하여 환경개선을 통해 해결할 수 있는 가능성을 시사한다.

(4) 과소자극이론(understimulation approach)

과도한 자극이 바람직하지 못한 행동이나 감정을 일으킨다는 환경부하이론과는 달리 지나치게 자극이 적은 것도 문제가 된다고 보는 관점이다. 즉, 지나치게 자극이 많은 것과 지나치게 자극이 적은 것은 둘 다 부정적인 행동이나 감정을 일으킬 수 있다는 것이다. 지나치게 자극이 적은 환경은 인간의 감정박탈 현상을 초래하여 심한 불안과 다른 심리적 이상을 일으킬 수 있다는 것이다.

대도시의 경우 비슷한 구조의 건물들, 특히 근대 건축물들이 지닌 회색 톤의 무미건조하고 단순한 특성은 자극의 부족으로 인한 스트레스를 유발하여 청소년의 비행이나 반달리즘vandalism[3]과 같은 부정적인 영향을 준다고 본다. 특히, 과소자극의 문제는 아동의 성장발달에 부정적인 영향을 주므로 영유아기에 촉각, 시각, 청각 등의 다양한 감각적 환경자극뿐 아니라 도전과 모험의 공간 경험을 제공함으로써 성장과 발달을 돕는 것을 강조하고 있다.

---

3 반달리즘(vandalism): 공공재산이나 사유재산을 고의적으로 파괴하거나 해를 끼치는 행위를 말한다.

(5) 적정자극이론(adaption level theory)

적정자극이론은 환경부하이론과 과소자극이론의 절충적인 개념으로 환경자극에는 최적수준이 이상적이라는 것이다. 사람들은 사회적 상호작용에서도 과밀이나 완전히 고립되는 것을 원치 않으며, 온도, 소음, 시각적 자극 등 모든 유형의 자극에도 이러한 원리가 적용된다고 보는 것이다. 환경자극에는 최적수준이 존재하며, 개인이 느끼는 자극의 최적수준은 이전의 경험수준에 따라 다르다고 본다.

예를 들어, 도시지역 고밀도의 아파트에 살았던 사람들은 시골지역 단독주택에서 살았던 사람들에 비해 과밀한 상황에 좀 더 참을성이 있으며, 공항 주변에 거주하는 사람들이 조용한 단독주택단지에 거주하는 사람들에 비해 비행기 소음에 덜 민감한 것은 그들이 경험하는 환경의 차이에서 오는 것이다. 적정자극이론에 따르면 인간은 환경에서 겪는 불편함을 최소화하기 위해 최적수준에 맞도록 빛, 온도, 소음 등의 자극을 조절하면서 쾌적한 상태를 찾는다.

(6) 행동제약이론(behavioral constraint approach)

인간은 환경으로부터 제약constraint을 느낄 때 그 제약으로부터 해방되려고 할 것이며, 이는 곧 통제력을 되찾으려는 노력으로 나타난다. 하지만 통제력을 회복하기 위해 노력하였으나 행동의 자유를 찾지 못한다면 인간은 곧 학습된 무기력 상태에 이르게 된다(Bell et al., 1996). 즉, 통제력을 회복하기 위한 반복된 노력이 실패로 끝나면 객관적으로 통제력이 회복되어 있는 상황에서도 이러한 노력을 중단하고 만다는 것이다. 예를 들면, 최저 주거수준에 못 미치는 열악한 수준에서 거주상황이 지속되고, 아무리 노력해도 상황이 개선되지 않을 경우 주거빈곤 또는 노숙자 등으로 이어질 수 있다는 것이다.

또 다른 예로 깨진 유리창이론broken window theory을 들 수 있는데, 만일 한 건물의 유리창이 깨진 상태로 방치되어 있을 경우 이것은 아무도 신경 쓰지 않는다는 신호로 인식되어 유리창을 더 깨도 죄의식이 없어지며, 결국에는 그 공간에는 낙서나 쓰레기 투기 같은 일이 일어나게 된다는 것이다. 이 이론은 주거관리 또는 복지의 사각지대에 놓여 있는 독거노인이나 저소득층의 주거복지에 대한 필요성을 시사한다.

(7) 환경스트레스이론(environmental stress approach)

환경스트레스이론은 소음, 열, 공기, 빛과 같은 요소를 스트레스 원으로 보는 것으로서 환경심리분야에서 널리 사용되고 있다. 스트레스는 스트레스 원에 반응하는 것으로서 그 반응은 감정적·행동적 또는 생리적 반응으로 나타난다. 스트레스가 개인의 대처능력을 초과할 경우 우울증, 정신쇠약, 신체적 반응, 작업수행능력 감소 등을 겪게 되기 때문에 환경디자인 단계에서 스트레스 원을 제거하려는 시도가 필요할 것이다.

최근 다세대주택, 아파트 등 공동주택에서 발생하는 층간소음 및 반려동물 소음 등과 같은 생활소음 문제로 인해 이웃 간 불화가 끊이지 않고 있다. 이러한 갈등은 환경스트레스이론으로 설명할 수 있고, 이러한 중재과정으로서 공동주택 층간소음의 범위와 기준에 관한 규칙이 정해진다.

2. 인간과 환경의 상호작용과정

1) 환경지각과 인지, 태도 및 평가의 개념

인간이 환경의 자극에 반응하는 과정은 환경지각, 환경인지, 환경태도 및 평가의 과정으로 설명된다.

① 환경지각: 인체의 감각기관을 통해 환경에 대한 정보를 감지하고 이를 받아들이는 과정을 말한다.

② 환경인지: 현재 또는 이전에 경험했던 환경에 관한 정보를 저장·조직·재편성하고 추출하는 일련의 과정을 의미한다.

③ 환경태도: 특정한 환경에 대해 느끼는 개인의 정서적 또는 감정적 반응으로서 유쾌하거나 불쾌한 느낌, 좋아함, 싫어함 등의 어떤 대상에 대한 정서적 감정이 포함된다.

④ 환경평가: 인간이 환경과의 상호작용과정에서 환경을 감지·지각·인지하고, 태도 형성을 거친 후에 가장 마지막 단계에서 이루어지는 사고과정으로서 환경에 대해 긍정적이거나 부정적으로 평가하는 것을 의미한다.

그림 4-3 인간과 환경의 상호작용과정

이러한 환경에 대한 지각, 인지 및 태도, 평가는 별개의 과정이 아니고, 상호연결된 하나의 과정을 이루는 부분들로서 이해되어야 할 것이다(임승빈, 2012).

2) 인간과 환경의 상호작용과정이론을 적용한 공간디자인 사례

인간이 환경과 상호작용할 때에는 환경에 대한 지각과정이 반드시 발생하며, 이 과정에서 주로 시각, 청각, 후각, 촉각에 의해 정보를 감지하게 된다. 환경지각 분야의 이론은 실내공간을 디자인할 경우에 매우 유용하게 활용될 수 있다. 공간을 변경하거나 조절하는 방법 중 실제로 구조체를 변경하는 물리적인 방법 외에도 시각적인 방법이 있는데 이것은 환경지각이론에 근거한 것이라 할 수 있다.

다른 바닥재료의 사용　　출입구 영역을 강조　　주변의 주거단지와 대조되는 형태

자료: http://live.staticflickr.com

그림 4-4 지각원리의 다양한 사례[4]

4 지각원리를 적용하여 공간 구분을 위해 입구부분의 바닥재료를 다르게 사용하였으며, 주변의 일반적인 형태와 다른 형태로 시각적 초점을 제공하여 강조하고 있다.

예를 들어, 공간 구분을 위해 바닥에 재료를 다르게 사용하거나 공간이 개방된 느낌을 주기 위해 고명도 색을 이용하고, 폐쇄적인 느낌을 주기 위해 저명도 색을 이용하는 것은 지각원리를 적용한 것이라 할 수 있다. 또한 규칙적인 리듬과 반복을 통해 리듬감을 느끼게 하거나 공간 내에서 시선을 끌 수 있는 시각적 초점을 제공하는 강조와 같은 실내디자인 원리들도 지각이론의 적용이라고 볼 수 있다(이연숙, 1996; 주거환경교육연구회, 2010).

환경인지란 환경에 대한 정보뿐 아니라 환경에 대한 인상이나 환경이 가지고 있는 상징적 이미지 등까지 포함하고 있다. 환경지각과정을 단순히 감각기관을 통해 자극을 감지하는 단계만으로 규정짓고, 환경인지과정은 자신의 경험과 사상 등으로 환경을 이해하는 단계로 구분해 보기도 하지만, 인지와 지각은 별개의 구분된 과정이라기보다는 거의 동시에 이루어지는 사고과정으로 이해된다. 공간디자인에서 특정 공간을 정확하게 인지하게 하는 것은 그 공간에서의 활동을 원활하게 수행할 수 있도록 돕는다는 의미이다.

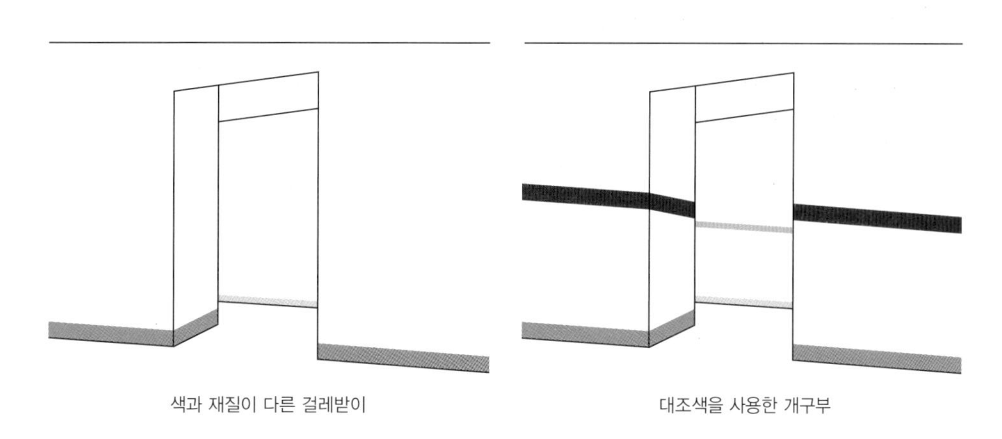

그림 4-5 공간지각력을 높여주는 사례[5]

5 공간지각력을 향상시켜 위험성을 감소시키는 방안으로서 벽면과 바닥을 구분하기 위해 걸레받이의 색과 재질을 다르게 하였으며, 개구부의 지각을 돕기 위해 흰색의 벽면과 대조되는 색을 이용하여 공간지각력을 높여주고 있다.

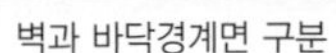

벽과 바닥경계면 구분　　대조되는 색채의 엘리베이터 프레임　　엘리베이터의 위치 표시

그림 4-6 실내공간의 지각효과를 높여주는 사례[6]

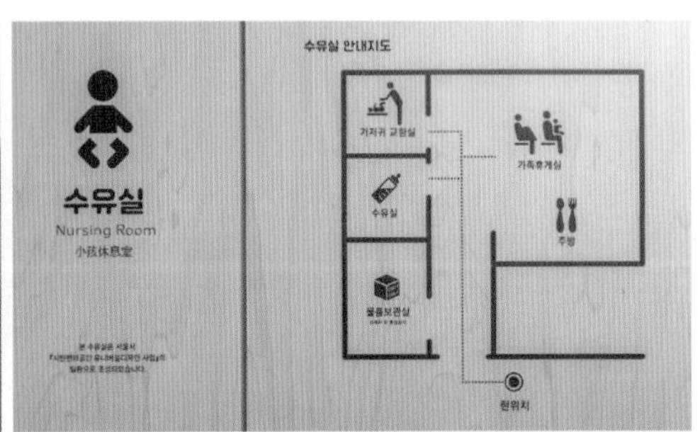

바닥면의 화장실 표시　　엘리베이터 앞 층수 표시　　픽토그램으로 표시한 공간구성

그림 4-7 길찾기에서 지각효과를 높여주는 사례[7]

또한 많은 사람이 이용하지만, 매일 이용하는 공간이 아닌 병원이나 백화점 또는 노인들이 거주하는 주택의 경우 동선이 효율적이며 공간인지가 잘되도록 계획되어야 한다. 특히, 노인들이나 심한 불안감을 느껴 병원을 찾는 환자 및 방문객을 위해 공간

---

6 복도 양측 바닥경계면의 재료를 달리하여 벽과 바닥을 지각하는 데 혼란을 없애주고 있으며, 엘리베이터 프레임의 색채와 앞에 바닥면 재료를 달리하여 지각효과를 높여주고, 층을 나타내는 명확한 숫자를 제시함으로써 공간인지력을 높여주고 있는 사례이다.

7 길찾기를 쉽게 할 수 있도록 바닥면에 화장실 표시를 하였으며, 공간의 구성을 직관적으로 이해하도록 공간별로 픽토그램을 이용하여 표시하고 있다.

의 인지력을 높여 길찾기를 용이하게 하는 것이 매우 중요하다.

인지력을 높이기 위한 구체적 방안으로는 랜드마크를 활용하고, 층과 실의 호수표시를 명확히 하기 위해 병실 호수 첫 자리에 층을 알리는 숫자를 기입하거나, 강한 색채대비를 사용할 경우 길찾기가 용이하며, 복도는 문틀과 걸레받이의 색을 주변색과 대조시킴으로써 벽과 문 주변을 명확하게 하는 방법들이 있다(이연숙, 1998).

3. 환경과 인간의 사회적 행태의 이해를 위한 환경심리개념

보다 나은 인간의 물리적 환경을 창조하기 위해서는 그 환경에 살게 될 사람들의 심리적, 행동적 욕구에 부합되게 디자인해야 한다. 그중에서 주거의 실내공간을 디자인하는 데 사용자나 디자이너들이 이해해야 할 주요 환경심리 개념으로 개인공간personal space, 영역성territoriality, 프라이버시privacy, 과밀crowding이 대표적이다. 이 4가지 개념을 중심으로 인간을 둘러싸고 있는 환경을 사람들이 어떻게 생각하고 느끼고 행동하는지와 주거공간 디자인에 적용한 사례들을 살펴본다.

1) 개인공간

(1) 개인공간의 정의 및 분류

인류학자 에드워드 홀(Hall, 1966)은 사람들은 '개인공간'을 가지고 있다고 지적하였다. 개인공간이란 개인의 신체를 둘러싸고 있는 독립적이며 개인적인 거품과 같은 공간으로서, 타인과의 관계에서 완충공간의 역할을 하면서 타인과의 상호 접촉의 양을 조절하여 원하는 수준의 프라이버시를 얻는 역할을 하는 공간으로 정의할 수 있다.

개인공간은 개인의 신체를 둘러싸고 있는 거품과 같은 것으로서 일정하고 고정되어 있는 것이 아니라 사람이 움직이는 대로 따라 움직이며, 크기는 사람에 따라 다르다고 정의하고 있다. 개인공간은 사람에게 속한 공간이 아니라 대인관계(개인과 개인 간의

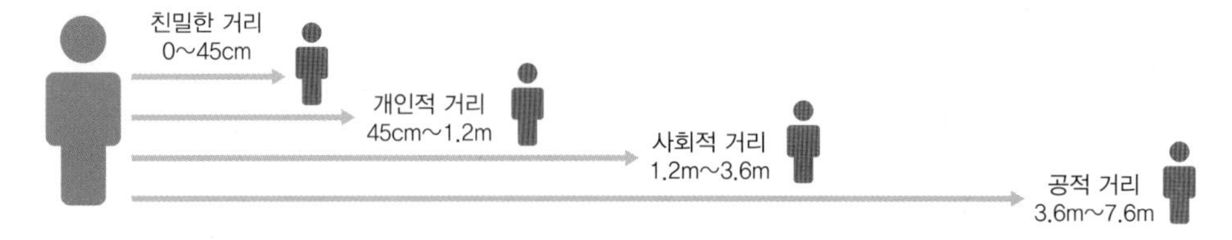

그림 4-8 개인공간 거리

거리)에서만 의미를 지니는 것으로 사람과 사물(예: 테이블) 간의 거리를 개인공간으로 보지 않으며, 개인 간의 거리나 공간으로만 한정하지 않고, 신체 지향, 눈길 맞춤과 같은 행동에도 초점을 둔다. 개인공간의 크기는 문화권에 따라 다양하지만 상황적, 개인적, 물리적 변수에 의해 영향을 받는다.

개인공간은 4가지 차원으로 구분할 수 있는데, 친밀한 거리intimate distance(0~45cm), 개인적 거리personal distance(45cm~1.2m), 사회적 거리social distance(1.2m~3.6m), 공적 거리public distance(3.6m~7.6m)가 있다.

① 친밀한 거리

친밀한 거리는 0~45cm 범위이며, 매우 친한 친구나 가족 또는 사랑하는 연인들과 같이 특별히 가까운 관계여야만 접근이 허용되는 공간을 의미한다. 예를 들어, 연인이나 가족 간에는 거의 밀착해 있거나 아주 가까운 범위까지 허용이 되지만, 엘리베이터나 지하철 밀집상황에서는 타인과의 거리가 좁아지면 사람들은 몸을 움츠려 보이지 않는 막을 형성하거나, 일정한 거리를 유지하려는 행동을 보인다.

② 개인적 거리

개인적 거리는 45cm~1.2m 범위이며, 친한 친구나 잘 아는 사람들 간의 일상적인 대화에서 유지되는 거리로서 낯선 사람에게는 허용하지 않는 거리이다. 예를 들어, 친한 친구들과 커피숍에서 이 거리가 유지될 수 있는 테이블배치를 하면 자연스러운 대화가 가능해질 것이다.

친밀한 거리

개인적 거리

개인적 거리에 해당하지 않는 사이

그림 4-9 친밀한 거리와 개인적 거리[8]

자료: https://live.staticflickr.com

8 첫 번째 그림은 친밀한 거리로서 이들의 관계가 적어도 연인이나 부부임을 유추할 수 있다. 두 번째와 세 번째 그림은 개인적 거리로서 이들이 친한 친구나 잘 아는 사람들이라는 것을 알 수 있다. 그러나 네 번째 그림은 두 사람 간의 거리로 보아 친구 사이가 아닌 서로 모르는 사이라는 것을 유추할 수 있다.

③ 사회적 거리

사회적 거리는 1.2~3.6m 범위이며, 대부분의 공적인 상호작용이 관찰되고 디자이너들의 관심을 끄는 거리이다. 공식적이며 낯선 사람에게 통용되는 거리로서 의사전달에 효과적이며 정확하기 때문에 주로 사회적 모임이나 공공장소에서 좌석배열 시 고려될 수 있는 거리이다. 예를 들어, 사무실에서 사무실 접수 데스크와 방문자 간의 거리, 사무실에서 부하직원과 상사 간의 거리에 적용될 수 있으며, 방문자에게 무례감을 주지 않고 다른 업무를 병행할 수 있는 거리이다.

④ 공적 거리

공적 거리는 3.6~7.6m의 범위이며, 보다 공식적인 모임에서 유지되는 거리이다. 예를 들어, 강연을 하는 강연자와 청중 간의 거리로, 이 범위에서는 서로 인사를 나누지 않고 지나쳐도 크게 문제가 되지 않는 거리로 볼 수 있다.

사회적 거리

공적 거리

그림 4-10 사회적 거리와 공적 거리[9]
자료: https://live.staticflickr.com

9 사회적 모임을 하기 위한 좌석들이 사회적 거리 내에 있을 경우 의사소통에 효과적이므로 테이블 좌석의 최대 거리가 3.6m 범위 내에 배치되어야 한다. 공적 거리에 해당하는 강연자와 청중 간의 거리는 최대 7.6m를 넘지 않도록 유지되어야 하며, 그 이상이 되면, 중간에 스크린을 설치하여 의사소통 전달에 문제가 없도록 해야 한다.

(2) 개인공간의 기능 및 부적절한 개인공간으로 생기는 결과

개인공간의 기능으로는 방어의 기능과 정보교환의 기능이 있다.

① 방어의 기능

방어의 기능이란 지나친 자극이나 친밀함과 같이 물리적인 외부의 위협에 대한 완충지대의 역할을 하는 것으로 설명할 수 있다. 방어의 기능을 앞서 살펴보았던 기초이론으로 해석해보면 근거리에서 오는 세부 특징에 대한 과다자극을 방지하고, 스트레스를 감소시키며, 개인공간이 부적절할 때 커지는 각성을 조절하고, 행동의 자유 침해를 방지하는 기능을 수행한다.

② 정보교환의 기능

정보교환의 기능이란 비언어적인 의사소통의 전달의 한 형태(Hall, 1966)로서 인간이 타인과 유지하는 거리에 따라서 시각, 청각, 후각, 촉각 중에서 어떠한 정보교환수단을 사용할 것인지가 선택된다. 예를 들어, 가까운 거리에서는 사적이고 많은 양의 정보교환이 후각이나 촉각을 통해 많이 이루어지고, 거리가 멀어질수록 공적이고 제한된 양의 정보교환이 시각이나 청각에 의해 많이 이루어진다.

타인과의 관계에서 허용되는 거리보다 부적절한 거리에서 상호작용이 지속되면 결과적으로는 부정적인 행동이 초래된다. 즉, 대인관계에서 허용되는 거리보다 너무 가까운 거리에서 상호작용이 일어날 경우 압박감과 조바심이 생기게 되며, 개인공간이 침범되었을 경우에는 불쾌감과 스트레스를 느껴 이에 대한 대처행동을 하게 된다.

이러한 대처행동에는 얼굴이나 몸을 돌리기, 바닥을 보면서 눈길을 피하기, 위치를 변경하기, 장애물을 설치하기 등이 있다. 개인공간을 심하게 침해당하면 즉시 그 장소를 벗어나 다른 장소로 이동하는 행동을 보이기도 한다.

(3) 주거환경디자인에서 개인공간의 적용 사례

개인공간의 개념은 주로 타인과의 상호접촉이 일어나는 공간의 디자인에 응용할 수 있다. 즉, 거실, 식탁, 사무실 등의 가구, 공원 벤치 등을 어떻게 배치하느냐에 따라 타인과의 상호접촉의 양과 질이 달라지므로 환경디자인 시 개인공간을 충분히 이해하고 반영해야 한다.

주거공간에서 거실 내 가구배치를 할 경우 2.4m 이내에 사람들이 앉을 수 있도록 배치하는 것은 개인공간의 개념을 적용한 것이라고 볼 수 있다. 교실에서 어떠한 좌석배치가 교사와 학생들 간의 상호작용을 촉진하며, 아동공간에서는 어떠한 가구배치형태가 적극적이고 활발한 참여를 유도하는지의 문제를 해결하기 위해서는 이 개인공간의 개념을 이해하는 것이 매우 중요하다.

즉, 가구배치형태에 따라 사람들의 상호작용을 지원하거나 반대로 개인을 서로 분리시켜 상호작용을 중단하게도 할 수 있다. 사람들 간의 대화를 유도해야 하는 공간에서는 둥근 테이블을 배치하는 것이 좋겠지만, 식당에서 불필요한 상호작용과 타인의 시선을 차단하고 싶은 혼밥 손님들은 주로 벽면이나 창가에 일직선상으로 배열된 테이블이 있는 식당을 선호한다.

서로 마주 보는 좌석배치

자료: https://live.staticflickr.com

등을 맞대는 좌석배치

자료: https://live.staticflickr.com

창밖을 바라보는 좌석배치

그림 4-11 상호작용을 고려한 좌석배치[10]

---

10 첫 번째 그림은 친사회적 공간(sociopetal space)의 예로서 대화를 나누려고 모이는 사람들을 한군데로 모아서 상호작용을 지원해주는 기능을 하며, 두 번째, 세 번째 그림은 반사회적 공간(sociofugal space)의 예로서 공항이나 버스터미널과 같이 의자를 등을 맞대고 직선적으로 배열하거나 시선이 창밖을 보도록 좌석을 배치하여 타인과의 상호작용을 중단시키는 기능을 한다.

2) 영역성

(1) 영역성의 정의 및 특성

앞서 살펴보았듯이 개인공간은 눈에 보이지 않으나 사람의 몸을 둘러싸고 있는 것으로서 사람이 움직이면 같이 따라다니는 공간을 말한다. 이에 반해 영역성은 소유, 점유, 사용, 구분, 개인화, 상징화 등의 개념을 포함하고 있다. 영역이란 개인 또는 집단의 욕구가 표현되는 것으로, 그들이 소유하는 특정 지리적 구역으로서 주로 장소의 일부를 점유하거나 소유하여 타인의 침입으로부터 자신을 방어하기 위한 장소 중심의 고정된 공간을 말한다(Fisher et al,, 1984).

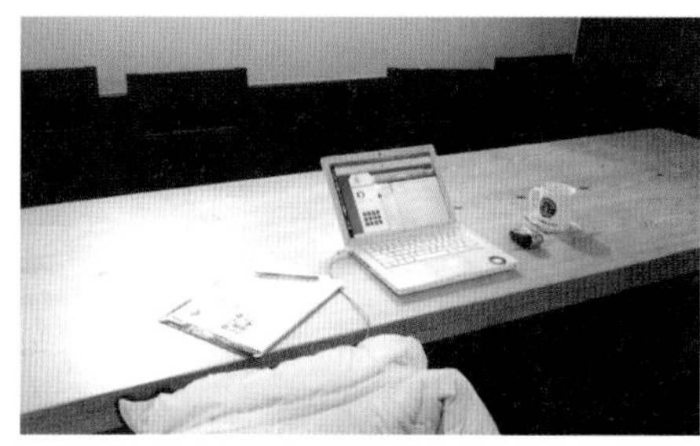

개인의 소유물을 이용한 일시적 점유
자료: https://live.staticflickr.com

주택 소유자를 드러내는 명패

소유자의 개성을 드러내는 출입구
자료: https://live.staticflickr.com

개인주택의 울타리 설치
자료: https://live.staticflickr.com

그림 4-12 영역표현의 예[11]

---

11 타인에게 자신의 주변에 있는 공간이나 사물의 점유 또는 소유를 알리는 다양한 영역행동 표현의 사례들이다.

영역행동이란 영역을 소유 또는 점유한 개인이나 집단이 그것을 주장하고 타인의 침입으로부터 자신을 방어하는 행동을 말한다. 영역행동은 타인에게 공간이나 사물에 대한 점유나 소유를 알리기 위해 다양한 방식으로 나타난다. 예를 들어, 카페에서 일시적으로 머무는 동안 자기 자리를 표시하기 위해 가방이나 소지품을 두기, 문 앞에 '관계자 외 출입금지' 표시를 부착하기, 주택에 명패를 달기, 주택에 울타리나 담장을 설치하기 등의 행동을 들 수 있다. 영역성이란 영역과 영역행동이 모두 합쳐진 개념으로서 영역에 대한 소유 및 방어주장과 동시에 영역에 대한 책임의식과 정체감까지 포함된 개념으로 이해할 수 있다.

(2) 영역의 유형 및 기능

① 영역의 유형

영역의 유형은 1차 영역primary territories, 2차 영역secondary territories, 공공영역public territories의 세 가지 유형으로 분류할 수 있다.

㉠ 1차 영역

1차 영역은 일상생활의 중심이 되는 지역이나 공간을 의미하며 주로 집이나 사물이 해당된다. 점유의 정도는 반영구적이고 소유주가 영역에 대한 강력한 통제권을 가지며 외부 침범에 대하여 강력한 방어행위를 한다.

㉡ 2차 영역

2차 영역은 사회적으로 맺어진 구성원들이 점유하는 공간으로서 교실이나 교회 등이 해당된다. 점유의 정도는 합법적 점유기간 동안에는 점유가 인정되며, 영역에 대한 소유권은 없으나 영역의 사용권은 인정되며, 어느 정도의 통제권도 갖는다.

㉢ 공공영역

공공영역은 영역에 대한 소유권이 인정되지 않고, 통제권도 주장하기 힘든 공간으로 해변이나 공원 등이 해당된다. 일시적으로 점유가 가능하며, 거의 모든 사람들의 접근이 허용되기 때문에 프라이버시 유지가 어렵고 방어 가능성이 거의 없는 영역이다.

② 영역의 기능

영역의 기능은 첫째, 공간 사용에서 조직의 기능을 들 수 있다. 인위적으로 만들어진 물리적 환경에서 횡단보도, 주차선 그리고 방범장치 등은 생활 속에서 예측 가능성을 제공하여 질서나 안전성을 증진한다. 둘째, 개인과 집단 구성원들에게 자아정체감을 부여하는 기능을 한다. 영역의 소유를 드러내고 타인과 구별되도록 개인화하는 행동을 통해서 자아정체감을 부여할 수 있다. 셋째, 공간 사용자에게 명확한 경계를 제공할 경우 복잡한 환경으로부터의 자극의 양을 감소시켜 스트레스 감소에 효과적이다.

보행로 안내

보행로 영역의 경계 표시

출입구를 안내하는 바닥재

그림 4-13 영역의 기능[12]

---

12 영역적 경계를 제공하고 있는 사례들이다. 왼쪽 위의 그림은 바닥면에 횡단 표시를 통해 보행로를 안내하여 예측 가능성과 질서를 제공한다. 왼쪽 아래의 그림은 평탄한 보행로 영역의 바운더리를 넓혀서 복잡성을 없애 사고의 위험성을 줄여주고 있는 사례로서, 고령자가 많이 거주하는 중심가로와 안길을 단차가 없는 가로로 조성하기 위해 기존의 건물과 담장을 제거하여 충분한 폭의 보행로를 확보한 사례이다. 오른쪽 그림은 바닥면의 재료를 다르게 처리하여 주택의 출입구에 대한 예측 가능성을 제공하고 있다.

(3) 주거환경디자인에서 영역성의 적용 사례

영역성의 개념을 주거환경디자인에 적용하기 위해서는 영역의 경계를 분명히 함으로써 영역적 마찰을 없애주고 사용자들이 영역에 대한 소유의식을 가질 수 있도록 디자인 방향을 이끌어야 한다. 영역성과 관련된 디자인 고려사항은 다음과 같다.

① 개인 소유물

개인 소유물은 개인들 간에 소유권이 구별되도록 경계를 명확하게 규정하며, 집단영역은 그 집단의 구성원들이 영역성을 가질 수 있도록 분명한 경계를 설정하여 타 집단과 구별되는 정체성을 확립할 수 있도록 한다. 일시적인 영역의 경우에도 개인이 사용하게 될 공간의 경계가 명확하게 구분될 수 있도록 디자인해야 한다. 또한 디자인 단계에서 사용자들을 참여시킬 경우 타인 소유의 건물 사용자들에게 영역에 대한 책임감과 만족도를 높이고, 공간파괴 행위도 줄일 수 있다.

② 물리적 방어

주거공간계획 시 영역성 확보를 위한 적용 요소로 물리적 방어를 들 수 있는데, 예를 들어 주택에 높은 벽 또는 담장을 설치하거나 아파트 주동 출입구에 비밀번호를 설정하거나 또는 단지 입구에 출입제한 시스템을 설치하여 외부인의 출입을 제한하는 것이 있다. 또 다른 방법으로는 상징적 이미지를 활용하여 사용자들에게 소속감과 책임감을 느끼게 하고 외부인에게는 그 사용성을 인지시켜, 공간에 대한 감시가 이루어지도록 하는 방법이 있다. 최근 공동주거단지에서는 익명성과 영역성 약화로 심리적 불안이 커져 방범이나 보안에 대한 요구가 점차 증대되고 있다.

③ 셉테드

환경디자인을 통한 범죄예방을 표방하는 셉테드CPTED 개념 속에는 이러한 영역성의 강화원리가 포함되어 있다. 즉, 영역성이 명확히 설정된 환경에서는 반사회적인 행태가 일어날 확률이 줄어든다는 것이다. 감시와 접근통제가 이루어져도 영역성이 없으면 범죄예방이 어렵다고 보는 이 개념 속에는 자기 영역을 지키고 주장하려는 행동이나 책임감이 중요하다는 것을 시사하고 있다.

단정하게 관리되는 주동 입구

자료: https://live.staticflickr.com

외부인에게 개방되지 않는 정원

자료: https://live.staticflickr.com

개인주택의 출입구

차별화된 아파트 주동 입구 디자인

자료: 국내 아파트 트렌드 리뷰

마을 벽화

주민들 사진으로 장식한 마을 카페

그림 4-14 영역성 강화의 예[13]

---

13 영역성을 강화하고 있는 다양한 사례들이다. 아파트 주동을 단정하게 관리하고, 주동 입구에 필로티나 돌출형 필로티를 도입하여 다른 색상이나 모양으로 디자인하거나, 마을 벽화나 마을 주민 카페에 주민들의 사진이 담긴 액자로 장식함으로써 정체성을 갖게 해주고 있다.

주거환경계획 시 영역성을 강화하는 방법의 예로, 공동주택은 단위 세대별로 유지 관리영역을 명확히 하고, 차도나 화단 또는 보행로를 명확하게 구분해주거나, 노후된 마을은 담장을 도색하고 벽화를 그리거나 가로등을 설치하는 등 마을 전체의 이미지를 개선하여 거주자들이나 외부인들에게 주는 부정적 이미지를 없애는 방법이 있다.

3) 프라이버시

(1) 프라이버시의 정의

프라이버시는 개인공간, 영역성, 과밀과 더불어 인간의 행태와 인위적으로 만들어진 물리적 환경과의 상호작용을 연구하는 환경심리학의 주요 개념이다. 프라이버시는 개인공간과 영역성 그리고 과밀이 적정수준에서 취해질 때 획득된다고 볼 수 있다. 프라이버시의 개념은 초기에는 사생활의 보장, 상호접촉의 회피, 은폐, 격리 등 배타적인 성격을 띠었으나, 최근에는 타인과 상호작용을 할 때 그 상호작용의 정도를 개인이 원하는 정도로 조절할 수 있는 것으로 정의되고 있다.

즉, 프라이버시란 개인과 개인 간의 상호작용의 경계조절과정으로서 개인이나 집단이 타인들과의 상호작용을 선택적으로 통제하고 조절하는 개념이 내포되어 있으며 바람직한 프라이버시 정도를 유지하기 위해서는 개인공간, 영역성, 과밀 간의 조절 메커니즘이 적절하게 작동되어야 한다(Altman, 1975). 프라이버시를 타인과의 상호작용에 대한 선택적 경계조절과정으로 볼 때 이러한 과정에서 상황에 따라 원하는 프라이버시는 개방적일 수도 있고 폐쇄적일 수도 있다.

개인이 원하는 정도의 프라이버시를 확보할 수 있으면 프라이버시를 성취하는 것이며, 원하는 정도보다 많은 양의 상호 접촉을 하게 되면 과밀감을 느끼며, 이와 반대로 원하는 만큼 타인과 상호 접촉을 하지 못할 경우에는 고립감 또는 외로움을 느끼게 된다. 따라서 공간디자이너의 입장에서는 사용자가 원하는 수준의 상호작용을 달성함으로써 프라이버시를 충족시켜주는 것이 중요하다고 할 수 있다.

공간의 성격에 따라 개방성과 폐쇄성이 적절히 제공되었을 때 적절한 프라이버시 상태를 유지할 수 있으며, 공간에서 프라이버시의 조절은 독립된 공간을 확보하거나 개구부의 위치, 벽 설치 등의 물리적 구조물을 통해 가능하다. 예를 들어, 내 침실 창문에 커튼이나 블라인드가 없다면, 늘 안에서 바깥을 볼 수는 있지만, 밤에는 침실 내부가 훤히 보여 타인에게 노출되는 문제가 생길 수 있다. 하지만 창문에 커튼이나 블라인드를 설치하면, 바깥을 보고 싶을 때는 커튼을 열어 개방성을 확보하고, 밤에는 커튼이나 블라인드를 닫아 프라이버시를 확보할 수 있다.

프라이버시는 문화권에 따라 차이를 보이는데, 일반적으로 서구인들은 청각적 프라이버시에 민감하며, 동양인들은 시각적 프라이버시에 더 민감한 경향을 보인다고 한다. 원하는 수준의 프라이버시를 얻기 위한 조절과정은 모든 문화권에 존재하며, 그것이 이루어지지 못할 경우에는 심리적·신체적으로 쾌적한 생활을 유지하기 어렵다.

(2) 주거환경디자인에서 프라이버시의 적용 사례

알트만(1975)은 주거공간에서 침실끼리 너무 인접해 있거나, 침실이 거실이나 가족실과 차단되지 않아 공용공간으로부터 청각적이나 시각적으로 노출된다는 것은 인간의 프라이버시 요구에 반응하는 환경이 아니라고 하였다. 주거공간에서 침실은 프라이버시 보호가 가장 확보되어야 하는 공간으로서 주거공간계획 시 거주자 간의 프라이버시가 보장되지 않는 경우 가족 갈등의 요인으로 작용하게 된다. 다음은 가족구성원 간의 프라이버시를 잘 고려하여 조닝zoning계획을 한 사례들이다.

〈그림 4-15〉는 3세대가 거주하는 경우로서 세대 간의 프라이버시를 보장해주기 위

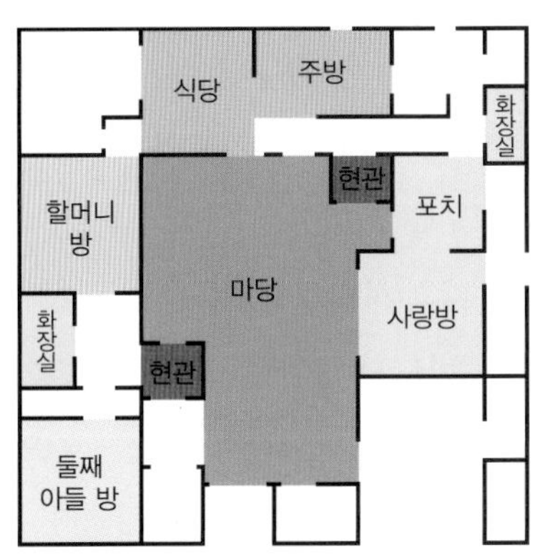

3세대 간 프라이버시를 고려한 조닝

김명관 고택 안채의 공간 나눔

그림 4-15 프라이버시를 고려한 조닝

해 노부모 세대와 부부 세대, 성인 자녀 세대의 거주영역으로 각각 구분하여 조닝을 한 사례이다. 이 주택은 출입구를 들어오면 현관이 2개 있어서 성인 자녀와 부모님이 현관을 따로 사용하도록 계획하였다. 할머니 공간은 1층에 배치하였으며, 부부공간은 2층에 배치하여 각자 프라이버시를 확보하였다. 이 주택은 가족 공동공간인 거실을 없애고 중정 마당을 두었고, 가족의 유대를 위해 사랑방과 포치공간을 갖추고 있어서 각자 따로 지내다가도 언제든지 가족들이 원할 경우 모일 수 있도록 조닝이 이루어져 한 집에서 따로 또 같이 산다는 느낌을 주고 있다.

또한 전북 정읍에 소재한 김명관 고택의 안채를 살펴보면 고부 갈등과 충돌을 방지하기 위해 시어머니와 며느리의 영역을 구분하여 조닝한 것을 알 수 있다. 이는 각자의 프라이버시를 유지하고 독립성과 개인의 삶을 보장해주고 있다.

4) 과밀

(1) 과밀의 정의

과밀이란 주어진 밀도 상황에서 느끼는 개인의 인지에 의존하는 주관적인 용어로, 개인이 원하는 이상의 상호접촉을 경험할 때 과밀하다고 느끼게 된다. 스토콜스 Stokols(1976)는 과밀은 밀도의 개념과 구별하여 이해해야 한다고 하였다. 밀도는 공간적 밀도와 사회적 밀도로 구별되는데, 공간적 밀도는 단위 공간당 사람 수를 객관적으로 측정하는 것으로 일정 면적에 얼마나 많은 사람이 모여 있는지 나타낸다.

물리적 고밀도란 주거실태조사에서 파악하는 1인당 주거면적, 가구당 주거면적, 방당 사람 수 등을 의미하는 것으로서 물리적 고밀도 상태를 측정하는 지표가 된다. 반면, 사회적 밀도는 사람들 간의 상호작용 및 접촉의 빈도를 의미하는 것이다. 일반적으로 동일 크기의 공간에 사람들이 많으면 밀도가 높아지고 사람들 간의 상호작용 및 접촉의 기회가 많아져 사회적 밀도가 높아질 수 있으나, 반드시 공간적 밀도와 사회적 밀도가 비례하는 것은 아니다. 임승빈(2012)은 우리나라 아파트는 공간적 밀도는 높으나 사회적 밀도, 즉 아파트 주민과의 대화 또는 접촉 정도는 매우 낮다고 설명하였다.

축구장

지하철 승강장

복잡한 거리

그림 4-16 과밀[14]

자료: https://live.staticflickr.com

과밀은 객관적인 물리적 밀도 상황에서 개인의 인지에 의존하여 밀집하다고 느끼는 지극히 주관적인 반응이다. 따라서, 과밀의 상황을 인지하고 반응하는 정도는 개인의 과거 경험, 문화, 개성, 상황 등에 영향을 받는다. 그러므로 개인마다 과밀이라고 인지하게 되는 상황은 차이가 있으며, 물리적인 밀도가 높다고 모두 과밀하다고 느끼는 것은 아니다. 예를 들어, 대규모의 인파가 몰리는 축구장, 클럽이나 영화관과 같은 유흥시설에서의 밀집현상은 다른 일반상황보다 허용하는 수준이 높아서 과밀하다고 느끼지 않는다. 반대로, 공연장, 스포츠 경기장, 집회 등의 밀집성이 기대되는 상황에서 사람들이 거의 없다면 오히려 적절하지 못하다고 느끼게 된다.

14 밀집성이 기대되는 축구장이나 공간적 밀도가 높더라도 단시간에 이 공간을 벗어날 수 있는 상황에서는 과밀하다고 느끼지 않지만, 인파가 복잡한 거리에서 장시간을 거닐 경우에는 과밀을 느끼게 된다.

고밀도 상황은 정서적 상태, 생리적 각성상태, 질병에 부정적인 영향을 미치게 되는데, 손바닥이 땀에 젖거나 스트레스 반응이 높게 나타난다. 고밀도는 사회적 행태에도 영향을 미치게 되는데, 상대방에게 느끼는 호감이 감소되며, 위축감이 증가되어 타인과 눈길을 마주치는 횟수가 줄어들거나 공격성이 증가하는 행태가 나타난다. 또한 업무수행에도 부정적인 영향을 미치는데, 공간적 밀도와 사회적 밀도가 높으면 단순한 업무보다는 복잡한 업무를 수행할 때 업무수행이 감소되며, 특히 사회적 밀도가 높은 경우 더욱 감소된다고 한다.

(2) 과밀에 대한 건축적 매개 및 디자인적 해결방안

환경을 신축하거나 기존 환경을 리모델링할 때 과밀을 완화해 줄 수 있는 디자인적 고려방법은 다음과 같다.

예를 들어, 천장을 높게 디자인하거나 방의 구석부분을 잘 정리하면 과밀을 덜 느끼게 되며, 방 크기가 같더라도 정사각형태보다 직사각형태가 과밀을 완화해 주고, 창문이나 문 등의 시각적 출구가 있는 방이 없는 방보다 과밀을 줄여준다.

여유공간과 통로가 없는 좌석배치

가운데 통로가 없는 좌석배치

그림 4-17 과밀을 느끼게 하는 좌석배치[15]

자료: https://live.staticflickr.com

15 좌석배치 시 가운데 통로가 없으면 중간에 앉은 사람들은 가장자리에 앉은 사람들보다 과밀로 인한 스트레스를 더 받게 되므로 반드시 중간에 통로공간을 확보해야 한다. 좌석배치의 규칙성이 있더라도 통로공간의 유무와 개수 그리고 여유공간의 확보 여부가 과밀을 지각하는 데 영향을 미친다.

물리적으로 구조적 수정이 용이하지 않을 경우에는 방의 구석보다는 방의 중심에서 활동하게 하거나 방에 이동식 칸막이를 설치하는 것이 좋다. 또한 벽의 주조색과 적절한 조명을 사용하여 실내를 밝게 하거나 벽에 그림이나 장식물과 같은 시각을 분산하는 설치물이 있을 때 과밀을 덜 느끼게 된다. 과밀의 원인을 제거하는 방안으로서 가구배치를 재조정함으로써 과밀을 완화할 수도 있다.

고밀도 조건에서 과밀을 느끼게 하는 중요한 개념은 지각된 통제력으로서, 예를 들어 의자를 배치할 경우 의자가 바닥에 고정되어 이동성이 전혀 없는 경우와 유동적인 경우의 그 환경에 대한 통제력은 달라지게 된다. 즉, 벽 쪽 가장자리가 막혀 있는 곳에 배치된 의자에 앉는 것은 스트레스를 유발할 수 있으므로 반드시 뒤쪽이나 옆쪽으로 통로공간 또는 여유공간을 확보해주어야 한다. 또한 가구를 배치할 경우 공간의 규칙성이 있을 때 밀집감을 덜 느끼게 되므로 가구배치 시 스트레스를 감소할 수 있도록 해야 할 것이다(이연숙, 1998).

관련 활동

1. 환경심리 관련 기초이론의 관점에서 자신이 거주하는 동네나 주택에서 Good & Bad 사례를 찾아 평가해보고 개선방안을 토론해 보자.

Good 사례 사진	Bad 사례 사진	분석 및 평가

2. 자신을 외국인이라 가정하고 대학교 캠퍼스 정문에서 학과 강의실까지 길찾기 과정을 경험해보고 환경지각과 환경인지 관점에서 평가한 후 토론해 보자.

동선	사진	분석 및 평가

3. 공동주택에서 영역성을 강화하기 위한 물리적 환경디자인과 프로그램을 인터넷 조사를 하고 토론해 보자.

환경디자인 사례	프로그램 사례

PART 2

주거환경·기술

CHAPTER 5
인간공학과 유니버설디자인

주거공간은 거주자가 편리하고 안전하게 생활할 수 있도록 인간의 특성을 고려하고 거주자의 물리적·심리적 요구와 행동 패턴에 따라 공간을 계획할 필요가 있다. 또한 나이, 신체적 능력 등이 서로 다른 사람들이 함께 거주하며 누구나 편안하게 생활할 수 있는 환경이어야 하고, 생애주기에 따라 변화하는 거주자들의 요구를 수용할 수 있어야 한다. 고령화와 1인 가구의 증가 등 인구구조와 사회환경의 변화로 다양한 생애주기에 대응할 수 있는 주거환경에 대한 요구가 커지고 있다. 인간공학과 유니버설디자인 원리가 적용된 주거공간은 변화하는 상황, 장애 정도, 나이와 관계없이 누구나 편안하고 안전하게 거주할 수 있다.

본 장은 주거공간 계획에 기초가 되는 인간의 신체적·심리적·행동적 특성과 유니버설디자인을 이해하고 인간 중심의 관점에서 주거계획을 이해하는 것을 목표로 한다.

1. 인간공학의 이해

1) 인간공학의 정의

(1) 일반적 정의

인간공학은 인간과 작업 또는 작업환경의 적합성을 목표로 인간과 다른 시스템 요소 간의 상호작용을 연구하는 과학이다. 인간공학의 영어표현인 ergonomics의 어원은 그리스어인 ergo(work: 일)+nomos(law: 법칙)+ics(학문)의 합성어이다. 인간이 여러 가지 작업을 하는 데 필요한 방법을 연구하는 학문이라는 의미이다. 미국에서는 human factors(또는 human factors engineering)라는 용어로 사용되기도 한다. 인간-환경계man-environment system는 인간의 다양한 요소와 환경의 다양한 요소에 의해 결정된다. 인간의 신체적, 생리적, 감각적, 심리적, 인지적, 감성적, 사회적, 문화적 특성을 이해하고, 이를 기반으로 인간의 특성과 능력, 한계 및 행동에 적합하도록 제품, 시스템, 환경을 설계함으로써 쾌적성, 안전성, 편리성, 효율성을 향상시킬 수 있다.

샤파니스A. Chapanis는 인간공학을 인간의 행위·능력·한계·특성들을 파악하여, 인간이 이를 생산적이고, 안전하고, 편안하고, 효율적으로 사용할 수 있도록 도구·기계 시스템·작업·환경 등을 설계하는 데 응용하는 학문으로 정의하였다. ISOInternational Standard for Organization에서는 건강, 안전, 복지, 작업성과 등의 개선이 필요한 작업, 제품, 환경을 인간의 신체 및 정신 능력과 한계에 부합시키기 위해 인간과학으로부터 지식을 생성·통합하는 과정으로 인간공학을 정의하였다. 결국 인간공학은 인간과 그 대상이 되는 환경요소와의 상호작용을 연구하여 인간과의 적합성을 향상시키려는 것이다.

(2) 주거학에서의 정의

인간-환경계에서 공간을 실제로 이용하는 사람들이 공간을 바라보고 이해하는 방식 그리고 공간에 대해 취하는 태도와 행동을 안다면 더욱 쾌적하고 만족할 수 있는 공간을 설계할 수 있다. 삶의 포괄적 특성과 기능적 특성을 동시에 요구하는 주거공간에서 인간공학의 접근방식은 거주자가 주거공간에서 안전하고 편리하게 생활할 수 있도록 거주자의 신체적·심리적·사회적·행태적 특성을 파악하여 이들 특성에 적합한 주거 계획을 하는 데 중점을 둔다.

인간공학적 측면을 고려한 주거공간 설계 시 거주자의 신체적 특성(키, 팔 길이 등), 움직임의 범위 그리고 행동 패턴을 잘 이해해야 가구의 크기나 높이, 기기들 간의 배치 등에 반영되어 불필요한 스트레스나 불편함을 줄일 수 있다. 물리적 측면의 주거환경을 포함하여 공간을 사용하는 데 인간의 행동특성과 심리적 특성에 대한 고려가 요구되며, 이를 통해 작업의 효율성을 향상시키고 안전성, 편리성, 주거 만족도를 높여서 거주자의 생활의 질을 향상시킬 수 있다.

2) 인간의 감각

인간은 감각을 이용해서 외부의 자극을 받아들이고 주변환경을 인식하는데, 이는 인간이 환경을 이해하고 환경과 상호작용하는 방식에 영향을 미친다. 따라서 인간의 감각적 특성을 이해하는 것은 인간이 환경을 어떻게 인식하고 이해하는지 그리고 환경이 사용자의 감각적 경험에 어떻게 영향을 미치는지를 파악하여 이를 설계에 반영하기 위해 중요하다.

(1) 시각

시각은 눈을 통해 인지하는 감각으로 인간의 가장 중요한 감각 중 하나이다. 인간은 시각을 통해 80% 이상의 정보를 얻는다고 하며, 여기에는 사물의 크기와 형태, 색상, 밝기와 움직임 등이 포함된다. 따라서 적절한 조명 사용, 색상 선택, 대비 등을 고려하여 시각적 피로를 줄이고 정보의 명확성을 향상시켜 사용자의 시각적 경험을 최적화할 수 있다. 또한 인간의 시력은 나이가 들면서 저하되므로 이를 고려하여 주거공간을 계획해야 한다.

① 눈의 구조와 기능

시각은 눈을 통해 빛의 자극을 받아들이는 감각작용이다. 물체에서 반사되어 눈으로 들어온 빛은 각막 → 수정체 → 유리체 → 망막(시각세포) → 시신경 → 뇌의 순서로 전달된다.

각막은 빛을 받아들이는 부분으로 안구의 가장 바깥쪽 표면을 말한다. 홍채는 카메라의 조리개 역할을 하며, 동공을 통해 눈으로 들어오는 빛의 양을 조절한다. 즉, 밝을 때는 홍채가 이완되어 동공이 축소되면서 들어오는 빛이 양이 감소하고, 어두울 때는 홍채가 수축되어 동공이 확대되면서 들어오는 빛의 양이 증가한다. 홍채의 중앙에는 빛을 통과시키는 통로 역할을 하는 동공이 있고, 홍채 가까이에 있는 모양체는 수정체의 두께를 조절하는 데 중요한 역할을 한다. 불룩한 렌즈 모양의 수정체는 빛을 굴절시키는 역할을 한다. 수정체와 망막 사이에 있는 투명한 액체인 유리체는 눈의 형태를 유지하는 기능을 한다. 망막은 시각세포가 분포되어 있어 실제로 물체의 상이 맺히는 곳이며, 망막에 상이 맺히면 여기에 분포하는 시각세포가 시각을 감지한다. 망막 중에서도 시각세포가 밀집하여 상이 뚜렷하게 보이는 부분을 황반, 시신경이 모여서 지나가는 곳으로 시세포가 없어 상이 맺혀도 보이지 않는 곳을 맹점이라 한다. 시신경은 망막에서 뇌로 정보를 전달하고 이렇게 전달된 시각정보를 통해 뇌가 상의 정보와 특성을 파악한다.

② 시력과 시야

시력visual acuity은 시각의 또렷함, 즉 물체의 형태와 세부를 식별할 수 있는 능력을 말한다. 시야 중심부의 시력을 중심시력이라고 하며 사물의 또렷한 색과 윤곽을 식별한다.

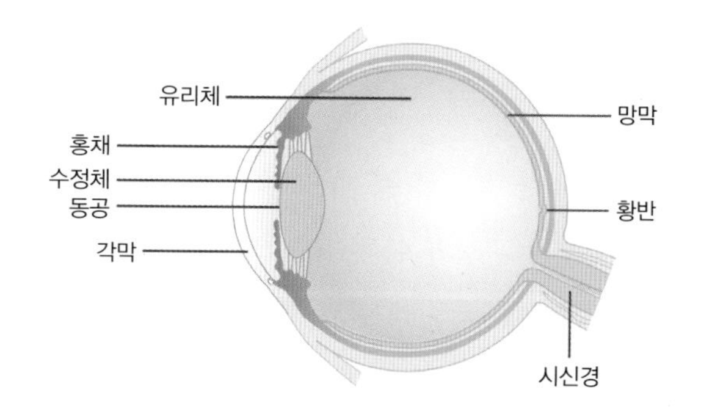

그림 5-1 눈의 구조
자료: Cancer Research UK/Wikimedia Commons

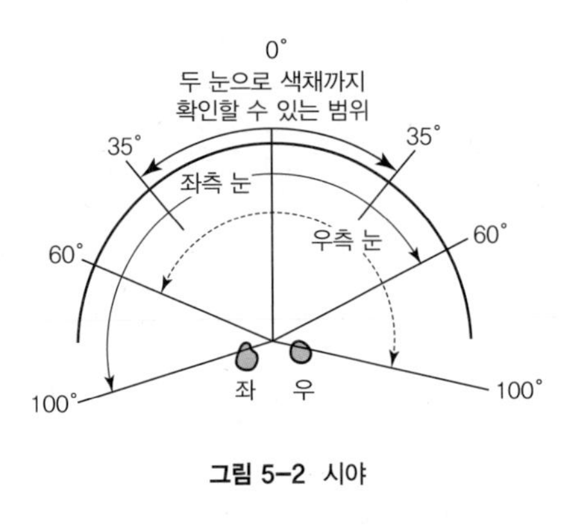

그림 5-2 시야

시야 주변부의 시력을 주변시력이라고 하며 사물의 대략적인 크기나 모양, 움직임 등을 식별한다.

시야visual field는 시력이 미치는 범위로 한 점을 주시하고 있을 때 보이는 범위를 시각으로 나타낸 것이다. 한 눈 시야와 두 눈 시야는 다르며, 한 눈 시야는 대략 좌 100°, 우 60°, 위 55°, 아래 65°이다. 일반적으로 인간의 시야는 시선 방향에서 수직 120°, 수평 180°의 범위를 감지할 수 있다.

③ 순응

순응이란 눈이 밝기에 익숙해지는 과정을 말한다. 암순응은 밝은 곳에서 어두운 곳으로 들어갔을 때 처음에는 물체가 잘 보이지 않다가 차차 시간이 지나면서 보이게 되는 현상으로 어두운 방에 들어가 완전히 암순응에 도달할 때까지는 보통 30~40분 정도가 소요된다. 반대로 어두운 곳에서 밝은 곳으로 나갈 때 눈이 부시고 잘 보이지 않는 현상인 명순응은 몇 초에서 길어도 1~2분이 소요된다.

④ 시각작업에 영향을 미치는 요인

좋은 시각환경을 만들기 위해서는 개인차, 조명의 양과 질, 대상물의 크기, 대비, 노출시간 등을 고려해야 한다. 개인차는 개인별 시력의 차이를 의미하며 연령이 높아지면서 시각적인 능력이 저하되므로 고령자가 생활하는 공간은 전체 조도를 높이거나 국소조명으로 보완할 필요가 있다.

조명의 질은 조명의 균일한 정도, 눈부심, 조명의 색, 그림자 상태 등으로 결정된다. 조명이 균일하지 않으면 눈의 피로와 불쾌감을 느끼며 시간이 지나면 시력이 떨어질 수 있다. 적당한 명암이 있는 실내공간에서 쾌적함을 느낄 수 있으며, 대상물의 크기가 클수록 배경과 대상의 명도 차가 클수록, 노출시간이 길수록 시인성이 높다.

(2) 청각

청각은 소리를 듣는 감각으로 시각 다음으로 중요한 감각이다. 귀는 소리의 진동을 받아 이를 뇌에 전달하는 역할을 한다. 사람의 귀는 음의 진동수, 강도 등 상당히 넓은 범위를 들을 수 있다. 소리의 질과 강도는 주의 집중 및 분산, 공간의 경험 등에 영향을 미치므로, 적절한 음향설계, 소음감소 등을 통해 효율성과 쾌적성을 높일 수 있다.

① 귀의 구조와 기능

소리를 듣는 기관인 귀는 외이, 중이, 내이로 구성된다. 외이는 귓바퀴와 외이도, 고막까지이며, 안쪽 귀를 보호하고 외부의 소리를 확대하여 내부로 전달한다. 중이는 고막을 사이에 두고 외이와 구분되며 달팽이관이 있는 내이와 연결되는 작은 통로로서, 고막의 진동을 달팽이관까지 전달한다. 내이는 소리를 직접 느끼는 달팽이관이 있는 부분이다.

청각은 소리를 귓바퀴 → 외이도 → 고막 → 귓속뼈 → 달팽이관 → 청각세포 → 청각신경의 경로를 통해 전달한다. 소리가 공기를 통해 외이에 도달하면 고막을 진동시키고, 고막은 다시 귓속뼈를 진동시킨다. 뼈의 진동은 달팽이관의 청각세포를 자극하고, 청각세포는 전기신호를 발생시키며, 청각신경이 이 전기신호를 뇌에 보내 소리를 느끼게 된다.

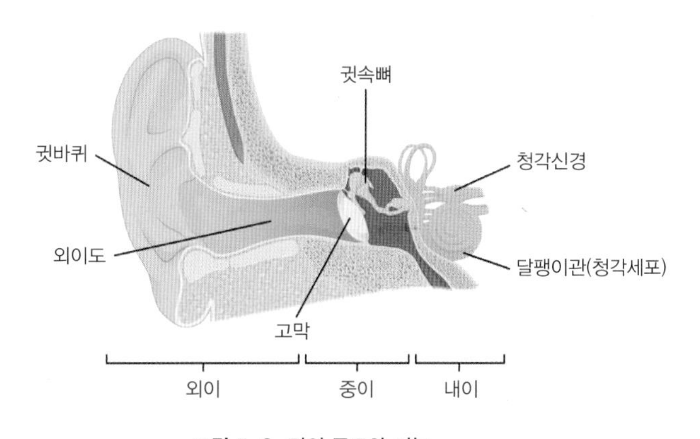

그림 5-3 귀의 구조와 기능
자료: OpenStax/Wikimedia Commons

표 5-1 소리의 강도와 귀의 상태

구분	소리의 강도
불쾌감	110dB
간지러움	132dB
통증	140dB
파괴	150dB

자료: 한국실내디자인학회(2015). p.104

② 소리와 소음

소리와 소음의 기준은 상대적이며, 사용자의 경험에 영향을 준다. 소리는 점점 줄이면 들리지 않게 되고 반대로 키우면 불쾌감을 느끼다가 간지러움을 느끼고, 더 크게 하면 귀에 통증을 느끼고 마침내 고막이 파열된다. 일반적으로 나이가 들어가면서 고음부의 감도가 둔해지지만, 저음부의 감도는 떨어지지 않는다.

소음은 청각으로 느끼는 감각공해이다. 인체에 생리적·심리적으로 영향을 미칠 뿐만 아니라 일정 세기 이상의 소음에 오랜 시간 노출되면 점차 청력을 상실한다. 장시간 소음에 노출된 사람은 생리적으로 혈관이 수축하고 맥박이 빨라지며 뇌압이 상승하는 등 변화를 겪게 되고, 정서적으로는 예민하고 불안하고 초조해져 대화에 집중할 수 없게 되며 집중력 감소로 작업능률도 떨어진다. 또한 소음은 불쾌감을 주며 대화나 휴식, 수면을 방해하고 피로를 유발하는 요인으로 작용한다.

(3) 후각

코는 냄새를 탐지하는 데 민감한 감각기관이다. 하지만 냄새에 대한 민감도는 자극강도와 개인에 따라 다르고, 특정 자극에 쉽게 피로해져 시간이 지나면 해당 냄새를 맡을 수 없게 된다. 후각은 많은 자극을 식별하는 것보다는 냄새의 존재 여부를 탐지할 때에 효과적이다. 후각은 공기환경과 관련되어 있으며, 환경의 냄새를 감지하는 데 사용된다. 특정 화학물질이나 물질의 냄새는 사용자가 제품이나 환경을 안전하게 사용할 수 있는지 여부를 판단하는 데 도움이 될 수 있다. 또한 향기는 기분, 기억, 느낌에 큰 영향을 미치며, 각성효과가 있는 향기를 잘 사용하면 일의 실수 정도가 감소한다는 연구결과도 있다. 공간의 용도에 맞게 휴게공간에는 진정효과가 있는 것, 작업공간에는 각성효과가 있는 것 등으로 향기의 종류와 농도를 사용하는 것이 바람직하다.

(4) 촉각

촉각은 통각, 압각, 온각, 냉각의 4가지 주된 피부감각으로부터 기인한다. 피부감각 수용기는 접촉을 통한 피부 자극이 감지되면 이 신호를 척수로 보내고 척수에서 신호가 뇌로 전달된다. 이를 통해 물체의 부드러움, 딱딱함, 미끄러움 등을 판단할 수 있다. 몸 전체에서 느낄 수 있지만 신체 부위에 따라 서로 다른 예민성을 보이며, 일반적으로 여성이 남성보다 피부감각이 민감하다.

촉각은 제품의 물리적 특성, 재질 선택 등에 영향을 미치며, 인체에 대한 안락성 그리고 사용자의 안전과 경험에 관여한다. 바닥의 마감재료는 안전성 측면에서 미끄럽지 않은 재료 선택이 중요한데, 그렇지 않으면 쉽게 미끄러져 넘어지거나 걷기도 힘들기 때문이다. 특히, 욕실이나 옥외계단의 바닥재료는 물에 젖었을 때에도 미끄러지지 않아야 한다. 바닥의 점자블록이나 요철 패턴은 발의 촉각을 정보전달의 수단으로 이용한 것이다.

3) 설계치수

실내공간의 설계치수는 인간의 행태를 고려해야 한다. 움직임을 동반하는 실제 생활환경에서는 기능적 측면을 고려하여 인체치수의 개인차는 물론, 옷이나 휴대품, 몸의 흔들림, 움직임에 필요한 여유치수, 심리적 여유공간 등을 고려하여 설계해야 한다.

(1) 인체측정

공간의 크기나 치수를 계획할 때 기초가 되는 것이 인체치수이다. 사람의 물리적인 특징에 관한 측정으로 키, 체중, 팔길이, 다리길이, 머리와 몸통의 크기 등 다양한 물리적 속성을 포함하며, 모든 측정은 특정 인구집단의 평균치와 범위를 기반으로 한다. 인체치수는 신장을 기준으로 각 부위의 약산값을 구할 수 있는데 이것은 신장과 인체 각 부위의 계측값이 거의 비례하기 때문이다.

① 구조적 인체치수

구조적 인체치수는 정지상태의 피측정자를 표준자세에서 인체계측기 등으로 측정한 정적 치수이다. 나체측정을 원칙으로 하고 신장과 체중은 연령에 따라 상당한 차이가 있으며, 계측대상자에 따라 계측치의 차이가 있다.

② 기능적 인체치수

기능적 인체치수는 움직이는 자세에서 인체의 동작범위 등을 측정한 동적 치수이다. 사용자가 특정 작업을 수행하는 데 필요한 운동범위, 힘, 각도 등을 포함한다. 예를 들어, 손의 작업 영역, 팔의 움직임 범위 등이 기능적 인체치수에 해당한다. 설계에서는 구조적 인체치수도 사용되지만, 사용자의 움직임과 작업능력을 고려하여 최적의 디자인을 도출하기 위해 기능적 인체치수가 더 많이 사용된다.

③ 인체치수의 약산치

인체치수는 인체 각 부위의 계측치와 신장 사이에 거의 비례적인 관계가 존재하기 때

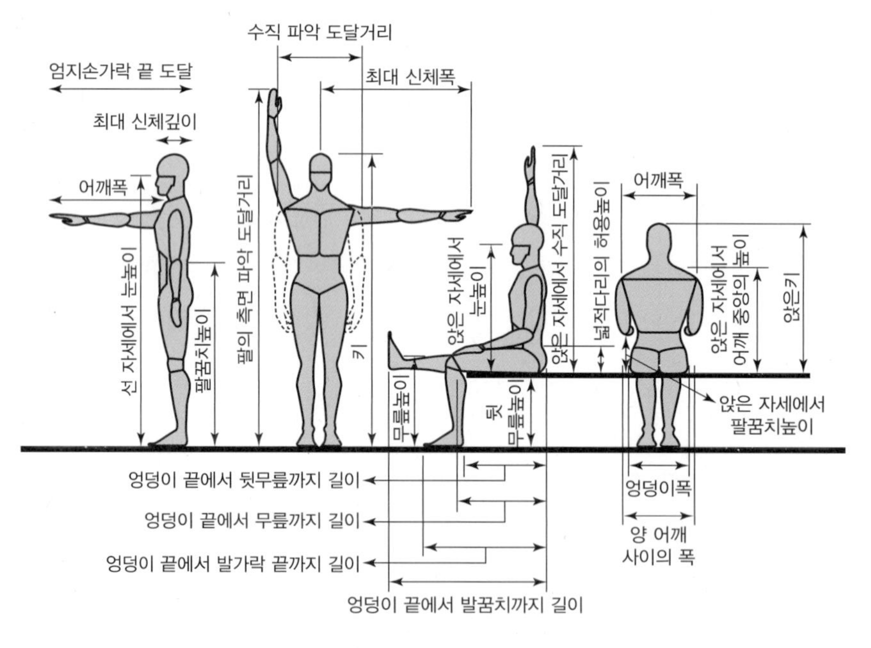

그림 5-4 구조적 인체치수

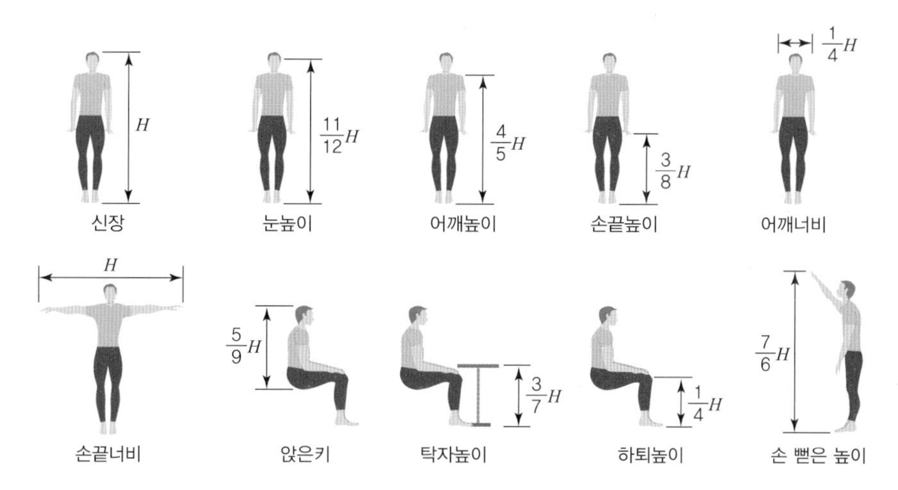

그림 5-5 인체치수의 약산치

자료: 한국실내디자인학회(2015). p.192

문에 신장을 기준으로 각 부위의 약산치를 구할 수 있다. 신장을 H로 나타낼 때 인체 각 부위의 약산치는 〈그림 5-5〉와 같다.

(2) 인체측정치수의 설계적용원칙

실내공간을 설계할 때는 사용자 집단의 특성을 고려해야 하지만, 대상이 일반적이면 다양한 사람에게 적합하도록 설계해야 한다. 일반적으로 인체측정 자료는 퍼센타일percentile로 나타내는데, 퍼센타일은 어떤 신체 부위에서 일정한 규격을 가진 사람들과 이보다 작은 규격의 사람들을 포함하는 백분율을 말하며 신체 부위의 측정치를 100%를 최대 범주로 하여 최대와 최소의 퍼센트로 나타낸다. 많은 사람이 사용하기 위해서는 95퍼센타일에 해당하는 수치 또는 5퍼센타일에 해당하는 수치를 참고로 하는 것이 바람직하다.

① 조절식 범위를 이용한 설계

모든 상황이나 다양한 사람의 신체 특성을 모두 수용할 수 있도록 위치나 크기 등을 조절할 수 있게 설계하는 방법이다. 일반적으로 조절범위는 인체치수의 5퍼센타일에서 95퍼센타일의 사람이 사용할 수 있도록 설계하며, 예를 들면 의자나 책상의 높이를 조절하는 것이 있다.

② 극단치를 이용한 설계

극단치를 이용한 설계는 극단에 속하는 사람을 대상으로 설계함으로써 거의 모든 사람을 수용할 수 있도록 하는 방법이다. 최소치수를 고려한 경우와 최대치수를 고려한 경우가 있다. 선반높이, 세면대높이, 조절장치까지의 거리 등과 같이 도달거리에 관련된 것은 최소치수의 사람이 사용할 수 있도록 치수의 최솟값(5퍼센타일에 해당하는 치수)을 적용한다. 문, 비상구, 통로 등과 같은 여유공간과 관련된 것은 최대치수의 사람이 사용할 수 있도록 치수의 최댓값(95퍼센타일에 해당하는 치수)으로 적용한다.

③ 평균치를 이용한 설계

조절식 설계나 극단치 설계를 적용하기 어려운 경우 마지막으로 적용되는 기준으로, 다수의 일반적인 사람을 고려하여 부득이하게 평균치를 기준으로 하는 경우가 있다. 예를 들면 화장실 변기의 크기와 높이 등이 있다.

(3) 작업영역

작업영역은 특정작업을 수행하기 위해 필요한 공간으로, 사용자가 주로 작업을 수행하는 지정된 공간이며, 작업도구, 장비, 자료 등이 위치하는 공간이다. 작업을 하기에 적절한 넓이의 공간이 확보되지 않으면 몸의 움직임이 제한되어 작업효율이 떨어진다. 작업영역은 각 신체 부위의 형태, 작업에 이용하는 관절과 그 가동영역 등에 의해 결정된다.

설계 시에는 일반적으로 임의의 높이에서 수평작업영역과 수직작업영역의 자료들을 이용한다. 손과 다리를 뻗어 닿는 물리적 한계를 나타내는 최대작업영역이나 작업정도나 생체부하를 고려한 기능적 작업영역이 적용될 수도 있다. 어깨를 몸에 붙인 상태로 팔꿈치를 굽혀 쉽게 손이 닿는 범위를 나타내는 정상작업영역, 구체적인 작업에서 그 작업효율을 검토하여 얻을 수 있는 최적작업영역 등이 기능적 작업영역에 속한다.

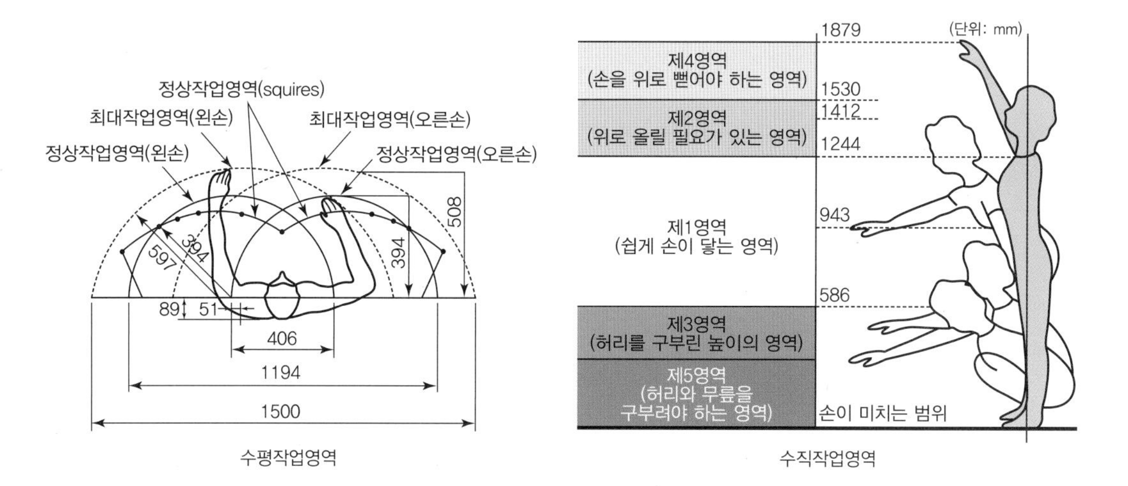

그림 5-6 수평작업영역과 수직작업영역
자료: 신태양(2007). 공간의 이해와 인간공학. 국제

(4) 동작공간

동작공간은 일상생활 행위를 하기 위해 필요한 공간으로 작업영역을 포함하여 사용자의 신체적인 동작에 관련된 모든 공간을 포함한다. 사람이 평소 생활에서 보이는 자세에는 선 자세, 의자에 앉은 자세, 바닥에 앉은 자세, 누운 자세 등 네 가지의 기본적인 정적 자세와 변화 가능 자세가 있다. 동작공간은 인체의 동작치수에 기능적으로 필요한 사물의 치수와 여유치수를 더한 것이다.

어떤 행위를 하는 데 필요한 대략적인 치수를 파악하기 위해서는 동작에 따른 인체치수를 고려해야 하며, 동작공간을 잘 고려하여 가구나 설비기기를 배치하는 것이 한정된 공간을 유효하게 사용하기 위해서 중요하다. 공간별 인간의 행위에 따른 동작치수는 〈표 5-2〉와 같다.

표 5-2 공간별 인간의 행위와 동작치수 (단위: mm)

구분	행위에 따른 동작치수				
현관	초인종을 누른다.	도어 스코프를 들여다본다.	인사를 한다.	신발을 신는다.	외투를 벗는다.
거실	안락의자에 앉는다.	안락의자에 앉는다. (두 사람이 마주 본다)	안락의자의 뒤를 걷는다.	장식장의 문을 연다.	
	안락의자에 앉는다. (두 사람이 나란히 앉는다)	안락의자에 앉는다. (세 사람이 나란히 앉는다)	안락의자에 앉는다. (두 사람이 L형으로 앉는다)		
침실	침대와 벽 사이를 걷는다.	침대를 정리한다.	침대에 앉아서 옷을 갈아입는다.	화장을 한다.	
	옷장을 연다.	앉아서 서랍장을 연다.	서서 옷을 입는다.	옷을 입힌다.	양말을 신는다.

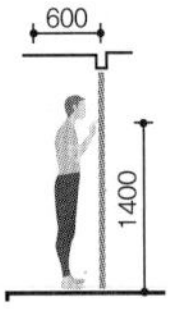

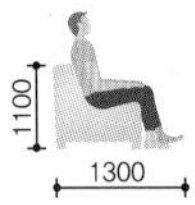

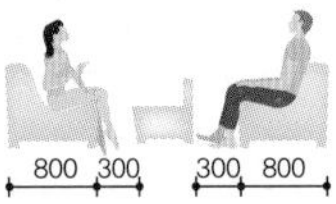

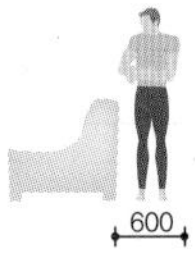

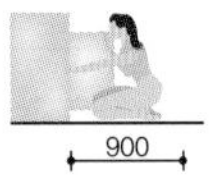

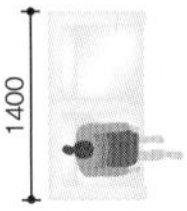

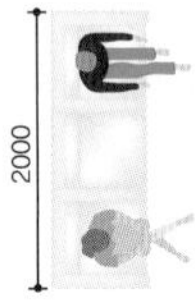

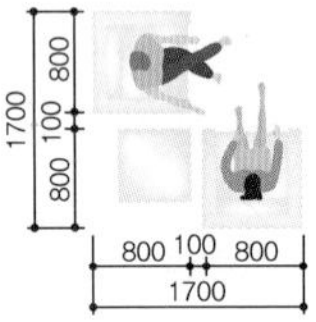

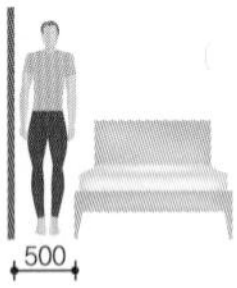

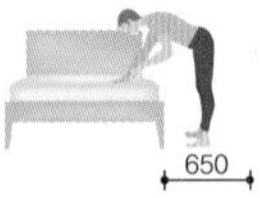

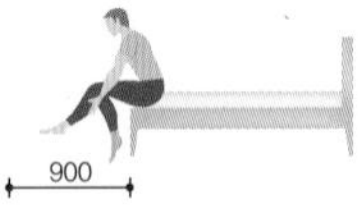

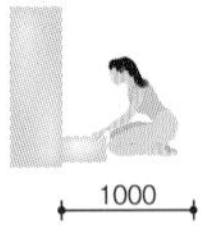

(계속)

구분	행위에 따른 동작치수				
주방	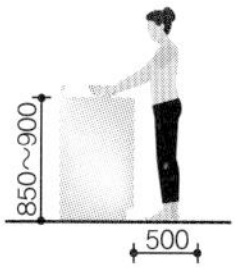 850~900 500 조리를 한다.	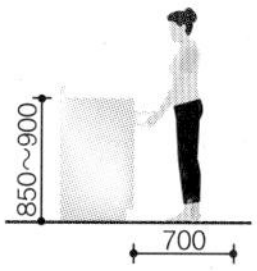 850~900 700 서랍을 연다.	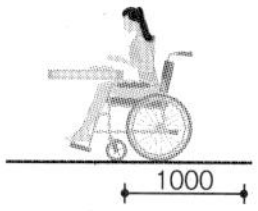 1000 휠체어를 탄 채로 조리를 한다.	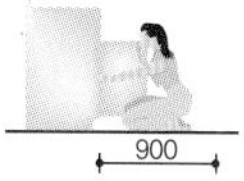 900 하부 수납장을 연다.	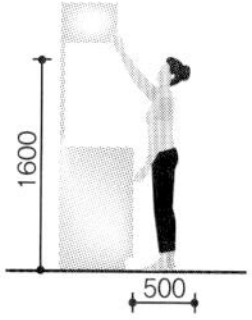 1600 500 상부 수납장을 연다.
식당	 600 식사를 한다.	 800 의자를 빼고 앉는다.	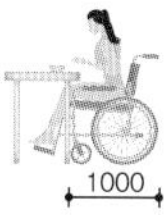 1000 휠체어에 앉아서 식사한다.	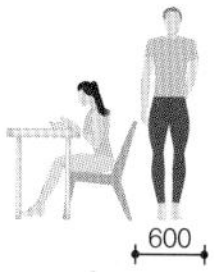 600 식탁 둘레에서 통행한다.	
	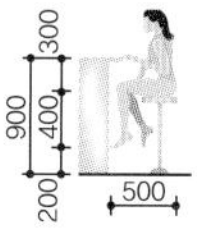 300 900 400 200 500 식사를 한다(카운터).	 900 식사를 운반한다.	 700 높은 선반을 연다.	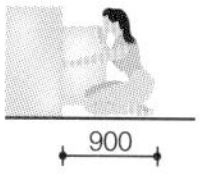 900 낮은 장식장의 문을 연다.	
화장실/욕실	 1100 옷을 벗는다.	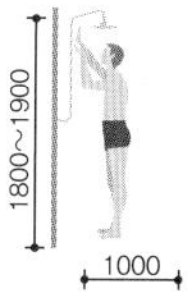 1800~1900 1000 샤워를 한다.	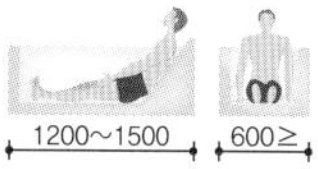 1200~1500 600≥ 욕조에 들어간다.		
	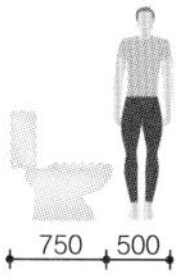 750 500 양변기 앞에 선다.	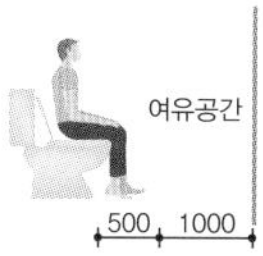 여유공간 500 1000 양변기에 앉는다.	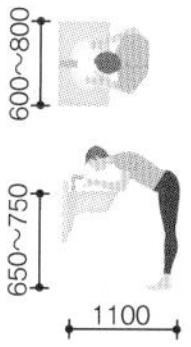 600~800 650~750 1100 세수를 한다.	 800 이를 닦는다.	

(계속)

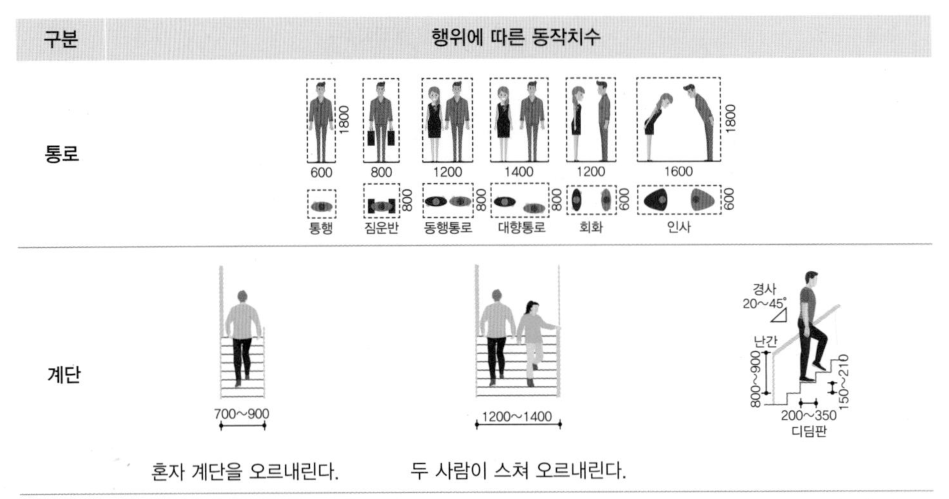

자료: 윤영삼 · 김은경 · 이재호(2015). 건축 및 인테리어 디자이너를 위한 인간공학. 서우. pp.184-221 내용 재구성

2. 유니버설디자인의 이해

1) 유니버설디자인의 정의

유니버설디자인universal design은 미국 노스캐롤라이나 주립대학NCSU, North Carolina State University의 로널드 메이스Ronald L. Mace 교수가 주창한 개념으로 성별, 연령, 국적(언어), 장애 유무 등에 상관없이 처음부터 다양한 사용자들이 쉽게 사용할 수 있는 제품, 서비스, 환경 등을 설계하는 디자인 접근방식을 말한다. 유니버설디자인은 기존의 장애물을 제거하는 무장애 디자인barrier free design에서 시작하여 접근 가능한 디자인accessible design, 적응 가능한 디자인adaptive design 등의 개념이 더해져 현재 장애인이나 노인을 위한 디자인이라는 개념을 넘어서 인간의 전체 생애주기와 다양한 능력을 수용하는 디자인 개념으로 발전되었다.

인간은 태어나서 성장하고 노화하는 과정에서 다양한 신체적 변화를 경험한다. 또한 선천적으로 장애를 지니고 태어나는 사람도 있지만 후천적으로 장애를 가지게 되는 경우도 많고, 사고로 부상을 입을 수도 있다. 유니버설디자인은 이러한 다양한 상황에서 제한받지 않고 누구나 편리하고 안전하게 생활할 수 있는 환경을 만드는 디자인이며, 특정인이 아닌 모든 사람을 고려한 디자인design for all, 만인의 요구에 대응하는 포괄적인 디자인inclusive design으로 설명할 수 있다.

2) 유니버설디자인 원칙

(1) 공평한 사용(equitable use)

연령, 체격, 신체 기능의 차이 등 서로 다른 능력을 갖고 있는 사람들이 누구나 공평하게 사용할 수 있어야 한다. 모든 사용자에게 같은 정도의 사용성을 제공하고, 특정 사용자층을 차별하지 않으며, 모든 사용자에게 동등한 수준의 프라이버시, 보안성, 안전성을 제공한다. 레버형 손잡이가 달린 문, 센서로 작동하여 문을 직접 열고 닫지 않아도 되는 자동문, 휠체어, 유모차 등 바퀴가 있는 이동수단을 편하게 이용할 수 있게 무단차 디자인을 적용한 주 출입구는 모든 사람에게 동등한 사용 가능성을 제공한다.

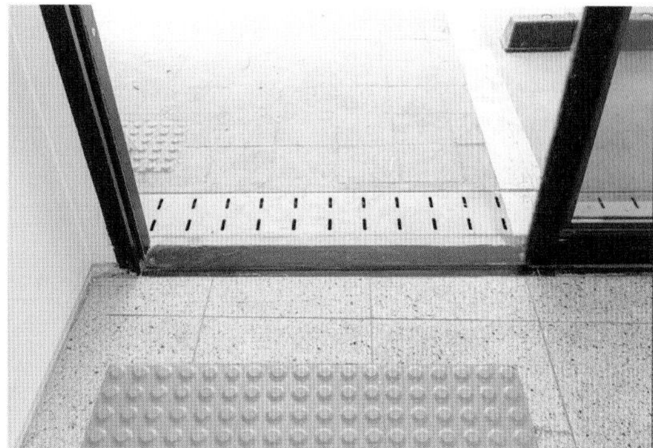

그림 5-7 센서로 작동하는 자동문(좌)과 무단차 디자인을 적용한 출입구(우)
자료: 유니버설하우징협동조합

(2) 사용의 유연성 확보(flexibility in use)

개인의 다양한 기호와 능력을 폭넓게 수용할 수 있어야 하며, 선택 가능성, 변경 가능성, 조절 가능성이 있어 사용자가 사용법을 선택해 유연하게 사용할 수 있어야 한다. 오른손잡이와 왼손잡이 모두가 사용할 수 있는 가위, 높이 조절이 가능한 선반이나 옷걸이, 높낮이 조절 싱크대 등은 다양한 사용자가 쉽게 사용할 수 있다.

그림 5-8 높낮이 조절 싱크대
자료: 더스쿠프(2021. 12. 9.)

(3) 간단하고 직관적인 사용(simple and intuitive use)

사용법은 사용자의 경험이나 지식과 관계없이 쉽게 사용할 수 있도록 간단하고 이해하기 쉬워야 하며, 직관적으로 사용할 수 있어야 한다. 센서장치가 있는 수전이나 양변기는 이용방법에 대한 설명이 없어도 직관적으로 사용할 수 있다.

(4) 쉽게 인지 가능한 정보(perceptible information)

주변상황이나 사용자의 지각능력에 관계없이 필요한 정보를 효과적으로 전달하고 쉽게 인지할 수 있어야 한다. 시각적, 청각적, 촉각적인 방법 등 다양한 방식을 통해 정보를 제공할 수 있다. 간단명료한 이미지로 표현한 픽토그램은 지식의 유무나 사용 언어에

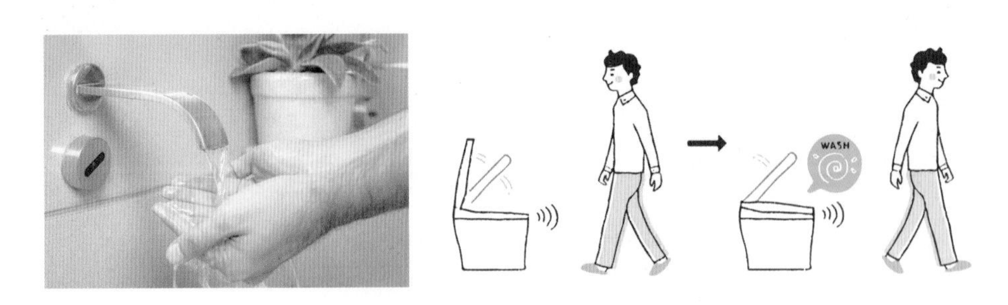

그림 5-9 자동 센서 수전(좌)과 양변기(우)

관계없이 누구나 정보를 쉽게 습득하게 한다. 시각이나 촉각에 의한 자동 온도조절장치, 소리나 말로 안내하는 음성 안내, 바닥면에 설치하는 점형, 선형의 블록, 그림이나 문자를 돌출시켜 촉감으로 안내하는 촉지 사인은 시각장애인도 쉽게 이용할 수 있다.

그림 5-10 쉽게 알 수 있는 비상구 표시

(5) 오작동에 대한 포용력(tolerance for error)

사용자가 실수를 하거나 의도하지 않았던 행동 때문에 위험해지지 않고 안전하게 사용할 수 있어야 하며, 실수를 방지하거나 수정할 수 있는 기능을 제공해야 한다. 가장 많이 사용되는 요소는 접근하기 쉬운 위치에 배치하고 위험이나 오류에 대한 경고는 사전에 제시한다. 뾰족한 모서리에 부딪히면 심각한 부상을 입을 수 있지만, 모서리를 둥글게 디자인하면 사고가 일어나더라도 큰 피해를 입지 않도록 할 수 있다. 변기 옆과 샤워공간에 안전손잡이를 설치하면 다리에 힘이 부족한 노약자들이 손잡이를 잡고 일어날 수 있도록 배려하여 부상을 방지하는 효과를 기대할 수 있다.

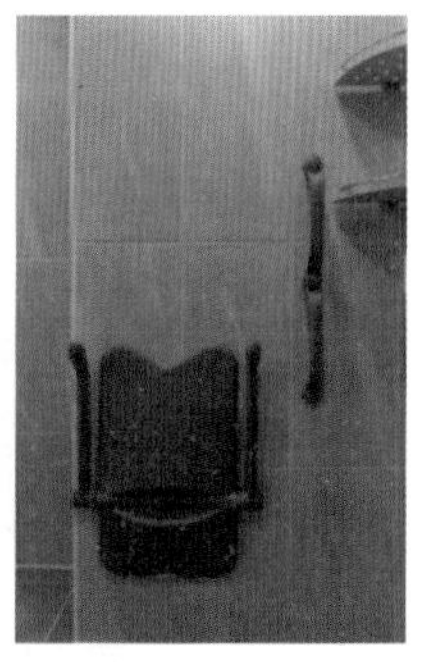

그림 5-11 모서리를 둥글게 마감한 가구(좌),
변기 옆에 설치된 안전손잡이(중), 샤워기 옆에 설치된 안전손잡이와 의자(우)
자료: (중, 우) 유니버설하우징협동조합

(6) 신체적 부담의 경감(low physical effort)

무리한 자세를 취하지 않고 적은 힘으로 사용할 수 있어야 하며, 모든 사용자가 편안하게 피로감을 느끼지 않고 사용할 수 있어야 한다. 센서가 장착된 수전은 손을 내밀면 자동으로 물이 나오고, 자동문은 양손에 짐을 들고도 쉽게 드나들 수 있으며, 레버형 문손잡이는 손의 힘이 약한 노인들도 쉽게 사용할 수 있다.

(7) 여유 있는 공간의 확보(size and space for approach and use)

사용자의 신체 크기, 자세, 이동능력과 상관없이 누구라도 쉽게 접근하고 조작하고 사용할 수 있도록 적절한 크기와 공간이 제공되어야 한다. 휠체어 사용자도 작업이 가능하도록 휠체어 회전공간을 확보하거나, 엘리베이터 접근이 용이하도록 공간을 확보한다.

그림 5-12 레버형 손잡이(좌)와 현관에 설치된 접이식 의자(중, 우)
자료: (중, 우) 유니버설하우징협동조합

그림 5-13 휠체어 접근이 쉬운 주방

3) 주거에서의 유니버설디자인

'2023 통계청 고령자 통계'에 따르면 우리나라 전체 인구에서 65세 이상 고령인구가 차지하는 비율은 18.4%이고 2025년에는 고령인구 비중이 20.6%로 올라가 초고령사회[1]로 진입할 것으로 전망된다. 노인인구가 증가함에 따라 노화에 의한 노인의 신체적 기능 변화를 이해하고 이를 고려하여 일상생활을 할 수 있도록 배려하는 관점에서 유니버설디자인을 적용하여 주거공간을 설계하거나 개선하는 것이 필요하다.

유니버설디자인은 별도의 디자인이 없이 되도록 많은 사용자가 동등하게 사용할 수 있도록 디자인하는 것으로, 장애인과 비장애인이 모두 안전하고 편리하게 사용할 수 있는 무장애 디자인의 개념을 포함한다. 무장애 디자인이 장애를 가진 사람의 접근성 향상을 위해 표준과 법적 기준을 제시하는 과정에서 비롯된 개념이라면, 유니버설디자인은 보다 다양한 사용자를 포괄하고 또 법적 기준을 넘어서 사용자의 만족도 향상까지 포함하는 것이다.

우리나라의 유니버설디자인 적용 관련 법규 및 제도는 「장애인·노인·임산부 등의 편의증진 보장에 관한 법률」(장애인등편의법)과 「장애인·고령자 등 주거약자 지원에 관한 법률」(주거약자법), 고령자 배려 주거시설 설계 치수 원칙 및 기준(KSP 1509), 장애물 없는 생활환경(BF)인증[2]제도, 녹색건축인증(G-SEED)[3]제도가 있으며, 노인가구 주택개조 매뉴얼(2007), 서울시 공공주택 유니버설디자인 적용지침(2023) 등에서도 유니버설디자인 적용을 위한 편의시설 설치기준이 제시되고 있다.

아파트, 연립주택(세대수 10세대 이상), 다세대주택(세대수 10세대 이상)을 포함한 공동주택은 장애물 없는 생활환경(BF)인증 의무대상이다. 아파트의 경우 주 출입구/접근로,

---

1 UN에 따르면 65세 이상 인구가 전체 인구에서 차지하는 비율이 7% 이상이면 해당 국가를 고령화사회, 14% 이상이면 고령사회, 20% 이상이면 초고령사회로 구분하고 있다.

2 장애물 없는 생활환경(BF, Barrier Free): 어린이, 노인, 장애인, 임산부뿐만 아니라 일시적인 장애인 등이 개별 시설물, 지역을 접근, 이용, 이동하는 데 불편을 느끼지 않도록 계획, 설계, 시공되는 것을 의미하며, 장애물 없는 생활환경 인증제도는 이에 대한 인증을 수행하는 것이다.

3 녹색건축 인증제도(G-SEED): 설계와 시공 유지, 관리 등 전 과정에 걸쳐 에너지 절약 및 환경오염 저감에 기여한 건축물에 친환경건축물 인증을 부여하는 제도이다.

표 5-3 노화에 의한 노인의 신체 변화와 일상생활의 영향 및 설계 방향

구분		신체 변화	일상생활의 영향	설계 방향
감각 기능	시각	• 노안 등 시력이 저하됨 • 눈부심에 민감해짐 • 색의 식별능력 감퇴(보라, 남색, 파랑 식별 곤란) • 노인성 백내장이 생김	• 잘 보이지 않음 • 명암 변화 적응 시간이 오래 걸림 • 계단 오르기가 어려움 • 눈부심	• 천천히 밝아지는 조명장치 설치 • 명확한 색대비 • 큰 표시 • 계단의 단차가 구분되는 조명 설치 • 단차 제거
	청각	• 청각이 약해짐	• 벨소리가 잘 들리지 않음 • 원활한 대화가 어려움	• 빛으로 알 수 있는 전화, 인터폰 설치
	후각	• 후각이 약해짐	• 가스 냄새를 잘 맡지 못함 • 탄내를 잘 맡지 못함	• 가스감지장치 부착 • 가스자동잠금장치 설치
	촉각	• 촉각이 약해짐 • 온도 감각이 둔해짐 • 피부가 건조해짐	• 화상을 입기 쉬움 • 더위와 추위의 조절이 잘 안 됨	• 바닥난방 설치 • 냉난방 자동체어장치 설치
신체 기능	인체 치수	• 신체치수가 작아짐	• 주거공간이 신체에 맞지 않음	• 동작상 필요 치수 재검토(스위치, 손잡이 등) • 작업대, 수납공간의 치수 조절 • 높이가 조절되는 의자
	근력/지구력	• 근력 저하 • 손발 끝의 힘이 약해짐 • 민첩성, 지구력이 약해짐	• 작은 손잡이를 잡기 어려움 • 무거운 물건을 옮기기 어려움 • 낙상위험 증가	• 안전손잡이 설치 • 발에 걸리는 단차 제거 • 미끄럽지 않은 바닥재로 교체
	기억력/사고력	• 잘 잊어버림	• 물건을 어디 두었는지 잊어버림	• 수납공간 개선
생리 기능	배설	• 배설이 잦아짐	• 밤중에 화장실을 여러 번 다녀옴	• 침실 가까이 화장실/욕실 배치 • 야간 조명등 설치
	수면	• 수면시간이 대체로 짧아짐 • 수면 중 자주 일어남	• 낮잠을 자거나 불면증으로 인한 우울증 발생	• 소음이 없도록 침실 방음 성능 개선

자료: 행정안전부 주민복지서비스개편추진단(2021). pp.7-8
김재형 · 임재범 · 조광형(2022). pp.248-253 재정리

장애인 전용 주차구역, 주 출입구 높이 차이 제거, 주 출입구, 이동공간(복도, 계단 또는 승강기 등)의 편의시설 설치가 의무사항으로 공용공간에는 유니버설디자인이 적용되고 있으나, 화장실, 침실 등 세대 내부는 편의시설 설치를 권장사항으로 규정하고 있다.

장애인·고령자 등 주거약자용 주택에는 주거약자의 편리하고 안전한 주거생활을 지원하기 위하여 주거약자용 주택의 안전기준 및 편의시설 설치기준에 따라 편의시설을 설치해야 한다. KSP 1509에는 고령자의 인체치수 및 동작치수를 반영하여 공간별(현관, 통로, 거실, 침실, 부엌 및 식당, 화장실 및 욕실, 테라스 등), 요소별(가구, 문, 창문, 핸드레일, 조명, 스위치 및 콘센트, 비상장치 등) 설계지침과 고령자 및 보행장애자의 일상생활에서 휠체어에 의한 활동과 앉은 상태에서의 활동 등을 고려한 요인별(문의 여닫음, 탈의, 세면, 샤워, 보행, 식사, 용변, 조리, 세탁, 휴식 등) 설계지침 등이 규정되어 있다.

녹색건축인증은 주택성능분야 디자인 성능 평가항목에 단위세대의 사회적 약자배려 항목이 있어서 세대 내부 설계 시 고령자 등 사회적 약자를 위한 출입구, 단차, 욕실, 침실, 부엌, 수납공간 등에 대한 평가기준이 규정되어 있다. 노인가구 주택개조 매뉴얼은 노인이 혼자 혹은 배우자나 다른 가족과 함께 거주하는 주택을 다른 사람의 도움 없이 편리하고 안전하게 자립적으로 생활할 수 있도록 지원하기 위한 주택개조의 지침으로 활용하기 위하여 개발되었다.

서울시 공공주택 유니버설디자인 적용지침은 누구에게나 안전하고 편리한 공공주택 조성을 위해 필요한 유니버설디자인 기준을 제시하고 있다. 이들 지침은 법적 강제성은 없으나 주거공간에 대한 세부 설계기준을 제시하고 있어서 실시 설계에 쉽게 적용할 수 있게 한다.

3. 인간공학과 유니버설디자인의 주거공간 적용

일상생활을 영위하는 데 가장 중요한 주거공간은 전 생애에 걸쳐 일어날 변화를 고려하여 계획되어야 한다. 인간공학과 유니버설디자인의 원리가 적용된 주거공간은 연령과 기능, 능력이 다양한 사람들이 편안하게 생활을 할 수 있도록 설계되고 거주자의 현재 요구는 물론 미래 요구에 대응할 수 있는 유연성을 갖추어서 지속가능한 거주Aging in Place가 가능하다.

1) 출입구 및 현관

출입구 및 현관은 누구나 편하게 이동할 수 있는 충분한 유효폭 및 조작을 위한 여유공간을 확보한다.

문은 밖으로 열리게 설치하며 통과 유효폭은 0.9m 이상으로 한다. 출입문 안팎의 활동공간은 문이 열리는 공간을 제외하고 1.2m 이상이 되도록 해야 한다. 문 옆에 모서리벽이 있는 경우 출입문에서 모서리벽까지 0.6m 이상의 공간을 확보해야 한다. 바닥면은 문턱이나 단차가 없는 것이 원칙이나 단차가 있는 경우 20mm 이하로 한다.

현관문 조작설비(손잡이, 도어락 등)는 바닥면에서 0.8~0.9m 사이에 설치하고 쉽고 단순하게 조작이 가능한 레버식이나 푸시풀형 등의 제품으로 설치한다. 현관 도어 카메라를 설치할 때에는 어린이나 휠체어 사용자도 이용 가능하도록 바닥에서 기기 중심까지의 거리를 1.2m 내외로 한다.

현관 내부에는 휠체어 회전공간(1.5m×1.5m 이상)을 확보한다. 현관 내부와 거실 사이는 단차가 없거나 최소한의 단차(30mm 이하)를 확보하며, 필요에 따라 단차 제거를 위한 경사판을 설치한다. 신발을 신고 벗기 편하도록 의자를 두고, 공간이 좁아서 의자를 놓을 수 없는 경우에는 손잡이를 설치한다. 향후 상황에 따라 손잡이나 보조의자 설치 가능성을 고려하여 벽면을 보강(바닥에서 0.3~1.8m 높이 범위)한다.

수납장은 누구나 이용하기 편리한 형태로 설치하되, 지팡이, 보행보조기, 휠체어, 유모차 등의 보관이 가능한 구조로 설치를 고려한다. 손잡이는 잡기 쉬운 바 형태로 하고, 누구나 손이 닿는 높이에 매일 사용하는 것들을 올려놓을 수 있는 선반(바닥에서 0.9m 내외 높이)을 설치할 수 있다.

바닥은 미끄러우면 사고가 날 수 있으므로 미끄럽지 않은 재질의 바닥재를 사용하고 시력이 약한 고령자를 위해서 조명은 밝게 하고 야간에도 사물인지를 할 수 있도록 센서등이나 비상등을 설치한다.

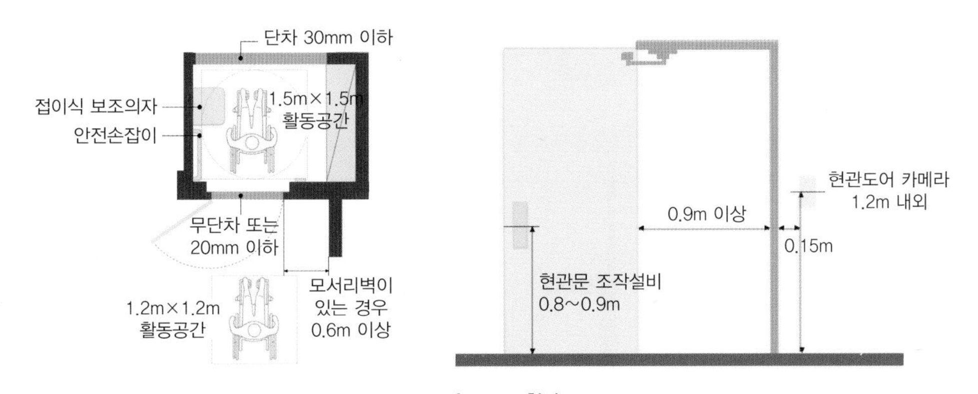

그림 5-14 현관
자료: 서울시 공공주택 유니버설디자인 적용지침

2) 거실 및 통로

거실은 가족들의 대화, 휴식, 오락, 응접 등 다양한 활동이 이루어지는 다목적 공간으로 기능성과 심미성을 모두 고려한다. 현관·식당·주방과의 연관성을 고려하여 동선이 자연스럽게 이어지도록 하고, 자주 쓰는 가구나 물품은 동선에 방해되지 않으면서 접근하기 쉬운 곳에 배치하며, 마감재를 계획할 때에는 혼동을 일으키지 않는 범위에서 마감재의 재질과 색채를 변화시키는 것이 좋다.

거실에서는 문이나 가구 등을 자유롭게 이용할 수 있도록 활동공간을 확보해야 한다. 가구, 테이블 등의 사이에 이동을 위한 충분한 통로폭(1.2m 이상)을 확보하고, 휠체어 사용자의 활동공간(1.5m×1.5m 이상)을 고려해야 한다. 거실의 가구는 지나치게 넓은 공간을 차지하지 않는 것으로 배치하고 소파를 제외한 보조 소파나 의자, 테이블 등은 바퀴가 달린 것을 사용하면 휠체어 사용자도 쉽게 움직일 수 있다.

출입문은 누구나 통과할 수 있는 유효폭으로 설치(여닫이문 유효폭: 0.9m 이상, 미닫이문 유효폭: 1.0m 이상)한다. 출입문의 전후면과 창호 등의 전면에도 안전하게 이동할 수 있고 창호의 조작과 이용에 어려움이 없도록 적절한 유효폭과 활동공간을 확보한다.

각종 조작설비는 누구나 편리하게 조작하고 이용할 수 있도록 설치되어야 한다. 리모컨을 이용하거나 스마트홈 기술을 이용하여 음성인식이 가능하게 설치할 수 있다.

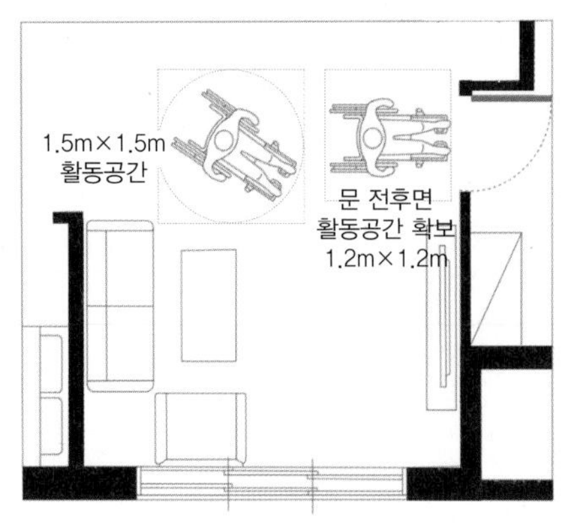

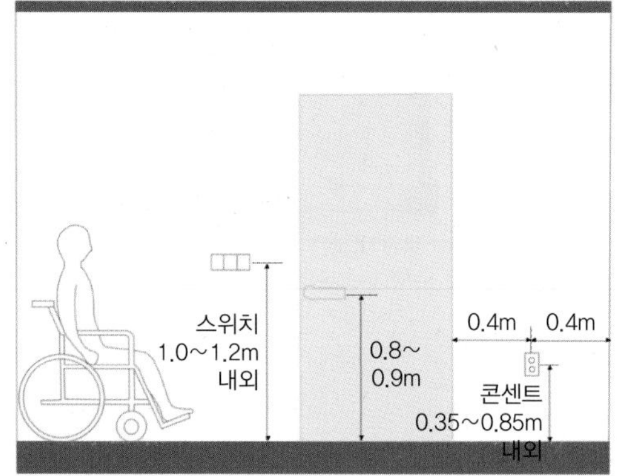

그림 5-15 거실 및 통로

자료: 서울시 공공주택 유니버설디자인 적용지침

거실 벽면의 스위치나 콘센트의 설치 위치는 벽 모서리에서 0.5m 이상 거리를 두고 설치해야 모서리에 바짝 접근할 수 없는 휠체어 사용자가 사용하기 편리하다. 스위치는 바닥에서 1.0~1.2m에 설치하고, 콘센트는 바닥에서 0.35~0.85m 사이에 설치해야 허리를 굽히고 손을 뻗어 사용할 수 있다.

거실의 창은 고령자들도 쉽게 여닫을 수 있도록 설치한다. 바닥재는 청소가 용이하고 미끄럽지 않으며 쉽게 손상되지 않는 내구성 있는 재질을 사용한다.

3) 침실

침실은 휴식과 취침 등 사적인 행위가 이루어지는 개인생활공간으로 편안한 분위기여야 하며 프라이버시가 요구되는 활동을 보장해줄 수 있어야 한다.

휠체어 사용자 등 누구나 가구나 창호 등의 이용에 어려움이 없도록 적절한 이동통로와 활동공간이 확보되도록 설치되어야 한다. 휠체어 사용자의 회전공간 1.5m×1.5m 이상을 확보해야 휠체어의 이동이 자유롭다.

침대 높이는 휠체어 높이와 같은 0.4~0.45m가 적정하며, 침대 앞에 접근할 수 있는 1면의 폭은 최소 1.2m 이상 확보하고 2면 이상 접근할 수 있게 한다. 취침 전 조명 조작이나 수면 중 위생공간 이동 시 안전한 이동이 가능하도록 조명시설 설치를 고려

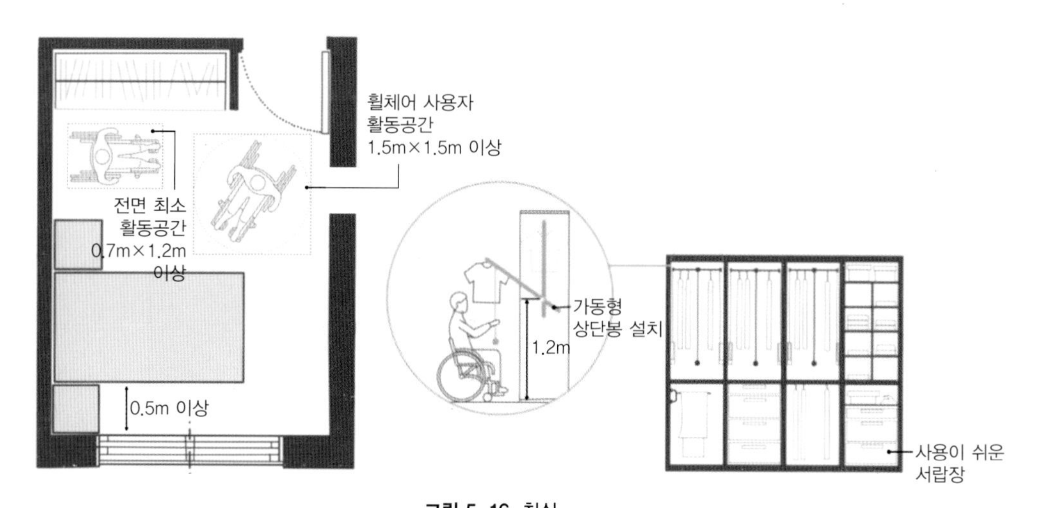

그림 5-16 침실

자료: 서울시 공공주택 유니버설디자인 적용지침

하고, 수납가구는 휠체어 사용자나 키가 작은 사람 등 누구나 편리하게 이용할 수 있도록 설치되어야 한다.

붙박이장, 드레스룸, 수납장 등의 전면에는 최소 활동공간(0.7m×1.2m)을 확보하고, 키가 작은 거주자 등을 위해 높이 1.2m에서 이용할 수 있는 가동형 상단봉 옷걸이, 선반의 높이 조정이 가능한 수납장 설치를 고려할 수 있다. 침대 앞과 수납장 앞에도 최소 0.9m의 공간을 확보해야 수납장 문을 열 때 침대의 끝과 부딪히는 것을 막을 수 있다.

음성인식이 가능한 스마트홈 기술이나 온습도 등을 자동으로 조절하는 설비는 고령자들도 쉽게 이용 가능하게 하고, 가구 모서리 등은 둥글게 마감하여 위험을 방지한다.

4) 주방

주방은 작업대, 가구, 가전제품 등이 배치되는 공간으로 다양한 연령과 각기 다른 능력을 지닌 거주자의 특성에 따라 안전하고 편리하며, 효율적인 작업이 가능하도록 기능적으로 공간이 구성되고, 안전 관련 설비 등이 설치되어야 한다. 가구, 테이블 등의 사이는 이동을 위한 충분한 통로폭(1.2m 이상)을 확보하고, 수납, 조리공간 전면은 휠체어

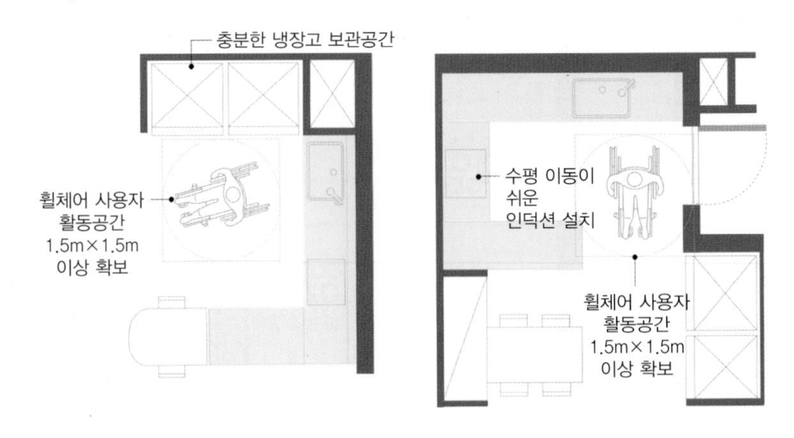

그림 5-17 주방
자료: 서울시 공공주택 유니버설디자인 적용지침

사용자도 이용 가능하고 다양한 활동을 지원하도록 여유로운 활동공간(1.5m×1.5m 이상)을 확보한다.

작업대는 높낮이가 조절 가능한 작업대나 다양한 높이의 작업대를 설치하여 서거나 앉아서도 사용 가능하도록 한다. 개수대의 상단 높이는 0.85m 내외, 하부 높이는 0.65m, 길이는 0.6~0.7m 내외로 한다. 개수대 아래는 무릎공간을 두어 휠체어나 다른 보조기구를 사용하는 사람, 앉아서 작업해야 하는 사람들이 편하게 작업할 수 있도록 하고, 무릎공간이 필요 없을 때는 수납공간으로 활용한다.

상부장은 오픈형, 여닫이형, 드롭다운형 등 다양한 방식으로 설치할 수 있으며, 높은 곳에 수납되어 있는 집기를 쉽게 꺼낼 수 있도록 아래로 내릴 수 있게 한다. 하부장은 완전히 당기는pull-out 선반이나 사용이 편리한 서랍식 구조로 설치한다. 하부장은 작업대보다 후퇴시켜 서서 이용하는 사람의 무릎공간이 확보될 수 있도록 계획할 수 있다. 코너 수납장은 회전식 선반을 사용하여 수납의 효율을 높이고, 벽 수납장은 레일을 설치하거나 높이를 조절할 수 있게 하여 수납의 가시성과 접근성을 높인다. 반투명 문이 달린 수납장은 안의 내용물을 쉽게 확인할 수 있어 좋다. 상하부장 손잡이는 명도 대비 등으로 시인성이 확보된 잡기 쉬운 바 형태로 설치한다.

가열대는 무거운 그릇을 들어 옮기기 쉽도록 수평이동이 쉬운 인덕션 등으로 설치하고, 가열대의 조작 여부 확인 및 사용하기 편리한 다이얼방식의 제품으로 설치한다.

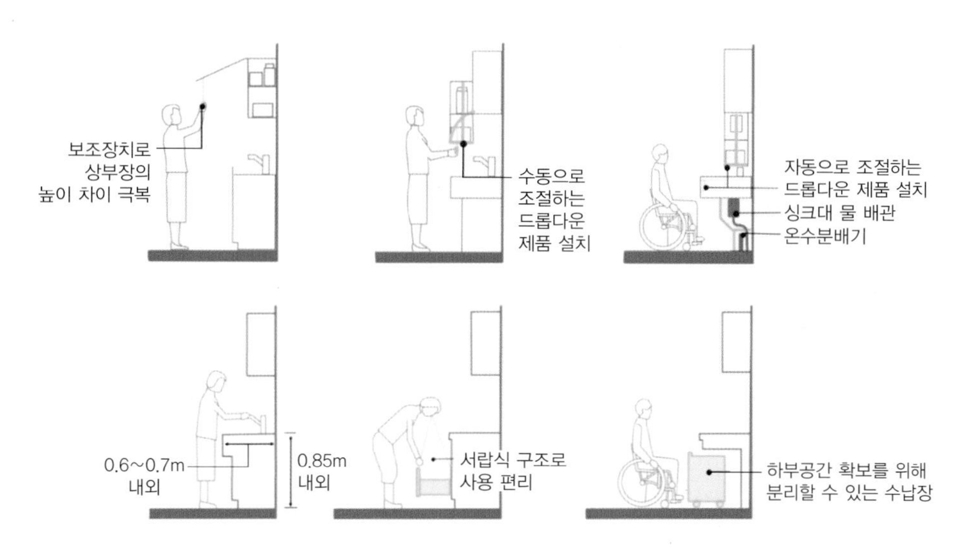

그림 5-18 주방 상부장과 하부장

자료: 서울시 공공주택 유니버설디자인 적용지침

작업면은 밝은색으로 하고 작업대에서 이용이 편리한 콘센트를 설치한다. 수전은 원터치 레버형을 사용하고 샤워형 수전은 물의 사용을 자유롭게 해준다.

세대 내 화재나 가스누출 등의 위험상황을 누구나 쉽고 빠르게 인지할 수 있도록 경보장치를 설치하고, 고령자를 고려하여 안전하고 쾌적한 작업환경을 위해 충분한 작업면 조도를 확보하며, 국부조명을 달아 작업의 효율을 높인다. 환기용 창문 설치 시 휠체어 사용자도 조작이 가능한 높이에 설치를 고려한다.

5) 화장실

화장실은 주거 내에서 안전사고가 가장 많이 발생하는 곳이다. 다리가 불편한 사람, 휠체어 사용자, 보조인 도움이 필요한 이용자 등 다양한 거주자의 이용 특성을 고려하여 안전하고 쾌적한 이용이 가능하도록 충분한 규모로 계획한다.

출입문의 유효폭은 0.8m 이상을 확보하고, 휠체어 사용자를 위한 활동공간(1.5m×1.5m 이상)을 확보한다. 출입문 단차를 20mm 이하로 최소화하고 바닥재는 물에 젖어도 미끄러지지 않는 마감재를 사용한다. 겨울에도 따뜻하게 사용할 수 있으며, 바닥 물기를 쉽게 제거할 수 있도록 바닥에 난방을 적용한다. 향후 상황에 따라 손잡이나 보조의자 설치 가능성을 고려하여 벽면(바닥에서 0.3~1.8m 높이 범위)을 보강할 수 있다. 필요시 변기, 욕조, 샤워실 주변에 미끄럽지 않은 손잡이를 설치한다. 벽과 바닥은 위생도기와 대비되어 인지될 수 있도록 색상 및 명도를 고려하여 타일 색상을 선택한다.

샤워 부스는 누구나 몸을 닦는 데 충분한 규모 확보를 권장한다. 샤워 부스에 출입문 설치 시 여닫기 쉬운 형태(밖여닫이 혹은 미닫이)와 손잡이를 설치하며, 보행보조기, 샤워용 휠체어 등이 통과할 수 있는 유효폭(0.8m 이상)을 확보한다. 수도꼭지는 누구나 서서 또는 앉아서 사용할 수 있는 높이(0.9m 내외)로 설치하며, 필요에 따라 높낮이를 조절하고 고정할 수 있는 슬라이딩 바를 설치한다. 샴푸, 린스 등 물건을 올려놓을 수 있는 선반은 누구나 손이 닿는 높이에 설치한다. 서 있기 힘든 노인, 장애인 등을 위해 수도꼭지 조작이 가능한 위치에 고정식, 접이식 의자 설치를 고려하며, 의자는 앉기 편한 높이(바닥에서 0.45m 내외)에 설치한다. 보조의자, 수도꼭지 주변에 안전한 이동 및 샤워를 보조할 수 있는 안전손잡이를 설치(높이 0.8~0.9m, 지름 35mm 내외, 측면공간 50mm 이상)한다.

욕조는 내외부로 이동이 편리한 적절한 높이(바닥면에서 0.4~0.45m 내외)로 설치하고 이동을 위한 데크(폭 0.4m 내외)가 확보된 제품으로 설치를 권장한다. 욕조 내 목욕 편의, 자세 유지, 미끄럼 방지를 위해 의자를 설치할 수 있다. 욕조 내외부로 이동 시 보조해 줄 수 있는 수평손잡이 설치를 권장한다. 수평손잡이는 욕조 상단에서 0.3m 이내에 설치하고, 수직손잡이는 바닥에서 1.5m 내외 높이에 이용 가능하도록 설치한다.

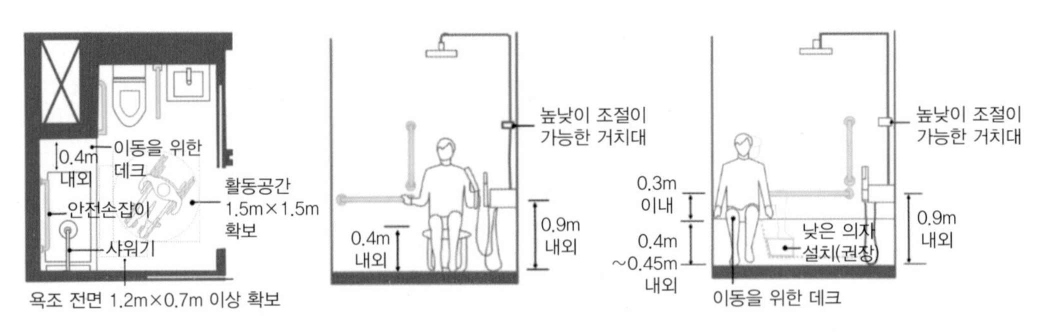

그림 5-19 화장실 욕조 및 샤워 부스

자료: 서울시 공공주택 유니버설디자인 적용지침

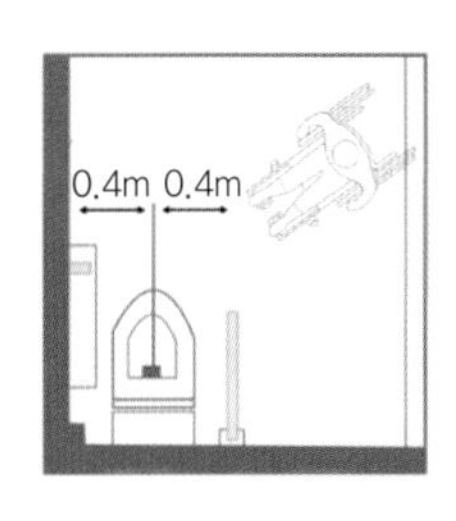

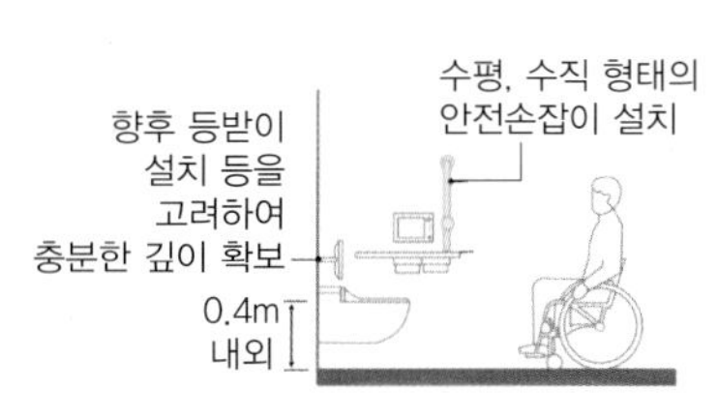

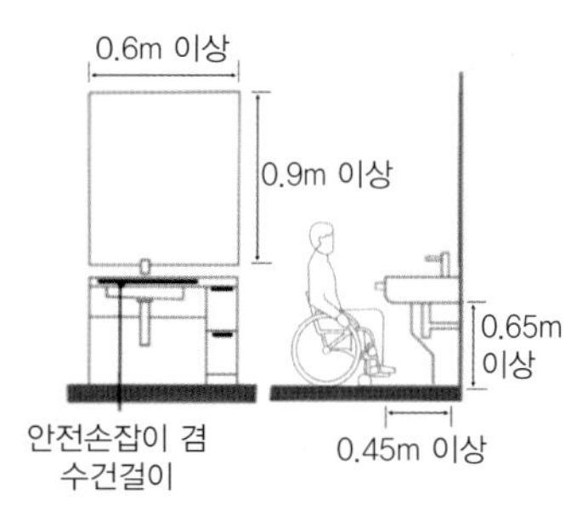

그림 5-20 화장실 대변기와 세면대

자료: 서울시 공공주택 유니버설디자인 적용지침

안전손잡이는 잡기 쉽고 차갑지 않거나 미끄럽지 않은 소재를 사용한다. 수도꼭지는 내외부에서 누구나 편하게 이용 가능한 위치에 설치를 권장한다. 욕조 전면이나 측면에는 양육자·활동보조인의 활동공간(0.7m×1.2m 이상)을 충분히 확보한다.

대변기는 누구나 편안한 배변활동과 편리하고 안전한 이용이 가능하도록 설치되어야 한다. 대변기 좌우에 세정장치의 조작, 점검, 안전손잡이 설치와 이용을 고려하여 충분한 공간을 확보한다. 대변기 중심은 벽면 마감선에서 0.4m 내외로 한다. 대변기 좌대는 앉고 서기, 휠체어에서 옮겨 앉기 편리한 높이(바닥에서 0.4m 내외)의 제품으로 설치한다. 대변기 좌대에서 이용할 수 있는 잡기 쉽고 차갑거나 미끄럽지 않은 소재의 수평, 수직 형태 안전손잡이를 설치(높이 0.6~0.7m, 지름 35mm 내외, 측면공간 50mm 이상)한다.

세면대는 누구나 손을 씻거나 세면이 가능한 높이에 설치한다. 세면대 하부에는 무릎공간(높이 0.65m, 깊이 0.45m 이상 권장)을 두어 휠체어 사용자들도 접근이 용이하도록 한다. 거울은 누구나 모습을 확인할 수 있도록 적절한 높이 및 너비로 설치를 권장한다. 신체 지지, 수건걸이 등으로 활용을 고려한 안전손잡이를 설치(높이 0.8~0.9m, 지름 35mm 내외, 측면공간 50mm 이상)한다. 수전은 원터치 레버형이나 호스형을 사용한다.

화장실에는 비상상황에서 누구나 신속하게 이용할 수 있는 비상호출설비를 설치하고, 휴지걸이, 안전손잡이, 보조의자 등은 누구나 안전하고 편리하게 이용 가능하도록 설치한다. 휴지걸이는 대변기 좌대에서 편하게 이용 가능한 위치에 설치한다. 욕실 내부 천장 또는 출입문 인근 벽체 하부에 야간 이동 시 점등되는 조명을 설치한다.

관련 활동

1. 인체치수 측정

자신의 구조적 인체치수를 측정해보고(그림 5-4 참고) 사이즈코리아(https://sizekorea.kr)에 방문하여 한국인의 인체 치수 데이터와 비교해본다.

측정 부위		자신의 인체치수	사이즈코리아 한국인 인체치수
선 자세	키		
	눈높이		
	무릎높이		
	수직 도달거리		
	최대 신체폭		
	최대 신체깊이		
	팔길이		
	팔의 측면 도달거리		
앉은 자세	앉은키		
	앉은 자세에서 눈높이		
	앉은 수직 도달거리		
	앉은 오금(뒷무릎)높이		
	앉은 넓적다리높이		
	앉은 엉덩이너비		

2. 유니버설디자인 체험

- 유니버설디자인 체험관 'i-UT(이웃)'에서 가상의 유니버설디자인 마을을 간접 체험해 볼 수 있다. 특히, UD주택 VR관에서는 유니버설디자인이 적용된 가상의 주거공간을 체험할 수 있고 다양한 제품의 유니버설디자인 정보가 제공된다. 컴퓨터나 모바일 기기(스마트폰, 태블릿)를 이용하여 홈페이지(https://www.i-ut.net)에 접속하면 된다.
- 유니버설디자인 체험센터(https://www.043w.or.kr/www/contents.do?key=152)를 방문해서 유니버설디자인이 적용된 공간체험과 다양한 장애체험을 할 수 있다. 주택체험관에서는 30평 정도의 실제 생활공간에서 욕실, 거실, 주방, 사무실 등 유니버설디자인이 적용되어 모두가 불편함 없는 생활공간을 체험할 수 있고, 유디체험관과 휠체어 체험관에서 노인, 임산부, 시각장애, 지체장애 등 다양한 장애를 체험함으로써 사회적 약자에 대한 이해를 높일 수 있다.

CHAPTER 6
주택구조와 실내재료

주택은 우리의 일상과 밀접한 관련이 있다. 주택은 의식주의 하나이자 우리 자산의 많은 부분을 차지한다. 사람들이 거주하는 다양한 용도의 건축물이 많지만 주택만큼 우리 삶에 영향을 미치는 것은 찾아보기 힘들다. 건축에서도 가장 기본이 되지만 가장 어려운 작업 중에 하나가 주택의 설계와 시공이다. 본 장에서는 주택의 구조체로 많이 적용되는 주택구조의 종류를 먼저 살펴보고 구조가 완성된 후 내부공간을 만들기 위한 다양한 실내재료를 살펴보고자 한다. 실내재료의 특성을 이해하는 것은 설계, 시공, 적산 등 건축작업의 모든 선택의 순간에 많은 영향을 끼친다.

* 본 장에서 정의하는 용어는 출처를 따로 표기하지 않는 경우 모두 ≪대한건축학회 건축용어사전≫을 출처로 한다.

1. 주택의 구조

주택의 구조는 사람의 뼈와 같은 기능을 한다. 사람의 뼈가 사람의 형태를 만들어 주듯이 주택의 구조체가 주택의 기본 골격을 잡아준다. 특히, 단독주택과 공동주택에 가장 많이 적용되는 구조체는 철근콘크리트구조이다. 철근콘크리트구조는 중소규모의 아파트, 빌라, 단독주택 등에 적용되는 매우 보편적인 구조체이다. 건축의 3대 요소로 말하는 구조, 기능, 미 중에서 구조는 건축물의 수명을 결정짓는 가장 중요한 요소이다.

구조체의 시공방식은 물의 사용 여부에 따라 습식 시공과 건식 시공으로 나뉜다. 습식 시공은 구조체 시공에 물을 사용해서 경화에 일정한 시간이 소요되는 시공으로 조적구조, 철근콘크리트구조 등이 있다. 건식 시공은 규격화된 부재를 조립·시공하는 것으로 물이 필요 없고 공사기간이 비교적 짧은 시공으로 목구조, 철골구조 등이 있다. 각 구조체의 특징을 종류별로 더 상세히 살펴보자.

1) 목구조

목구조 건물은 목재를 구조체로 하여 지어진 건축물로 주요 구조부인 기둥, 보, 바닥, 지붕 및 주요 계단이 목재로 이루어진 건축물을 말한다. 즉, 목구조는 건물의 주요 뼈대를 목재로 짜맞춘 구조이다. 목구조는 비교적 가볍고 가공 및 보수가 편리하며 짧은 공사기간이 가장 큰 장점이다. 또한 목재의 특성상 열전도율이 작아 단열에도 유리하고 습도조절이 쉽다. 하지만 가연성이라 불에 취약하고 내구성이나 전단응력도 비교적 약하다. 습기에 취약해서 부패하기도 쉽고 벌레가 구조체를 갉아먹는 경우도 발생한다.

그림 6-1 목구조

(1) 경량목구조

경량목구조는 투바이포(2″×4″)라고 부르는 목재 구조재인 SPF[1]로 건물의 뼈대를 만드는 구조이다. 좁은 간격으로 배치한 목재 자체가 건물을 지지하는 벽식 구조이다. 비교적 비용이 저렴하고 자재수급이 쉽고 빠르며 공사 중 디자인 변경에도 유연하게 대응할 수 있다. 하지만 기둥이 없으면 넓은 공간을 만들어내기 어려워 주거공간 이외에는 적용하기 어렵다. 그래서 최근에는 경량목구조 대신 중목구조의 주택들이 많이 지어지고 있다.

(2) 중목구조

중목구조는 기둥이 건물을 지지하는 기둥구조로, 기둥과 보 등 주요 구조부가 굉장히 두껍고 튼튼한 목재로 시공된다. 프리컷으로 가공한 주요 구조재를 이음과 맞춤으로 접합하는 재래식 공법과 구조재를 전용 철물을 이용해 접합하는 철물공법이 있다.

중목구조는 내부 구조설계가 비교적 자유로워서 넓은 내부공간을 만들 수 있고 기둥구조의 특성상 리모델링도 자유롭다. 시공기간이 짧고 시공품질이 균일하지만 경량목구조에 비해 공사단가가 높은 편이다.

2) 조적구조

조적구조는 구조체를 벽돌, 블록, 석재로 하나하나 쌓아 올려 만드는 벽식 구조이며, 부재 간의 접착력이 내구성에 매우 중요한 요소이다. 조적구조는 자재수급이 쉽고 시공이 간편해 시공비가 비교적 적게 든다. 하지만 지진이나 지반침하 시 조적벽체에 균열이 많이 생기고 벽체와 창틀 사이에 틈새가 잘 발생하며 그 틈으로 습윤한 공기가 들어가 습도조절이 어렵고 결로현상이 잦다. 그리고 한번 발생한 균열은 보수도 쉽지 않다. 조적구조의 건물은 다른 구조에 비해 문제가 많이 발생하기 때문에 최근에는 2층 이상의 구조에서는 거의 사용하지 않는다.

---

1 SPF: 가문비나무(Spruce), 소나무(Pine), 전나무(Fir) 등 3가지 나무의 이니셜을 합쳐 만든 약자이다.

(1) 벽돌구조

벽돌구조는 구조체를 벽돌로 쌓아 올려 만든 구조로, 불에 강하고 벽돌 자체의 내구성이 뛰어나다. 하지만 횡력(수평력)[2]에 약하고 균열이 잘 발생하여 구조적인 문제가 많고 건물에 누수나 결로도 잘 발생하므로 고층 건물이나 대형건물에는 부적합한 구조체이다. 벽돌은 목재와 함께 고대에서부터 이어져온 건축재료로 벽돌 자체의 레트로 감성과 장중함 때문에 현대에도 치장벽돌이나 외장재로 사용된다. 벽돌의 종류는 보통벽돌, 내화벽돌, 이형벽돌, 경량벽돌 등이 있다. 표준형 벽돌의 규격은 190mm(길이)×90mm(너비)×57mm(두께)이다.

(2) 블록구조

블록구조는 구조체를 블록으로 쌓아 올려 만든 구조이다. 블록구조 역시 불에 강하고 블록 자체의 내구성이 뛰어나다. 블록은 공사기간이 짧고 재료비가 저렴하지만 벽돌구조처럼 횡력(수평력)에 약하고 균열이 잘 발생한다. 그래서 약한 횡력을 보강하기 위해 필요시에는 철근을 넣고 콘크리트를 채워 보강하는 보강블록을 만들기도 한다. 그러나 보강블록으로 구조적인 단점을 극복할 수 있지만 일손이 늘어나는 보강블록보다는 다른 구조로 건물을 짓는 것이 더 효율적인 경우가 많다. 기본형 블록의 규격은 길이는 390mm, 높이는 190mm이고 두께는 100mm, 150mm, 190mm, 210mm가 있다.

그림 6-2 벽돌구조

그림 6-3 블록구조

---

2 횡력: 부재의 축에 수직인 방향의 힘, 내진설계에서 중력에 수직인 방향으로 작용하는 힘이다.

(3) 석구조

석구조는 건물의 외벽을 쌓아 뼈대를 구성하는 구조로 건축재료가 자연환경에 절대적인 영향을 받는다. 동양은 목재가 많아 목재를 주 건축재료로 사용하였고, 서양 고대건축물은 석재로 많이 지어졌다. 그리고 현재는 석재가 콘크리트 구조체의 외부 치장재로 많이 사용되며, 담장을 세우는 공사에도 다양한 형태로 시공된다.

석구조는 외관이 장중하고 아름다우며 불에 강하고 석재 자체의 내구성, 내마모성 및 내풍화성이 뛰어나다. 하지만 석구조 역시 횡력(수평력)에 약하다. 석구조는 석재 자체의 중량이 무거워서 가공하거나 시공하는 일이 까다롭고 공사기간이 길다. 그래서 공사비도 다른 재료에 비해서 높은 편이다. 벽돌구조, 블록구조 그리고 석구조 등 조적구조의 가장 큰 문제는 백화현상이다. 백화현상은 벽에 침투하는 빗물에 의해서 모르타르의 석회분(산화칼슘)이 공기 중의 탄산가스와 반응하여 조적벽체 벽면에 백색 가루가 생기는 현상으로, 이러한 백화현상의 원인과 대책은 다음과 같다.

표 6-1 백화현상의 원인과 대책

원인	대책
① 재료 및 시공의 불량 ② 모르타르 채워 넣기 부족으로 빗물 침투에 의한 화학반응	① 소성이 잘된 벽돌을 사용한다. ② 벽돌 표면에 파라핀 도료를 발라 염류 유출을 방지한다. ③ 줄눈에 방수제를 섞어 시공한다. ④ 빗물막이를 설치하여 물과의 접촉을 줄인다.

3) 철근콘크리트구조

철근콘크리트는 철근을 콘크리트로 피복[3]한 재료이다. 즉, 압축력[4]이 강한 콘크리트와 인장력[5]이 강한 철근을 서로 결합하여 일체화시킨 복합재료이다. 철근과 콘크리트는 서로 부착력이 크고 콘크리트 속의 철근은 좌굴[6]이 방지되어 단단한 구조체를 형성한

---

3 피복: 재료의 표면을 막의 형태로 싸는 재료의 통칭이다.

4 압축력: 누르는 힘, 물체에 압력을 가하여 부피를 줄이려는 힘이다.

5 인장력: 물체를 당기거나 늘이는 힘이다.

6 좌굴: 가늘고 긴 막대, 얇은 판 등을 압축하면 어느 하중에서 갑자기 가로 방향으로 휨이 발생하고, 이후 휨이 급격히 증대하는 현상이다.

다. 철근과 콘크리트는 온도변화에 대한 팽창계수[7]가 거의 같아 온도변화에 따른 변형이 거의 생기지 않기 때문에 철골콘크리트구조가 성립할 수 있다.

콘크리트는 알칼리성이므로 철근을 콘크리트로 피복하면 철근의 부식을 방지할 수 있다. 하지만 다르게 생각하면 콘크리트에 균열이 발생해서 철근이 물에 접촉되면 철근이 부식된다. 철근콘크리트구조는 불에 강하고 구조가 튼튼할 뿐만 아니라 바람이나 지진에도 비교적 안전한 구조이다. 그리고 철근과 콘크리트는 재료가 풍부하고 어디서든 쉽게 구입할 수 있다.

그림 6-4 철근콘크리트구조

철근콘크리트구조는 건물의 형태를 자유롭게 디자인할 수 있지만, 거푸집 등의 가설물을 설치해야 하고 습식 시공 특성상 공사기간이 긴 편이다. 콘크리트 타설 후 경화과정에서 균열이 생기기 쉽고 균일한 품질로 시공하기 어려우며, 철근콘크리트구조물은 철거나 구조변경이 어렵고 재료를 재사용할 수도 없다. 또한 건물 강도에 비해 자중[8]이 크다.

본 장에서 소개되는 구조물의 종류는 다양하지만 모든 구조물의 바닥기초는 철근콘크리트로 만들어진다. 물론 건물의 구조체로도 가장 많이 시공되는 구조이다. 철근콘크리트구조는 크게 2가지 종류의 구조체로 만들어진다.

---

7 팽창계수: 물체가 열팽창을 일으킬 때 원래의 길이 또는 체적에 대한 변화의 비율이다.

8 자중 : 구조물 그 자체에 의한 하중으로, 건축물에서는 마감 중량을 더하여 고정하중으로 취급한다.

(1) 라멘식 구조(기둥식 구조)

라멘은 '테두리'라는 독일어에서 가져온 용어이며, 라멘식 구조는 수직인 기둥과 수평인 보가 건물 전체의 하중을 지지하는 구조이다. 즉, 보가 위층 바닥의 무게를 지지하고, 기둥이 바닥과 보의 무게를 지지한다. 가장 많은 하중을 받게 되는 가장 아래에는 기초가 지지하게 된다. 라멘식 구조의 벽은 하중을 받지 않는 비내력벽이므로 임의로 철거가 가능하기 때문에 리모델링(대수선)에 유리한 구조이다.

라멘식 구조는 벽식 구조에 비해 장점이 많지만 비교적 공사비용이 높은 편이고 단독주택, 아파트 같은 주거공간보다는 공간구성의 변화가 많은 근린생활시설 등에 많이 적용된다.

(2) 벽식 구조

기둥과 보로 구성된 라멘식 구조와는 다르게 벽식 구조는 벽과 슬래브로 구성되어 있다. 즉, 벽 자체가 위층 바닥의 무게를 바로 지지하는 구조이다. 벽식 구조의 벽은 하중을 받는 내력벽이므로 임의로 철거할 수 없고 구조검토 후 허가를 받고 리모델링(대수선)해야 한다. 국내 아파트는 대부분 벽식 구조로 지어져서 내력벽을 철거하기 쉽지 않기 때문에 내부구조를 변경하는 리모델링 사업을 추진하기 어렵다. 그러나 아파트가 아닌 일반 건물의 리모델링 사업은 활발하게 진행되고 있다.

벽식 구조는 라멘식 구조에 비해 공사비용이 적게 들고 공사기간도 비교적 짧다.

라멘식 구조

벽식 구조

그림 6-5 철근콘크리트구조

벽식 구조의 단점을 보완한 하이브리드 주택은 벽식 구조를 기본으로 하고 구조변경이 예상되는 공간에만 라멘식 구조로 시공한 주택을 말한다.

4) 철골구조

철골구조는 형강, 봉강, 강판 등을 리벳, 볼트 그리고 용접 등의 방법으로 접합하여 조립하는 구조이다. 즉, 기둥, 보 등을 철로 만들어 접합의 방법으로 구조체를 형성하는 구조를 말한다.

그림 6-6 철골구조

철골구조의 기둥과 보는 주로 공장에서 용접의 방법으로 제작하고, 나머지 공정은 현장에서 시공하여 건물을 세운다. 다른 재료에 비해 상태가 균일하고 재료의 강도가 높아 건물 중량을 가볍게 할 수 있다. 그래서 고층 건축물의 구조물이나 큰 지반의 구조물에 많이 사용된다.

가장 큰 장점은 건설기간이 짧고 인성[9]이 커서 상당한 변위에도 견뎌낸다는 점이다. 또한 공사현장 상태나 날씨에 관계없이 시공이 가능하다. 구조적으로 횡력에 강해서 강한 바람이나 지진에도 비교적 안전한 구조체이다. 하지만 철골에 노출되는 부분이 많아 녹이 발생할 수 있고 단면에 비하여 부재 길이가 길고 두께가 얇아 좌굴되기 쉽다. 이를 방지하기 위해서 큰 하중을 받는 일부 기둥에는 철골에 콘크리트를 타설하고, 철골구조를 시공한 후 녹 방지를 위해 철골을 보호하는 내화피복을 한다.

(1) 경량철골구조

경량철골구조는 4~6mm 정도의 철제 형관을 사용하여 주요 골조를 구성한다. 따라서 경량철골구조는 주로 소규모 주택이나 근린생활시설 등의 소형건축물에 사용되고,

---

9 인성: 높은 강도와 큰 변형을 발휘하여 충격에 잘 견디는 성질로서, 재료에 계속해서 힘을 가할 때 탄성적으로 변형하다가 소성변형 후 마침내 파괴될 때까지 소비한 에너지가 크면 인성이 크다고 말한다.

강도가 작아서 고층 건물은 지을 수 없다.

경량철골구조의 가장 큰 장점은 물을 사용하지 않기 때문에 시공기간이 짧다는 점이다. 하지만 넓은 공간을 만들어낼 수 없어 주거공간 외에는 적용하기 어렵고 재료의 특성상 소음과 진동에도 약하다. 가장 큰 단점은 결로에 취약한 것이다. 그래서 현재는 경량철골주택보다는 목조주택을 선호한다.

(2) H빔 구조(일반철구조)

H빔은 구조용 압연 강재 빔 또는 구조용 빔으로, 단면도가 H 모양과 닮아서 H빔이라고 한다. H빔 구조는 건물을 지을 때 건물의 보와 기둥을 H빔으로 세우는 것을 말한다. H빔 구조는 주로 고층 건물을 지을 때 시공되며 거푸집 시공, 양생기간 등의 많은 시간이 걸리는 철근콘크리트 주택과 비교했을 때 건축기간이 짧게 든다는 점이 가장 큰 장점이다. 건축시간의 축소는 인건비 절감으로 이어진다.

H빔 구조의 장점은 중목구조와 비슷하며 기둥의 간격을 크게 해서 중간에 기둥이 없는 넓은 공간을 만들 수 있다. H빔 구조의 주택은 외장재의 선택에 따라 건축비가 크게 달라진다. 준공 후 건물 전체에 소음과 진동현상이 발생할 수 있는데 이것을 보완하기 위해서는 방음공사를 해야 한다. 가장 큰 문제는 구조의 특성상 겨울철 온도차로 인해 결로에 취약한 점이다. 따라서 결로를 방지하기 위해 시공기술을 적절하게 접목하고, 내장재료를 신중하게 선택해야 한다.

5) 초고층 건축

우리나라 초고층 주상복합 건축 초기의 구조는 주로 철골철근콘크리트SRC구조[10]로 설계되었다. 왜냐하면 1990년대 후반에 국내에 고강도 콘크리트의 개발은 활발했지만 실

---

10 철골철근콘크리트조(steel framed reinforced concrete construction): 뼈대의 철골 각 부분에 콘크리트를 부어 넣거나 철근콘크리트로 피복한 구조를 말한다. 주요 구조를 철골재로 구성하고 철근과 콘크리트로 보강한 구조이다. 내진, 내화성이 있어서 영구적 구조로 하기에 좋고 높은 층수에 이상적이다. (자료: 네이버 지식백과, 시사상식사전)

제 적용 사례가 많지 않았고 콘크리트에 비해 철골조가 공사기간 면에서 유리했기 때문이다.

그러나 2000년대에 들어와서는 국내의 초고층 건축물이 급속도로 증가되고 고강도 콘크리트의 사용도 늘어났다. 콘크리트 부재의 시공속도를 높일 수 있는 자동인양시스템ACS 거푸집이나 철근선조립공법의 적용에 따라 최근에 건설되는 초고층 건축물들은 오히려 철근콘크리트RC구조가 대세를 이루고 있다.

(1) 초고층 건축물의 구조

우리나라 초고층 건축물은 구조체 내부형 구조시스템인 코어 전단벽을 필수적으로 활용한다. 여기에 층수 정도에 따라 40층 내외에서는 무량판flat plate[11] 슬래브를 적용하고 이보다 더 높은 층에는 주로 아웃리거(또는 벨트벽체)를 적용한다. 또한 60층 이상인 경우에는 두 곳의 아웃리거를 배치하여 횡력에 저항하는 시스템으로 이용하고 있다.

그림 6-7 초고층 건축물

구조재료인 콘크리트 사용 시 코어 벽체와 기둥 등 수직부재는 대부분 저층부, 중간부, 고층부로 수직 방향 구획을 하여 콘크리트 강도를 고강도에서 저강도 순으로 조닝zoning하여 적용한다. 슬래브와 보 등 수평부재도 대부분 저층부에는 높은 강도를 사용하고 고층부에는 낮은 강도를 사용한다.

---

11 무량판구조(flat plate): 하중을 지탱하는 수평기둥인 보(beam) 없이, 기둥이 위층 수평구조인 슬래브(slab)를 지탱하도록 이루어진 건물구조를 말한다. (자료: 네이버 지식백과, 시사상식사전)

(2) 초고층 건물의 특수성

초고층 건물은 일반 저층 건물보다 작업여건이 좋지 않다. 자재를 고층으로 올려야 하고 고층에서의 작업환경이나 안전의 위험도 크다. 또한 초고층 건물은 지진이나 바람의 영향도 더 크게 받는다. 따라서 초고층 건물 건축 시 토목설계, 건축구조설계, 양중계획, 안전관리 등을 더 철저하게 준비해야 한다. 초고층 건물의 특수성을 정리하면 다음과 같다.

① 초고층 건물은 도심지에 건축하는 경우가 대부분이다.
② 대부분 고소작업이어서 양중작업, 양중능률 등의 전문기술이 요구된다.
③ 고소작업 시 위험증대에 따른 안전관리가 중요하다.
④ 초고층 건물은 공사비가 늘어나거나 공사기간이 지연되는 경우가 많다.
⑤ 내화, 내진에 대한 특별한 설계가 필요하다.
⑥ 기초, 지하구조물의 깊이 증대로 토목공사의 전문기술이 필요하다.
⑦ 시공의 능률성, 경제성, 안전성 등을 고려하여 복합화 공법이 필요하다.

6) 공업화건축

공업화건축은 부재를 공장에서 생산하여 현장에서 기계화에 의해 조립 시공하는 시스템을 말한다. 특히, 모듈러 건축시스템은 공장에서 철강재로 정밀 제작된 구조체module에 벽체와 바닥, 천장, 창호, 전기, 설비 등 전체 공정의 70~80%를 시공하고, 이를 현장으로 운송하여 조립하는 건축시스템이다. 공장 대량생산에 따른 원가절감, 표준화시스템에 의한 품질확보 및 모듈러 유닛의 증축 및 이축이 편리하다.

그림 6-8 공업화건축

지금까지의 건축시공은 현장 중심의 건축방식으로 인한 비용 상승과 건설노동 기피현상으로 숙련된 전문 인력의 부족 등 여러 가지 문제가 많았다. 이런 상황에서 품질의 균등화, 대량생산 노동력 부족, 인건비 상승 등의 대처방안으로 공업화건축의 필요성이 커졌다. 앞으로 공업화건축은 prefab화, PC공법, 기계화, 시스템화, 부재의 표준화를 통한 대량생산화 등의 기술이 더욱 향상될 것이다. 하지만 건물의 접합 부위 개선, 시공장비 개발 그리고 건축환경에 맞는 건축법 개정 등의 개선의 과제가 남아 있다.

(1) 공업화건축의 장점

① 공장생산 및 건식 공법으로 공사기간(공기)을 단축한다.
② 기계화 시공에 의한 현장작업 감소로 인건비가 줄어든다.
③ 공장생산에 의한 현장조립 시공으로 품질이 균등하고 향상된다.
④ 부재의 대량생산으로 원가가 절감된다.
⑤ 현장작업이 간소화되고 신뢰도가 상승한다.

(2) 공업화건축의 단점

① 초기 공장생산설비 등에 투자 과다로 부채 부담이 크다.
② 일시적 수요에 따른 수요와 공급의 불안정이 지속될 수 있다.
③ 접합부의 방수 및 차음강도가 취약할 수 있다.
④ 대형 양중장비가 필요하다.

2. 주택의 실내재료

주택구조가 어느 정도 시공되면 인체의 혈관과 장기 같은 전기, 배관 등의 설비공사가 진행된다. 설비공사를 마치면 미장작업을 하는데, 미장공사는 인체의 피부에 피부이식 수술을 하는 것과 비슷하다. 피부가 벗겨져 뼈가 드러나는 부위에 피부를 이식하듯, 벽돌 등이 드러나는 자리에 미장작업을 하는 것이다. 그래서 상하수도공사, 난방공사, 균열보수, 조적공사 이후에는 시멘트 미장작업을 한다. 미장까지 끝이 나면 드디어 주택의 실내 마감작업이 시작된다.

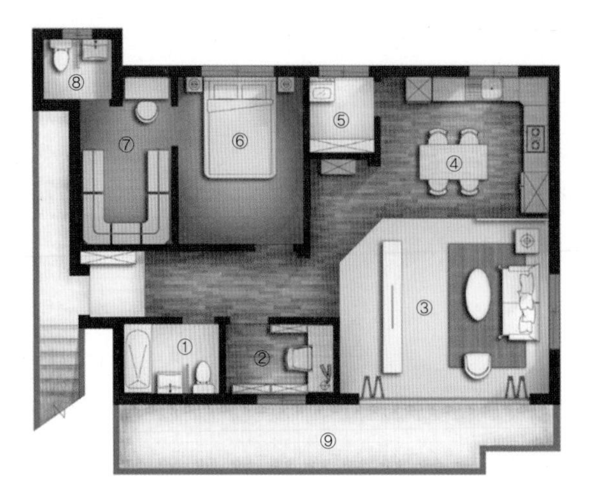

2F
Materials

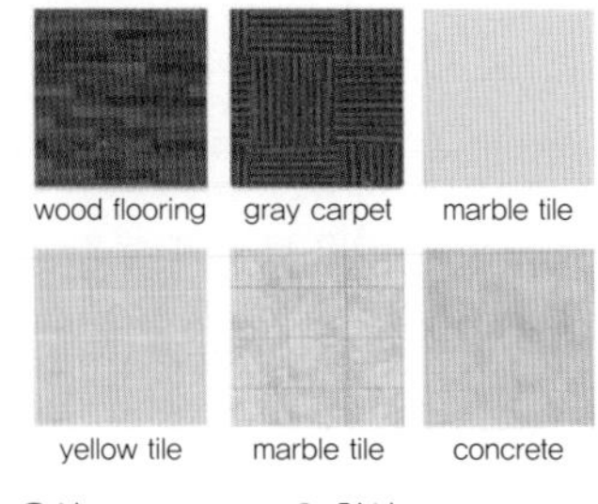

① 욕실 1
② 공부방
③ 거실
④ 다이닝룸 & 부엌
⑤ 다용도실
⑥ 침실
⑦ 드레스 & 파우더룸
⑧ 욕실 2
⑨ 발코니

그림 6-9 실내 마감재료 보드의 예

주택의 실내 마감재료는 공정별, 재료별로 다양하다. 따라서 건축설계 이후에 실내 건축 설계가 별도로 이루어지는 경우가 많다. 보통 인테리어 디자이너의 설계에 의해 주택의 실내재료가 확정된다.

1) 타일재

타일은 내구성이 좋고 위생적이며 마감재로서 아름다움까지 갖추고 있는 훌륭한 재료이다. 타일재 자체의 흡수성이 낮아 물을 사용하는 욕실, 주방, 세탁실 등의 다양한 공간에 사용된다. 내부벽은 자기질, 석기질, 도기질타일 모두를 사용하고 내부바닥은 자기질, 석기질타일만 사용한다.

(1) 세라믹타일의 분류

세라믹타일은 흙으로 구운 타일로 흔히 자기질, 석기질, 도기질타일을 말한다. 타일매장의 전시품뿐만 아니라 우리가 주거하는 공간에 시공되는 대부분의 타일이 세라믹타일이다.

석기질타일

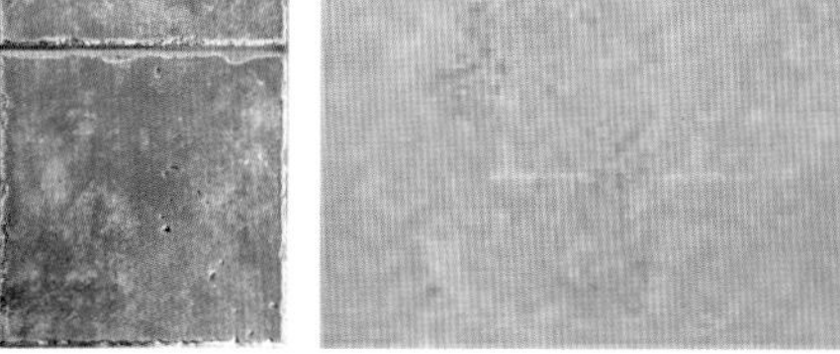

포세린타일

폴리싱타일

그림 6-10 세라믹타일의 분류

표 6-2 점토제품의 분류

구분	토기	도기질	석기질	자기질
소성온도	700~900℃	1,000~1,300℃	1,300~1,400℃	1,300~1,500℃
흡수율	20~30%	15~20%	8% 이하	1% 이하
주 용도	벽돌, 기와, 토관	내장타일, 위생도기, 테라코타	내 · 외장타일, 클링커타일	외장타일, 바닥타일

(2) 타일시공의 문제와 대책

타일은 물에 강하고 위생적이며 미려한 재료이지만 타일시공 이후 몇 가지 문제를 발생시킨다. 타일은 주로 물을 사용하는 공간에 시공되는데, 물을 사용하는 공간은 다른 공간에 비해 문제가 발생하기 쉽다. 타일시공의 문제와 대책은 다음과 같다.

① 동해: 소성온도가 높은 타일을 사용한다.

② 백화: 흡수율이 낮은 외부타일을 사용하면 백화가 발생하지 않는다.

③ 균열: 줄눈 누름시공을 철저하게 해서 빗물이 침투하는 것을 방지한다.

④ 박리: 접착 모르타르의 배합비를 정확하게 해서 타일시공을 한다.

2) 석재

(1) 석재의 특징

우리 주변에서 흔히 보이는 석재는 대부분 건물 외벽 마감재나 건물 내부의 계단, 복도 등 공용공간 마감재로 사용된다. 석재는 외관이 고급스럽고 시공 이후 변색 없이 오래가는 우수한 재료이다. 또한 내구성, 내마모성, 내수성, 내약품성이 좋다. 하지만 다른 재료에 비해 운반, 가공 및 시공하기 어렵고 인장강도도 비교적 낮은 편이다. 이러한 특징 때문에 다른 재료에 비해서 재료비 및 시공비가 높은 편이다.

(2) 석재 성인별 분류

석재가 자연에서 만들어지는 과정은 석재마다 다르다. 석재는 원석을 그대로 가공하기 때문에 석재의 종류별 특성을 잘 이해하고 다루어야 시공 중이나 시공 후에 문제가 발생하지 않는다.

그림 6–11 석재의 종류

표 6–3 석재 성인별 분류

구분	특성	종류
화성암	마그마가 지표면에서 냉각, 응고된 석재	화강암, 안산암, 현무암
수성암(퇴적암)	분쇄된 물질이 퇴적되어 땅속에 묻혀 응고된 석재	점판암, 사암, 응회암, 석회암
변성암	땅속에서 오랜 시간 동안 열과 압력에 의해 변질 · 결정화된 석재	• 화성암계: 사문암, 반석 • 수성암계: 대리석, 트래버틴

3) 창호재

건축물의 창호기능이 강조되면서 창호의 종류와 기능은 점점 다양해지고 발전하고 있다. 이에 따라 전체 건축공사비에서 창호가 차지하는 비중이 점점 높아지고 있다. 창호는 환기, 일조 등 창호의 기본적인 기능뿐만 아니라 단열, 결로, 누수까지 완벽하게 차단해야 하는 추가기능이 요구되는 중요한 건축자재이다.

(1) 창호의 주요 기능

창호의 5가지 주요 기능을 살펴보고 창호가 꼭 필요한 공간에 적절한 크기와 기능을 가진 창호를 배치해야 한다. 불필요한 공간에 창호를 설치하면 오히려 구조, 단열, 과다 비용 등의 문제가 일어날 수도 있다.

① 단열성: 단열성은 열전도율로 내부와 외부의 열이 서로 유입되지 않는 정도를 말한다. 외부의 열이 안으로 들어오지 않고, 내부의 열이 밖으로 빠져나가지 않는 기능이다. 유리의 종류와 두께가 중요한 역할을 한다.

② 방음성: 도심지역은 자동차 소리, 매장 음악 소리 등으로 건물 주변이 항상 시끄럽다. 이를 차단해 주는 기능이 바로 방음성이다. 방음성은 창문짝과 창틀 간의 밀폐성이 좋아야 우수하며 창호 기밀재 성능, 유리의 종류와 두께에 따라 차이가 난다.

③ 기밀성: 창틀과 창문짝 틈새에서 새어 나오는 공기량을 말한다. 단열성과도 관련이 있다.

④ 수밀성: 외부의 물이 내부로 침투하는 정도를 말한다. 즉, 비와 눈이 건물 내부로 유입되지 않아야 수밀성이 좋은 것이다.

⑤ 내풍압성: 태풍 등으로 인한 풍압에 창문 및 유리가 견디는 정도를 말한다. 고층 건물일수록 강한 바람을 많이 맞으므로 내풍압성이 중요하다.

(2) 창호의 소재에 따른 종류

창호의 소재마다 기능의 차이는 조금씩 있지만 목재창을 제외하면 기능적으로 큰 문제가 있는 창호는 거의 없다. 창호의 소재는 창호의 디자인과 가격에 결정적인 영향을 끼친다. 주택의 외부디자인에 어울리고 기능적으로 우수하며 가격이 합리적인 창호의 소재를 찾기 위해서는 종류별 특징을 잘 알아야 한다. 공사비에서 창호의 비중이 점점 올라가는 것은 현대 건물에서 창호의 기능과 디자인이 더 중요해지고 있다는 의미이다.

① 목재창: 나무를 이용하여 만든 창이다. 나무는 내수성이 낮아서 외장용으로는 적용하기 어렵지만 소재의 친화력과 따뜻함이 가장 큰 장점이다. 나무는 특성상 시간이 지나면 뒤틀리는 경우가 많기 때문에 주로 내부 인테리어용으로 사용된다.

② 알루미늄 합금창: 알루미늄과 철 비중이 1:3으로 녹이 슬지 않고 견고하며 사용연한이 길다. 가공이 자유롭고 열고 닫을 때 소리가 경쾌하다. 주거공간 외에는 주로 알루미늄 합금창이 많이 사용된다.

③ 합성수지창: 일반적으로 PVC새시 또는 하이새시라고 불린다. 단열성, 내부식성, 기밀성, 방음성이 높아서 가장 보편적으로 사용되고 있다. 단순한 컬러와 떨어지는 재질감 등이 문제였지만 현재는 많이 개선된 제품들이 출시되고 있다.

④ 철재창: 가공이 불편해서 일반적으로 잘 사용되지는 않지만 갈바galvalume 소재는 비교적 가공하기 쉬워서 주로 내외부 창호로 사용되고, 다양한 컬러로 칠할 수도 있어서 다양한 형태로 사용된다.

⑤ 복합소재창: 창호기능에 대한 높은 기대와 정부의 에너지 효율정책 등에 힘입어 소재들이 복합 개발되어 사용되는 창을 말한다. 재료는 주로 알루미늄+목재, 알루미늄+PVC 형태로 혼용되어 사용되고, 기능적으로는 주로 시스템창호가 사용된다. 시스템창호는 다른 창호에 비해 기밀성, 수밀성, 단열성, 방음성, 내풍압성이 우수하다.

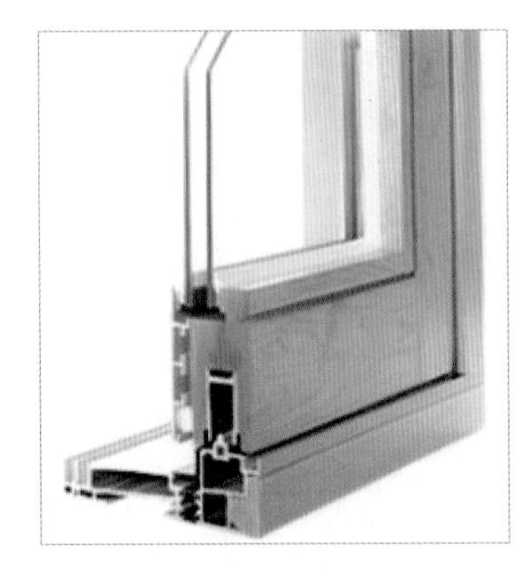

그림 6-12 복합소재창

(3) 도어의 소재에 따른 종류

도어의 소재는 마루의 소재와 유사하다. 도어는 기본적으로 목재를 바탕으로 하지만 뒤틀림, 물에 대한 저항, 디자인, 가격책정 등의 이유로 다양한 제품들이 출시된다. 보통 실내재료는 디자인과 가격을 보고 제품을 선정하는 경우가 많지만 도어는 기능이 가장 중요하다. 욕실에는 물에 취약한 도어를 설치하면 안 되기 때문이다. 따라서 도어는 제품의 내부소재까지 잘 파악하고 선택해야 한다.

① 원목도어: 원목에 투명 우레탄 도장을 한 것이다. 고급스럽고 친환경적이지만 나무의 소재와 생산지에 따라 변형될 우려가 있다.

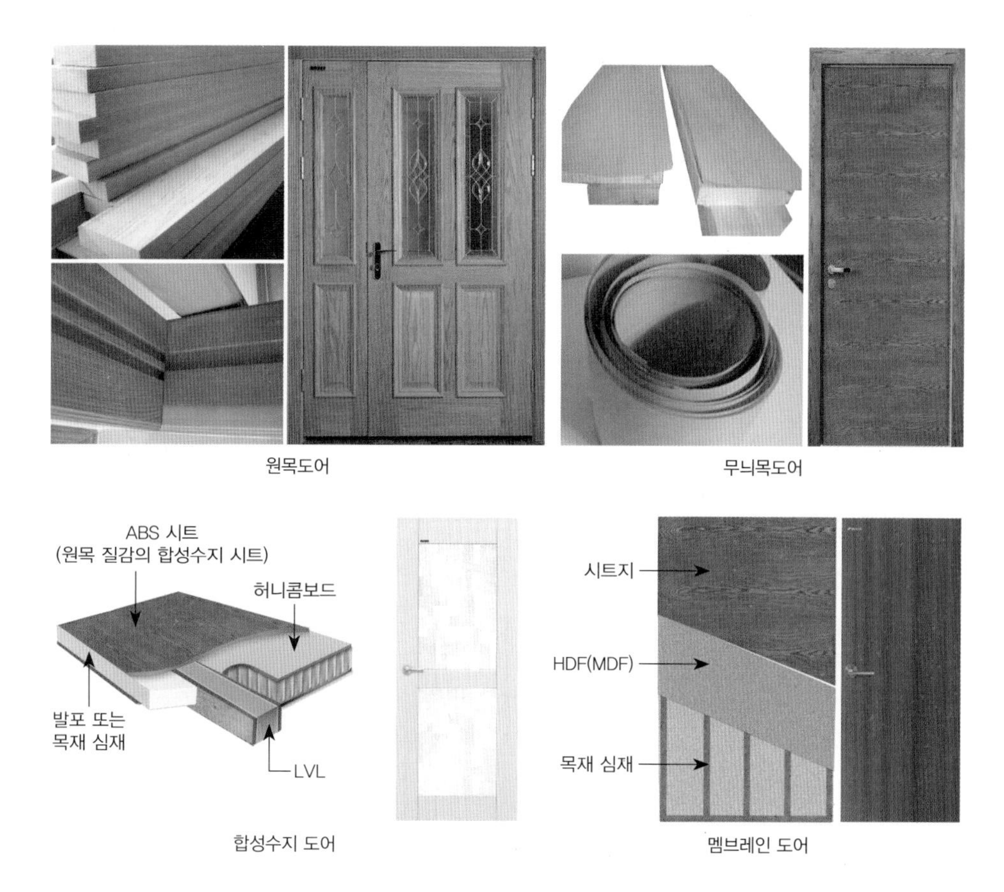

그림 6-13 도어의 소재에 따른 종류

② 무늬목도어: 합판 또는 MDF에 무늬목을 입혀서 제작한 것이다. 다른 재료에 비해 수분에 약한 편이지만 다양한 디자인을 만들 수 있다.

③ 합성수지 도어(ABS): ABS[12]+데코시트의 구조로 이루어져 있고, 가격이 저렴하며 벤딩과 수분에 강하다. 대체로 욕실과 같은 물 접촉이 많은 공간에 시공된다.

④ 멤브레인 도어(래핑 도어): 합판 또는 MDF에 데코시트를 입혀서 제작한다. 디자인이 자유롭고 가격이 저렴해서 많이 시공된다.

4) 금속재

조적공사는 공사기간이 길고, 목공사는 목재 자체의 품질에 따라 지속성이 떨어질 수 있다. 하지만 금속공사는 공사기간이 짧고 금속재 자체가 비교적 튼튼하다. 실내공간에서 금속벽체, 경량금속천장을 시공할 때 금속재를 사용한다.

(1) 금속바닥 및 벽체

하지下地는 마감재를 시공하기 전 뼈대작업을 하는 것을 말한다. 바닥이나 벽체의 하지를 시공할 때는 주로 아연도금 각관, 철관+광명단으로 시공한다. 내구성 면에서는 아연도금 각관이 좋아서 현장에서 많이 사용된다. 기타 계단재, 계단난간, 옥상난간 등에도 금속재로 시공한다. 목재보다 강도가 뛰어나고 내구성이 좋다. 금속재로 하지작업 후 바닥은 보통 목재로 마감하고 벽체는 주로 석고보드 등의 마감재로 시공된다.

그림 6-14 금속벽체 하지

---

12 ABS: PVC에 공기를 주입해서 부풀린(발포) 것이다. ABS는 오토바이 헬멧의 소재로, 가볍고, 충격이나 물에 강하며 ABS 도어도 헬멧과 같은 기능을 한다.

(2) 경량금속천장

내부 경량금속공사의 대부분은 천장(반자)을 만드는 작업이다. 천장의 설치목적은 미관, 분진(먼지) 방지, 음과 열 차단, 배선, 배관의 차폐 등이 있다. 이처럼 천장은 내부공간에서 중요한 역할을 한다. 경량철골로 천장을 만드는 방식은 크게 2가지로 나눌 수 있다.

① M-bar 천장

M-bar, 캐링, 행거와 부속철물로 천장틀을 시공하고, 텍스를 피스로 고정하는 방식이다. 견고할 뿐만 아니라, 천장 전면을 한 번에 처리할 수 있어 간편하고 자연스러운 공간을 연출한다. 디자인보다는 기능적인 요소가 더 중요한 일반 사무실, 회의실, 학원 등의 사무공간에 널리 사용된다.

② T-bar 천장

T-bar, 캐링, 행거와 부속철물로 천장틀을 시공하고, 600mm×600mm 크기의 마이텍스를 T-bar에 올려놓는 방식이다. 시공이 간편하고 쾌적한 실내공간을 창출할 수 있어 공공사무실, 호텔, 전시장, 상가 등에 널리 사용된다. 흡음효과가 있고, 천장판을 쉽게 제거하고 설치할 수 있어 시공 이후 관리도 편리하다.

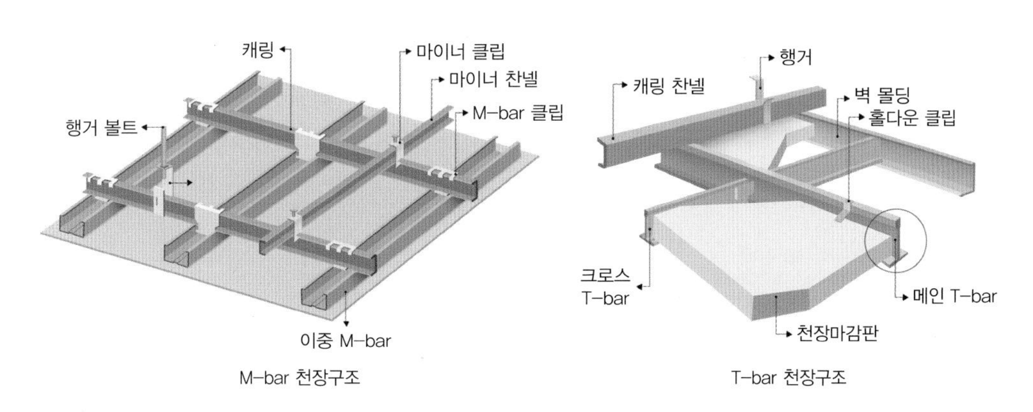

그림 6-15 경량철골천장의 종류

5) 유리재

유리는 유리만으로 공사를 하는 경우보다는 대부분 금속이나 창호 등과 함께 시공되는 경우가 더 많다. 유리는 쉽게 파손되어 다루기 쉽지는 않지만 빛을 투과시키는 기능이 있기 때문에 매우 다양한 곳에 적용된다.

(1) 유리의 종류

벽체에 비해 강도나 단열이 비교적 약한 유리를 벽체 대신 설치하는 것에는 여러 가지 이유가 있지만, 그중에 가장 큰 이유는 빛을 내부로 들이기 위해서이다. 유리는 빛과 조화를 이루고 자연경관을 더욱 빛나게 하는 기능이 있다. 또한 유리는 단열, 방범, 일부 차단 등 다양한 기능이 있기 때문에 여전히 건축에서 활용도가 높다. 유리의 종류별 특징을 알고 공간에 적용하면 색다른 공간을 만들어낼 수 있다.

① 투명유리: 일반 판유리를 말하며, 두께는 3, 5, 8, 10, 12mm 등 다양하다.

② 색유리: 색이 들어간 판유리로 녹색, 갈색, 청색 등이 있으며 건물 내부로 들어오는 빛을 적절히 차단해준다. 주거공간 창호는 대부분 색유리를 사용하는데, 그 이유는 외부에서 실내가 잘 보이지 않도록 하는 반사효과가 있기 때문이다.

③ 미스트유리(mist glass): 안개가 낀 듯한 불투명유리이다.

④ 반사유리: 외부에서는 거울처럼 보이고 내부가 잘 보이지 않지만 내부에서는 외부가 잘 보이며 주로 빌딩에 시공된다.

⑤ 강화유리(안전유리): 투명유리나 색유리를 고온으로 열처리한 후에 급랭하여 만든다. 강도가 보통 판유리보다 3~5배 높고 내열성이 뛰어나고 파손되어도 날카로운 면이 생기지 않는다. 하지만 현장에서 절단이나 구멍 내기가 힘들다.

⑥ 복층유리(pair glass): 두 장의 판유리 사이에 공간을 두어 최소 두 겹 이상으로 만든 유리이다. 유리와 유리 사이에 아르곤가스[13]와 건조제를 넣어 만들며 단열, 방음, 결로 방지에 좋다. 주거공간 창호에는 대부분 복층유리를 사용한다.

---

13 아르곤가스: 복층유리 안에 넣어 전도성을 둔화시키는 가스이다.

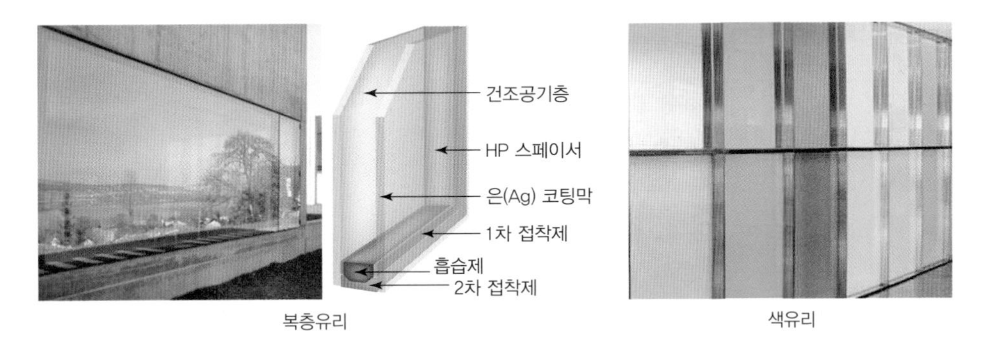

복층유리 색유리

그림 6-16 유리의 종류

⑦ 망입유리: 금속망을 유리 가운데에 넣은 것으로 화재나 방범에 좋다.

⑧ 에칭유리(etching glass): 두꺼운 후판유리를 깎아 조각한 유리로 미리 주문 제작해야 한다.

⑨ 스테인드글라스(stained glass): 다양한 빛깔의 유리를 디자인해서 잘라낸 다음 납으로 만든 테두리를 끼워 접합하는 방식이다. 주로 종교시설이나 상업시설에 적용된다.

(2) 유리의 특징

유리는 잘 파손되기 때문에 다루기 쉽지 않지만 공간에 사용되는 이유는 유리가 빛과 시선을 투과시키고 불연재료라는 큰 장점 때문이다. 또한 내구성이 크고 반영구적이나, 충격에 약해 잘 파손되고, 불에 약하다. 그리고 보통의 유리는 파편이 예리해서 위험하다.

6) 도장재

도장재는 시공 후 시간이 지날수록 다른 재료에 비해 재료의 탄력성이 더 빨리 떨어지며, 도장으로 마감된 벽이나 천장은 시간이 지나면 결국 갈라지고 찢어진다. 그래도 도장재는 외부벽체뿐만 아니라 금속, 목재 마감재 등 다양한 곳에 시공된다. 도장시공을 하는 가장 큰 이유는 건물의 보호와 미적 효과 증진이다.

(1) 도장재(페인트)의 종류

도장재는 바탕면에 따라 칠해야 하는 페인트의 종류가 다르기 때문에 이를 알고 도장재료를 선택해야 페인트 마감 후 오랫동안 칠이 벗겨지지 않는다. 도장재의 종류는 다음과 같다.

① 유성페인트

유성페인트는 도장하면서 페인트가 마르면 시너thinner를 조합하여 사용하는 것으로, 래커와 에나멜이 대표적인 도장재이다. 래커 중에서 안료를 섞지 않은 것을 투명래커라고 하고, 안료를 섞은 것을 래커에나멜이라고 한다. 칠 마감이 부드럽고, 빠르게 건조되며 칠 막이 얇아서 여러 번 칠해도 두꺼워지지 않는다. 광택의 정도에 따라 유광, 무광 그리고 반광으로 나뉜다. 유성페인트는 주로 목재 마감재로 사용되며, 에나멜은 바니시(니스)를 혼합한 도료로서 주로 금속에 많이 사용된다. 주거공간에서는 현관문, 발코니 난간, 대문, 외부계단, 외부난간 등의 금속재에 시공된다.

② 수성페인트

수성페인트는 도장하면서 페인트가 마르면 물을 조합하여 사용하는 것으로, 내부 수성페인트는 주거공간의 발코니와 기타 내부 벽면에 다양하게 사용한다. 가격이 비교적 저렴하고 입자가 부드럽다. 외부 수성(글로리)은 내부 수성보다 접착력이 우수하기 때문에 내부 수성은 외부에 사용하지 못하지만, 외부 수성은 내부에도 사용할 수 있다. 주로 주택이나 아파트 외부 벽체에 사용된다.

비닐페인트VP는 마감이 깔끔하고 작업성이 우수하며 오염이 적어서 노출천장으로 설계된 상업공간에 많이 사용된다. 수성래커는 친환경페인트로, 거의 모든 소재에 칠할 수 있고, 수성이라서 독성이 작은 편이다. 하지만 칠 마감이 비교적 좋지 않고, 시공 후 변색이 빠른 편이다.

(2) 도장시공 순서

도장은 건축공정 중에서 일반인도 비교적 쉽게 작업할 수 있는 것으로 여겨진다. 그래

① 보양

② 면처리

③ 도장

그림 6-17 도장시공 순서

서 국내에서는 도장분야에 유난히 DIY[Do It Yourself]가 성장해 있다. 도장작업에서 페인트를 칠하기 전에 보양과 면처리를 하는 데 많은 시간이 소요된다. 보양, 면처리작업이 페인트를 칠하는 작업보다 더 중요하다. 도장시공 순서는 다음과 같다.

도장 칠을 하기 전에 우선 보양작업을 해야 한다. 보양은 시공 면의 불순물을 제거하고 마스킹테이프나 커버링으로 시공면 주위를 보호하는 작업이다. 보양작업이 끝나면 면처리를 해야 한다. 면처리는 크랙 부위나 불규칙한 바탕면을 핸디코트, 퍼티, 실리콘 등으로 매끈하게 마감하고 사포로 깨끗하게 면을 다듬어 주는 작업이다. 보양과 면처리가 끝나야 비로소 도장작업을 할 수 있다. 도장은 롤러나 붓으로 얇게 평균 2~3회 정도 칠하는 것을 말한다.

7) 방수재

비 오는 날 우의를 입으면 옷이 빗물에 젖지 않듯이 건물에 방수시공을 해놓으면 빗물이 건물 내부로 침투하지 않는다. 건물에 빗물이 침투하면 더 큰 균열을 일으키고 건물 내부에 더 많은 결로와 곰팡이가 생긴다. 그래서 방수는 시간과 비용이 들더라도 원칙을 지켜 꼼꼼하게 시공해야 한다. 방수는 욕실 바닥방수 같은 내부 방수가 있고 옥상방수 같은 외부 방수가 있으며, 내부와 외부에 따라 방수기법이 다르다.

방수를 이해하기 위해서는 먼저 누수가 주로 발생하는 위치를 알아야 한다. 외부에서 침투하는 누수는 옥상의 바닥, 파라펫(옥상난간), 옥상바닥과 파라펫의 이음부분,

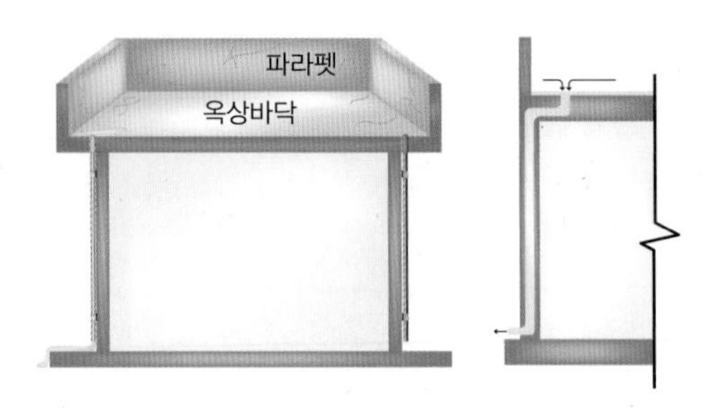

그림 6-18 누수의 위치

우수관 주변부에서 발생한다. 또한 건물 외부 벽체의 크랙(금), 벽체와 새시틀 이음부에서도 누수가 발생한다. 내부에서 발생하는 누수는 욕실바닥, 발코니바닥, 다용도실 바닥 등 물을 바닥에 버리는 장소에서 발생한다. 또한 난방 파이프 파열, 상하수도 배관 파열로 인해 누수가 발생하기도 한다. 누수가 잘 일어나는 주요 부위를 우선 확인하고 방수방법을 결정해야 한다.

(1) 외부 방수공사

① 혼합형 유성 우레탄방수

혼합형 유성 우레탄방수는 주제와 경화제를 혼합하여 시공하는 것으로, 마지막에 햇볕 차단을 위해 UV코팅을 하며 코팅재는 3~4년마다 재코팅해야 한다. 탄성재 특성상 신축성이 우수하고, 두께나 색상의 선택이 비교적 자유롭고 보행성이 좋아서 평지붕 옥상의 외부 방수재로 가장 많이 사용된다.

시공 순서는 방수할 바탕을 먼저 청소하고 벽체와 바닥의 이음부나 크랙이 있는 부분을 보수한 후 하도(프라이머) 1회, 중도(우레탄) 2~3회, 상도(탑코팅) 1회 방수작업을 한다.

② 일액형 수용성 우레탄방수

일액형 수용성 우레탄방수는 바닥정리를 한 후에 주제와 경화제를 섞은 하도재를 도장한 다음, 6시간 이후에 일액형 상도 수성 우레탄을 도장하는 방수재료이다. 혼합형에 비해 비교적 시공이 간편하고 가격이 저렴하다. 하지만 수용성 우레탄방수재로 완

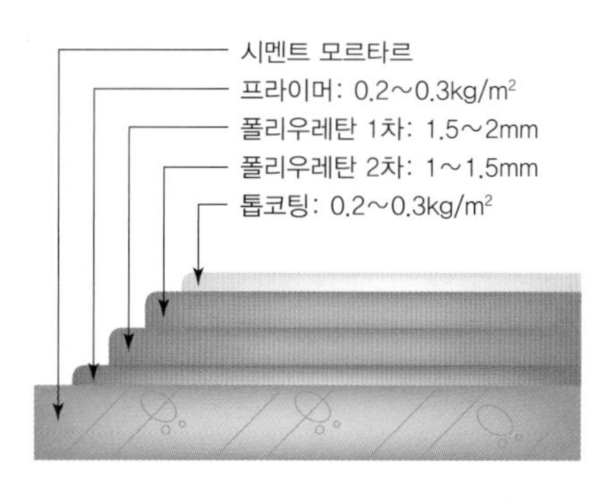

그림 6-19 유성 우레탄방수 시공 순서

그림 6-20 유성 우레탄방수 시공 후

전한 방수를 하기는 어렵다. 특히, 겨울에 0℃ 이하로 떨어지는 중부지방에서는 사용하지 않는 것이 좋다.

(2) 내부 방수공사

① 시멘트 액체방수는 욕실바닥이나 발코니 바닥에 사용하는 방수시공방법이며 미장재에 방수액을 섞어서 미장하는 것으로도 방수의 기능을 한다.

② 시멘트 액체방수만으로는 누수될 위험이 있어, 보통 시멘트 액체방수 시공 후 수용성 고무아스팔트 도막방수재(예: 고와스)를 한 번 이상 더 도포한다.

그림 6-21 수용성 도막방수재

8) 벽지

벽지는 주거공간의 벽체마감재 중에 가장 많이 사용되는 재료이다. 앞서 설명한 공정들의 시공을 잘 마감했어도 벽지시공을 잘못하면 전체 공사가 좋은 평가를 받지 못한다. 그래서 가시적으로 보이는 도배 등의 마감시공은 매우 중요한 공정이다.

(1) 벽지의 종류

벽지는 다양한 디자인으로 출시되고 있으며, 그중에 실크벽지가 가장 많은 디자인으로 출시된다. 이는 그만큼 소비자의 선호도가 높다는 의미이다. 실크벽지 외에 다른 벽지도 살펴보고, 공간별로 어떤 벽지가 가장 적합할지 고민해 보아야 한다.

① 실크벽지

실크벽지는 이름과 달리 종이벽지 위에 PVC를 입힌 것이다. 한 롤의 사이즈는 폭이 1,060mm이고, 길이가 15.6m이다. 보통 한 롤로 5평 정도를 시공할 수 있다.

② 광폭합지

광폭합지는 폭이 넓은 종이벽지를 말한다. 한 롤의 사이즈는 폭이 930mm이고, 길이가 17.75m이다. 보통 한 롤로 5평 정도를 시공할 수 있다. 최근 광폭합지는 무늬컬러에 유성잉크 대신 수성잉크를 사용하기 때문에 친환경벽지라고 부를 수 있다.

③ 소폭합지

소폭합지는 폭이 좁은 종이벽지로, 종이의 질은 광폭합지에 비해 떨어진다. 한 롤의 사이즈는 폭이 530mm이고, 길이가 12.5m이다. 보통 한 롤로 2평 정도를 시공할 수 있다.

④ 기타벽지

방염벽지, 뮤럴벽지, 발포벽지, 야광벽지, 천장전용벽지, 띠벽지, 타일벽지 등 다양한 벽지들이 출시되고 있다.

(2) 벽지시공방법

① 밀착시공(온통풀칠)

밀착시공은 정배작업이라고 하며, 벽지 전면에 풀칠하여 벽면에 밀착해서 바르는 시공법이다. 그러나 밀착시공만 하면 작업 이후에도 기존 벽면에 고르지 못한 부분이 보이는 문제가 있어 초배작업(공간도배)을 먼저 한 이후에 밀착시공(정배작업)을 한다.

② 봉투 바르기 시공(공간도배)

봉투 바르기 시공은 초배작업이라고 하며, 봉투처럼 벽과 벽지 사이에 공기층을 만드는 작업이다. 밀착시공 시 벽면이 고르지 못한 부분을 평평하게 만들어 주는 선행작업으로, 벽과 부직포 사이를 띄어 먼저 초배작업을 한 다음 정배작업을 한다.

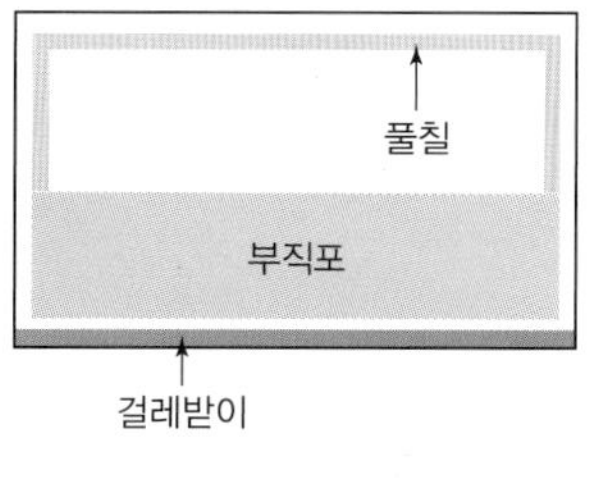

그림 6-22 초배작업

9) 바닥재

주거공간에서 사람의 몸과 가장 많이 접촉되는 부분이 바닥재이다. 특히, 우리나라 사람들은 좌식생활에 익숙하기 때문에 바닥재의 질감은 주거공간에서 생활하는 사람들에게 매우 중요한 역할을 한다. 그래서 마감재 선택 시 마루의 종류별 특성을 이해하는 일이 매우 중요하다.

(1) 마루의 종류

① 강화마루

강화마루는 MDF보다 밀도와 내구성이 뛰어난 HDF를 소재로 사용하여 재료 표면강도와 유지관리의 편리성을 높인 소재이다. HDF 위에 라미네이팅 처리를 하여 내마모도, 내구성, 내오염성을 높였다. 장점은 표면강도가 뛰어나고, 눌림 자국이 생기지 않으며, 시공 시 바닥에 본드 대신 클릭시공방식을 사용하여 친환경적이며 새집증후군에 대한 걱정을 덜어준다. 또한 시공 및 철거도 편리하다. 하지만 물에 약하고 시공 시 바닥 수평 레벨이 좋지 않으며 층간소음 문제를 발생시킬 수 있다.

② 온돌마루(합판마루)

온돌마루는 합판 위에 0.5~0.6mm 무늬목을 접착한 후 표면을 강화하고 도장처리를 하여 만든 제품이다. 질감이 좋고, 수분이나 열에 의한 변형이 적은 편이다. 국내 온돌시스템에 적합하게 제작되어 열전도율도 높다. 그러나 표면이 무늬목이어서 잘 찍히고

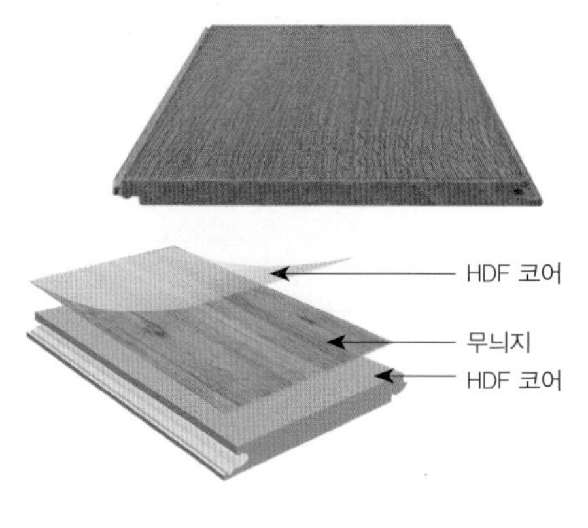

그림 6-23 강화마루의 구성

그림 6-24 강화마루 시공

긁히며 변색도 빠르다. 또한 에폭시본드를 바닥에 발라서 부착하는 접착시공법을 사용하므로 인체에 해롭다. 겉으로 보면 원목마루와 구별하기 힘든데 이 점이 온돌마루의 가장 큰 장점이다.

③ 강마루

강마루는 합판에 고밀도 멜라민판을 붙인 것으로, 표면강도가 강한 강화마루와 수분과 열에 강한 온돌마루의 장점을 합친 제품이다. 강마루가 처음 건축시장에 나왔을 때는 멜라민판과 합판이 잘 부착되지 않아 불량이 많았지만 현재는 개선되어 실내 바닥재로 가장 많이 시공된다.

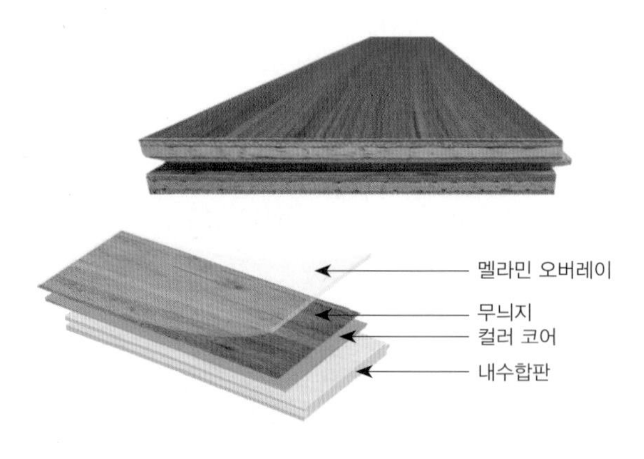

그림 6-25 강마루의 구성

그림 6-26 강마루 시공

④ 원목마루

원목마루는 2~5mm의 원목을 합판에 접착한 제품이다. 가장 큰 장점은 원목의 자연스러운 질감과 색상이다. 보행 시 쿠션감과 촉감이 좋고 원목이 지저분해지면 샌딩과 재도장을 할 수 있어 수명도 길다. 습기나 온도에 의한 변형이 있지만 원상회복이 가능하다. 단점은 가격이 비싸며 원목마루 뒤판에 원목만 사용하면, 변형이 심해져 시간이 지나면 비틀어질 수 있다. 그래서 변형이 적은 합판을 사용한다.

(2) 기타 바닥마감재

① 비닐장판

장판은 페트와 모노륨으로 구분된다. 페트는 현장에서 보통 막장판으로 불리며, 저렴하고 장판을 겹쳐서 시공하기 때문에 시공이 간편하다. 하지만 눌리거나 꺾이면 복구하기 어렵다. 반면, 모노륨은 이음매를 맞물려 시공하기 때문에 마감이 깨끗하며, 눌리거나 꺾여도 복원된다.

장판은 마루무늬, 한지무늬 등 다양한 디자인과 두께로 출시되며, 쿠션감이 있어 보행성이 우수하고, 관리하기 편하다.

② 데코타일

데코타일에는 크게 마루 모양의 우드데코와 타일 모양의 사각데코가 있다. 크기가 다양하고 두께는 보통 3mm 정도이다. 표면강도가 뛰어나고 디자인이 다양하여 사무실 등의 바닥재로 많이 사용된다. 시공방법이 마루시공과 비슷하지만 마루보다 시공하기 쉽다.

③ 카펫

카펫에는 장판처럼 롤로 말린 롤카펫과 데코타일처럼 조각조각을 붙이는 타일카펫이 있다. 카펫은 쉽게 지저분해지고, 청소하기 어려운 점 외에는 장점이 많은 바닥재이다. 롤카펫의 가격은 파일(두께)의 길이에 따라 크게 차이가 난다.

1. 건축 관련 월간지(≪건축문화≫, ≪전원속의 내집≫ 등)에 소개되는 건축물의 건축개요를 살펴보고 주택에 많이 적용되는 건물의 구조와 건축재료에 대해 조사해 본다.

(예시) 전원속의 내집 189호, p.120, 건축개요

건축개요

- 건물위치: 경상남도 창원시 진해구
- 건물규모: 지상 2층
- 건축면적: 78m²(23.60평)
- 연면적: 134m²(40.54평)
- 구조재: 조적조
- 지붕재: 슬래브 지붕
- 단열재: 포그니 20T, 스터코 외단열 시스템
- 외벽마감재: 스터코

2. 실내재료를 공정별로 분류해서 나만의 실내재료 샘플집을 만들어 본다. 여기에 기입할 정보는 공정, 품명, 사진, 브랜드, 제품번호 그리고 특이사항 등이다.

(예시) 실내재료 샘플집 창호 파트

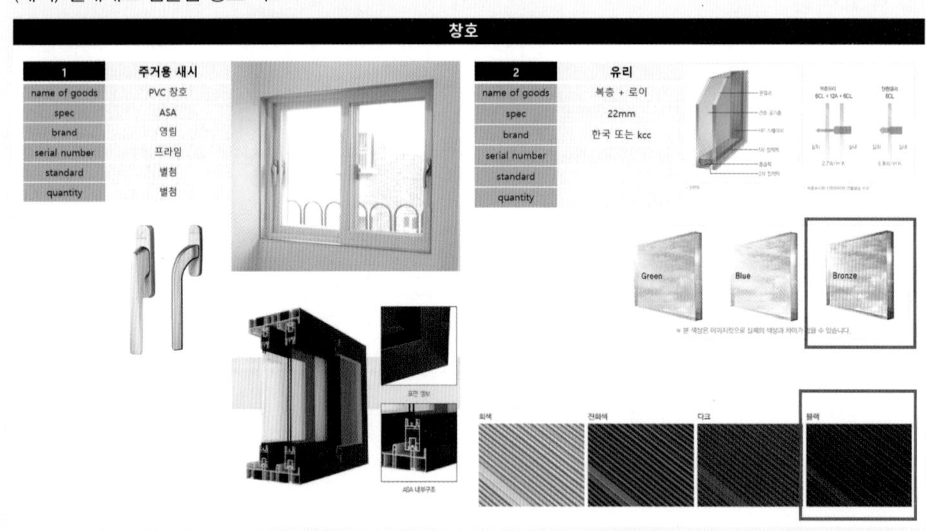

3. 건축 준공검사 시 구조재, 단열재, 창호재, 유리재는 제품 시험성적서를 제출하고 건축 준공허가를 받는다. 시험성적서가 있는 제품들의 종류와 시험성적서 내용을 자세히 살펴보자. 시험성적서는 자재생산업체의 홈페이지에서 확인할 수 있다.

4. 도장재, 벽지, 바닥재에 친환경자재 인증마크가 있는 제품들이 있다. 국내 건축자재가 친환경 인증을 받는 방법은 두 가지이다. 하나는 한국환경산업기술원에서 환경마크를 부여받는 것이고, 다른 하나는 환경부 등록 비영리법인인 한국공기청정협회에서 부여하는 친환경건축자재단체 품질인증HB, Healthy Building을 받는 것이다. 한국환경산업기술원에서 승인하는 '환경마크'는 인증기준이 까다로워서, 많은 건축자재 업체가 상대적으로 쉬운 한국공기청정협회의 'HB마크' 인증제도에 신청한다. 이에 따라 친환경자재 인증마크를 자세히 알아보고, 각 자재별로 어떤 마크가 있는지 살펴보자.

5. 코리아빌드(경향하우징페어) 박람회에 참석해서 새롭게 출시되는 제품들의 정보를 정리해 둔다. 건축자재회사에서 만든 팸플릿만 정리해서 읽어보아도 자재를 이해하는 데 많은 도움이 된다. 코리아빌드는 광주, 제주, 서울, 일산, 수원, 대구, 부산에서 매년 개최된다.

CHAPTER 7
실내환경

실내에서 거주자는 외부환경과 집을 둘러싸고 있는 구조체를 통한 상호작용을 통하여 서로 직간접적으로 영향을 주고받으며 그 환경을 조절하고 적응한다. 실내환경indoor environment이란 거주자가 주거 내에서 느끼는 쾌적성에 가장 직접적으로 영향을 미치는 열, 공기, 빛, 음환경 등과 같은 실내 물리적 환경을 말한다.

본 장에서는 쾌적하고 건강한 주거생활을 가능하게 하는 물리적 환경에 대한 기본적인 사항을 다룬다. 1절은 열환경에 관한 것으로 구조체와 인간의 열전달 체계, 단열 및 결로 메커니즘에 대한 이해를 바탕으로 이를 관리하고 제어하는 방법에 대하여 기술하였다. 2절은 공기환경에 관한 것으로 실내공기질의 중요성과 실내 오염물질의 발생원 그리고 이를 제어하는 환기와 통풍에 대해 기술하였다. 3절은 빛환경에 관한 것으로 빛에 대한 기본적 이해를 바탕으로 주거 내 채광 및 조명의 적용 및 이용방법에 대해 기술하였다. 4절은 음환경에 관한 것으로 차음과 흡음 그리고 실내소음의 방지대책 등에 대해 기술하였다.

1. 열환경

거주자가 주택 내에서 쾌적 또는 불쾌적을 느끼는 가장 중요한 환경적 요소는 인체의 온열에 관한 것이며 이것은 외부환경과 실내 구조체와의 열획득과 열손실에 대한 조절 성능이 크게 작용한다.

1) 열환경과 쾌적성

주거생활 속에서 쾌적성은 주로 열적 쾌적성에 의해 좌우된다. 실내의 열환경이 적절한 상태로 조절되어 인체가 열에 의해 스트레스나 긴장을 일으키지 않는 상태, 이를 열적 쾌적thermal comfort이라 한다. 실내의 열적 쾌적성을 유지하기 위해서는 구조체뿐 아니라 인체(거주자)의 열이동 경로를 이해하고, 불필요한 열의 이동을 차단하도록 건물을 보온 설계해야 거주자를 위한 쾌적한 열환경이 조성될 수 있다. 실내에서는 지속적인 열획득과 열손실이 일어난다. 구조체와 인간에 의해 지속적으로 열이동이 발생하는 것이다. 실내의 열환경 상태를 쾌적하게 유지하기 위하여 여름에는 실내로 유입되는 불필요한 열을 차단하고, 겨울에는 실내의 열손실을 최소화해야 한다. 즉, 겨울에 따뜻하고 여름에 시원한 물리적 쾌적성을 갖추는 것이다.

(1) 주택의 열이동

일반적으로 열의 이동은 온도가 높은 쪽에서 낮은 쪽으로 이동하며 열이 전달되는 경로에는 전도, 대류, 복사의 3가지 형태가 있다. 전도conduction는 온도가 다른 두 물체가 직접 맞닿아서 물체 내부에서 열이 이동하는 것으로 일반적으로 고체 내부 또는 고체 간의 이동이다. 찬 벽을 손으로 만지면 손이 시린 경우이다. 대류convection는 온도 차가 나는 두 물체가 떨어져 있을 때 기체(공기)나 액체(물)와 같이 흐르는 물질을 매개로 열이 이동하는 경우이다. 복사radiation는 고온의 물체 표면에서 저온의 물체 표면으로 아무런 매개 없이 직접 열이 이동하는 것이다. 전열기 앞에서 불을 쬐는 경우이다.

주택의 구조체는 외부 기후환경과 끊임없는 열교환이 이루어진다. 특히, 외피(외벽,

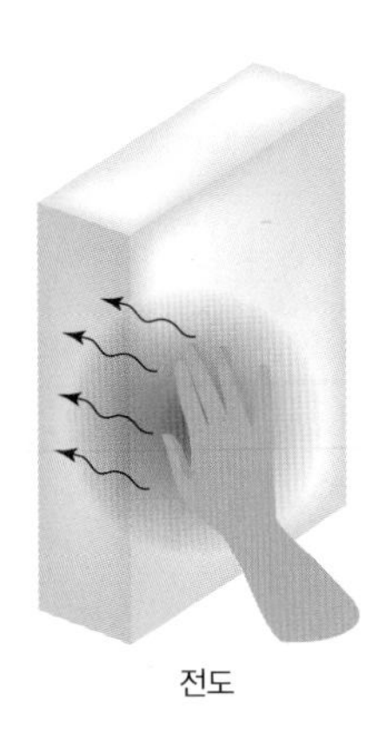

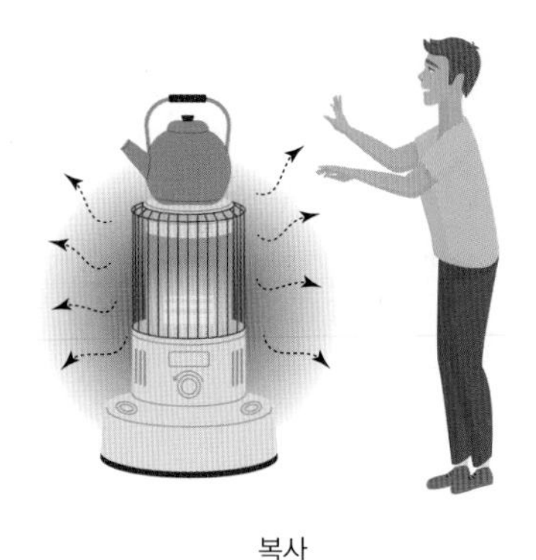

그림 7-1 열의 이동

지붕, 창문 등)는 기후조건의 영향을 조절하여 쾌적한 실내 온열환경을 형성하는 기후의 여과기이다. 일반적으로 실내의 열은 태양열이나 난방 및 취사열, 조명, 인체 등으로부터 취득되며, 취득된 열은 벽, 창문, 환기 등에 의해 빠져나간다. 이때 실내에서 취득된 열과 외부로 방출되는 열이 평형을 이루지 못하면 실내 온열환경은 일정하게 유지되지 못하는 상태가 된다.

벽체를 통한 열이동은 벽을 사이에 둔 양측 공기에 온도 차이가 있을 경우에 높은 온도 쪽에서 낮은 온도 쪽으로 벽을 관통하여 이동한다. 이때 열은 다음의 2가지 과정을 거쳐 이동한다. 하나는 벽체 내부에서 열전도에 의해 열이 전달되는 것인데, 이때는 벽체 재료의 열전도율이 크게 관계된다. 또 하나는 벽체 표면에서 공기로, 또는 공기에서 벽체 표면으로 열이 이동되는 열전달heat transfer과정이며, 대류와 복사과정을 포함한다. 즉, 벽체를 사이에 둔 내부와 외부의 온도 차이에 의한 열이동과정은 열전달과 열전도 그리고 열전달과정으로 이어지며, 이 과정을 통합하여 열관류heat transmission라고 한다. 벽체의 열의 흐름을 적게 하려면 이 열관류열량을 낮게 해야 하는데 적절한 단열은 이를 가능하게 한다.

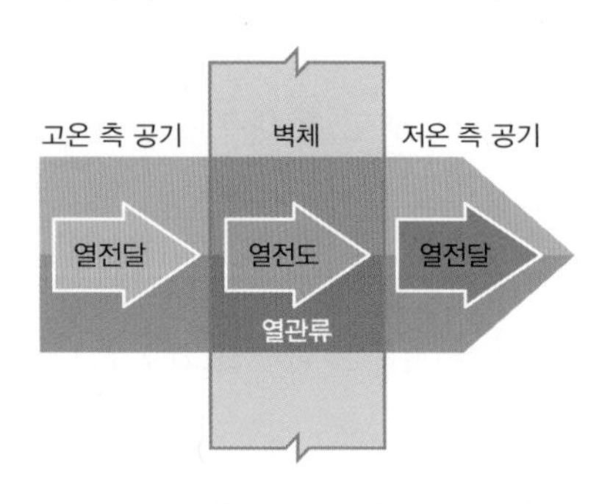

그림 7-2 열관류과정

따라서 주택을 계획할 때에는 열관류에 의한 열량인 열관류율heat transmission coefficient을 낮게 유지할 수 있는 외피의 구성이 중요하며, 단열재 등을 사용하여 벽 전체의 열관류율을 조절하게 된다. 「건축물의 에너지절약설계기준(2023)」에서는 지역별로 건축물 부위의 열관류율 그리고 지역별 단열재의 두께를 정하여 관리하고 있다(표 7-1, 표 7-2 참고).

(2) 인체의 열이동

인체가 느끼는 열적 쾌적성은 인체가 획득하는 열과 방출되는 열이 균형heat balance을 이룰 때 성립된다. 실내에서 생활하는 거주자(인체)는 주변환경과의 전도, 대류, 복사 그리고 증발과정을 통해 열을 교환(열손실, 열획득)함으로써 적정 체온을 유지하고 열적 쾌적성을 느끼게 된다. 전도, 대류, 복사의 과정은 인체의 피부 표면과 실내 주변환경과의 관계에서 일어난다. 전도에 의한 열교환은 피부와 접촉면 사이에 온도 차이가 있을 때, 대류에 의한 열교환은 피부와 주변공기 사이에 일어나며, 복사에 의한 열교환은 피부온도와 주변물체의 표면온도에 차이가 있을 때 열의 이동이 일어나는 것이다. 증발vaporization에 의한 열손실은 피부로부터 땀이 배설될 때 매우 적은 양이 손실된다.

이렇게 우리의 몸에서 열이 빠져나가거나 획득하는 과정은 여러 가지 경로가 존재하며, 따라서 인체가 느끼는 열적 쾌적성을 결정하는 요인 역시 다양하다. 인체의 열적

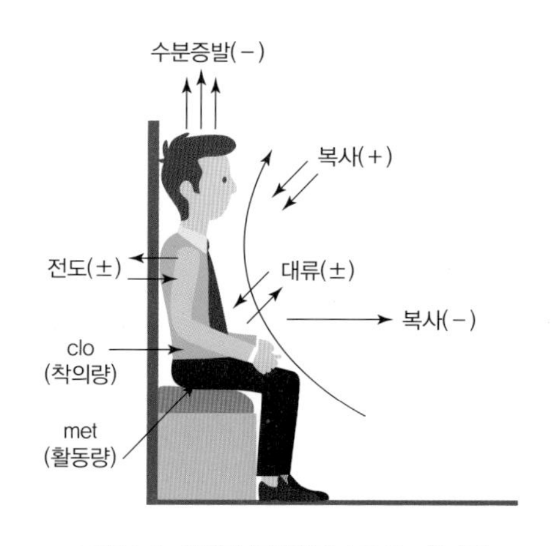

그림 7-3 인체와 주변환경과의 열교환과정

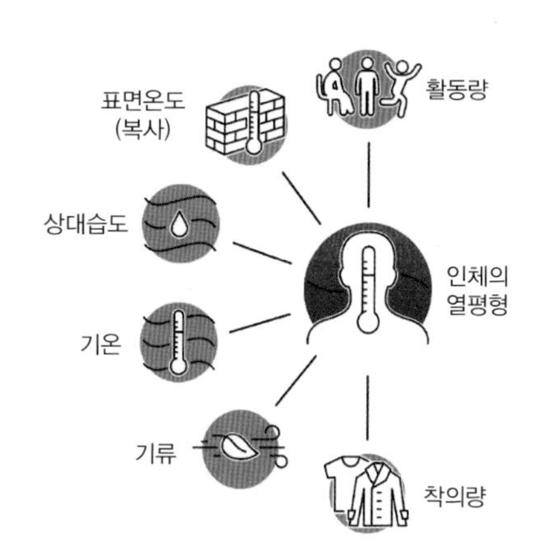

그림 7-4 인체의 열평형 관여요소

쾌적성을 결정하는 요인들은 우리 몸의 활동량met과 착의량clo 그리고 주변의 열환경요인들, 즉 기온, 습도, 복사(주위벽면의 온도) 및 기류속도와 관계하며 이를 실내 온열환경의 물리적 4요소라고 한다.

이러한 물리적 요소가 앞서 설명한 전도, 대류, 복사, 증발의 인체의 열이동을 유발하며, 인체가 열을 획득하거나 손실하기도 한다. 실내의 쾌적온도는 여름 26~28℃, 겨울 18~22℃, 상대습도는 40~60%이다(환경부).

이 외에도 개인적인 요인으로 적응성, 건강상태, 나이, 성별, 정신상태 등에 따라서도 영향을 받는다. 이러한 실내환경과 인체의 열교환요소의 적절한 유지는 거주자가 열평형상태를 유지하여 쾌적한 생활을 하는 데 매우 주요한 요인으로 작용한다.

2) 단열과 결로

주택의 구조체를 통한 열이동을 적절히 조절하여 쾌적한 실내환경을 유지할 수 있다. 가장 유효한 것은 적절한 단열을 유지하는 것이며 이는 결로라고 하는 이상현상을 방지할 수 있다.

(1) 단열

쾌적한 열환경을 유지하기 위해서는 주택을 둘러싸고 있는 구조체의 외피에 충분한 단열성능을 유지하게 하는 것이 무엇보다도 중요하며, 이는 실내의 온열환경 유지에 중요한 요소이다. 충분한 단열은 실내 상부와 하부의 온도 차를 작게 하고 표면온도를 실온에 근접하게 하므로 쾌적성을 크게 향상시키고 에너지 소비를 감소시킨다.

우리나라의 단열설계기준은 「건축물의 에너지절약설계기준」에서 열손실 방지에 해당되며, 건축의 각 부위에 대한 공동주택과 공동주택 외(단독주택)의 지역별 열관류율에 의한 기준을 제시한다(표 7-1). 또한 지역별 적절한 단열재의 두께를 지정하고 있다(표 7-2). 주택에 쓰이는 단열재는 보온을 하거나 열의 이동을 차단할 목적으로 쓰는 열전도율이 낮은 재료를 말한다. 단열재의 두께는 열관류율의 범위에 따라 가~라등급으로 분류된다. 라등급에서 가등급 순으로 단열성능이 우수한 제품이며 가등급 단열

표 7-1 지역별 건축물 부위의 열관류율표

(단위 : $W/m^2 \cdot K$)

<table>
<tr><th colspan="4">지역
건축물의 부위</th><th>중부1지역[1]</th><th>중부2지역[2]</th><th>남부지역[3]</th><th>제주도</th></tr>
<tr><td rowspan="4">거실의 외벽</td><td rowspan="2">외기에 직접 면하는 경우</td><td colspan="2">공동주택</td><td>0.150 이하</td><td>0.170 이하</td><td>0.220 이하</td><td>0.290 이하</td></tr>
<tr><td colspan="2">공동주택 외</td><td>0.170 이하</td><td>0.240 이하</td><td>0.320 이하</td><td>0.410 이하</td></tr>
<tr><td rowspan="2">외기에 간접 면하는 경우</td><td colspan="2">공동주택</td><td>0.210 이하</td><td>0.240 이하</td><td>0.310 이하</td><td>0.410 이하</td></tr>
<tr><td colspan="2">공동주택 외</td><td>0.240 이하</td><td>0.340 이하</td><td>0.450 이하</td><td>0.560 이하</td></tr>
<tr><td rowspan="2">최상층에 있는 거실의 반자 또는 지붕</td><td colspan="3">외기에 직접 면하는 경우</td><td colspan="2">0.150 이하</td><td>0.180 이하</td><td>0.250 이하</td></tr>
<tr><td colspan="3">외기에 간접 면하는 경우</td><td colspan="2">0.210 이하</td><td>0.260 이하</td><td>0.350 이하</td></tr>
<tr><td rowspan="4">최하층에 있는 거실의 바닥</td><td rowspan="2">외기에 직접 면하는 경우</td><td colspan="2">바닥난방인 경우</td><td>0.150 이하</td><td>0.170 이하</td><td>0.220 이하</td><td>0.290 이하</td></tr>
<tr><td colspan="2">바닥난방이 아닌 경우</td><td>0.170 이하</td><td>0.200 이하</td><td>0.250 이하</td><td>0.330 이하</td></tr>
<tr><td rowspan="2">외기에 간접 면하는 경우</td><td colspan="2">바닥난방인 경우</td><td>0.210 이하</td><td>0.240 이하</td><td>0.310 이하</td><td>0.410 이하</td></tr>
<tr><td colspan="2">바닥난방이 아닌 경우</td><td>0.240 이하</td><td>0.290 이하</td><td>0.350 이하</td><td>0.470 이하</td></tr>
<tr><td colspan="4">바닥난방인 층간바닥</td><td colspan="4">0.810 이하</td></tr>
<tr><td rowspan="6">창 및 문</td><td rowspan="3">외기에 직접 면하는 경우</td><td colspan="2">공동주택</td><td>0.900 이하</td><td>1.000 이하</td><td>1.200 이하</td><td>1.600 이하</td></tr>
<tr><td rowspan="2">공동주택 외</td><td>창</td><td>1.300 이하</td><td rowspan="2">1.500 이하</td><td rowspan="2">1.800 이하</td><td rowspan="2">2.200 이하</td></tr>
<tr><td>문</td><td>1.500 이하</td></tr>
<tr><td rowspan="3">외기에 간접 면하는 경우</td><td colspan="2">공동주택</td><td>1.300 이하</td><td>1.500 이하</td><td>1.700 이하</td><td>2.000 이하</td></tr>
<tr><td rowspan="2">공동주택 외</td><td>창</td><td>1.600 이하</td><td rowspan="2">1.900 이하</td><td rowspan="2">2.200 이하</td><td rowspan="2">2.800 이하</td></tr>
<tr><td>문</td><td>1.900 이하</td></tr>
<tr><td rowspan="2">공동주택 세대 현관문 및 방화문</td><td colspan="3">외기에 직접 면하는 경우 방화문</td><td colspan="4">1.400 이하</td></tr>
<tr><td colspan="3">외기에 간접 면하는 경우</td><td colspan="4">1.800 이하</td></tr>
</table>

비고

1) 중부1지역 : 강원도(고성, 속초, 양양, 강릉, 동해, 삼척 제외), 경기도(연천, 포천, 가평, 남양주, 의정부, 양주, 동두천, 파주), 충청북도(제천), 경상북도(봉화, 청송)

2) 중부2지역 : 서울특별시, 대전광역시, 세종특별자치시, 인천광역시, 강원도(고성, 속초, 양양, 강릉, 동해, 삼척), 경기도(연천, 포천, 가평, 남양주, 의정부, 양주, 동두천, 파주 제외), 충청북도(제천 제외), 충청남도, 경상북도(봉화, 청송, 울진, 영덕, 포항, 경주, 청도, 경산 제외), 전라북도, 경상남도(거창, 함양)

3) 남부지역 : 부산광역시, 대구광역시, 울산광역시, 광주광역시, 전라남도, 경상북도(울진, 영덕, 포항, 경주, 청도, 경산), 경상남도(거창, 함양 제외)

자료: 건축물의 에너지절약설계기준(2023. 2. 28. 개정) 별표 1

표 7-2 중부2지역의 단열재 두께 (단위: mm)

단열재의 등급 / 건축물의 부위			단열재 등급별 허용 두께			
			가	나	다	라
거실의 외벽	외기에 직접 면하는 경우	공동주택	190	225	260	285
		공동주택 외	135	155	180	200
	외기에 간접 면하는 경우	공동주택	130	155	175	195
		공동주택 외	90	105	120	135
최상층에 있는 거실의 반자 또는 지붕	외기에 직접 면하는 경우		220	260	295	330
	외기에 간접 면하는 경우		155	180	205	230
최하층에 있는 거실의 바닥	외기에 직접 면하는 경우	바닥난방인 경우	190	220	255	280
		바닥난방이 아닌 경우	165	195	220	245
	외기에 간접 면하는 경우	바닥난방인 경우	125	150	170	185
		바닥난방이 아닌 경우	110	125	145	160
바닥난방인 층간바닥			30	35	45	50

자료: 건축물의 에너지절약설계기준(2023. 2. 28. 개정) 별표 3

재는 열전도율이 0.034W/mK 이하 값을 확보한 제품이다. 중부2지역 단독주택(공동주택 외)의 경우 외벽에 가등급 단열재 사용 시 190mm, 나등급 단열재 사용 시 225mm 등급의 단열재를 시공해야 한다. 단열재의 단열성은 열전도율이 작은 재료일수록 높아진다.

(2) 결로

결로dew condensation는 공기 중의 수증기가 차가운 표면에 닿아 생기는 현상으로, 유리창과 같은 불투습성의 재료 표면에 물방울이 맺히는 표면결로와 흡수성 물질에서 구조체 내부에 발생하는 내부결로가 있다. 내부결로는 곰팡이류, 각종 균의 번식으로 인한 인체건강에 영향을 줄 뿐만 아니라 마감재의 손상 및 변형에 의해 주택재료와 구조체에 해를 끼치게 된다. 결로의 주요한 원인은 실내공기의 높은 습도와 실내공기보다 차가운 표면이다. 따라서 주택 내부의 결로 발생은 겨울철에 더 심하다.

결로는 실내와 외부공기의 큰 온도 차에 의해 벽표면온도가 실내공기의 노점(이슬점) 온도보다 낮은 부분에 생기며, 이러한 현상은 벽체 내부에서도 생긴다. 〈그림 7-5〉와

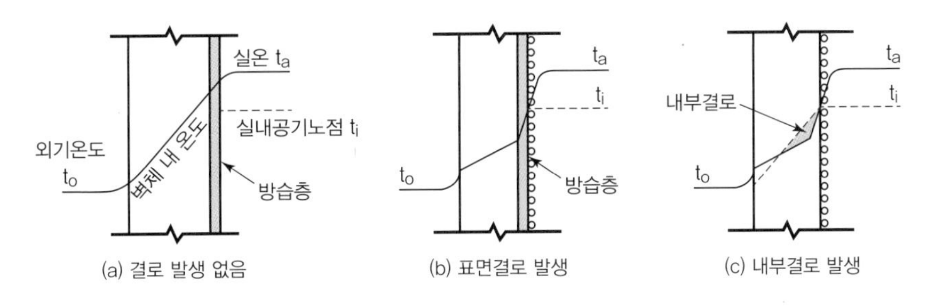

그림 7-5 결로의 종류와 발생

같이 습한 공기가 벽면에 부딪쳤을 때, 그 표면온도가 실내공기의 노점온도보다 높으면 결로는 발생하지 않는다(a). 그러나 노점온도보다 낮아진 경우에는 표면에 결로가 발생한다(b). 또한 공기 중의 온도가 벽면을 관통하고 벽면 내부의 어느 점의 온도가 그 점의 노점온도보다 낮아지게 되는 경우 벽체 내부에서도 결로가 발생하게 된다(c). 벽의 표면온도가 낮은 부분은 단열이 미비하거나 단열재 접합부에서 열의 이동이 발생하는 부위 등에 존재한다. 장기간에 걸친 내부결로의 발생은 구조체의 내구성을 약화시키고 곰팡이를 발생시켜 실내공기를 오염시키기도 한다. 이러한 결로 메커니즘을 이해하는 것은 결로 방지를 위한 재료의 선택뿐 아니라 생활의 관리를 위해서도 중요하다.

(3) 관리 및 방지

쾌적한 실내 열환경을 유지하기 위해서는 적절한 단열재 사용과 함께 결로가 발생하지 않게 하는 생활의 관리가 필요하다.

단열을 통한 열의 출입을 관리하기 위해서는 우선 벽, 지붕, 바닥, 개구부의 틈새 등의 구조부분에 단열재를 충분하게 사용하여 벽체의 표면온도를 실내온도와 가깝게 유지하는 것이 중요하다. 단열재의 접합부나 창문, 출입구 등의 기밀시공을 통하여 틈새에서 들어오는 바람을 막아 실내에 온도변화를 작게 해야 한다. 또한 내부결로가 발생할 위험이 있는 부분의 벽에는 수증기가 투입되지 않도록 방습층을 두어야 하며 방습층은 일반적으로 단열재의 고온·고습한 측(실내 측)에 설치하는 것이 유효하다.

한편 생활상의 관리를 통해서도 결로를 방지할 수 있다. 우선 실내의 적정수준 이상의 습도 발생을 제어해야 한다. 생활 중 가사활동이나 세정행위 등을 통해 실내에 수증기가 다량으로 발생되었을 경우에는 즉시 환기(자연환기 또는 강제환기)하여 수증기를 제거해야 한다. 또한 겨울철에 난방 등의 이유로 외부와 내부의 온도 차가 지나치게 높아지면 결로가 발생할 수 있다. 따라서 지나치게 높은 난방온도를 절제하고 내외부 온도의 차이를 크지 않게 유지해야 한다.

2. 공기환경

직업적으로 실외에서 시간을 보내는 경우가 아니라면, 현대인들은 대부분의 시간을 가정, 학교 혹은 직장 등 실내에서 보내므로 실내공기질 관리가 중요하다. 실내공기는 호흡과 접촉 등을 통하여 인체에 침투되고 건강에 영향을 미치므로 쾌적한 실내공기를 유지하는 것은 무엇보다 중요하며 이를 위해서는 실내에 발생하는 오염물질을 이해하고 제어해야 한다.

1) 실내공기오염

공기오염이란 공기 중에 유해한 물질 또는 바람직하지 못한 물질이 포함되어 있는 것을 말한다. 실내공기질IAQ, Indoor Air Quality은 실내공기 중에 오염물질이 어느 정도로 존재하며, 실내에서 생활하는 사람에게 얼마나 노출되어 부적절한 영향을 초래하는가가 중요한 관점이 된다.

실내공기질에 영향을 주는 요인은 먼저 건축물의 특성과 관련하여 나타나며, 이는 병든건물증후군Sick Building Syndrome의 출현으로 이어진다. 1989년 옥스퍼드 영어사전에서 병든건물증후군을 빌딩으로 둘러싸인 밀폐된 공간에서 오염된 공기로 인해 나타나는 현상으로 두통, 눈, 코, 목의 자극, 피로, 어지러움, 메스꺼움과 같은 증상을 호소한다고 정의하였다.

실내공기오염의 변화는 실내공기를 구성하고 있는 오염물질들의 양이 변화하였음을 의미한다. 이전에 없었던 오염물질이 새로 생기거나 특정 오염물질의 양이 증가하기도 한다. 병든건물증후군과 함께 등장한 것이 새집증후군Sick House Syndrome이다. 1983년 세계보건기구WHO 보고서는 새 건물이나 개보수된 건물의 30% 정도가 새집증후군의 발생과 연관되어 있을 것이라고 했다. 국내에서 새집증후군에 대한 문제는 2000년대 이후 급격하게 확산되었다. 이즈음 주거의 고급화, 기능성을 내세우며 대부분 화학물질이 다량 함유된 건축자재들이 실내에 적용됨으로써 실내오염의 주원인으로 지적되었다.

이러한 새집증후군에 대한 사회적 흐름에 힘입어 「다중이용시설 등의 실내공기질 관리법」이 개정(2003년)되면서 신축주택에 대한 실내공기질 관리를 시작하게 되었으며, 이로 인해 친환경건축자재로 변화를 유도하는 계기가 되었다. 이후 「실내공기질 관리법(약칭: 실내공기질법)」으로 개정(2015년)되면서 체계적인 실내공기의 오염물질을 관리하고 있다.

건축자재에서 발생하는 화학성분 외에 실내환경 중에는 세균과 바이러스, 곰팡이, 집먼지진드기, 해충 등 다양한 종류의 생물학적 유해인자들이 존재한다. 실내 거주자의 생활 패턴 역시 실내공기질에 영향을 준다. 실내에서 행하는 일상적인 활동, 특히 음식조리는 이산화질소, 일산화탄소, 미세먼지 등과 관련이 있으며, 활발한 활동 역시 미세먼지 농도를 증가시킨다. 미세먼지가 호흡기를 거쳐 몸속으로 들어와서 기도, 폐, 심혈관, 뇌 등 몸의 각 기관에서 부작용인 염증반응이 발생하면 천식, 호흡기, 심혈관계 질환 등이 유발될 수 있다. 2013년에는 국제암연구기관IARC에서 미세먼지를 사람에게 발암이 확인된 1군 발암물질로 지정하였다. 환경부는 미세먼지의 인체에 대한 위해성을 인정하고 「미세먼지 저감 및 관리에 관한 특별법(2022. 6. 10.)」을 공포하였다.

주거공간에서 물리적 환경의 변화뿐만 아니라 행동이나 생활 패턴의 변화 역시 중요한 건강상의 변화를 불러올 수 있다. 이에 실내에 발생하는 오염물질의 발생원을 알고 이를 저감하려고 노력해야 한다.

2) 실내공기의 오염물질

실내공기를 오염시키는 물질의 종류는 기체상 오염물질(CO, CO_2 등), 입자상 오염물질(미세먼지, 총부유세균 등), 새집증후군 관련 물질인 화학오염물질(휘발성유기화합물, 포름알데히드 등)로 구분할 수 있다.

(1) 기체상 오염물질

① 이산화탄소(CO_2)

이산화탄소는 인체 호흡 시 또는 연소기구 등에서 발생한다. 공기보다 무거운 무색, 무미, 무취의 기체로서 자체의 독성은 없다. 보통 실내에 다수인이 장시간 밀집해 있으면 호흡으로 인하여 농도가 증가하나, 일반적인 상태의 공간에서 이산화탄소 자체로 인해 건강장해를 받는 경우는 별로 없다.

대기 중 이산화탄소 농도는 보통 400ppm 수준이며, 「실내공기질법」의 유지기준은 1,000ppm 이하이다.

② 일산화탄소(CO)

일산화탄소는 무색무취의 기체로서 산소가 부족한 상태에서 석탄이나 석유 등 연료가 탈 때 발생한다. 체내로 들어온 일산화탄소는 폐로 들어가 혈액 중에 헤모글로빈과 결합해 체내 산소공급 능력을 방해함으로써 산소부족 현상인 중독증상을 일으킨다. 주요 증상은 두통, 메스꺼움, 졸음, 현기증, 방향감각 상실 등이며, 고농도에 중독될 경우 의식을 잃거나 뇌조직과 신경계통에 악영향을 끼쳐 죽음에 이르게 할 수 있다. 현재 「실내공기질법」의 유지기준은 10ppm 이하이다.

③ 이산화질소(NO_2)

이산화질소는 인체에 유해한 갈색의 자극적인 냄새가 나는 기체이다. 대부분 실내에서는 담배의 연소과정 그리고 화석연료를 사용하는 전열기구(난로 등)에서 발생한다. 이산화질소는 고농도일 때 폐손상을 일으키는 강한 산화성물질이다. 또한 전염병에 대한 폐의 방어기능을 감소시킬 뿐 아니라 단기간에 노출되어도 천식을 악화시킬 수 있다고 알려져 있다. 0.1ppm 이상이면 후각으로 식별할 수 있고 일반적으로 5ppm 이상이면 기도에 자극증세를 일으키며 100ppm 이상이면 사망할 수도 있다. 「실내공기질법」 권고기준은 0.1ppm 이하이다.

④ 라돈(Radon)

라돈은 암석이나 토양 중에 천연적으로 존재하는 자연 방사성물질로 무색무취의 기체이다. 라돈은 일반적으로 흙, 시멘트, 콘크리트, 대리석, 모래, 진흙, 벽돌 등의 건축자재 및 우물물, 동굴, 천연가스에 존재하여 공기 중으로 방출된다. 토양에서 방출되는 라돈은 콘크리트판의 기공, 구조체 및 하수관의 틈을 통해 실내로 침투될 수 있다. 라돈은 집 주변에서 노출될 수 있는 방사성물질이며 폐암을 유발할 수 있고 국제암연구기관[IARC]에서 인간에 대한 발암성물질로 분류하고 있다. 「실내공기질법」 권고기준은 $148Bq/m^2$ 이하이다.

(2) 입자상 오염물질

① 미세먼지(PM10, PM2.5)

먼지(분진)란 대기 중에 떠다니거나 흩날려 내려오는 입자상 물질을 말하며 다양한 경로로 생성된다. 흙먼지, 식물의 꽃가루 등과 같은 자연적 발생원과 보일러와 연료 연소, 자동차 배기가스, 건설현장이나 도로 등의 비산먼지, 노천소각 등의 인위적 발생원이 있다. 먼지는 입자의 크기에 따라 지름이 $10\mu m$보다 작은 미세먼지(PM10)와 지름이 $2.5\mu m$보다 작은 초미세먼지(PM2.5)로 나뉜다. 먼지 대부분은 코털이나 기관지 점막에서 걸러 배출된다. 반면 초미세먼지(PM2.5)는 사람의 머리카락 지름(약 $60\mu m$)의 1/20 ~1/30 정도로 매우 작아 코, 구강, 기관지에서 걸러지지 않고 우리 몸속까지 스며든다.

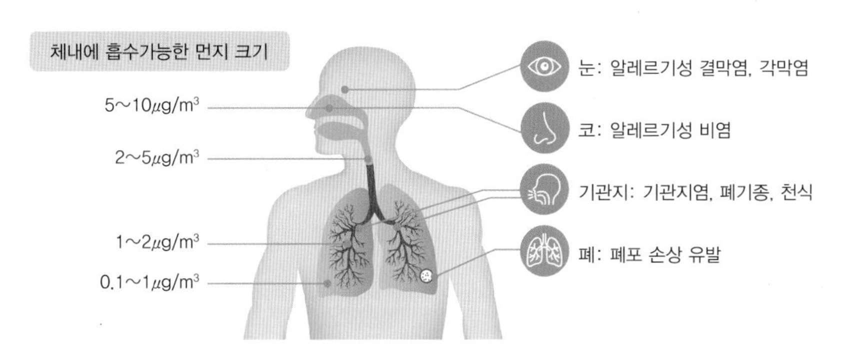

그림 7-6 미세먼지로 발생할 수 있는 각종 질병
자료: 환경부

상대적으로 지름이 작은 2.5~10μm의 중간 크기 입자는 호흡 시 흡입될 수 있으므로, 호흡기 계통의 질환자가 숨을 쉴 때 폐로 유입되면 건강에 심각한 영향을 미칠 수 있다. 「실내공기질법」의 유지기준으로 시설용도에 따라 PM10은 75~200μg/m^3 이하, PM2.5는 35~50μg/m^3 이하로 규정하고 있다.

② 총부유세균(total airborne bacteria)

총부유세균은 공기 중에 떠 있는 모든 일반세균과 병원성세균을 말한다. 이것은 먼지나 수증기 등에 붙어 생존하며 스스로 번식하는 생물학적 오염요소이기 때문에 실내공기질 관리가 소홀하면 순식간에 고농도로 증식한다.

총부유세균은 호흡기나 피부 등에 접촉할 경우 알레르기성 질환, 호흡기 질환, 과민성질환, 아토피 피부염, 전염성 질환을 유발할 수 있다. 총부유세균의 민감계층(노인, 아이, 임산부 등)은 일반 성인에 비하여 오염물질에 더욱 민감하게 반응한다. 어린이는 면역기능이 상대적으로 약하기 때문에 오염된 실내공기에 의한 주된 피해자가 되어 만성질환에 걸릴 가능성이 높다. 「실내공기질법」에서 교육·보육시설, 의료기관, 노인요양시설 등 다중 인원이 모여 생활하는 곳에서의 유지기준을 800CFU/m^3 이하로 규정하고 있다.

(3) 화학오염물질

① 휘발성유기화합물(VOCs, Volatile Organic Compounds)

휘발성유기화합물은 상온에서 쉽게 휘발되는 기체상 혹은 액체상 유기화합물의 총칭이다. VOCs는 실내 건축자재, 가구, 세탁용제, 페인트, 살충제 등 생활 속에서 다양하게 사용되고 있고, 실내의 밀폐화로 인해 실외보다 더 높은 농도를 나타낸다.

그림 7-7 휘발성유기화합물의 발생원

VOCs는 주로 호흡 및 피부를 통해 인체에 흡수되며 급성중독일 경우 호흡곤란, 무기력, 두통, 구토 등을 일으키고, 만성중독일 경우 혈액장애, 빈혈 등을 일으킬 수 있다. 대표적인 물질로서 톨루엔, 벤젠, 자일렌, 스티렌, 에틸벤젠 등이 있다. 「실내공기질법」에서는 권고기준을 시설용도에 따라 400~1,000$\mu g/m^3$ 이하로 규정하고 있다.

② 포름알데히드(HCHO, Formaldehyde)

포름알데히드는 VOCs 물질 중 하나로 비점(끓는점)이 다른 휘발성유기화합물에 비해 매우 낮고 냄새가 자극적이며 가연성, 무색의 기체이다. 일반주택에 많이 사용되는 벽지, 카펫, 접착제, 단열재인 우레아폼 등에 의해 발생되며, 실내가구를 만드는 가공목재인 PB Particle Board(파티클보드), MDF Medium-Density Fiberboard(중밀도섬유판) 등에서도 방출된다. 실내에 주로 사용되는 가구제작에 MDF는 문짝, PB는 주로 몸체 제작의 원재료(표면마감 전)에 사용된다.

포름알데히드는 노출 농도와 기간에 따라 자극에 의한 영향이 심각해지며, 증상으로는 코의 따끔거림, 인후 건조, 인후염을 포함한 상기도 자극과 눈 따가움 등이 있다. 포름알데히드는 IARC에서 지정한 발암물질이다. 「실내공기질법」에서는 유지기준으로 시설용도에 따라 80~100$\mu g/m^3$ 이하로 규정하고 있다.

MDF

PB보드

MDF(문짝), PB(몸체) 사용

그림 7-8 실내가구 제작에 사용되는 가공목재(MDF, PB)의 예

3) 환기와 통풍

(1) 환기

환기의 목적은 실내에서 발생한 다양한 오염물질의 제거이다. 환기는 재실자에게 산소를 공급하거나 공기오염을 허용치 이하로 유지하고 연소기구 등에 산소를 공급하며 부엌, 화장실, 욕실 등에서 발생하는 수증기, 연기, 냄새 등을 제거하는 효과가 있다.

주택에서의 환기는 실내공간 전체를 대상으로 하는 전체환기와 오염물질이 발생하는 지점을 대상으로 하는 국소환기로 나뉜다.

전체환기방법은 주택 내 창문을 열어 실시하는 자연환기와 환기설비를 이용해 실시하는 환기로 구분되는데, 창문을 이용한 자연환기는 자연의 바람을 이용한 방식으로, 온도 차에 의한 압력과 건물 주위의 바람에 의한 압력으로 발생된다. 환기는 개구부의 위치와 벽의 배치에 따라 공기의 흐름이 달라지고, 환기의 효과는 마주 보는 면에 유입구와 유출구가 있을 때 좋아진다.

또한 환기설비를 이용하는 경우는 자연환기설비를 이용하는 것과 기계환기설비를 이용하는 경우로 구분된다. 자연환기설비는 자연환기에 필터나 개폐장치 등과 같은 환기설비를 포함하고 창문설치형과 구조체 설치형 등이 있으며, 국내에서는 대부분 창문설치형을 사용한다.

기계환기설비를 이용한 환기는 송풍기를 이용해 강제적으로 환기하는 방식으로, 외부환경 때문에 자연환기가 어려운 경우에도 안정적으로 환기를 할 수 있다. 최근에 신축한 아파트에는 대부분 설치되어 있다.

한편 실내에서 난로 사용, 음식조리, 세정으로 인한 오염물질이 발생할 때, 주변으로 퍼지기 전에 없애주는 국소환기를 실시할 수 있다. 주방에 배기팬이 부착된 배기후드나 화장실의 배기후드 등이 대표적인 국소환기에 해당된다.

2000년대 초반부터 시작된 국내의 새집증후군과 같은 실내오염의 문제가 사회적으로 이슈가 되면서 쾌적한 실내공기질을 확보하기 위한 환기의 중요성이 재인식되었다. 이에 2006년 「건축물의 설비기준 등에 관한 규칙」에서 100세대 이상의 공동주택의 경우 자연환기설비와 기계환기설비를 통해 환기량 0.5회/h 이상을 유지하도록 하는 규정

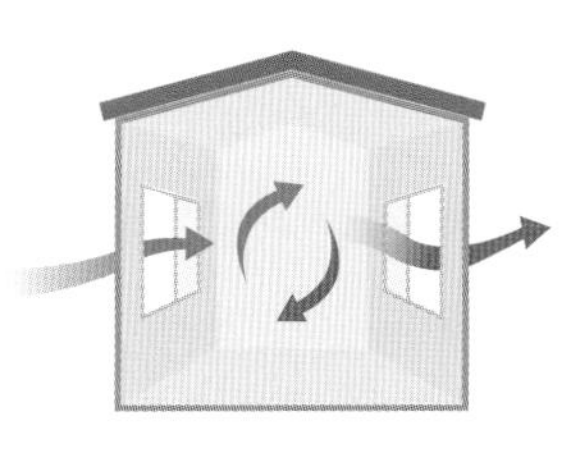

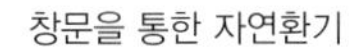
창문을 통한 자연환기

자연환기설비

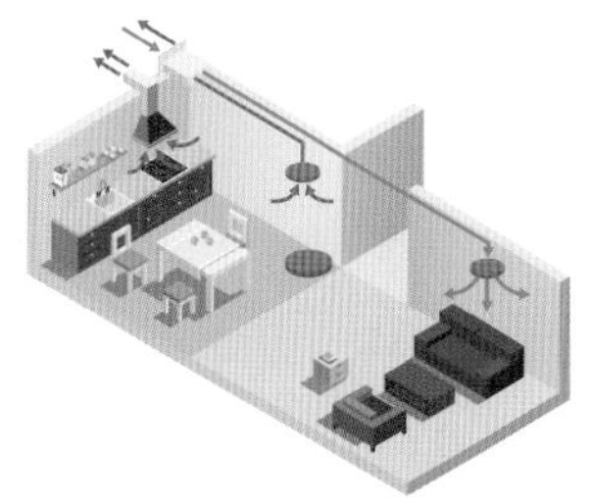
기계환기설비

그림 7-9 자연환기와 기계설비 개념

이 신설되었으며, 2020년에는 30세대 이상의 공동주택으로 대상이 강화되었다. 또한 지방자치단체의 허가권자는 30세대 미만의 공동주택과 주택을 주택 외의 시설과 동일 건축물로 건축하는 경우로서 주택이 30세대 미만인 건축물(주상복합건축물) 및 단독주택에 대해 환기설비 설치를 권장하도록 하는 조항이 신설되었다.

(2) 통풍

여름에 무더울 때, 창을 개방하여 실내에 바람을 들여 인체의 열을 낮춰서 시원함을 얻는 것을 통풍cross ventilation이라고 한다. 환기가 오염물질의 배출을 목적으로 하는 것에 반해, 통풍은 바람이 통하는 것 자체를 목적으로 하고 있다. 건축물의 실내에 바람이 유입하여 실내기류를 형성하고 실외로 유출되어 가는 공기의 경로를 통풍경로라고 한다. 실내 전체의 자연환기를 병행하는 상태에서 주거역, 작업면에 효과적으로 실시하기 위해서는 이 통풍경로를 잘 파악하는 것이 중요하다.

통풍경로에 영향을 주는 요소에는 수목이나 담장 또는 건물의 돌기벽 등, 창의 위치, 형식과 면적 등이 있다. 도로경계나 주변환경의 나무와 담장, 돌기벽 등을 이용하여 이들의 배치에 따라 바람을 유도하거나 바람을 막아 통풍의 경로를 컨트롤할 수 있다. 또한 창의 위아래와 같은 위치관계에 의해 기류가 변화하여 정체기류을 방지하여 통풍에 도움을 줄 수 있다. 100% 개방이 가능한 창, 회전창, 들창과 같은 창의 형식에 의해 공기가 유입되는 유입량과 경로의 차이가 나타나고, 유입과 유출되는 창의 면적 차이도 풍속에 영향을 미쳐 실내 기류를 변화시킨다. 일반적으로 유입되는 창의 면적보다 유출되는 창의 면적이 크면 외기의 유입량이 크다.

3. 빛환경

물체를 잘 보이게 하기 위해서는 적절한 정도의 빛이 필요하며, 잘 보이는 환경을 만들기 위해서는 빛의 방향, 명암의 분포 및 눈과 대상물의 위치관계 등을 고려해야 한다. 기본적으로는 충분한 밝기의 확보가 중요하다. 광원은 태양에서 오는 자연광과 조명기구에 의한 인공광으로 구분되고 주택계획의 관점에서 보면, 자연광에서는 창의 배치와 일사조절, 인공광에서는 조명기구의 검토와 배치가 중요하다.

1) 빛의 이해

19세기 영국 과학자 제임스 맥스웰James Clerk Maxwell은 전자기파가 나아가는 속도와 빛의 속도가 일치하는 것으로부터 빛이 전자기파의 일종이라는 발견을 했다. 빛은 파장별로 크게 자외선, 가시광선, 적외선(x선, γ선)의 3개로 분류할 수 있다. 인간의 눈은 파장 380~780nm의 방사선을 빛으로 인식할 수 있으며 이 범위의 파장을 가시광선이라 한다. 빛이 불투명한 물질의 표면에 입사하면, 일부는 반사되고 나머지는 흡수된다. 투명한 물질의 경우에는 여기에 새롭게 투과분이 더해진다.

빛에 관계하는 기본단위는 광속, 광도, 조도, 휘도가 있다. 광속(F)은 광원으로부터 나오는 가시범위의 빛이 단위시간 내에 통과하는 빛의 양(광원이 가지는 가시광선의 총량)을 말하며 단위는 루멘(lm)이다. 광도(I)는 광원으로부터 한 방향을 향하여 단위입체각당 발산되는 광속을 말하며 단위는 칸델라(cd)이다. 자동차의 헤드라이트나 회중전등은 램프의 크기가 작고 전력소비가 적은 데 비해 대단히 밝다. 이것은 렌즈나 반사경의 도움으로 광원이 발산하고 있는 광속을 모으기 때문이며 이와 같은 빛의 세기를 광도라 한다.

조도(E)는 빛을 받는 면의 단위면적당(m^2) 입사하는 광속을 말하며, 빛을 받는 면의 밝기를 나타낸다. 광원 아래에 있는 책상면의 밝기 정도를 말한다. 휘도(L)는 발광면 또는 반사면 등과 같은 빛이 발산되는 면을 어느 방향에서 보았을 때의 밝기를 말하며, 단위는 니트(nt) 또는 스틸브(sb)로 나타내고 $1nt=1cd/m^2$이다. 휘도는 어떤 대상

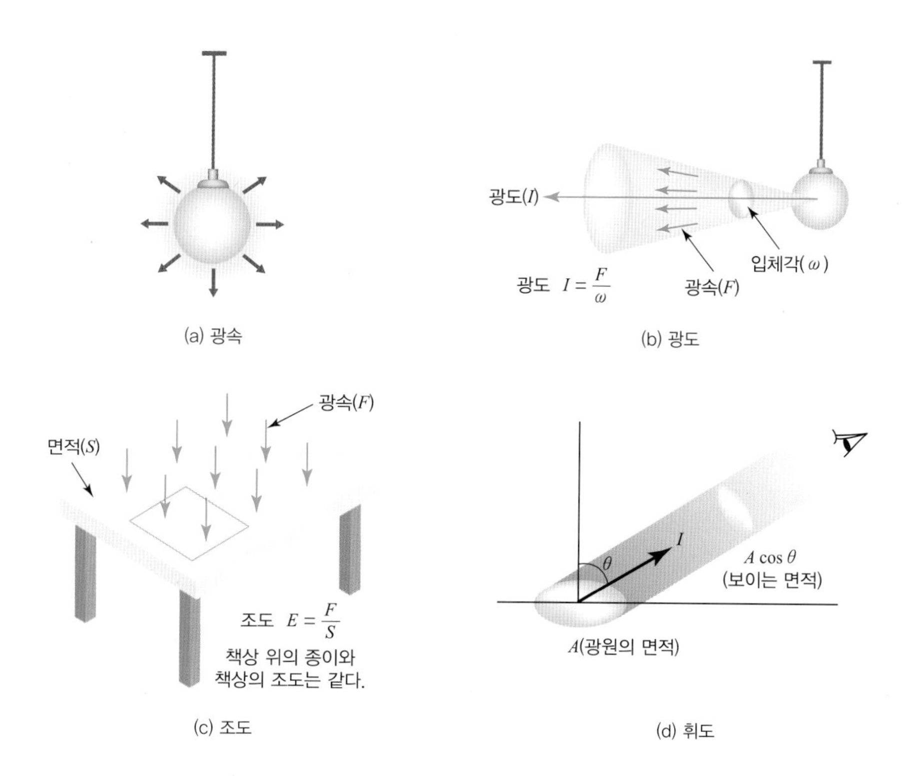

그림 7-10 빛의 기본단위

을 본 눈의 밝기를 나타내는 것으로 이 대상은 서로 다른 방향으로 다른 양의 빛을 내므로 보는 방향에 따라 휘도가 달라진다. 그러므로 조도와는 다르게, 휘도는 보는 사람의 눈에 의한 밝기감과 직접 관계된다.

2) 채광

태양광은 직사광direct light과 직사광을 제외한 천공광sky light으로 나뉜다. 채광은 건축 내부의 공간에 필요한 조도를 천공광으로부터 확보하는 것으로 자연조명 또는 주광조명이라고도 한다.

(1) 주광조명

주광조명이란 주간에 태양광을 이용하여 공간과 사물을 비추는 조명을 말한다. 주광조도daylight illumination는 주광광원에 의한 조도를 말하며, 직사일광에 의한 조도를 직사일광조도, 천공광에 의한 조도를 천공광조도라고 한다. 실외의 주광조도는 계절, 시각, 태양고도의 변화 및 날씨 등에 따라 시시각각 변동하며 이에 따라 실내의 주광조도도 변동하게 된다. 채광설계 시 이처럼 변동하는 주광조도를 실내 밝기의 기준으로 이용하는 것은 계산하기가 어렵고 적합하지 않다. 따라서 주광의 변동에 의해 영향을 받지 않는 밝기의 지표로서 주광률daylight factor을 이용하며, 실외조도와는 무관하게 그 실내가 밝은지 어두운지를 판단할 수 있는 지표이다. 주광률은 외부의 밝기(전천공조도)에 대한 실내의 어느 점의 조도의 백분율이다. 다만, 전천공조도(E_s)illuminace from unobstructed sky는 그 작업면(점)을 둘러싼 모든 장애물을 없애고 직사일광을 제외한 천공광에 의한 조도를 말한다. 일반적으로 전천공조도의 최저치는 실내에 필요 최소조도를 확보하도록 할 경우에는 5,000lx를 사용하고 있으나 일반적인 표준상태에서는 15,000lx를 사용한다.

작업이나 방의 종류에 따라 필요한 주광의 밝기를 확보하기 위하여 기준주광률이 실제의 목표치로 이용되고 있다. 기준주광률은 공간의 용도 또는 시작업의 종류에 따라 가장 적합한 것으로 권장되고 있는 주광률이며, 일반적으로 독서·사무 등에는 2%, 제도·재봉 등의 세밀한 작업에는 5% 정도이다.

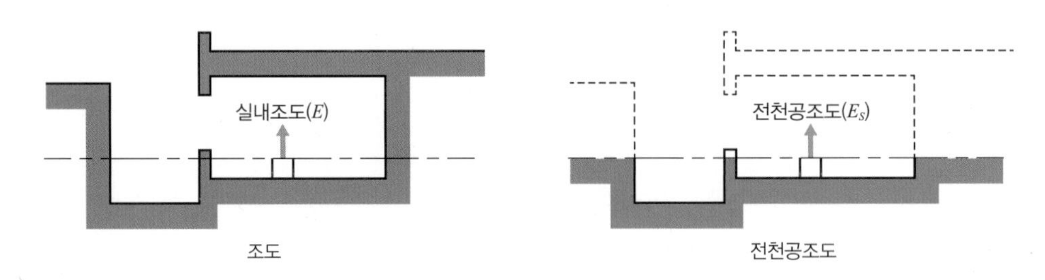

그림 7-11 주광률에서의 실내조도와 전천공조도

(2) 채광계획

채광계획의 목표는 주광을 이용하여 실내를 밝게 함으로써 생활에 안정감을 주며, 특히 피로감이나 불쾌감이 없도록 쾌적한 빛환경을 만드는 것이다. 주광조명은 시간적, 위치적으로 제약을 받아 날씨가 맑은 주간에만 이용할 수 있고 주로 창을 통한 채광에 한정되므로, 실내의 밝기는 창측은 밝지만, 실의 안쪽으로 갈수록 어두워진다. 인간의 자연채광에 대한 기본적인 욕구충족과 인공조명에 쓰이는 에너지를 절약한다는 측면에서 채광창의 계획은 중요하며, 되도록 많은 자연광을 받아들일 수 있도록 계획되어야 한다. 이를 위해 채광창의 계획 시에는 창의 위치, 크기, 형태, 재료뿐 아니라 실내 마감재료의 반사율과 색 등도 함께 고려해야 한다.

① 창의 위치

폭과 높이가 일정한 창이라도 창이 설치되는 벽 또는 천장면에서의 위치에 따라 채광효과에 차이가 있다. 측창은 벽의 중앙에 있을수록 그리고 아래쪽에 있을수록 더 많은 일사량을 얻을 수 있다. 실내의 깊이가 있으면 창의 위치가 높을수록 주광률의 변화가 작으므로 높은 창이 바람직하다. 천창은 중앙에 있을수록 채광효과가 좋다.

② 창의 크기

창의 크기는 기술과 재료의 발달에 힘입어 점차 커지고 있으며 현대주택에서는 벽 전체를 전면 유리로 하는 경우가 증가하고 있다. 이 경우, 채광 이외에 냉난방과 관련된 단열의 문제가 있으므로 복층유리(이중, 삼중, 사중)와 열선반사유리(단판, 복층, Low-e) 등을 사용하여 창면적 증대에 대한 에너지손실에 대응하는 것이 필요하다.

③ 창의 분할

측창은 한쪽 방향에서만 채광을 하므로 창을 집중하여 설치하는 것이 창을 분할하는 것보다 어느 정도 큰 채광효과를 얻을 수 있지만, 채광을 고루 분포시키려면 창을 분할하는 것이 유리하다.

④ 창의 형태

창문과 실외가 바로 인접한 경우에는 실내 벽표면의 밝기가 일반적으로 극단적인 대조를 이루어, 재실자가 창을 통하여 밖을 내다볼 때 눈이 피로해지기 쉬우며 불쾌한 느낌을 가지게 된다. 이런 문제를 해결하기 위해서는 경사창틀의 사용과 창면을 실내의 벽면으로부터 깊이 후퇴시킨 창을 고려해 볼 수 있다. 이때 창틀은 일종의 루버 역할을 하기 때문에 실내 깊숙이 빛을 끌어들이는 데도 유리하다.

한편 실내에 들어오는 일사를 조절하여 불쾌감 없는 주광을 이용할 수 있다. 한옥에는 처마를 이용하여 계절별로 적절한 주광을 실내 깊숙하게 들어올 수 있도록 조절하였다. 현대의 주택에서는 밖의 벽면에 루버, 차양을 이용하여 빛의 일사량을 조절하거나 실내에서는 블라인드나 커튼을 이용하여 일사를 조절한다.

천창

전면창

창의 분할

창의 후퇴

그림 7-12 채광창의 계획 사례

3) 인공조명

인공조명은 인위적 광원을 이용하여 빛을 비추는 행위를 말하며 주택에 사용되는 대표적 광원은 LEDLight Emitting Diode이다. 이전 주택의 광원으로는 주로 백열등, 형광등, LED 등이 혼재되어 사용되었다. 하지만 최근 친환경조명에 대한 관심 증대와 에너지 위기와 관련하여 범정부적 차원(에너지이용합리화)에서 2014년부터 백열등 생산 및 수입이 금지되고, 그 자리를 LED 광원이 대신하였다.

형광등도 2028년부터 국내 제조 및 수입 금지가 예정되어, 주택에서의 광원은 LED 광원이 이용될 것으로 보인다. LED는 전기에너지를 직접 광으로 변환시키는 반도체 소자로, 광색은 반도체의 재료에 따라 다르며 초창기에는 휘도가 낮고 광색의 한계가 있었으나, 새로운 LED 재료가 개발되고 생산기술이 진보함에 따라 백색을 포함한 가시광선의 전체 영역에서 다양한 광색의 LED가 생산되고 있다.

(1) 조명방식

인공광의 조명방식은 기구배치와 배광형태로 구분된다. 주거의 실내조명은 다양한 주거생활이 잘 이루어지도록 실의 용도에 맞게 계획하고 배치하는 것이 중요하다.

① 조명기구의 배치에 의한 분류

조명기구의 배치에 따라 전반조명, 국부조명, 전반국부 병용조명으로 구분된다.

전반조명은 조명기구를 일정한 높이와 간격으로 배치하여 방 전체를 균일하게 조명하는 방법으로, 그림자 발생이 적은 장점이 있으나, 변화 있는 공간 분위기 조성에는 어려운 점이 있다. 주로 천장등으로 이용된다.

국부조명은 작업이나 생활을 위해 필요한 장소에만 부분적으로 조명하는 방법이다. 작업장소와 주위와의 휘도대비가 크면 시각적 불쾌감을 주기 쉽고, 조명 수가 많으면 설비비가 많이 들며 보수도 어려운 점이 있다. 주로 스탠드, 브래킷, 펜던트 조명 등으로 이용된다.

전반국부 병용조명은 전반조명하에 특정한 장소를 국부조명하는 방식으로, 주로 정밀한 작업을 하는 작업실이나 공부방 등에 사용된다.

② 조명기구의 배광형태에 의한 분류

조명기구의 기능상 가장 중요한 것은 배광의 형태이며 공간에 따라 직접조명, 반직접조명, 반간접조명, 간접조명, 전반확산조명으로 구분된다.

표 7-3 조명기구의 배광형태 및 특성

배광형태	반사율	이미지	특성
직접조명	10~10% 90~100%		• 빛을 직접 대상물에 비추는 조명이다. • 조명의 효과가 높고 사물을 뚜렷하게 돋보이게 하지만 그림자가 생긴다.
반직접조명	10~40% 60~90%		• 직접조명과 같이 직접 비추는 빛과 커버 밖으로 나오는 빛을 이용한다.
반간접조명	60~90% 10~40%		• 벽이나 천장으로 반사한 빛과 커버 밖으로 하향된 빛을 조합하는 방법이다.
간접조명	90~100% 0~10%		• 빛을 벽이나 천장에 비춰서 반사하는 빛을 이용한다. • 눈부심이 없이 부드러운 빛을 얻을 수 있다.
전반확산조명	40~60% 40~60%		• 반투명 커버 밖으로 나온 빛을 전 방향으로 비추는 방식이다. • 진한 그림자가 생기지 않아서 따뜻한 느낌이 나는 공간을 연출한다.

(2) 조도기준 및 계획

빛은 인간이 삶을 영위하기 위한 제반 활동을 위해서 꼭 필요한 환경요소이다. 현재 주거공간에서의 빛은 공간마다 명시성 위주의 생활행위에만 기준을 두고 있어 평균조도가 증가되는 문제가 있다. 그러나 주거공간에서는 다양한 용도와 목적으로 여러 생활행위가 행해지므로 이것에 적절한 조도설정이 필요하다.

우리나라는 KS 조도기준(KS A 3011: 2018년 확인)을 기준으로 하여 주거공간의 각 공간별 용도에 맞는 기준조도를 설정하고 있는데, 각 실의 용도에 맞는 전반적 행위를 명시하기 위한 전반조명과 특수한 작업을 행하는 작업면의 조도를 구분하여 제시하고 있다. 작업을 하는 공간의 조도는 국부조명을 함께 하여 기준조도를 맞추도록 권고하고 있다.

표 7-4 주거공간 조도기준

구분		조도기준(lx) (최저-표준-최대)
거실	전반	30-40-60
	작업(단란, 오락)*	150-200-300
	작업(독서)*	300-400-600
공부방	전반	60-100-150
	작업(공부, 독서)*	600-1000-1500
	작업(놀이)*	150-200-300
침실	전반	15-20-30
	작업(독서, 화장)*	300-400-600
주방	전반	60-100-150
	작업(식탁, 조리대)*	300-400-600
	작업(싱크대)*	150-200-300
욕실(화장실)	전반	60-100-150
현관	전반	60-100-150
	작업(신발장, 장식대)*	150-200-300
	작업(거울)*	300-400-600

주) 전반: 전반조명 / 작업: 작업면의 조명
* 국부조명을 하여 기준조도에 맞추어도 좋다.
자료: KS A 3011(2018 확인)

또한 최근에는 빛을 통해 사물을 인지하고, 심리적·생리적 변화를 경험하도록 함으로써 정보를 전달하는 시각적 요소와 함께 실내공간을 구성하는 미적 요소로서의 측면을 중시하며 활용되고 있다.

주택에서의 활동은 휴식, 요리, 공부, 대화, 컴퓨터 작업, TV 시청 등 활동시간이 짧은 것부터 장시간 지속되는 것까지 다양하다. 이렇듯 주택 내에서는 다양한 인간활동이 이루어지며 대부분의 공간은 다목적으로 활용되기 때문에 각자의 활동적 욕구를 충족시키기 위해서 융통성 있는 조명계획이 필요하다.

주택에서의 조명계획은 단순한 밝기의 확보가 아닌 빛을 이용하여 거주인 각자의 특성과 개성을 배려할 수 있어야 한다. 따라서 조명계획을 시작하기 전 거주인의 연령대와 생활 패턴, 시각적 능력 등을 고려해야 한다. 주택에서는 안전을 반드시 고려해야 하며, 특히 고령자나 어린이가 함께 생활하는 공간에서는 안전을 충분히 고려한 조명설계를 해야 한다. 조명기구의 설치위치가 높아 유지보수에 어려움을 겪는다거나, 충분치 못한 조도나 강한 명암의 대비로 인한 시력 저하와 불안, 광택이 있거나 조명 빛의 반사에 의한 시각적 혼란 등 발생할 수 있는 다양한 사고를 사전에 예방할 수 있도록 계획해야 한다.

특히, 최근에는 시간이 지날수록 LED 제품의 과도한 밝기로 인한 눈부심, 눈에 보이지 않는 깜박임으로 생기는 플리커flicker 현상은 사용자들에게 알게 모르게 신체적으로 문제를 일으킬 수 있다. 플리커 현상은 빛의 휘도 또는 색의 변화가 비교적 작은 주기로 눈에 들어오는 경우에 생기는 것으로, 광원이 짧은 주기로 점멸하는 특성이 있다. 즉, 1초당 60~120번 깜박이는 빛으로 인해 특정인에게 산만함, 시각활동 감소, 간질성 발작에 동반되는 신경계질환, 편두통, 몽롱함, 피곤함, 눈의 피로, 우울증 원인이 되기도 한다(Sunil Batra et al. 2019). 이런 현상을 예방하기 위해 플리커 프리flicker free 기능이 있는 것을 사용하는 것이 바람직하다.

4. 음환경

주택에서 음환경은 음을 잘 들리게 하고 불필요한 소음을 방지하는 것이다. 소음방지에서는 어떻게 하면 실내에 시끄러운 음을 방지하고 조용하게 유지하는 것이 가능한가를 검토한다. 따라서 실내에서의 음의 전달에 대한 기본적 이해 및 적절한 차음과 흡음을 통해 소음을 방지하는 대책을 이해하는 것이 중요하다.

1) 음의 성질

(1) 음의 발생

물체와 물체가 마주칠 때 표면에 진동이 발생한다. 이 진동은 공기를 진동시켜 음이 파동(음파)하게 함으로써 공기 중에 전달되고 귀의 고막을 진동시킨다. 또한 그 자극이 뇌에 전달되며 경험과 상황에 의해 판단을 하며 '음'으로서 인식한다.

음파가 전달되는 빠르기를 음속이라 한다. 음은 1℃의 기온상승에 따라 음의 속도는 0.6m/s씩 증가한다. 보통 음의 속도는 기온 15℃를 기준으로 하여 공기 중에서 340m/s로 전파되며, 액체나 고체 속에서는 더욱 빠르다.

(2) 흡음과 차음

실내에서 발생하는 음은 차음과 흡음 등의 적절한 조절을 통하여 쾌적한 음환경이 조성된다. 주택에서의 음은 각종 재료에서의 전달되는 특성이 중요하며, 벽과 같은 구조체에서는 음파가 투사되었을 경우에 그 특성을 파악하는 것이 중요하다. 음파가 실내표면에 부딪치면, 입사된 음에너지의 일부는 흡수되고, 일부는 구조체를 통과하여 투과되며, 그 나머지는 반사된다. 이때 입사된 음에너지가 반사, 흡수

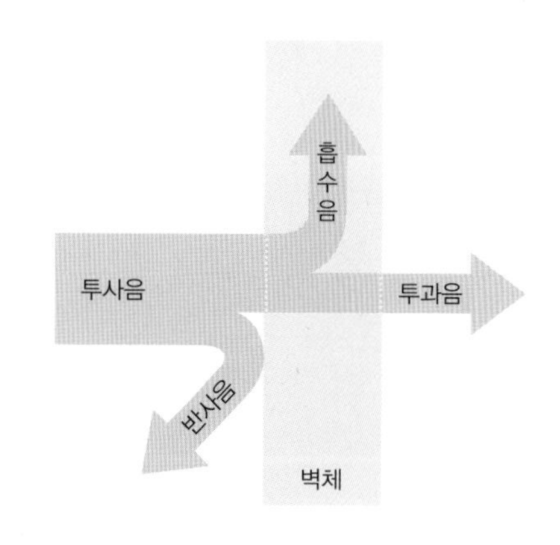

그림 7-13 음의 입사

및 투과되는 각각의 성능은 재료의 표면특성과 구조에 따라 차이가 생긴다.

실내의 음은 재료특성에 의해 음이 반사되거나 또는 흡음되며 이를 이용하여 적절한 음을 계획한다. 차음이란 실내의 소음이 외부로 유출되지 않도록 하거나 외부와의 음의 교환을 차단하는 것으로, 물체에 의해 음이 반사되어 반대 측에 투과되지 않는 것을 말한다. 즉, 음이 투과되지 않는 손실만큼 음이 차단되는 것이다. 이를 재료의 투과손실transmission loss이라고 하며 이것은 재료의 특성이 된다.

차음재료는 입사한 음을 반사시켜 반대 측에 투과하기 어려운 재료를 말한다. 내부 밀도가 크고 통기성이 없으며, 투과손실값이 큰 것이 필요하다. 차음효과가 큰 재료로는 콘크리트, 벽돌, 금속판, 그 외 각종 보드류 등이 있으며, 단판으로 사용되거나 일정한 간격을 두고 이중판으로 사용되어 그 사이에 발포 콘크리트, 목모(木毛) 시멘트, 발포 수지 등의 심재를 삽입해 일체로 한 샌드위치 패널 등이 사용되고 있다.

흡음이란 음파가 물체 표면에 닿을 때 물체가 음파를 빨아들임으로써 소리에너지가 감소하는 것을 의미한다. 흡음재료는 흡음되는 정도가 높은 재료를 말하며 주로 실내에서 발생하는 소음을 방지하는 데 쓰인다. 흡음재료는 연질이며 표면이 복잡한 재료나 다공질 재료가 적합하다.

흡음재료는 첫째, 다공성을 이용한 것으로 유리섬유, 암면 등의 광물성 섬유, 펠트felt 등의 동물성 섬유 등이 있다. 둘째, 얇은 베니어판, 유리판 등과 같이 음을 받아서 자신이 진동하여 음을 흡수하는 것으로서 목조 판벽, 경질 섬유판 등이 있다. 셋째, 작은 구멍이나 틈을 이용해 공명을 일으켜 흡음하는 것으로 유공 석고보드, 알루미늄판, 연

차음재 목모보드 흡음판 공명 흡음판

그림 7-14 차음재(좌)와 흡음재(중, 우)

질 섬유판 등이 있다. 주택에서 실의 용도에 따라 적절한 재료를 선택하여 적절한 음을 확보하거나 차단하는 것이 중요하다.

2) 소음

인간은 각자의 현재 상태나 주위환경에 따라 어떠한 소리든 소음으로 받아들일 수 있다. 소음noise은 개인의 주관적인 감각에 의한 것이므로 어떤 사람에게는 좋은 소리로 들리더라도 다른 사람에게는 소음이 될 수 있다.

일반적으로 커다란 소리, 불협화음, 높은 주파수의 음들이 소음으로 분류되지만 실제로 소음으로 느끼는 음은 개인의 심리상태에 따라 달라질 수 있다. 주택에서의 소음은 교통소음, 공사장소음과 같은 외부에서 오는 환경소음과 실내에서 발생하는 생활소음 등이 있다. 최근에는 아파트 생활이 늘어남에 따라 가정에서 사용하는 TV, 오디오, 피아노, 세탁기, 화장실, 활동상태 등으로 유발되는 생활소음이 큰 문제가 되고 있다.

(1) 실내소음

소리sound는 고체와 공기라는 두 가지 경로를 통해 전달된다.

① 고체전달음

건물에서 고체를 통해 소리가 전달되는 경로인 고체전달음structure-borne sound은 충격원이 구조체에 가해지면 각 요소들이 진동하고, 이에 따라 하부구조로 전파되면서 음을 방사한다. 충격 또는 진동원 자체에서 발생하는 소리는 크지 않지만 구조에 의해서 증폭되므로 크게 들린다.

고체전달음

공기전달음

그림 7-15 고체전달음과 공기전달음

대표적으로 위층의 충격음이 구조체를 통해 아래층으로 전달되는 바닥충격음과 급배수소음이 배관을 타고 전달되는 설비소음 등이 해당된다. 최근에 바닥충격음에 대한 소음 피해가 사회문제화됨으로써 바닥슬래브를 두껍게 시공하거나 생활상의 관리를 통해 이에 대한 갈등을 완화하려는 노력을 하고 있다.

② 공기전달음

공기를 통해 전달되는 경로인 공기전달음air-borne sound은 음원실에서 음이 방사되면 구조체에 입사되고 구조체가 미세한 진동을 발생하여 인접한 수음실로 방사된다. 예를 들면 말소리, TV 소리가 벽을 지나 옆방까지 들리는 소음 등을 말한다. 주로 구조체와 창호의 틈새를 통해서 음이 전달된다.

(2) 소음의 영향

일반적으로 크기가 큰 음, 주파수가 높은 음일수록 소음이 될 가능성이 높다고 할 수 있다. 이러한 소음은 대기나 수질오염과 같이 인체건강에 직접적인 영향을 주기보다는 감각적이고 정서적인 면에 해를 미친다고 생각해왔으나, 최근에는 소음의 생리적인 면에서도 직접적인 영향이 인정되고 있다.

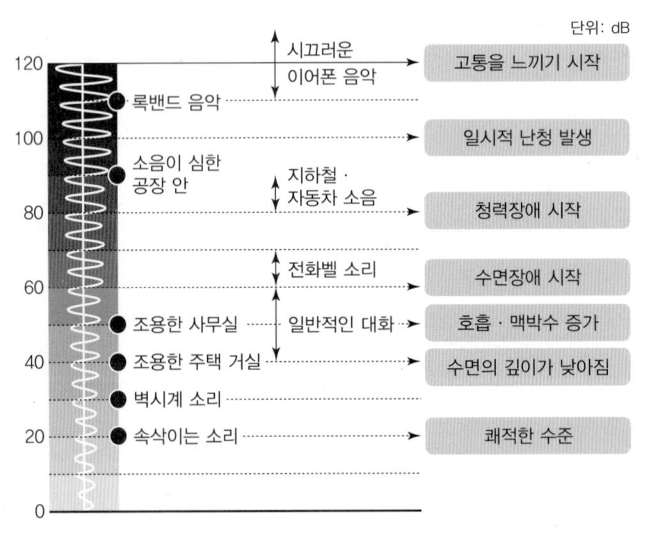

그림 7-16 소음의 크기와 건강 영향
자료: 환경부

소음에 의한 장애를 양적으로 나타낼 수 있는 것은 큰 음에 장기간 방치된 경우에 일어나는 청력손실을 들 수 있다. 그 외에 인체에 미치는 영향은 생리적 영향, 심리적 영향, 일상생활에 미치는 영향 등이며, 소음의 피해는 이 중 어느 한 가지에 영향을 미치기보다는 복합적으로 영향을 미친다.

3) 소음 방지대책

생활소음은 단위주거 내 소음인 급배수설비소음, 생활기기소음, 가족이 발생시키는 소음, 환기설비소음, 가사작업 소리 등과 건물 내 소음인 계단, 복도 소리, 이웃집 소리, 윗집 소리 등으로 구분된다. 내부소음에 대한 방지대책으로 소음원의 크기를 감소시키거나 기존건물에서 소음에 취약한 부위를 개선하여 그 영향을 감소시키는 방법을 고려해야 한다. 실내소음을 방지하기 위해서는 다음과 같은 방법을 생각할 수 있다.

(1) 발생소음의 억제

소음원의 음이 작아지는 것만으로도 소음대책의 필요성은 낮아진다. 소음원은 여러 가지가 있지만, 다음과 같은 주요 사례를 들 수 있다.

① 급배수 등 설비기구에 의한 소음

건물 내부에 설치한 급배수관과 덕트 등에서 발생한 음이 벽체의 중간에 전달됨으로써 영향을 주는 경우가 있다. 이를 방지하기 위해서는 설비상의 보완이 필요하다. 급배수설비의 소음 및 진동은 덕트와 배관 파이프를 따라 전파되므로 접속부분에 고무 등 신축성 있는 재료를 사용하며, 바닥 관통부분에는 완충재와 유리섬유 등을 사용해 방진구조로 하거나 소음저감 파이프 등을 선택하는 방법이 있다.

② 보행과 문의 개폐에 의한 소음

개구부 개폐음은 문과 문틈 사이의 틈새를 통해 전해지는 공기전달음과 바닥과 벽체와의 고체전달음이 있다. 개폐음 대책에는 도어체크 등을 설치하여 개폐 시에 큰 충격이 발생하지 못하게 창호의 동작을 억제하는 방법, 창호의 주변부에 방진고무, 코르크, 펠트 등 완충재를 설치하여 충격력의 전달량을 감소시키는 방법이 있다.

(2) 소음원과의 분리

조용한 실로 유지해야 하는 장소는 소음원에서 분리하여 배치한다. 예를 들면 택지의 전면에 교통량이 많은 도로가 있으면 침실은 도로에서 떨어진 곳에 배치한다. 아파트에서는 화장실 소음이 수면을 방해하는 경우가 생기기 쉬우므로 화장실, 급배수설비는 되도록이면 침실과 분리하여 배치하는 것이 바람직하다.

(3) 벽체에 의한 차음

차음벽을 통해 직접 소음이 도달하지 않도록 하거나, 외부에서 도착한 소음이 벽면 등에서 허용치까지 감쇄하도록 만든다. 환기구 등에 틈새가 발생하면 그 효과가 감쇄하므로 기밀 시공할 필요가 있다. 주변에서 실내로 들어오는 소음을 방지하기 위해서는 실에 충분한 차음성능이 생기도록 벽, 창, 지붕으로 감싸는 것이 좋다. 차음을 하면 역으로 소음을 주변에 방출되지 않게 하여 음의 프라이버시를 확보할 수 있다.

(4) 실내 표면의 흡음

실내 표면에 흡음처리를 하는 것으로 고체음 저감 등의 효과를 기대할 수 있으나 소음대책의 보조수단으로 활용된다. 실내 표면에 흡음률이 높은 재료를 마감하면 반사음이 감소하는 만큼 소음이 작아지게 된다. 충분한 소음방지효과는 없으나 큰 소음이 발생하는 공장, 되도록 조용함을 유지하여야 하는 호텔 로비 등에서 작게나마 소음레벨을 감소시키는 경우에는 유효하다.

(5) 방진재에 의한 고체전달음의 방지

고체를 통한 소리의 전달을 막기 위해서는 위층 바닥구조체와 아래층 천장구조체의 접촉을 가능한 한 줄이는 방법으로서 뜬 바닥구조를 채택하거나 충격을 완화하는 방진재를 설치하는 것이 바람직하다. 최근에는 층간소음 차단을 위한 다양한 구조 또는 재료가 개발되고 있다.

그림 7-17 바닥의 방진재 시공과정

관련 활동

가볼 만한 곳

래미안 고요안랩은 연면적 2,380m^2, 지하 1층~지상 4층 규모의 층간소음 전문 연구시설로, 이곳에는 연구시설 외에도 층간소음을 직접 체험할 수 있는 공간이 있다. 실제 체험존에서는 위층에서 일상적인 생활 중에 발생할 수 있는 층간소음을 아래층에서 직접 들으면서 느껴볼 수 있다. 또한 아파트에 쓰이는 바닥슬래브 두께인 210mm, 250mm, 300mm 등을 각기 적용해 슬래브 두께에 따른 바닥 충격음의 차이도 체험할 수 있다. 이 시설은 층간소음을 해결하기 위한 사회적 공감대 형성 역할을 할 것으로 기대된다.

자료: EXPERIENCE of PRIDE 래미안(raemian.co.kr)

CHAPTER 8
주택설비와 스마트하우징

「건축법」에서 정의하고 있는 건축설비란 건축물에 설치하는 전기·전화설비, 초고속 정보통신설비, 지능형 홈네트워크설비, 가스·급수·배수(配水)·배수(排水)·환기·난방·냉방·소화(消火)·배연(排煙) 및 오물처리의 설비, 굴뚝, 승강기, 피뢰침, 국기 게양대, 공동시청 안테나, 유선방송 수신시설, 우편함, 저수조(貯水槽), 방범시설, 그 밖에 국토교통부령으로 정하는 설비를 말한다. 요컨대, 건물의 냉난방, 급배수 및 위생, 전기 및 소화설비 등 거주자에게 쾌적한 환경을 제공하기 위해 건물에 설치되어 있는 각종 시설물을 말한다.

오늘날의 건물은 점점 더 고도화되어 가고 있으며, 거주자는 더 나은 실내환경과 편리한 건물환경을 요구하고 있어 건물에서 건축설비의 비중은 더욱 커질 것이다. 또한 동력을 이용하여 건물 및 실내환경을 조절하는 건축설비의 효율적인 계획은 건물에서 에너지 절약 및 제로에너지건물 이슈와 함께 매우 중요하다.

본 장에서는 주택 및 아파트 등 주거환경을 위해 필요한 일반적인 건축설비의 필수적인 기초이론과 함께 주택설비의 개념과 급배수위생설비, 냉난방 및 환기설비, 전기, 가스 및 소화설비 그리고 스마트하우징에 대해 기술하였다.

1. 주택설비 개론

1) 주택설비의 개념과 역할

전 세계적으로 환경문제, 에너지 이슈와 함께 오늘날의 건물은 자원을 낭비하지 않고 환경을 오염시키지 않으면서 인간에게 쾌적한 환경을 제공하는 친환경 건축물로 실현되고 있다. 주거건물은 단열, 통풍 및 환기, 차양 등 기계적 기술에 의존하지 않는 패시브 환경조절기와 최소한의 기계 및 전기를 이용한 액티브 기법으로 주거환경을 조절하였다. 예컨대, 겨울에는 보일러를 이용하여 난방을 하고, 여름에는 냉방장치 없이 일사차단과 환기만으로 실내환경 조절이 가능했다. 그러나 이제는 가정에서 에어컨 없이 여름을 보내는 것은 상상할 수도 없고 주거건물에서 에어컨과 같은 냉방장치는 필수적인 설비기기가 되었다. 더구나 해마다 지구환경 조건이 변함에 따라 에너지 절약을 하면서 실내환경을 조절하기 위해서는 주택의 건축환경 특성을 잘 이해하고 주택설비를 적절히 계획해야 가능하다.

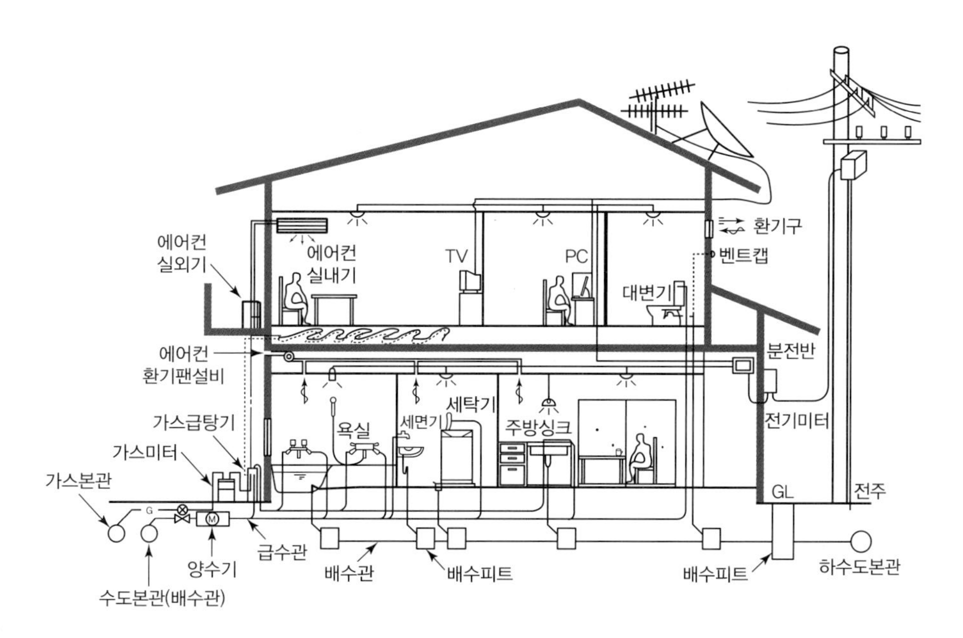

그림 8-1 단독주택의 설비
자료: 오츠카 마사유키(2010). 알기쉬운 건축설비. 기문당

2) 주택설비의 종류와 구성

건축설비는 다양하게 분류될 수 있지만, 일반적으로 공기조화설비, 급배수위생설비, 전기 및 소방설비의 세 가지로 분류할 수 있다. 주택설비는 가장 기본이 되는 화장실 및 욕실, 주방 등의 급배수위생설비, 실내 열환경을 위한 냉난방설비, 조명 및 전원, 화재를 위한 전기 및 소방설비로 크게 구분할 수 있다.

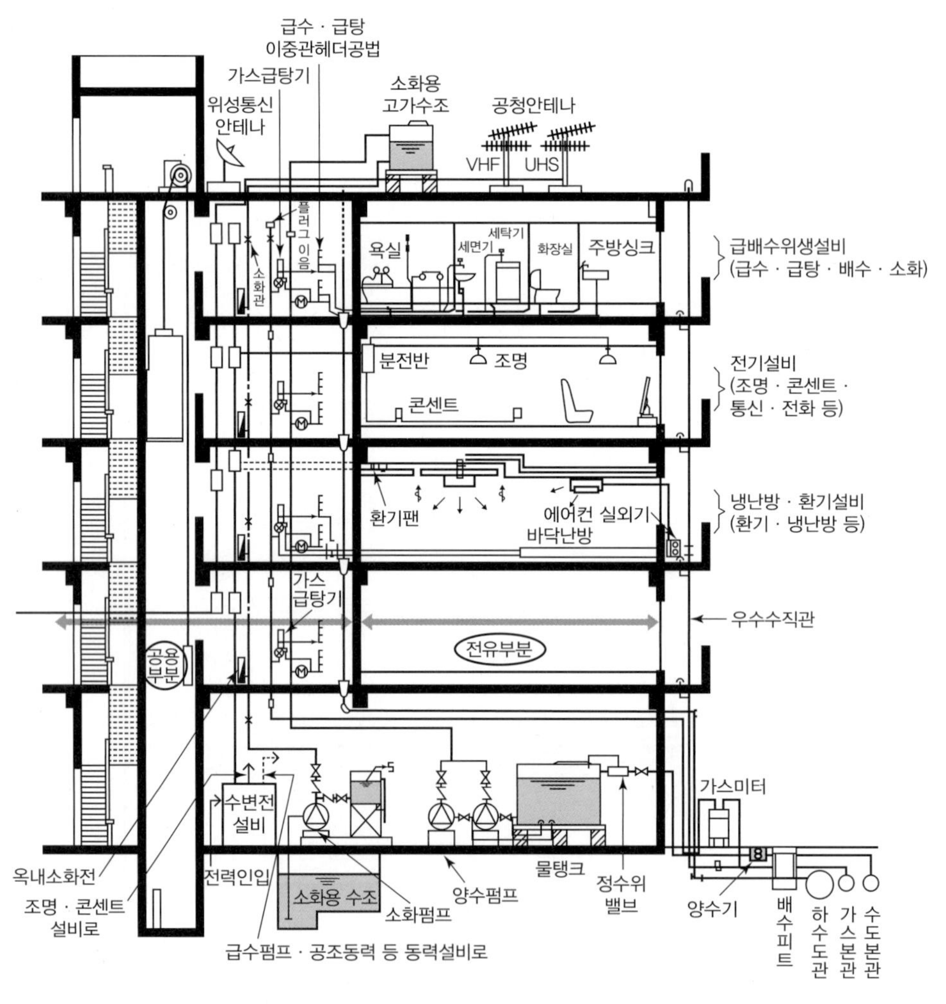

그림 8-2 집합주택의 설비

자료: 오츠카 마사유키(2010). 알기쉬운 건축설비. 기문당

3) 주거계획과 설비계획

주택은 거주자가 머무는 주거공간을 계획하고 거주자에게 편리하고 쾌적한 주거환경을 제공하기 위한 단열, 통풍, 환기, 차양 등 다양한 패시브기법으로 주거건물을 계획하며, 이를 통해 불가피하게 보완해야 하는 곳에는 에너지 절약을 위한 최소한의 동력을 이용한 액티브기법으로 설비계획이 이루어져야 한다. 예를 들어, 단열을 통해 건물에서 빠져나가는 열을 최소화하여 보일러의 용량을 줄이고 일사를 조절 및 차단하여 실내에 제거할 열을 최소화하여 냉방장치의 용량을 줄일 수 있다. 또한 효율적인 급배수 설계를 통해 펌프의 용량을 줄일 수 있다.

2. 급배수위생설비

1) 급배수위생설비의 개념

급배수위생설비란 주택 내 또는 대지에서의 급수, 급탕, 배수, 통기, 위생기구 등에 관련된 급배수, 소화, 가스, 오수처리설비 등을 총칭하며, 기본적으로 건물 내에 충분하고 깨끗한 물을 제공하고, 사용된 물은 신속하게 건물 밖으로 배출하도록 하는 설비이다.

2) 급수 및 급탕설비

(1) 급수 및 급탕설비의 역할

급수 및 급탕설비는 세면기, 변기, 싱크 등과 같은 위생기구 및 부속품에 그 기능을 발휘하기 위해 충분한 수량과 적절한 수압 그리고 언제라도 즉시 따뜻한 물을 사용할 수 있도록 적절한 수온으로 물 공급이 이루어지게 하기 위한 설비이다.

공급수의 필수조건은 필요한 수량, 사용목적에 맞는 수압, 위생적으로 안전한 물이며 주택 내 온수를 공급하기 위한 별도의 보일러 등 급탕설비가 필요하다. 필요 수량의 공급을 위해서 급수배관의 적절한 크기, 적절한 펌프 및 탱크용량을 산정해야 한다. 위생기구 및 장치 기능에 적합한 수압, 사용목적에 맞는 수압을 유지해야 하며 수압이 부족하면 변기세정이 불충분하고 장치가 파손될 우려가 있다.

(2) 급수방식

일반적인 급수설비에서 급수방식은 수도직결식, 고가수조방식, 압력수조방식, 펌프직송방식의 네 가지로 분류할 수 있다. 일반적으로 단독 및 2층 이하 소규모 주택에는 수도직결식, 집합주택에는 펌프직송방식이 적용된다.

고가수조방식은 다가구주택 등 옥상층에 물탱크를 올려두고 별도의 동력 없이도 중력하향식으로 건물 내 물을 공급하는 방식이지만, 건물 외관을 해치고 수조 내 위생관리 문제로 오늘날 도시주택에서는 잘 이용되지 않는 방식이다.

① 수도직결식

수도직결식은 상수의 공급압력에 의해 급수하는 방식으로 상수도 본관의 공급압력에 의해 건물의 필요 개소에 급수하는 방식이다. 건물 내에 물의 저장 및 공급 등에 필요한 설비가 없어 위생적이고 설비비가 저렴한 장점이 있지만, 단수 시 급수가 불가능하고 상수도관 공급압력이 일정치 않아 물 사용량이 많은 여름철에는 압력저하가 발생할 수 있다.

② 펌프직송방식

펌프직송방식은 건물 내 지하 저수조(물탱크)에 있는 물을 직송펌프를 이용해 필요 개소에 급수하는 방식으로, 물 사용량이 시시각각 변한다. 이에 따라 센서가 사용량을 감지하고, 펌프의 회전수나 운전대수를 변화시켜 송수량을 조절하여 물을 공급한다.

이 방식은 펌프가 자주 동작하여 에너지 사용이 수반될 수밖에 없으나 최근 인버터제어에 의한 에너지 절약의 변속방식으로 널리 이용되고 있다. 또한 비위생적이고 설비비가 비싸나 급수압력이 일정하며 공동주택과 같은 고층 건물에서 일반화되어 있는 방식이다.

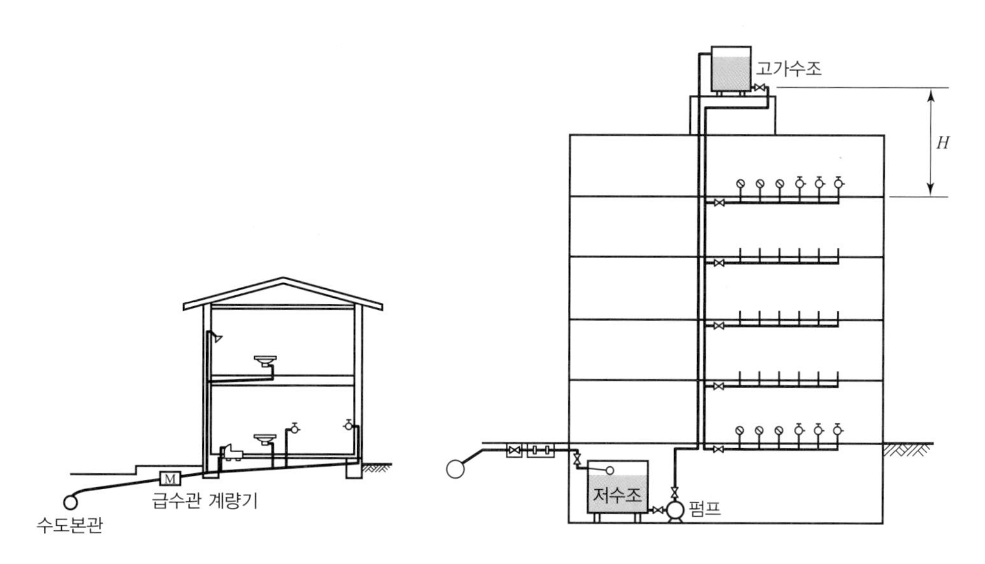

그림 8-3 수도직결방식과 고가수조방식 개념도
자료: 이철구(2019). 건축설비입문. 세진사

(3) 사용수량과 급수압력

건물 내에 사용하기 위해 공급되는 물의 양을 사용수량 또는 급수량이라 하는데, 건물의 종류와 규모, 설비내용에 따라 다르며 건물에서 필요한 수량의 확보를 위해 급수량의 산정은 중요하다. 특히, 주택은 건물의 수준에 따라서 급수량도 달라지며, 일반적으로 계획단계에서 인원수를 명확히 파악할 수 있는 경우 인원수에 의한 방법과 설치되는 위생기구 수에 따른 기구 수에 의한 방법으로 급수량을 예측하여 산정한다.

주택의 1인당 사용수량, 사용시간 및 인원은 〈표 8-1〉과 같으며 기구종류에 따른 1회당 사용수량 및 1일 평균 사용시간 등은 〈표 8-2〉와 같다.

표 8-1 주택 1인당 사용수량, 사용시간 및 인원

건물종류	1일 평균 사용수량 (*l*/d 인)	1일 평균 사용시간 (h/d)	유효면적당 인원 (인/m^2)	유효면적/연면적 (%)
단독주택	160~200	8~10	0.16	50~53
공동주택	160~250	8~10	0.16	45~50

표 8-2 각종 위생기구 및 수전의 사용수량

기구 종류	1회당 사용량(l/회)	1시간당 사용횟수(회/h)
대변기(세정밸브)	13.5~16.5	6~12
대변기(세정탱크)	15	6~12
세면기	10	6~12
싱크류	15~25	6~12
욕조	125	6~12
샤워	24~60	3

3) 배수 및 통기설비

(1) 배수 및 통기설비의 역할

주택 내에서 음료, 요리, 목욕, 세탁, 청소, 변기세정과 같은 다양한 용도로 사용된 물은 오염된 물이므로 신속하게 밖으로 배출해야 한다. 또한 여름 장마철과 같이 외부에서 발행하는 빗물도 건물 외부의 공공배수로까지 신속하게 배출되어야 한다. 배수 및 통기설비는 건물에서 사용된 오염수와 빗물을 건물 외부 공공배수로로 배출하고 배수관 내에 배수의 흐름을 원활하게 하기 위한 설비이다.

(2) 배수의 종류와 배수방식

배수의 종류는 오염수준에 따라 오수, 잡배수 그리고 우수로 분류된다. 오수는 인체의 배설물, 주로 대소변기로부터 배출되는 배수를 의미하며, 잡배수는 일반적인 생활 속에서 배출되는 배수 중에서 오수를 제외한 배수, 즉 세면기, 욕조, 싱크대 등에서의 배수를 의미한다. 우수에는 빗물 및 지하에서 용출되는 지하수와 같은 자연수가 있다.

배수방식은 배수 종류별 배관구성에 따라 합류식과 분류식, 배수의 반송방식에 따라 중력식과 기계식, 배수배관 도중을 대기에 개방되는 부분의 유무에 따라 직접식과 간접식으로 구분한다. 건물에서 사용된 오염수와 빗물(우수)은 건물 외부의 공공배수로로 배출되어야 하는데, 우수는 별도의 처리 없이 공공배수관에 방류해도 되지만, 오수 및 잡배수는 건물에서 일정 수질 이상으로 처리한 후 공공배수관에 방류해야 한다.

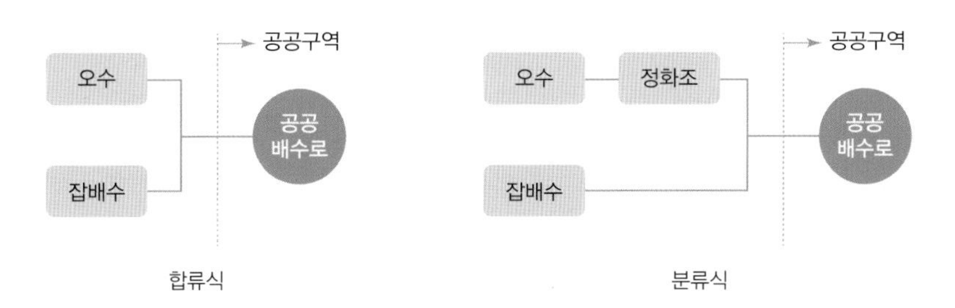

그림 8-4 합류식 배수와 분류식 배수

(3) 배수트랩

배수트랩은 별도의 특별한 장치 없이 배관의 도중을 구부린 형태로 만들어 배수 중의 일부가 구부린 부분에 남게 함으로써 남아 있는 배수에 의해 냄새 및 가스를 차단하도록 하는 것이다. 요컨대, 배수의 악취 차단을 목적으로 배수 중 일부가 구부린 배관에 남아 있도록 배관을 구부린 것을 트랩이라고 하고, 트랩 내에 남아 있는 물을 봉수라고 한다. 트랩의 역할을 하기 위한 봉수깊이를 유효봉수깊이라 하며 일반적으로 50~100mm이다.

트랩의 종류는 관트랩, 드럼트랩, 벨트랩의 세 가지가 있다.

① 관트랩

관트랩은 배수관의 도중을 구부린 형태를 총칭하며, 대표적으로 P트랩, S트랩, U트랩이 있다.

㉠ P트랩

P트랩은 세면기, 대소변기 등의 배수를 벽체 내의 배수관에 접속하는 데 사용되며 가장 널리 쓰는 종류이다.

㉡ S트랩

S트랩은 세면기, 대소변기 등의 배수를 바닥 밑의 배수관에 접속하는 것으로, 자기사이펀작용에 의해 봉수가 쉽게 파괴되는 단점이 있다.

ⓒ U트랩

U트랩은 배수수평주관에 설치하는 것이다.

② 드럼트랩

드럼트랩은 드럼 모양의 통을 봉수 저장고로 쓰는 형태이며 청소 및 유지보수가 용이하여 주방용 싱크대에 널리 사용된다.

③ 벨트랩

봉수를 구성하는 부분이 종과 같은 형태를 하고 있어 벨트랩이라 하며, 종 모양의 상부 벨을 덮어서 물이 차오르면 상부 벨이 들어올려지면서 배수가 이루어지는 형식으로 주로 바닥배수용으로 사용된다.

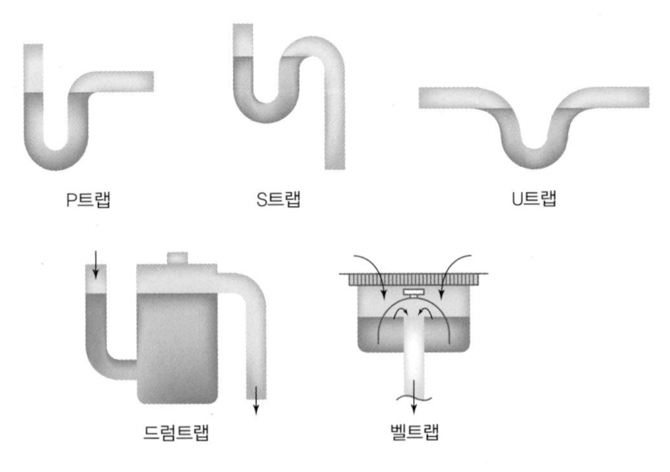

그림 8-5 트랩의 종류

4) 위생기구설비

(1) 위생기구의 종류

위생기구란 주택 내에 급수, 급탕설비용 배관의 끝부분에 있는 수도꼭지(수전), 배수설비용 배관 첫 부분에 있는 바닥배수구, 물을 모아두는 역할을 하는 세면기 및 욕조, 각종 대소변기 등을 총칭하는 것이다. 위생기구의 종류는 용도 및 목적에 따라 다양하지만, 주택 내에서 대표적인 위생기구는 주방 싱크대, 세면대 및 욕조, 양변기라 불리는 대소변기가 있다. 대소변기는 급수방식에 따라 대표적으로 세정밸브와 로우탱크방식이 있으며, 주택 및 아파트에서는 세정 시 소음 발생이 적은 로우탱크방식이 널리 사용되고 있다.

그림 8-6 대소변기
자료: 대림바스

(2) 설비의 유닛화

설비의 유닛화는 시공의 정밀성, 공기단축 등의 목적으로 현장시공이 아닌 공장에서 제작 후 현장에서 조립만 하는 공사방식을 말한다. 다시 말해, 욕조, 세면기, 대변기 등 두 가지 이상의 기능을 할 수 있도록 하는 유닛을 미리 공장에서 제작하여 현장에 반입하여 배관만 연결하는 것이다.

3. 냉난방 및 환기설비

1) 난방 및 냉방부하

(1) 난방 및 냉방부하의 의미

겨울철 실내에서 난방을 하면 실내온도가 실외온도보다 높아지며, 반대로 여름철 실내에서 냉방을 하면 실내온도가 실외온도보다 낮아지면서 실내공간을 둘러싸고 있는 외피를 통해서 실내에서 실외로 열이 빠져나가기도 하고 외부의 열이 실내로 전달되기도 한다. 난방 및 냉방부하는 쾌적한 실내온도를 일정하게 유지하기 위해 외부로 빠져나가는 만큼 열을 공급해주거나 제거해야 할 열의 양을 의미한다.

(2) 난방 및 냉방부하의 종류

실내 난방 및 냉방을 위해서는 실내의 열손실 및 열획득량인 난방 및 냉방부하를 계산해야 하고, 그 양에 따라 열을 공급하고 제거할 수 있는 난방 및 냉방장치를 결정할 수 있다. 난방 및 냉방부하의 계산요소는 다음과 같다.

① 난방부하: 실내외 온도 차에 의한 관류열손실, 틈새바람에 의한 열손실, 환기를 위해 도입되는 외기에 의한 열손실의 합으로 계산된다.

② 냉방부하: 난방부하의 관류열부하와 틈새바람 및 외기부하와 함께 유리창으로부터 일사획득에 의한 열부하, 인체 및 실내기기로부터 발생하는 발열부하, 시스템 손실에 의한 부하를 고려한 것이다,

③ 관류열부하: 벽, 천장, 바닥, 지붕, 창문 등의 구조체를 통해 손실되는 열량이다.

④ 틈새바람(침기)부하: 문이나 창을 통해서 외부공기가 실내로 침입하게 되는데, 특히 겨울철에는 이를 통해 난방부하에 미치는 영향이 크다. 틈새바람부하는 침입된 외기의 온도와 습도를 고려한 손실열량이다.

⑤ 외기(환기)부하: 실내에서 발생하는 이산화탄소, 냄새 등에 대한 외부 신선공기 도입을 위해 손실되는 열량이다.

2) 난방설비

(1) 난방설비의 종류

난방설비는 실내에서 외부로 손실되는 열량에 상당하는 열을 실내에 공급하여 실내 거주자가 지속적으로 쾌적감을 느끼게 하는 장치이며, 실내에 열량을 공급하는 방식에 따라 대표적으로 개별난방과 중앙난방으로 분류된다. 각 실별 또는 단위 세대별로 전기스토브나 소형보일러를 통해 난방하는 방식을 개별난방이라 하며 대형보일러를 이용하여 증기, 온수, 온풍 등을 한곳에서 만들어 배관이나 중앙덕트를 통해 각 실 및 세대에 공급하는 방식을 중앙난방이라 한다.

예전의 공동주택은 중앙난방방식이 일반적이었지만, 오늘날의 공동주택은 개별적으로 제어가 가능한 개별난방방식으로 이루어지고 있다. 또한 최근의 공동주택은 일정지역에 있는 아파트와 빌딩, 상가 등의 건물에 개별난방시설을 갖추는 대신 집중된 대규모 열생산시설(열병합발전소, 쓰레기 소각장 등)에서 생산된 열(온수)을 지하에 매설된 열배관을 통하여 아파트나 건물의 기계실에 일괄적으로 공급하는 지역난방방식으로 이루어지고 있다.

난방방식은 열매체의 종류와 열전달방식에 따라 증기 및 온수난방과 대류 및 복사난방으로 다시 분류할 수 있다. 우리나라 주택의 대표적인 난방방식인 온돌은 보일러를 통해 가열된 온수가 공급되고 바닥의 콘크리트 구조체에 전달된 열의 복사현상에 의해 난방이 이루어지기 때문에 복사난방이라고 한다.

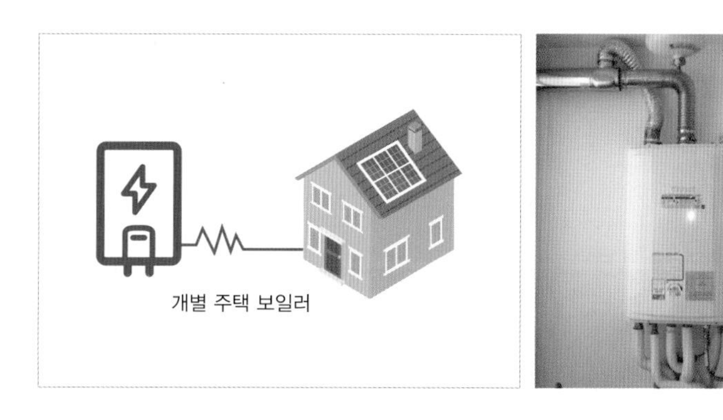

그림 8-7 개별난방 개념도 및 주택 내 개별보일러

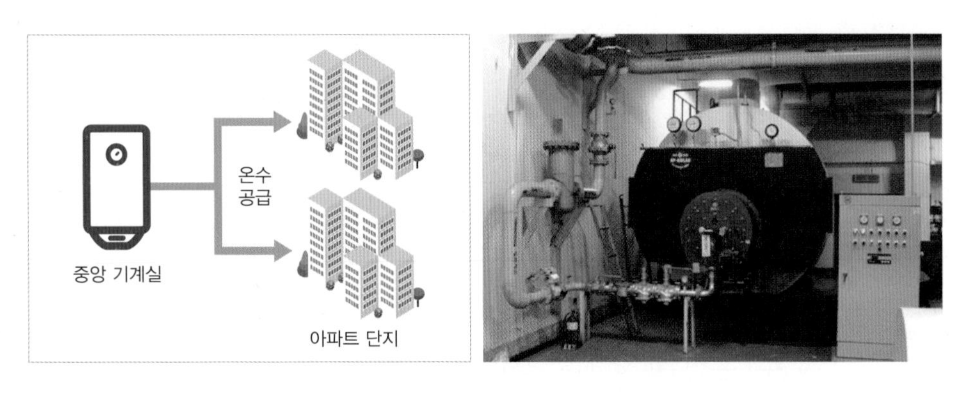

그림 8-8 중앙난방 개념도 및 기계실 대형보일러

그림 8-9 지역난방 개념도 및 지역난방시설(열병합발전)
자료: 한국중부발전

(2) 난방용 기기

① 보일러

보일러는 가스나 기름과 같은 연료를 연소시키면서 물을 가열하여 증기 또는 온수를 생산하는 장치이며, 대표적으로 노통연관보일러, 수관보일러, 관류보일러 등이 있고 주택용인 1~2만kcal/h의 소용량부터 지역난방에 사용되는 수천만 kcal/h의 대용량까지 다양하다.

보일러의 용량은 건물의 필요한 모든 실에 대해 난방부하를 계산하고 각 실들의 모든 부하를 더하여 산정한다. 보일러의 용량은 전체 난방부하와 설정온도까지 도달하기 위해 가동 초기에 가해지는 열량인 예열부하 그리고 온수나 증가가 배관을 통과할 때 발생하는 손실열량인 배관부하의 합으로 계산되나, 실무적으로 난방부하보다 30~40% 증가하여 산정한다. 보일러의 용량을 나타내는 단위는 kcal/h, Gcal/h, Mcal/h, t/h이다.

② 방열기

방열기는 내부에 증기나 온수를 통하게 함으로써 표면을 가열시켜 그 열을 이용하여 난방을 하는 기기로서 방열기 표면의 복사열과 주변의 공기를 가열시켜 복사 및 대류현상에 의해 난방을 하는 것이다. 방열기의 종류는 대표적으로 주철(철합금) 방열기, 컨벡터 및 팬코일 유닛 등이 있다. 국내의 단독주택에서는 앞서 언급한 바닥난방방식을 일반적으로 적용하고 있어 방열기를 볼 수 없지만, 국외 주거건물에는 보편적으로 사용되는 난방방식에서 필수적으로 있어야 할 난방기기이다.

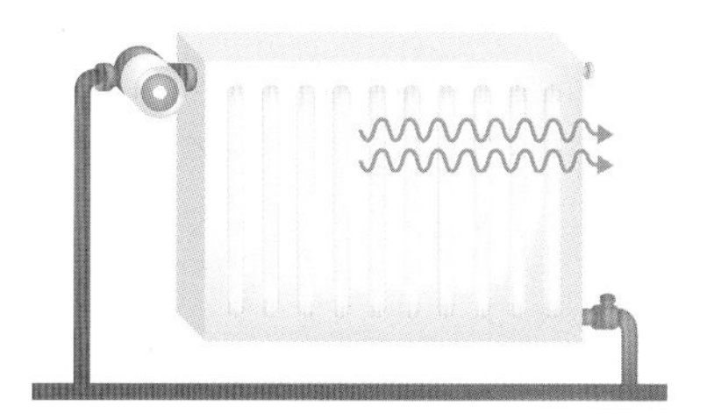

그림 8-10 방열기 개념도 및 다양한 크기의 주철제 방열기

그림 8-11 주택 내 거실 및 욕실의 방열기(국외 사례)

3) 냉방설비

(1) 공기조화설비

공기조화설비는 건물 내에 있는 보일러 및 냉동기 그리고 공조기장치로부터 냉풍 및 온풍을 공급하여 실내 냉난방뿐만 아니라 공기의 온도 및 습도, 기류 그리고 청정도까지 공기상태를 종합적으로 조절하여 실내공간의 목적에 맞도록 공기를 만드는 설비이다. 일반 건물들은 이러한 공기조화설비를 통해 실내에서 필요한 공기를 만들어 공급하여 냉난방을 한다.

(2) 주택의 냉방설비

주택에서 냉방설비는 기존 공조설비를 통한 냉방방식의 열매체로서 냉수 및 온수를 사용하지 않고 냉매를 직접 열매체로 사용하는 방식으로 일명 '패키지 유닛방식'의 설비가 일반적이다. 흔히, 냉방 전용 패키지를 에어컨이라 하고 냉난방 겸용 패키지를 히트펌프heat pump라 하는데, 국내의 경우 대부분 중소형건물에서 널리 보급되는 공조설비 중의 하나이다. 히트펌프는 전기 및 가스 공급에 따라 EHPElectricity Heat Pump와 GHPGas Heat Pump가 있으며 기존 냉동기에 의한 공기조화설비보다 냉방 및 난방성능 지표인 성적계수COP, Coefficient Of Performance가 높아 냉난방을 하는 모든 건물에 대부분 사용된다고 할 수 있다.

그림 8-12 주택 내 시스템 에어컨 및 EHP 시스템

신재생에너지원인 지열을 이용해 냉난방을 하는 공기조화설비는 앞서 설명한 히트펌프를 이용한 방식이며, 히트펌프에 필요한 열원으로 지열을 이용하여 히트펌프의 성능을 개선하고 냉난방에너지를 절약하는 설비이다.

4) 환기설비

(1) 주택 내의 환기설비 시스템

주택에서 환기설비는 거실, 방, 화장실, 주방, 주차장, 기계 및 전기실에 설치되며, 주거공간에서는 거실, 방, 화장실 및 주방에서 환기설비를 접할 수 있다. 우리나라는 2006년 이후 건축되는 100세대 이상의 공동주택은 「건축물설비기준규칙」에 의해 환기설비를 의무적으로 설치하도록 하였으며 최근 몇 년 사이에 개정 및 강화되어 2020년부터는 30세대 이상의 공동주택을 대상으로 하고 있다.

자연환기설비는 일반적으로 주로 창문 일부에 장착된 환기장치로서 동력을 이용하지 않고 개구부를 열고 닫음으로써 환기하는 방식이 보급되고 있다. 기계환기설비는 자연환기설비에 비해 환기효율이 높기 때문에 최근 공동주택에서 널리 보급되고 있으며, 특히 폐열회수환기HRV, Heat Recovery Ventilation 시스템이 주로 보급되고 있다.

HRV 시스템은 실내에서 배기되는 공기와 환기를 위해 외부에서 도입되는 외기와의 사이에서 현열과 잠열을 동시에 교환하는 열교환기기로, 전열교환기라고도 부른다. 전열교환기는 주택에서 환기장치뿐만 아니라 공조용 송풍량이 많은 건물에서 에너지 절약을 위한 방법으로 필수적으로 채택되고 있다.

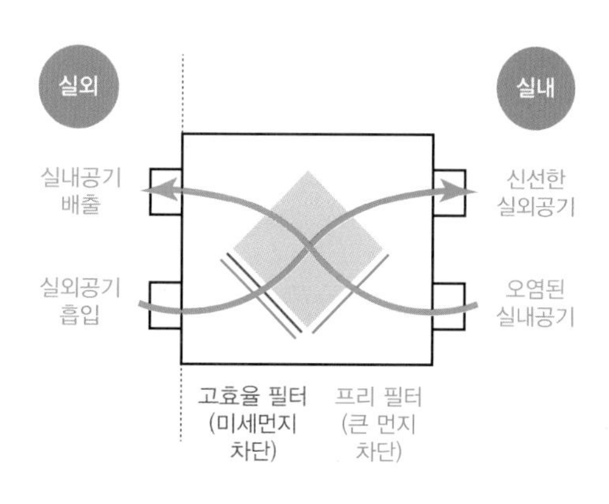

그림 8-13 HRV 시스템의 구조와 원리

우리나라의 공동주택은 건축물 에너지 성능기준인 건물 에너지 효율등급 및 제로에너지 건축물인증 의무화에 따라 건물의 에너지 성능을 높이기 위한 설계를 해야 하기 때문에 에너지 절약

그림 8-14 자연환기 창호 및 HRV 시스템

형 설비인 HRV 시스템은 의무적으로 보급되고 있는 환기설비라 할 수 있다. HRV 시스템은 창을 열어 환기하지 않아도 실내 냉난방 열을 회수하여 에너지 절약적으로 환기를 할 수 있는 효과가 있어, 의무적으로 설치해야 하는 공동주택뿐만 아니라 단독주택에도 보급이 증가하고 있다.

(2) 환기방식

일반적인 기계환기는 급배기 유무에 따라 1, 2, 3종으로 분류되며 급기와 배기를 모두 팬을 이용해서 환기하면 1종 환기, 수술실, 클린룸, 주차장과 같이 외부공기를 급기만 하는 경우는 2종 환기, 주방 및 화장실과 같이 배기만 하는 경우는 3종 환기에 해당된다. 기계환기는 환기대상 부위에 따라 전반환기와 국소환기로 분류될 수 있다.

HRV 시스템은 주택에서 사용되는 대표적인 기계환기로서 주거공간 전체에 급배기

그림 8-15 기계환기방식

를 팬에 의해 실내에 오염된 공기를 밖으로 배출하고 신선한 외부공기를 도입하여 환기하는 1종 환기, 전반환기에 해당된다. 화장실은 배기만 팬을 이용하는 3종 환기의 전반환기방식이며, 주방의 가스레인지 및 인덕션 위에 설치된 배기후드는 음식조리 시 발생하는 연기와 냄새를 배출하는 국소환기에 해당된다. 공동주택의 경우, 주차장에서 대형 팬을 이용하여 외부공기를 급기하는 환기설비가 적용되며, 2종 환기의 전반환기에 해당된다.

(3) 필요 환기량과 환기횟수

주택 내에서 필요 환기량은 건축물설비기준에 의해, 공동주택은 시간당 0.5회/h에 해당하는 풍량을 확보해야 한다. 주택 외 건물의 필요 환기량은 용도별로 25~36m^3/인/h로 규정하고 있다. 환기횟수에 의한 필요 환기량 계산에는 사용공간의 체적이 필요하며, 환기횟수와 환기를 하는 실의 용적을 곱하여 산정한다. 예를 들어 주거면적 100m^2, 천장고 2.4m 기준의 실용적은 240m^3가 되며, 여기에 환기횟수 0.5회/h를 곱하면 필요 환기량은 120m^3/h가 된다.

환기횟수에 의한 환기량 = 주거면적 × 천장높이 × 환기횟수

주거용 열회수환기 시스템의 시스템 용량은 환기량단위인 m^3/h를 CMH^{Cubic Meter per Hour}로 나타내며, 한 시간 동안 환기설비가 처리할 수 있는 공기의 양을 의미한다. 따라서 환기설비에 표기된 풍량의 수치가 높을수록 환기를 빠르게 할 수 있다. 아파트는 면적에 따라 필요 환기량을 계산하고 여유율을 고려해 환기시스템의 용량을 결정하며 일반적으로 150~300CMH의 HRV가 설치된다. 주로 공동주택의 다용도실이나 실외기실 천장에 설치되며 제품 라벨을 통해 정격풍량으로 환기량을 확인할 수 있다.

그림 8–16 HRV 제품사양 표시 라벨

4. 전기설비

1) 전기설비의 역할

스마트, 인텔리전트 빌딩 등의 출현으로 건물의 기능이 고도화되면서 기능적 활동을 뒷받침하기 위한 전기설비의 중요성이 커지고 있다. 전기에너지는 가스, 기름 등과 같은 난방열원으로서뿐만 아니라, 각종 설비 및 기기를 작동시키는 동력, 실내 빛환경의 조명, 정보통신설비 등에 절대적인 역할을 한다.

2) 전기의 기초

(1) 전압과 전류, 저항

물은 높은 곳과 낮은 곳이라는 높이차가 있어야 흐르고, 바람도 고기압과 저기압이라는 기압 차가 있어야 발생되듯이, 전기도 그 흐름을 발생시킬 수 있는 요소가 있어야 한다. 그 요소는 전압이며 V로 표시하고 단위는 볼트(V)이다. 전압의 종류는 저압(주택), 고압(중소규모 건물), 특고압(대규모 건물)이 있다. 물의 흐름에서 고저 차에 해당되는 것이 전압이라면, 물 그 자체에 해당되는 것이 전류이다. 전압 차가 클수록 전류는 많이 흐르게 되며, 전류는 I로 표시하고 단위는 암페어(A)이다. 전선의 이음이나 휘어짐 등 배선에 의해 전기의 흐름을 방해하는 요소가 있으면 전류량이 적어지는데, 이 방해요소를 저항이라 하며 R로 표시하고 단위는 옴(Ω)이다. 도체 내의 두 점 사이를 흐르는 전류의 세기는 두 점 간의 전압에 비례하고 두 점 간의 저항에 반비례하며($I = V/R$), 이를 옴의 법칙이라 한다.

(2) 직류와 교류

전기는 직류와 교류로 나눌 수 있으며, 직류는 시간이 경과해도 크기 및 방향이 변하지 않는 전기이고, 교류는 시간이 경과하면서 크기도 방향도 주기적으로 변하는 전기이다. 직류는 건전지, 라디오, 축전지 등에 이용되며 우리 가정에서 사용하는 전기는 대부분 교류이다.

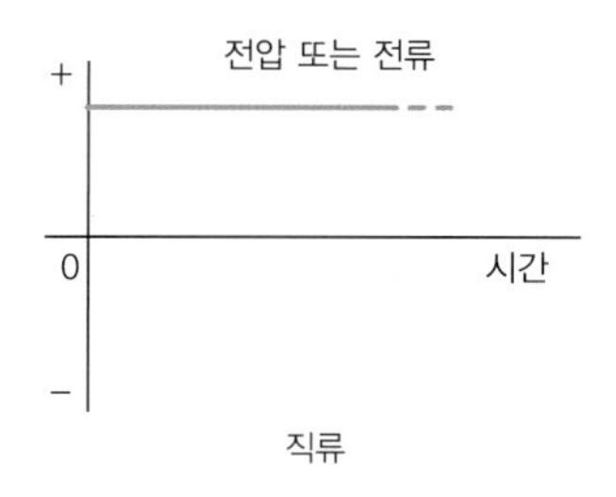

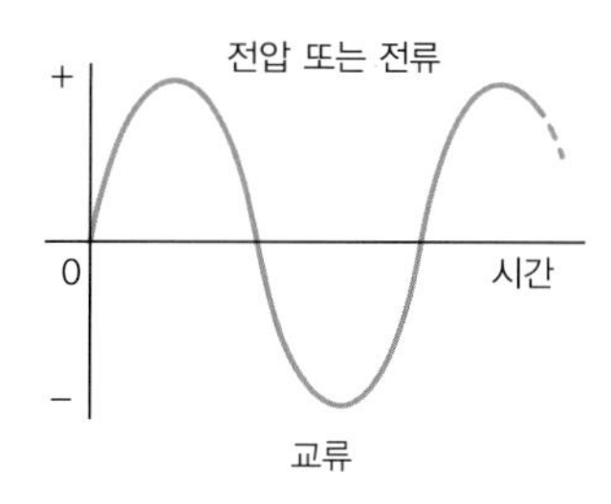

그림 8-17 직류와 교류의 개념

직류는 한 방향으로만 전류가 흐르는 반면, 교류는 전류의 방향이 계속 바뀌게 되며 전류의 방향이 바뀔 때마다 전압도 달라진다. 이런 특성 때문에 직류는 전류가 흐르는 방향인 극성이 있으나, 교류는 극성이 없다. 직류전원인 건전지를 거꾸로 삽입하면 동작하지 않는 것은 극성을 맞추지 않았기 때문이다. 교류인 가정용 전기는 전원에 연결하는 플러그를 보면 핀이 두 개인데 어떤 방향으로 연결해도 잘 동작한다. 이는 전류의 방향이 계속 변경되기 때문에 극성을 맞출 필요가 없기 때문이다.

교류는 전기를 생산하고 전송하는 데 유리하기 때문에 한전에서 전기를 생산하여 건물로 공급할 때는 교류를 사용하며, 직류는 전기의 특성이 균일해서 정교한 동작이 중요한 전자제품에 많이 사용된다.

3) 배선설비

(1) 전선의 굵기

전기는 전선에 의해 각 필요 개소마다 공급되며, 이를 위해 필요한 설비를 배선설비라 한다. 전기의 필요량이 많아지면 전선의 굵기도 굵게 해야 하는데, 전선의 굵기에 영향을 미치는 요소는 전류의 세기, 전압강하, 기계적 강도이다. 전압강하는 전류가 흐를 때 저항에 의해 전압이 작아지는 현상으로, 기기의 정상적인 작동을 방해하기 때문에 전압강하가 너무 커지지 않도록 전선의 굵기를 정해야 한다. 건물 내에 필요 전류가 크면 전선의 굵기는 굵어지게 되며, 필요 전류가 작아 전선의 굵기가 가늘어도 전선의 강도를 위해서 어느 정도의 굵기를 확보해야 한다.

(2) 옥내배선

옥내배선은 전기를 사용하고 있는 각 기기에 연결되는 전선으로, 전선의 구성에 따라 단상과 3상으로, 각 기기에 연결되는 배선 수(전압의 종류)에 따라 2선, 3선, 4선 등으로 구분된다. 단상은 220V, 3상은 380V로 공급되며 일반가정은 단상, 공장이나 대규모 건물은 3상으로 구성된다. 용량이 큰 설비는 전력의 안정적인 공급을 위해 3상을 사용한다.

(3) 간선

간선은 건물 내 어느 한곳에서 전기를 분배, 공급해주는 역할을 하는 배전반으로부터 각 층마다 있는 분전반까지의 배선을 말한다. 간선은 배선방식, 사용목적, 사용전압에 따라 분류된다.

(4) 분전반

분전반은 배전반으로부터 간선을 통해 공급받은 전기를 그 층의 각 실에 계통별로 공급하는 역할(배선용 차단기, 누전차단기, 안전기로 구성)을 한다.

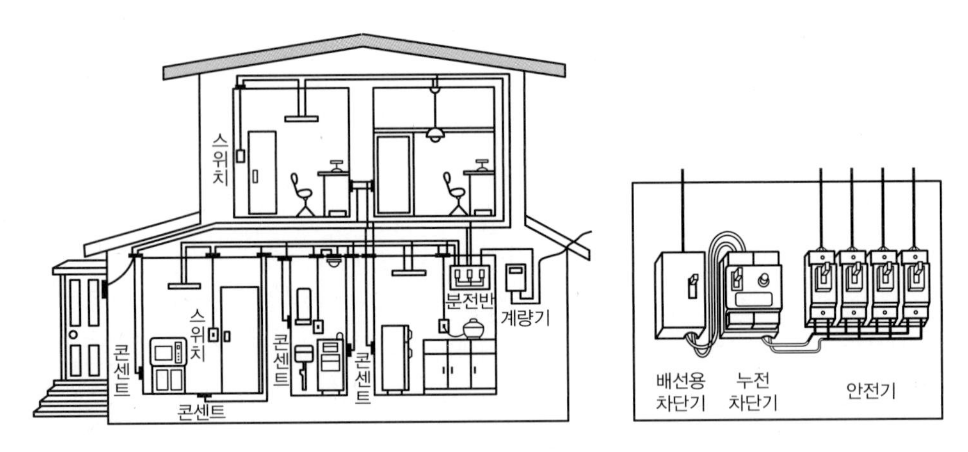

그림 8-18 주택의 옥내배선 및 분전반의 예
자료: 이철구(2019). 건축설비입문. 세진사

5. 가스 및 소화설비

1) 가스설비

(1) 가스의 종류와 성질

도시가스가 공급되는 지역은 일반적으로 도시가스를 사용하지만, 도시가스가 공급되지 않는 소규모 도시에서는 액화석유가스LPG, Liquefied Petroleum Gas가 사용된다. 가스는 눈에 보이지 않으면서 폭발성이 있으므로 가스설비를 설치할 때는 가스누출탐지기기를 설치해야 하며 가스는 연소하면서 배기가스를 배출하므로 실내에서 환기를 충분히 해야 한다.

(2) 가스의 공급과 배관방식

각 지역의 도시가스 사업자가 각 가스 제조사에서 제조된 가스를 도로 하부에 매설된 가스배관을 통해 각 수요가에 공급한다. 가스는 가스 제조소에서 부여되어 가스압력의 힘으로 각 수요가까지 가게 되는데 공급압력에 따라 고압(1MPa 이상), 중압(1MPa 미만), 저압(0.1MPa 미만)으로 분류된다. 일반적으로 주택에서 냉난방기기를 위한 중압 또는 주방기기는 저압의 공급이 필요한데, 주택에서 받을 때 중압으로 받은 후 필요에 따라 압력조정기(지역 거버너)에 의해 저압으로 조정해서 공급한다.

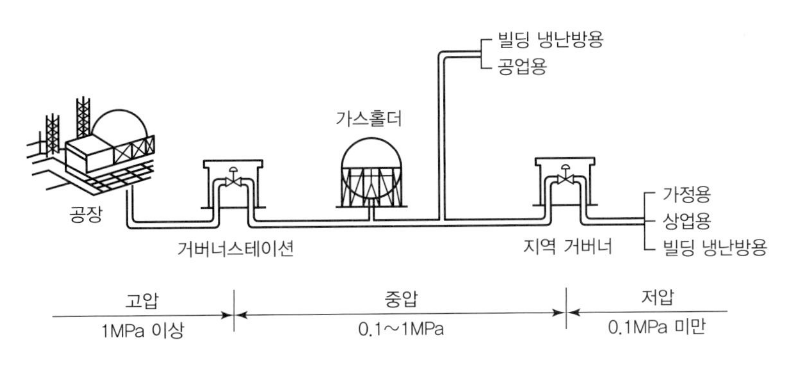

그림 8-19 도시가스 공급 개념도

자료: 이철구(2019). 건축설비입문. 세진사

2) 소화설비

(1) 화재의 종류와 소화의 방법

화재란 연소작용에 의해 발생한 열이 계속 확대되는 현상으로, 가연물질, 산소, 점화(착화)에너지가 필요하며 이를 연소의 3요소라 한다. 소화방법은 가스화재 시 가스밸브를 잠가 가스를 차단하는 가연물 제거방법, 연소하는 물질에 물 등과 같은 소화제를 공급하여 물질의 온도를 발화점 이하로 낮추는 가장 일반적인 냉각방법과 연소에 필요한 산소를 차단시켜 연소를 정지하는 질식의 방법이 있다. 화재의 종류는 다음과 같이 구분된다.

① 일반화재(A급): 목재, 종이, 섬유 등이 연소되는 보통의 화재

② 유류화재(B급): 가연성 액체 및 기름에 의한 화재

③ 전기화재(C급): 전기실, 발전기실 등의 전기기기 또는 감전의 위험이 발생하는 화재

④ 금속화재(D급): 나트륨, 마그네슘, 우라늄 등과 같은 금속화재

⑤ 가스화재(E급): 도시가스, 프로판가스 등에 의한 화재

(2) 소화설비의 종류

① 소화기: 물이나 가스 또는 분말 등과 같은 소화약제를 압력을 부여한 용기에 저장했다가 화재 발생 시 직접 조작하여 화재를 초기에 진압하는 기구이며, 「소방법」에 따라 연면적 33m^2 이상인 특정소방대상물, 터널 그리고 아파트의 모든 층에 설치해야 한다.

② 옥내소화전: 불길이 천장에 다다를 정도가 되면 소화기로는 소화가 어려우므로 소방대원이 오기 전에 거주자가 직접 물을 뿌려 소화를 할 수 있도록 소화전함에 들어 있는 호스를 꺼내 화재를 진압하는 기구이다. 연면적 3,000m^2 이상인 건물 전층(판매, 업무, 숙박시설 등은 1,500m^2)에 의무적으로 설치해야 한다.

③ 옥외소화전: 1층 및 2층의 바닥면적이 넓은 건물에 설치하여 건물 외부에서 물을 뿌려 소화활동을 하는 설비이며 지상 1층 및 2층의 바닥면적 합계가 9,000m^2 이상인 건물에 필수적으로 설치해야 한다.

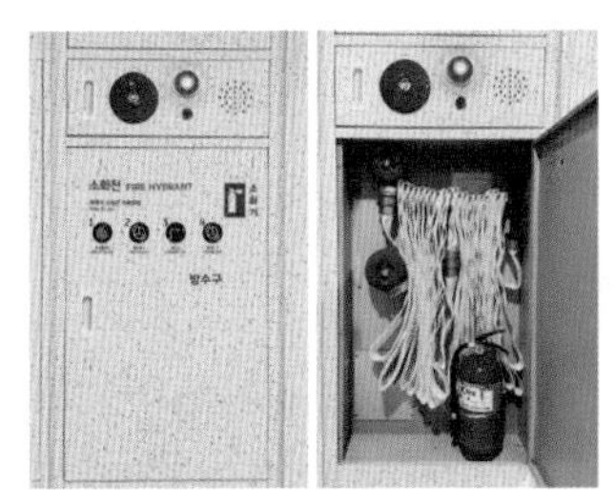
옥내소화전

옥외소화전

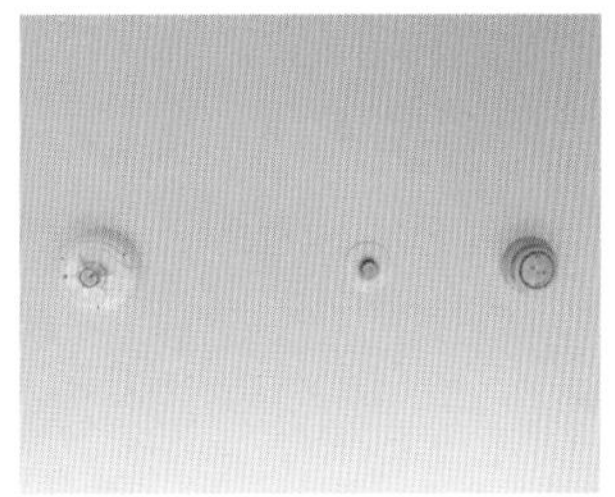
스프링클러 및 연기탐지기

그림 8-20 공동주택 소화설비의 종류

④ 스프링클러: 사람이 소화활동을 하는 것이 아니고, 설비 자체가 화재를 감지하고 화재발생 장소에 자동적으로 물을 분사하여 소화하는 설비이다. 화재가 발생하면 천장 등에 설치되어 있는 스프링클러헤드로부터 물이 뿌려지는데, 헤드를 막고 있던 퓨즈가 녹아 헤드가 개방되면서 물이 분출되는 구조이다. 6층 이상인 건물 전 층에 의무적으로 설치해야 하며 그 밖에 문화 및 집회시설, 종교시설 등 수용인원이 100명 이상인 건물에도 설치해야 한다.

6. 스마트하우징

1) 스마트하우징의 개념

최근 주거서비스는 4차 산업혁명 기술 확산에 의한 주거 첨단화에 따라 주거공간에서 인공지능[AI], 사물인터넷[IoT], 5G 개인용 스마트기기를 단순히 도입하여 사용 및 제어하는 홈네트워크 또는 스마트홈에서 주거공간 자체를 스마트화하는 스마트하우징으로 발전하고 있다. 즉, 생활공간, 장치 및 서비스를 플랫폼으로 연결하여 건설, 통신, 가전 등 다양한 분야를 통합하는 주거인프라로 진화하고 있다. 사회적 고령화, 1인 가구의 증가 그리고 삶의 질을 중요시하는 등 인구사회구조의 변화에 따라 주거공간은 다양한 주거환경에 대응할 수 있도록, 주거서비스 플랫폼으로 변화하고 있다.

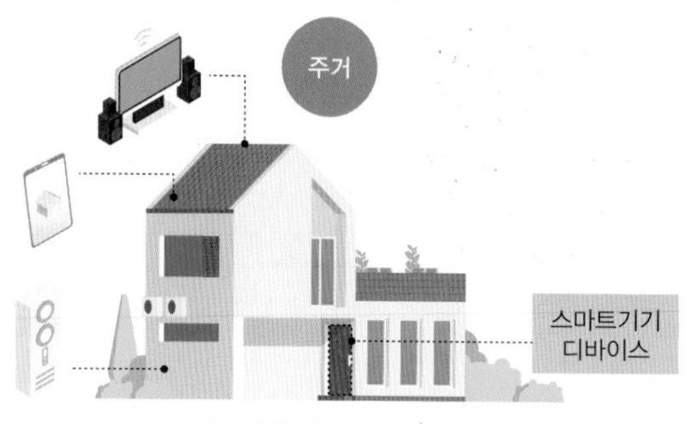

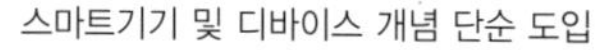

스마트하우스 개념에 맞춘 주거인프라로 진화

그림 8-21 스마트하우징의 개념
자료: 한국건설기술연구원, KICTzine Vol.4

예컨대, IoT 플랫폼을 연계해 토털 스마트홈을 구현함으로써 조명, 가스, 난방 등과 같은 홈 IoT 시스템과 TV, 청소기, 세탁기 등의 가전을 한 번에 제어하는 서비스가 최근 아파트에 적용되고 있다. 또한 스마트폰으로 각종 기기를 제어하는 기존 IoT 기술뿐만 아니라, 음성인식 및 대화형 시스템으로 각종 기기를 제어하며 사용자 패턴에 따라 빅데이터를 수집해 스스로 학습하고 동작하는 스마트홈 AI 아파트가 생겨나고 있다. 입주민의 생활 패턴 인식 및 가구 얼굴 인식 시스템 등으로 집주인이 잠에서 깨어났을 때, 외출 또는 귀가하는 때를 파악하여 스스로 상황에 맞는 가전 및 주거시설의 기능을 작동시키기도 한다.

스마트하우징은 주택을 구성하는 공간을 비롯해 가전, 디바이스 등이 설치된 스마트하우스와 거주자의 행동, 실내외 환경, 단지 및 커뮤니티 등에서 축적되는 빅데이터가 AI 기술에 연계 활용되어 주택 사용자에게 최적화된 주거서비스를 제공하는 주택을 말한다.

2) 스마트하우징 플랫폼과 서비스

(1) 스마트홈과 스마트하우징

스마트하우징은 개념적으로 기존의 스마트홈과 세 가지 점에서 큰 차이가 있다. 첫째, 스마트홈은 적용범위가 세대 중심이라면 스마트하우징은 세대와 단지 및 주택산업 전

표 8-3 스마트홈과 스마트하우징의 차이점

구분	스마트홈	스마트하우징
대상	가정용 월패드/게이트웨이	클라우드 플랫폼
중점분야	주택 내 가전기기 제어	주거서비스 제어, 주거인프라 품질 및 성능관리 (세대, 단지, 도시단위 관리지원)
플랫폼 특징	단일 모듈 결합형 (세대 내 기기별 단순 연동)	AI 기반 복합모듈 통합형 (다양한 센서 정보와 서비스 분석결과 상호 운용 및 융합)
데이터관리	일반 DBMS 및 아파트 단지 서버	빅데이터 DBMS 및 클라우드 컴퓨팅
서비스 구현	특정 목표지향적 단순 편의 서비스 (조명제어, 홈에너지 모니터링 등)	스마트하우징 플랫폼 기반 공유경제형 프로슈밍(prosuming) 주거서비스

자료: 채창우(2023)

반을 포괄한다. 즉, 스마트홈은 분양주택 중심으로 제공되는 서비스로 가전제품의 단순 연계, 제어를 통한 생활편의 향상이 목적이며, 스마트하우징은 주택산업 전반에서 AI, IoT, ICT 기술을 접목하고 거주자와 주거공간 및 단지를 연결하여 특정 기업 및 건물, 단지에 종속되지 않는 클라우드 플랫폼 기반의 지속가능한 주거 생태계라고 할 수 있다.

둘째, 스마트하우징 구현을 위해서는 AI 기반 통합형 플랫폼이 필요하며 빅데이터 DBMS(데이터베이스 관리시스템)와 클라우드 컴퓨팅 기술이 동반되어야 한다. 아울러, 주거서비스 및 주거인프라의 품질과 성능에 중점을 둔 데이터관리를 위해서 세대, 단지 및 도시단위의 데이터 수집 및 공급체계 마련과 초고속 연결망이 필요하다.

셋째, 스마트홈은 신축 중심으로 공급자가 제공하는 서비스를 이용하기 위해 관련 장치 및 네트워크 등 물리적 구성요소를 신규로 구축해야 하는 반면, 스마트하우징은 주거공간, 단지 및 스마트시티 등 기존에 구축된 인프라를 최대한 활용할 수 있고 신축 공동주택이나 구축 단독주택에서도 자유롭게 가입하여 사용할 수 있다. 스마트폰에서 활용되는 앱스토어처럼 유연성과 확장성이 있는 개방형 플랫폼을 통해 다양한 주거서비스가 개발되거나 공급될 수 있다.

(2) 스마트하우징 플랫폼

스마트하우징 플랫폼이란 주택, 가전, 스마트기기 등을 통합한 주거 내외부 주거공간 자체가 정보수집수단이자 서비스를 제공하는 주거인프라를 말한다. 스마트하우징은 주거공간, 단지 및 스마트시티 등 기존에 구축된 인프라를 통해 데이터를 확보하고, 플랫폼 기능을 활용하여 물리적 자원의 제약 없이 서비스의 제공과 확장이 가능하다.

일반적으로 스마트하우징 플랫폼은 클라우드 환경에서 동작하며, 물리적 자원의 기반시설과 AI 기반 데이터분석시스템 그리고 서비스 신청 및 활용시스템으로 구성된다.

① 스마트하우징 기반시설: 데이터를 수집하기 위한 센서, 센서와 플랫폼 간 데이터를 송수신하기 위한 게이트웨이, 데이터 저장, AI 분석 및 서비스 운영관리를 위한 서버로 구성된다. 특히, 각종 센서 및 IoT 장치들은 주거공간 속에 매립되어 온도, 습도, ON/OFF 및 개폐 등 주거공간의 물리적 요소를 센서화한다.

② 스마트하우징 AI 기반 데이터분석시스템: 주요 기능은 보안, 저장소 통합관리, 다중 접근, 분산처리 그리고 AI 분석 엔진 기능을 제공한다. 먼저, 보안은 사용자 인증과 권한을 부여하는 인가, 주거환경과 플랫폼 간 암호화 통신 그리고 블록체인 기반 저장 데이터의 암호화 기능을 한다. 데이터는 스마트하우징 표준 프로토콜을 기반으로 표준포맷분류체계를 따라 관리되며, 실시간 및 저장 데이터의 활용을 지원한다.

③ 서비스 신청 및 활용시스템: 주거안전 및 주거편의, 유지관리 등 부문별 서비스를 플랫폼에서 운영·관리하고 서비스를 이용하는 신청자에게 제공하며 서비스 개발자들이 자유롭게 서비스를 개발하고 플랫폼에 등록하여 보급·운영할 수 있는 기능을 한다.

(3) 스마트하우징 서비스 유형

스마트하우징 서비스의 유형은 매우 다양하며 지속적으로 서비스의 범위가 확대될 것이다. 예컨대, 사회복지 측면에서는 독거노인이나 1인 가구의 안전 및 건강을 실시간 돌볼 수 있는 서비스가 가능해지고 임대주택이나 소규모주택을 통합하여 관리하는 주택관리체계도 만들 수 있다. 현재까지 구축되고 있는 대표적인 유형은 크게 스마트 주거안전 서비스, 스마트 주거쾌적 서비스, 스마트 주거편의 서비스, 주택성능 및 유지관리 서비스로 구분할 수 있다.

① 스마트 주거안전(화재 및 범죄 안전) 서비스

주거안전 서비스는 건축물 화재위험 시 주요 정보를 수집하고 AI 기반의 분석결과를 구성원에게 제공하는 것이다. 거주자 화재위험 예방 및 대응을 지원하고 범죄환경에 특화된 이상 상황 감지를 통한 위험예방, 현장대응 및 관련 기관으로 실시간 전파가 가능한 주거안전 서비스를 제공한다.

건축물 화재의 주요 세부정보(발생위치, 화재확산 등)를 IoT 센싱 및 원격분석을 통해 공동체 구성원에 제공함으로써 거주자의 능동적인 피난대응을 지원한다.

② 스마트 주거쾌적(실내환경 및 미세먼지) 서비스

주거쾌적 서비스는 개별 운영되는 가전기기를 하나로 통합하여 가족구성원의 건강상태를 고려한 무자각 개인 맞춤형 쾌적환경을 제공하는 것이다. 주거환경을 쾌적하게 관리할 수 있도록 인공지능, IoT 기술 등을 접목하여 거주자의 요구에 맞춰 최적의 실내환경을 제공·유지하는 맞춤형 토털 솔루션 서비스이다.

③ 스마트 주거편의(가전 및 통신) 서비스

주거편의 서비스는 거주자 요구에 능동적으로 반응, 제어 및 가변하여 최적화된 실내공간 및 환경 구축을 지원하는 서비스이다. 가전 등 IoT 설비를 내장하거나 자유롭게 탈부착이 가능하고 자동제어가 가능한 기술이 필요하다. 또한 IoT 기기 및 통신설비를 내장하여 주거공간 내외부의 정보를 수집하고 외기 변화에 대응하는 자동제어가 가능한 창호 및 외벽 등 스마트 외피 시스템(클래딩) 기술이 필요하다. 주거편의 서비스는 범위가 매우 다양한데, 대표적으로 실내외 환경조건 및 거주자 요구에 자동으로 반응하여 자연채광, 일사유입, 조망 등을 스스로 조절하는 스마트 윈도우 서비스가 있다.

④ 주택성능 및 유지관리 서비스

주택성능 및 유지관리 서비스는 입주자의 편리하고 신속한 하자처리 요청 및 하자정보 DB를 통한 관리자의 체계적인 관리를 돕는 주택 내 유지관리 서비스이다. 공동주택의 운영·유지관리에 관련된 주택성능 및 다양한 이해관계자가 서로 원활하게 정보를 공유할 수 있는 블록체인 오픈플랫폼 기반의 스마트 통합관리시스템 기술이 필요하다.

1. 가볼 만한 곳

주택설비는 우리가 거주하고 있는 집과 생활 곳곳에서 쉽게 접할 수 있다. 주방 싱크대 하부에서 배수트랩과 난방온수 분배기, 화장실에서 세면대 및 대변기, 시스템 에어컨 및 에어컨 유닛, 보일러 및 열병합발전 난방시스템, '두꺼비집'이라고 불리는 분전반, 아파트 지하주차장의 대형환풍기 등 주거생활 곳곳에서 설비를 접하고 있다. 앞서 학습한 주택설비를 우리의 주택에서 관심 있게 둘러보고 설비기기들을 찾아보면 이론적으로 학습한 내용을 좀 더 쉽게 이해할 수 있다.

LG ThinQ Home

자료: 데일리 에이앤뉴스(2021. 11. 25.)

대표적인 스마트홈 사례는 LG ThinQ Home(싱큐홈)이며, 주택 내 에너지를 사용하는 모든 개별 기기의 에너지소비량을 측정·분석·제어 및 관리할 수 있는 HEMSHome Energy Management System가 구축되어 있다. HEMS는 실내환경 측정과 재실자 식별, 행동 분석 등 스마트 측정기기와의 연동을 통해 맞춤형 실내환경 및 에너지관리를 가능하게 한다. 스마트하우징은 최근 몇 년간 공동주택 단지 단위로 스마트하우징 플랫폼을 구축하여 모니터링하고 있는 단계이며, LH에서는 세종시 에너지 자립마을에 AI 기반 스마트하우징 플랫폼과 지능형 주거설비를 적용하여 스마트하우징인 공동주택을 2023년에 준공할 예정이다. 세종시 에너지 자립마을은 33세대로 구성된 임대주택으로, 제로에너지건물이면서 스마트하우징 공동주택이 되는 국내 첫 사례이다.

2. 관련 진로

오늘날의 건축은 지구환경을 고려하고 에너지를 절약하는 친환경건축물에서 거주자에게 좀 더 쾌적하고 편리한 환경을 제공하기 위해 더 많은 설비 시스템과 에너지를 사용해야 하는 건물로 변화하고 있으며 이를 위해 필요한 에너지를 자체적으로 생산하여 소비하는 제로에너지건축물로 향하고 있다. 주거환경을 위해 거주자의 요구수준은 점점 더 높아지고 주택은 더욱더 고도화되고 있다. 이에 따라 주택의 고효율 및 제로에너지건축을 위해 에너지를 사용하는 설비시스템과 에너지를 생산하는 신재생에너지 설비는 필수적인 설계요소가 되었다.
우리나라는 공동주택이 가장 많이 보급되어 있는 주거문화로서 주택사업은 대형건설사에서 대부분 주도하고 있으며 그만큼 큰 규모의 산업이라 할 수 있다. 따라서 주거환경학 전공을 위해 기본적인 건축 및 주택설비를 이해하고 친환경주택 및 제로에너지주택에 대해 학습하고 준비한다면 주거환경분야에서 차별화되고 경쟁력 있는 인재로 나아갈 수 있을 것이다.

CHAPTER 9
친환경주거와 그린리모델링

본 장에서는 이 책에서 공유하고자 하는 중요한 주거가치인 환경적 지속가능성에 대해 다룬다. 최근 몇 년간 매년 여름마다 거듭되는 백 년 만의 폭우로 엄청난 인명상·재산상의 피해를 겪으며 기후변화가 심각한 상태임을 절감하고 있다. 지구환경, 도시환경, 주거환경이 변하지 않으면 인류의 미래가 불투명하다. 이에, 1절에서는 우리의 주택과 주생활이 왜 친환경적으로 변해야 하는지에 대해 현재 지구환경이 어떤 상황이고, 왜 이런 현상이 발생하며, 주택이 환경에 어떤 영향을 미치고 있는지 살펴봄으로써 친환경주거의 필요성을 이해하고, 이러한 배경에서 친환경주거의 핵심 개념과 계획요소에 대해 살펴본다. 2절에서는 단독주택을 친환경주거로 계획하기 위한 주요 개념과 계획요소를 패시브주택과 제로에너지주택을 통해 이해한다. 3절에서는 공동주거단지를 친환경주거단지로 계획하기 위한 대표적 개념과 계획요소를 녹색건축인증제도와 인증항목을 통해 학습한다. 4절에서는 기존의 주거, 특히 노후되어 온실가스를 다량 배출하고 있는 주택이 친환경주거로 변모하기 위한 그린리모델링에 대해, 정의와 계획요소, 정부주도의 그린리모델링 사업과 효과에 대해 살펴본다.

1. 친환경주거의 필요성과 개념

1) 환경오염과 기후변화의 심각성

(1) 토양오염과 쓰레기

대부분의 토양오염은 직간접적으로 산업화에 의한 결과이며, 산업, 건축, 농수산업 등의 부문에서 배출되는 폐기물과 생활 쓰레기 배출량이 매년 증가하고 있고, 폐기물이 분해되거나 쓰레기 침출수에 의해 토양이 오염되고 있으며, 쓰레기 처리 및 매립지 확보 등의 문제가 심각한 상황임은 주지의 사실이다.

〈그림 9-1〉은 태평양을 떠다니는 거대한 쓰레기 섬의 모습이다. 'GPGP Great Pacific Garbage Patch'라고 불리는 이 플라스틱 쓰레기 더미는 1997년 처음 발견될 당시 한반도 면적의 8배 크기였는데, 조사결과가 발표된 2018년에는 한반도 면적의 16배 크기로, 약 20년 만에 두 배가 되어, 쓰레기양의 증가량을 짐작하게 한다. 청정해역이라고 믿고 있던 망망대해조차 쓰레기로 몸살을 앓고 있는 실정인데, 쓰레기에 의해 해수가 오염되면 산소를 만드는 플랑크톤에 위협이 되고, 해양생물이 쓰레기를 먹고 죽어가는 등 해양생태계에 영향을 미친다.

따라서 쓰레기 배출량의 증가는 지구상의 일부를 지속적으로 쓰레기 매립지화해야 하는 문제와 토양오염뿐 아니라, 해양과 수질오염의 원인이 됨을 알 수 있다.

그림 9-1 태평양의 거대한 쓰레기 섬
자료: 태평양관광기구

(2) 수질오염과 미세 플라스틱

수질오염 역시 산업화에 의한 산업폐수와 도시화에 의한 생활하수에 의한 것이다. 오염된 하천수의 정화기술은 지속적으로 발전되었으나, 이는 미세 플라스틱이나 환경호르몬의 정화를 포함하는 것은 아니었다. 그러나 플라스틱이 잘게 쪼개진 미립자 상태를 의미하는 미세 플라스틱과 인체에 흡수되면 호르몬과 같은 역할을 한다고 하여 이름이 붙여진 환경호르몬이 청정지역의 하천수와 호수에서도 검출되고 있고, 최근 들어, 미세 플라스틱이 인체의 혈액 속에 들어가 유발할 수 있는 알레르기, 뇌손상 등 건강상의 위협에 대한 연구결과가 보고되고 있다.

(3) 대기오염과 기후변화

대기오염은 인간이 유해물질을 호흡하게 되므로 건강에 해를 끼치며, 기후변화를 일으킨다. 복사열은 온도가 높을 때는 단파이고 유리, 비닐 등을 잘 투과한다. 그러나 온도가 낮아지면 장파가 되고 투명체를 투과하지 못하여 열이 갇히는데, 태양복사열이 온실에 유입되고 열이 가두어지는 현상과 같다고 하여 온실효과라고 한다.

산업화에 의해 공장, 발전소, 자동차, 주택을 포함한 건물 등에서 화석연료를 사용하면 연소과정에서 여러 종류의 대기오염물질이 배출된다. 탄산가스, 산화질소, 메탄 등의 기체는 지구의 높은 곳에 층을 형성하여 지구에서 방출된 열이 대기 밖으로 빠져나가지 못하도록 열을 가두어 놓는다. 〈그림 9-2〉에서 알 수 있듯이, 지구는 오랫동안 낮 동안에 태양복사열이 지구로 유입되고, 밤이 되면 같은 양의 에너지가 방출되어 왔다. 이것이 지구의 열평형이다. 그러나 지구의 높은 곳에 층이 형성된 기체들이 마치 온실의 비닐장막처럼 태양열이 다시 방출되지 못하게 하여 지구에서도 온실효과가 일어나

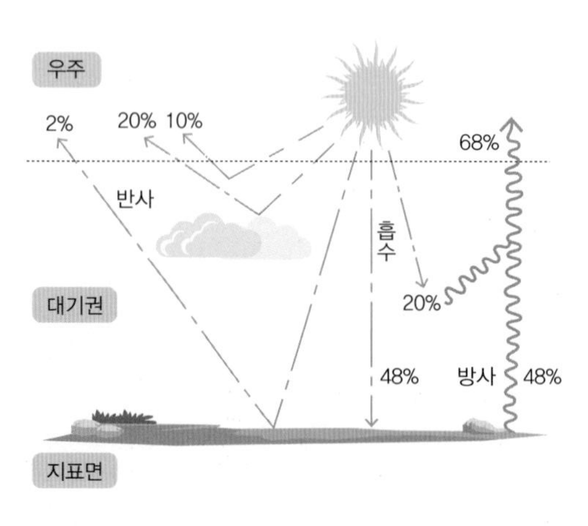

그림 9-2 지구의 열평형

고 있으며, 이러한 기체들을 온실가스라고 한다. 이런 과정은 지구온도를 상승시키고, 지구온도의 상승은 산업화 이전까지의 기후와 확연히 다른 변화를 일으키고 생물권에 막대한 손상을 입힌다.

〈그림 9-3〉은 기후변화 현상들이다. 지구온도의 상승은 여러 지역에 이상고온현상을 지속시키고 있으며, 일부지역에서 이상고온과 가뭄으로 산불이 발생하면 다른 지역에서는 폭우로 홍수가 발생한다. 지구에 갇힌 열에너지의 많은 부분이 바다에 내재되며, 이 에너지가 강력한 태풍을 발생시키고 있고, 해수온의 상승은 바닷물을 산성화하여 해양생태계를 위협하고 있다. 이보다 심각한 지구온난화의 결과는 빙하가 녹아 해수면이 상승되고 있는 것이다.

극한 가뭄

산불

허리케인이 지나간 자리

빙하가 녹는 모습

그림 9-3 세계의 기후변화 현상들

지구온난화가 현재 얼마나 진행되었는지 살펴보자. 유럽연합EU 집행위원회 산하 기후변화감시기구인 코페르니쿠스 기후변화 서비스의 보고에 따르면, 2022년 전 세계 평균기온은 역대 다섯 번째로 높았으며, 이로 인해 지표면 평균온도는 산업화 이전보다 약 1.2℃ 높아져 티핑포인트[1] 2℃를 향해 가고 있으며, UN에서 정한 권고 목표치인 1.5℃까지 0.3℃밖에 남지 않았다(이재은, 2023). 세계 기후과학자 단체인 클라이밋 센트럴은 현재 수준으로 온실가스 배출이 지속되면 2050년까지 한국인 약 40만 명의 거주지가 밀물 때 바다에 잠기게 된다고 예측했다(이경원 외, 2023). 따라서 현재의 위기상황을 극복하기 위해 모든 분야에서 노력해야 하며, 주거분야에서는 주택이 환경에 미치는 영향을 파악하고, 친환경적으로 변화해야 하는 시점이다.

2) 주택이 환경에 미치는 영향

인간의 주거활동은 전반에 걸쳐, 즉 주택을 건축하는 과정, 주택에 거주하는 동안, 수명이 다해 주택을 폐기하는 모든 과정에서 지구환경에 영향을 미친다.

주택을 건축하는 과정에서 주택을 건축할 대지를 조성하기 위해 산을 깎거나 하천을 복개하는 등 자연환경을 파괴한다. 풀과 나무가 자라고 생태학적 가치가 있던 대지에 주택이 건축되면, 초록의 자연이 회색 콘크리트가 된다. 목재, 석재 등의 건축자재는 자연으로부터 생산되는 재료이고, 흔히 인공재료라고 불리는 콘크리트도 골재로 쓰이는 모래와 자갈은 자연으로부터 얻는데, 이를 채취하기 위해 강바닥을 긁는 등 자연에 영향을 준다. 자연재료인 목재도 나무 그 자체가 건축자재가 되는 것은 아니고 방부처리를 해야만 건축자재가 되며, 금속재나 플라스틱재는 생산하는 데 막대한 양의 에너지를 사용한다. 이러한 목재를 멀리 해외에서 운반하고 주택을 시공하는 과정에서도 화석에너지를 사용하게 되며, 이는 바다를 오염시키고, 폐기물을 발생시킨다.

---

1 티핑포인트(tipping point): 기후변화는 지구 평균기온이 상승할수록 인류의 저지 또는 완화능력을 벗어난다. 지구 평균기온이 일정수준 이상 올라가면, 그때는 인류가 온실가스 배출을 제로로 만들어도 기후변화를 돌이킬 수 없다. 기후변화를 일으키는 요인들이 서로 상승작용을 일으켜서 인류의 개입 없이도 계속 진행되는 것이다. 이렇게 더 이상 손쓸 수 없는 지점을 티핑포인트라고 한다(김원 외, 2009).

주택에 거주하는 동안 실내환경을 조성하기 위해 설비를 가동하고, 위생적이고 편리한 생활을 위해 가전기기를 사용하는데, 냉난방, 조명 등의 설비가동에 따라 많은 양의 화석에너지가 소비된다. 화석에너지의 사용은 지구상에 존재하는 에너지원을 고갈시킬 뿐 아니라, 대기오염물질을 배출한다. 또한 주택은 생활공간이므로 생활폐수와 생활 쓰레기를 배출하며, 주택의 물리적·사회적 수명이 다해 해체하거나 수리하는 경우에 막대한 양의 폐자재가 배출된다.

3) 친환경주거의 개념과 계획요소

(1) 친환경주거의 개념

앞에서 주택을 건축하고 주택에 거주하고 해체하는 주거활동이 환경에 미치는 영향이 막대함을 살펴보았으므로, 주택이 환경에 미치는 영향을 최소화하기 위한 노력이 매우 필요한 시점임을 절감할 것이다. 따라서, 친환경주거란 주택의 대지조성 단계부터 계획, 시공, 거주 중의 유지관리, 해체 후 폐기물처리 단계까지 총체적으로 화석에너지 사용과 온실가스, 폐수, 폐기물 배출을 감소시켜 환경에 주는 부담을 최소화하는 주택이다. 더불어, 주변환경과의 연계에 의해 생태계의 순환성에 기여하며, 거주환경의 건강과 쾌적성을 확보하는 주택을 의미한다.

흔히 친환경주거를 집 주변에 나무를 심고 연못을 만들거나 산세가 좋은 강가나 숲속에 지은 전원주택으로 오인하는 경우가 있는데, 친환경주거는 지구온난화 방지를 위해 등장한 것이다. 온실가스 배출의 주요 원인인 화석에너지 소비감축이 친환경주거의 핵심 가치이자, 일반주거를 친환경주거로 전환해야 하는 이유이다.

(2) 친환경주거의 계획개념과 계획요소

친환경주거의 계획요소는 매우 다양하고 계속 개발되고 있으므로, 계획개념에 따른 핵심 계획요소들만을 〈표 9-1〉에 요약하였다. 친환경주거는 환경에 미치는 영향을 최소화하는 것이 목표이므로, 지구환경의 보전과 주변환경과의 친화를 계획개념으로 한다. 그런데 친환경주거는 환경에 미치는 영향을 최소화하기 위해 인간은 냉난방이나 조명

표 9-1 친환경주거 계획요소 요약

계획개념	계획기법	계획요소의 예
지구환경의 보전 (low impact to enviroment)	• 에너지의 절약과 유효이용 • 신재생에너지 및 자연에너지 이용 • 내구성의 향상과 자원의 유효 이용 • 환경부담의 경감과 폐기물의 감소	• 구조체와 창호의 고단열 · 고기밀, 열교차단 • 최적의 창면적비 • 일사획득(남향창과 온실)과 일사차단(차양, 열선반사유리 등) • 대지의 일조, 바람 등의 자연에너지를 이용하는 배치 • 자연통풍 설계(대기질 악화로 통풍 시 주의 필요) • 내구성을 지닌 재료와 구조체 사용 • 신재생에너지(태양, 바이오매스, 풍력, 지열 등) 설비 • 중수, 빗물 활용 • 제조와 생산, 시공, 운반에 에너지를 적게 사용하는 건축자재, 부품, 시공법 사용 • 재이용, 재생사용이 가능한 건축자재나 부품 사용
주변환경과의 친화 (high contact with nature)	• 생태적 순환성의 확보 • 기후나 지역성과의 조화 • 건물 내외의 연계성 향상 • 거주자의 공동체 활동 지원	• 건물(지붕 또는 옥상, 벽면)녹화 • 투수성 포장 • 동물서식처 마련 • 생태적 옥외공간 조성으로 미기후조절 • 반옥외 생활공간, 출입 · 개방 가능한 창호로 실내외 연결 • 거주자참여형 계획 • 공동체 시설 또는 공간계획
거주환경의 건강 · 쾌적성 (health & amenity)	• 자연에 의한 건강성 확보 • 건강하고 쾌적한 실내환경 • 안전성 향상 • 거주성 향상	• 대기정화능력이나 탄소고정도가 높은 수목 등 식재 • 인체에 쾌적한 냉난방(복사냉난방 등) 실현 • 조습능력이 있는 소재 활용 • 마감재로 천연재료나 자연소재 이용 • 유해가스방출 등 건강에 유해한 건축자재 사용 지양 • 열회수환기장치 • 플리커프리(flicker-free) LED조명 • 차음설계

자료: 일본 지구환경주거연구회(1994), 저자 재구성

도 켜지 않고 열악하게 지내자는 것이 아니라, 거주자는 더욱 건강하고 쾌적하게 생활하면서도 온실가스와 폐수, 폐기물은 감축하는 것이다. 이에 거주환경의 건강·쾌적성을 세 번째 계획개념으로 한다.

① 지구환경의 보전(low impact to environment)

지구환경의 보전은 온실가스(기체 쓰레기), 하수(액체 쓰레기), 폐기물(고체 쓰레기) 등 주택에서 발생하는 각종 오염물질을 감소시키자는 계획개념이다. 온실가스 배출을 감소시

키기 위해서는 화석에너지 소비를 줄여야 한다. 주택에서 에너지를 사용하는 주된 부분은 냉난방, 조명, 위생설비, 가전기기 및 조리기구 등으로, 이러한 설비와 가전의 가동시간을 줄일 수 있도록 구조체를 계획하고, 설비의 에너지원은 화석에너지가 아닌 신재생에너지를 이용해야 한다. 주택의 에너지소비 중 냉난방에너지 비율이 높으므로, 냉난방에너지를 감소시킬 수 있도록 기후에 적합한 형태와 고단열, 일사의 획득과 차단, 자연형 냉방기법이 기본이 된다. 또한 하수량 감소를 위해 빗물 또는 중수 활용, 폐기물 감소를 위해 주택의 수명을 길게 유지하고 내구성 있는 구조체와 재료를 사용해야 한다.

② 주변환경과의 친화(high contact with nature)

주변환경과의 친화는 주거환경을 자연과 더욱 접촉시키자는 의미로서, 생태적 순환성, 지역성, 공동체 개념을 도입하여 주택과 생태계의 조화를 이루기 위한 것이다. 건물녹화는 생태학적 가치가 있던 대지에 주택을 건축함으로써 훼손된 자연을 회복시킨다는 개념으로, 지붕 또는 옥상녹화, 벽면녹화, 차음벽 등의 담장녹화를 들 수 있는데, 인공물녹화로 건물의 단열성을 향상시키고 도시의 소음을 감쇄하는 효과까지 얻을 수 있다.

동식물서식처로 육생 비오톱은 흙과 식물에 의해 생물이 서식할 수 있는 환경을 말하며, 수생 비오톱은 수생생물이 서식할 수 있는 수(水)공간을 의미하는데, 이러한 동식물서식처를 조성하면 생태적 순환성 또는 생태계와의 조화뿐 아니라, 물과 식물에 의해 미기후微氣候가 완화되는 효과와 물소리, 새소리 등으로 도시소음이나 생활소음이 은폐(마스킹 효과)되는 효과도 얻을 수 있다.

거주자참여형 계획은 주택설계의 초기단계부터 거주자의 의견을 반영함으로써 주택의 사회적 수명을 연장하는 것이다. 친환경으로의 변화는 한 사람 또는 한 가족만의 실천으로는 그 효과가 미미할 뿐만 아니라, 쓰레기 분리수거, 음식물 퇴비화 및 텃밭 활용, 에너지 절약의 실천 등 커뮤니티 차원에서 추진하지 않으면 실천하기 어려운 부분들도 많으므로, 커뮤니티 활성화를 위한 계획은 친환경주거가 되기 위해 꼭 필요한 계획요소이다.

③ 거주환경의 건강 · 쾌적성(health & amenity)

거주환경의 건강·쾌적성은 건강한 실내환경 조성과 관련된 요소를 도입하는 것이다. 또한 어메니티amenity란 흔히 쾌적성이라 번역하지만, 신체적인 쾌적comfort은 물론이고, 정신적으로 쾌적한 생활을 위한 경관의 쾌적성, 녹지나 수변공간과 같은 주변환경의 쾌적성, 교육 및 복지 등의 근린환경의 쾌적성 등을 포함하는 개념이다.

거주자의 건강·쾌적성을 위한 계획요소는 「7장 실내환경」에서 다루고 있다. 다만, 지구온난화 방지를 핵심으로 하는 친환경주거는 실내환경 조성을 위한 설비로 에너지 효율이 높은 설비를 채택하고 설비의 에너지원은 신재생에너지를 사용하며, 동일 목적의 설비 중 거주자의 건강 쾌적성에 유리한 방식을 채택한다. 예를 들면 온풍난방방식보다는 인체의 두한족열 상태와 습도유지에 유리한 바닥복사 난방방식을 채택한다. 건강성이 강화된 소재를 선택할 때에도 재활용 또는 업사이클링 소재, 해체 시 자연으로 돌아가는 소재, 대나무와 같이 성장속도가 빨라 환경 훼손이 적은 소재, 생산과정에서나 운반 시 온실가스 발생량이 적거나 수명이 긴 소재를 선택한다.

2. 단독주택: 패시브주택과 제로에너지주택으로

1) 패시브주택

(1) 패시브주택의 정의

거주자에게 쾌적하고 건강한 주거공간이 되려면 실내환경을 거주자 특성에 적합하게 조절해야 하는데, 건물의 실내환경을 조절하는 방법에는 크게 자연형 조절방법passive control system과 설비형 조절방법active control system 두 가지가 있다. 자연형 조절은 남향배치, 단열, 창호, 지붕과 차양 등 건물의 외피계획을 통해 실내환경을 조절하는 것이고, 설비형 조절은 보일러, 에어컨 등 에너지를 이용하는 설비를 가동함으로써 실내환경을 조절하는 것이다. 패시브주택이라는 용어도 이러한 개념에서 비롯된 것으로, 에너지를 이용하는 설비의 가동을 최소화하고 건물의 외피계획을 통해 실내환경을 조성하는 주택이라고 할 수 있다.

패시브주택은 독일에서 시작되었고, 연간 단위면적당 난방에너지 요구량이 15kWh/m^2a 이하인 주택으로 정의하며, PHIPassive House Institute에서 패시브하우스 인증제도와 패시브하우스 디자이너 자격제도를 운영하고 있다(http://passiv.de). 난방에너지 요구량 15kWh/m^2a는 우리나라 기존 일반주택의 1/5~1/10 수준이다. 국내에서는 한국패시브건축협회에서 협회인증 패시브건축인증제도를 운영하고 있다(www.phiko.kr).

(2) 패시브주택의 계획요소

패시브주택의 원리는 기후디자인의 원리와 같다. 기후디자인이란 기후특성에 적합하게 건물의 배치, 형태, 구조, 재료, 설비 등을 설계하는 자연형 조절방법을 말한다. 기본원리는 한랭지역의 경우는 열손실을 최소화하고 수열량受熱量 및 방풍효과를 증대하는 것, 고온다습지역에서는 일사는 차단하고 통풍에 의해 습도와 체감온도를 저하시키는 것 등이다.

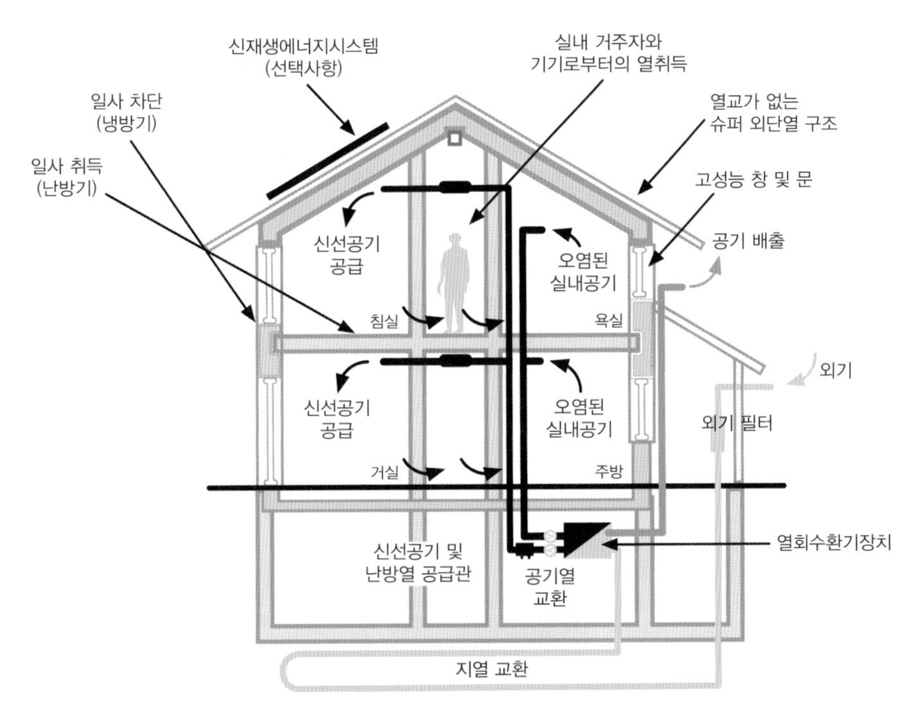

그림 9-4 패시브주택의 계획요소

우리나라의 기후는 겨울은 한랭지역, 여름은 고온다습지역과 유사하다. 이를 위한 기후디자인의 기본요소는 고단열·고기밀, 열과 빛의 획득을 위한 남향의 창호, 여름철의 과열방지를 위한 일사차단 및 자연형 냉방이며, 이것이 패시브주택의 기본 계획요소가 된다.

① 고단열 · 고기밀

고단열·고기밀은 친환경주거의 가장 기본적이고 중요한 계획요소라고 할 수 있다.

단열성이란 주택의 실내와 외부 간에 주택 구조체(고체)를 통한 열이동을 차단하는 성능으로, 단열재를 어느 쪽에 위치시키느냐에 따라 내단열, 중단열, 외단열로 구분하는데, 실내 측에 단열재를 부착하는 내단열에 비해 구조체 자체를 보온하고 열교를 차단할 수 있는 외단열이 유리한 방법이므로, 패시브주택에는 외단열 기법을 주로 적용하고 있다.

열교thermal bridge란 단열이 부족하거나 끊어진 국지적인 부위를 통해 열류가 흐르는 현상을 의미하며, 에너지손실의 통로이자 결로현상의 원인이 되므로, 기초부분, 지붕, 파라펫, 창호 프레임 등 취약한 부위의 열교차단이 중요하다.

기밀성이란 공기가 열을 가지고 주택 내외부 간에 이동하는 것을 차단하는 성능이며, 기밀성 향상을 위해서는 구조체 틈새 부위, 창호 프레임 등의 기밀시공이 필요하며, 기밀성이 높은 시스템창호 적용이 요구된다.

또한 주택의 형태는 수열량을 겨울철에는 증가시키고 여름철에는 감소시키는 데 동서 간 장방형이 유리하며, 건물의 외피면적이 증가할수록 에너지소비도 증가하게 되므로 거주자의 생활방식에 꼭 필요한 적정면적의 요철이 없는 형태로 외피면적을 최소화해야 한다.

② 일사 및 일조의 획득과 차단

패시브주택은 설비가동을 최소화하므로, 겨울철에는 외부로부터 열을 취득하여 축열하는 온실효과의 원리를 이용해야 하는데, 이를 위한 계획요소가 남향의 창호와 단열유리 및 기밀, 축열성 있는 재료이다. 따라서 유리의 단열성과 기밀성이 강화된 프레임의 시스템창호 및 로이유리[2]를 적용하고 포세린타일 등의 축열성 있는 바닥재를 채택해야 한다.

그러나 유리는 벽체에 비해 축열성과 단열성이 현저히 낮아 겨울철에는 해가 지면 열이 손실되므로 창호덧문 등이 필요하며, 여름철에는 일사획득으로 온실처럼 더운 주택이 되므로, 그 지역의 기후를 분석하여 방위별로 벽체와 유리 면적의 비율, 즉 창면적비와 SHGC Solar Heat Gain Coefficient(태양열취득계수)가 최적화되도록 계획해야 한다. 여름철에는 태양열을 차단할 수 있는 처마나 차양, 외부 블라인드 등의 일사차단장치가 필요하다. 일조는 실내에 설치한 블라인드나 커튼으로도 차단이 가능하지만 일사는 유입되므로 외부에 설치하는 장치가 유리하다.

또한 창호는 태양열뿐 아니라 태양빛의 획득으로 주간의 조명에너지 소비를 감소시킬 수 있으므로, 적절한 위치에 최적의 크기로 창호를 계획하고 실내 깊숙이 태양빛이 유입될 수 있도록 광선반을 설치하며, 창이 없는 공간에는 광덕트를 설치한다.

그림 9-5 방위별 적정 창면적비 및 SHGC
자료: 국토교통부 · 한국에너지공단(2022). p.22

---

2 로이(low-emissivity)유리: 유리표면에 금속산화물을 코팅하여 복사열을 반사시킴으로써 방사율과 열관류율을 낮춘 유리이다. 주택은 야간에 재실시간이 길고 난방에너지의 비율이 높으므로, 겨울철에 실내의 열이 외부로 빠져나가지 않도록 더블 또는 트리플 글래스의 경우 가장 실내측 면이 코팅된 로이유리가 적합하다. 반대로 주간에 재실시간이 길고 난방에너지보다 냉방에너지 비율이 높은 오피스빌딩의 경우에는 여름철에 외부열이 유입되지 않도록 가장 외측 면이 코팅된 로이유리가 적합하다.

그림 9-6 외부 차양과 루버 설치 사례들

자료: 국토교통부 · 한국에너지공단(2022). p.43; 미국 포틀랜드 사례

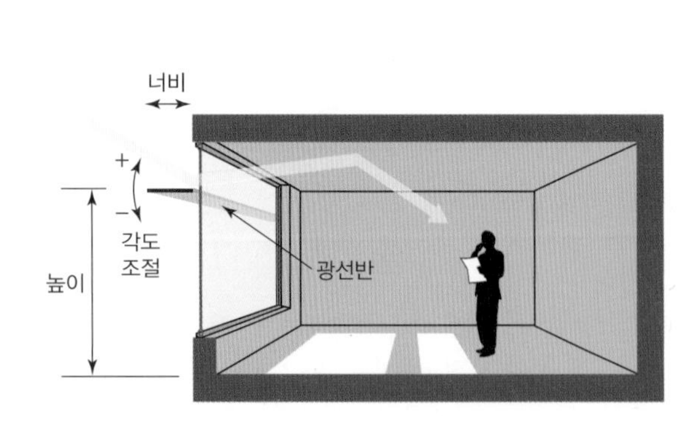

그림 9-7 광선반의 원리

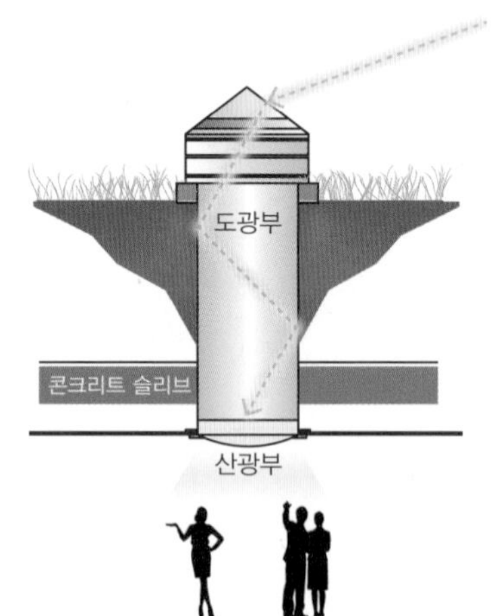

그림 9-8 광덕트의 원리

③ 자연형 냉방과 열교환 환기장치

자연형 냉방이란 기계장치 없이 맞통풍, 굴뚝효과, 증발냉각 등의 원리를 이용하여 건물 구조체의 열을 식히는 것을 말한다. 통풍은 바람을 활용하여 실내온열환경을 조절하는 것이며, 환기는 실내공기질의 개선을 위한 것이다. 통풍은 간절기에 기계냉방을 가동하지 않고 체감온도를 낮출 수 있는 패시브요소이나, 최근 우리나라는 거의 아열대기후가 되고 있어 기계냉방을 하지 않고 통풍으로 실내환경을 조절할 수 있는 기간이 극히 짧은 실정이다.

굴뚝효과는 굴뚝과 같이 가늘고 긴 형태의 배기관 또는 급기구는 낮은 높이에, 배기구는 높은 위치에 만들어 더워진 실내공기를 빠른 속도로 배출하는 것이며, 증발냉각은 주택의 전면유리창에 비가 오듯이 물이 흘러내리게 하거나, 마당에 물을 뿌려 주위의 열을 흡수하여 액체에서 기체로 상태변화를 하는 증발작용의 원리를 이용하여 구조체의 열을 식히는 것이다. 또한 패시브주택은 고단열·고기밀화된 구조체에 의해 실내공기가 악화될 수 있으므로, 환기시스템의 가동이 필수적이다. 전통한옥은 구조체에 틈새가 많기 때문에 실내공기가 양호하게 유지될 수 있을 것으로 오해할 수 있으나, 그렇지 않다. 최근에는 대기가 오염된 경우가 많기도 하고, 고단열·고기밀한 구조체를 만들고 환기시스템으로 필터링된 신선외기를 공급하는 것이 에너지는 최소로 사용하면서 일정한 실내온열환경과 실내공기질을 유지함으로써 거주자의 건강에도 좋고 환경에도 기여할 수 있다. 이때 환기에 의한 열손실을 최소화하기 위해 외부로 버려지는 열을 다시 회수하는 열회수환기시스템 채택이 최선의 해법이며, 이때 주기적인 필터교환이 중요하다.

그렇다고 창개방 환기가 필요하지 않은 것은 아니다. 아무리 인증자재를 채택한다고 해도 신축 및 리모델링, 새 가구를 도입한 시기에는 화학오염물질 등의 농도가 높고, 장시간의 음식조리나 실내오염물질 발생 시에는 창개방을 통해 외부로 배출할 필요가 있다. 이러한 경우를 위해 맞통풍이 가능한 창호계획은 꼭 필요한 요소이다.

그림 9-9 굴뚝효과의 원리

그림 9-10 2010 상해엑스포 프랑스 알사스관[3]

2) 제로에너지주택

(1) 제로에너지주택의 정의와 추진현황

① 제로에너지주택의 정의

우리나라와 같이 겨울철의 한랭기후, 여름철의 고온다습한 기후에서는 패시브디자인만으로는 실내환경을 적합하게 조성하기 어려워 설비의 가동이 필요하다. 이때 에너지효율이 높은 설비를 채택하고, 이 설비를 가동하는 에너지를 화석에너지가 아닌 신재생에너지를 사용함으로써 화석에너지 소비를 제로로 하는 주택이 제로에너지주택이며, 이렇게 하면 온실가스의 배출도 제로에 가깝게 된다(그림 9-11).

국토교통부에서는 제로에너지건축물 인증기준을 〈그림 9-12〉와 같이 규정하고 있다. 즉, 건축물에너지효율등급 1++등급 이상을 충족하고 건물에너지관리시스템BEMS, Building Energy Management System을 설치한 건축물 중 에너지자립률에 따라 5개 등급으로 구분된다. 건축물에너지효율등급은 건물에너지해석 프로그램인 ECO2 또는 ECO2-

3 유리로 된 벽면의 돌출된 상부에는 태양광 패널을 설치하고, 하부에는 물을 흐르게 하여 증발냉각을 이용하는 사례를 보여주고 있다. 물은 컴퓨터에 의해 외기온도, 태양복사의 세기 변화에 따라 자동으로 조절된다.

OD[4]의 결과값에 따르는데, 연간 단위면적당 1차에너지소요량이 적어지는 방법은 앞에서 설명한 대로 패시브디자인에 의해 설비의 가동을 최소화하면서 설비는 고효율설비를 채택하고, 이 설비를 가동하는 에너지원은 신재생에너지설비로 생산하는 것이다.

에너지자립률은 건축물에서 사용하는 1차에너지소비량 대비 신재생에너지 생산량으로 정의하며, 건물에너지관리시스템은 건물에서 사용하는 에너지원별, 용도별 데이터를 수집하고 효율을 분석하여 스마트하게 제어함으로써 에너지사용량을 더 감소시킬 수 있다.

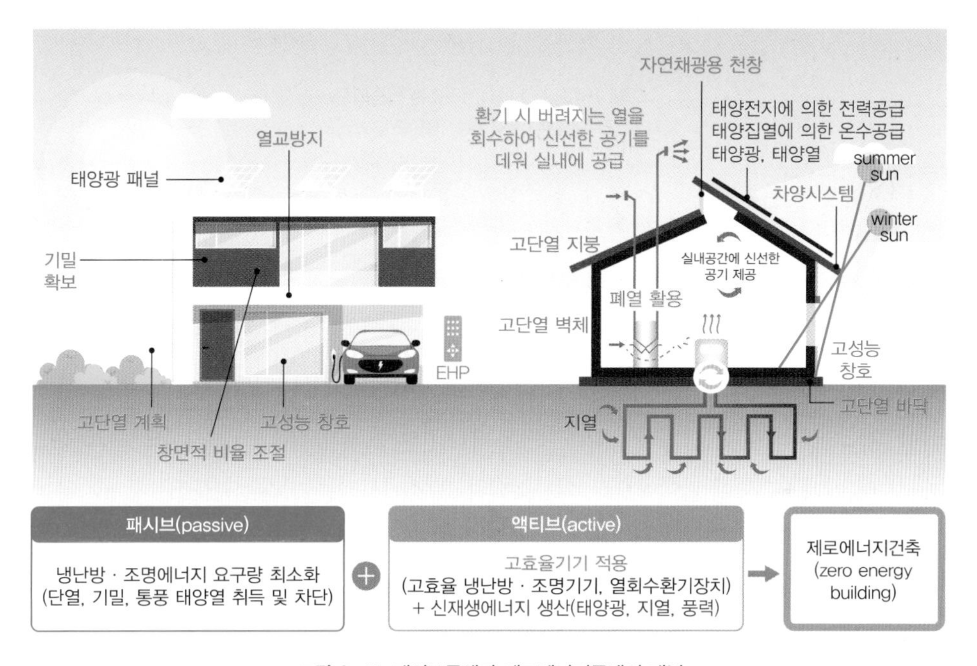

그림 9-11 패시브주택과 제로에너지주택의 개념

자료: 국토교통부 · 한국에너지공단(2022), p.8. 저자 재구성

---

4 ECO2 또는 ECO2-OD: 건축물의 에너지소비 총량을 평가하기 위한 프로그램으로, 건축물의 에너지요구량과 소비총량을 산출하며, 프로그램에 요구되는 정보는 크게 일반사항, 건축부문, 설비부문으로 구분된다. 이는 「건축물의 에너지절약설계기준」의 평가항목을 기초로 ISO 13790의 계산방식에 따라 난방, 냉방, 급탕, 조명, 환기 등에 대해 연간 단위면적당 1차에너지소요량을 종합적으로 평가하도록 제작되었다(한국건설기술연구원, 2014).

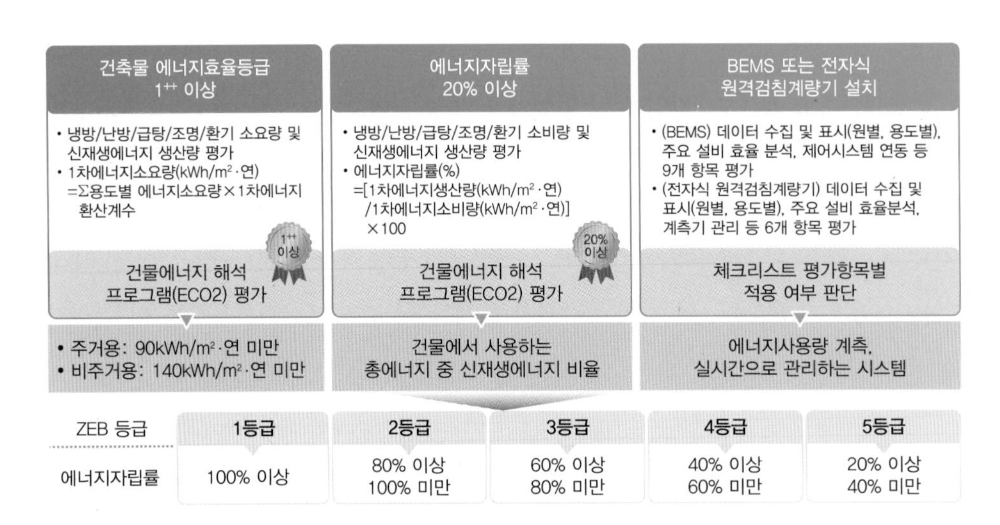

ZEB 등급	1등급	2등급	3등급	4등급	5등급
에너지자립률	100% 이상	80% 이상 100% 미만	60% 이상 80% 미만	40% 이상 60% 미만	20% 이상 40% 미만

그림 9-12 제로에너지건축물 인증기준
자료: 국토교통부 · 한국에너지공단(2022). p.10

② 제로에너지주택의 추진현황

국토교통부는「건축물의 에너지절약설계기준」에서 구조체의 단열기준 등을 지속적으로 강화함으로써, 에너지 다소비형 주택으로부터 에너지 저소비형 주택, 패시브주택, 제로에너지주택으로 변화를 추진해 왔으며, 제로에너지건축물의 보급확산을 위한 의무화를 강도 높게 추진하고 있다. 2020년부터 1천 m^2 이상 공공건축물을 시작으로 2050년까지 제로에너지건축이 단계적으로 의무화되며, 2025년부터는 민간건축물도 1천 m^2 이상은 제로에너지건축물 수준으로 의무화 예정이다.

③ 신재생에너지보급확대 사업

제로에너지주택을 실현하기 위해서는 신재생에너지설비의 채택이 필수적인데, 이를 위한 지원제도가 있다. 한국에너지공단 신재생에너지센터에서 시행 중인 사업으로, 주택지원사업이란 태양광, 태양열, 지열, 연료전지 등의 신재생에너지설비를 기존 및 신축 단독주택 또는 공동주택에 설치할 경우 설치비의 일부를 정부가 지원하는 사업이다(https://www.knrec.or.kr).

태양광대여사업은 정부보조금, 소비자의 초기투자비 부담 없이 대여사업자가 설

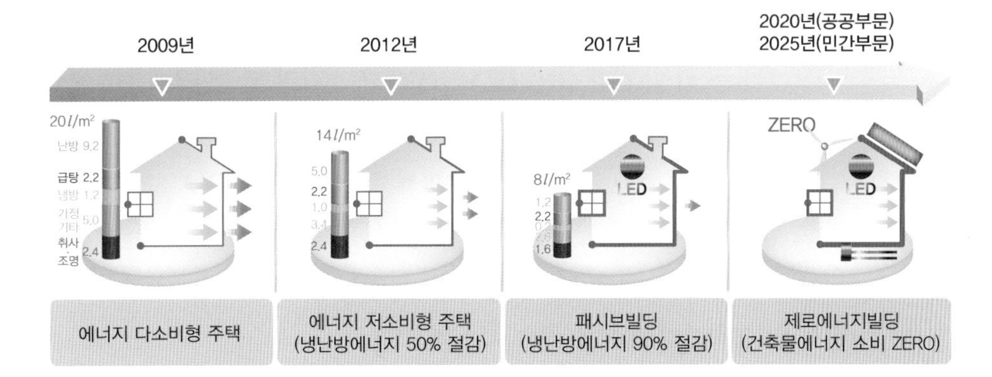

그림 9-13 주택의 에너지 소비현황과 추진목표
자료: 국토교통부 · 한국에너지공단(2022). p.8

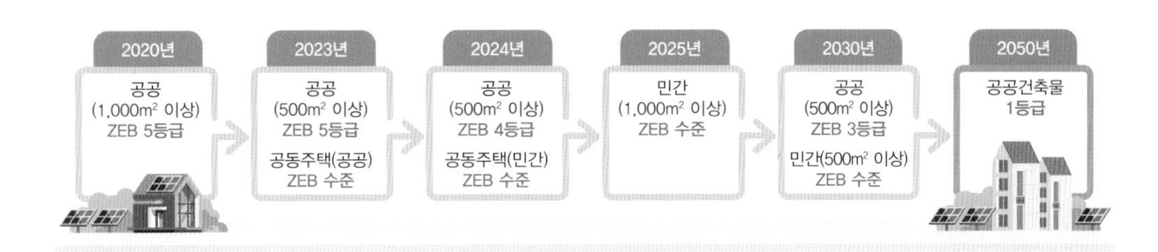

그림 9-14 제로에너지건축물 의무화 추진현황(2021 로드맵)
자료: 국토교통부 · 한국에너지공단(2022). p.9

치·운영·관리까지 책임지는 민간주도 보급 및 육성을 위한 사업으로, 사업대상은 신청 직전 1년간 월평균 전력사용량 300kWh 이상인 단독주택 또는 기존 및 신축 공동주택이다.

이 외에 지역을 대상으로 신·재생에너지원 설비의 설치 사업비 일부를 지원해주는 융복합지원 등도 시행 중에 있다.

(2) 제로에너지주택의 계획요소 [국토교통부 · 한국에너지공단(2022). 재구성]

제로에너지주택 실현을 위한 단계는 프리-패시브 및 패시브디자인으로 에너지요구량을 최소화한 후, 고효율 액티브설비 채택으로 에너지효율을 최대화하고, 신재생에너지 설비의 설치로 에너지자립률을 극대화한 후, 거주 중에는 BEMS를 이용하여 에너지를 관리함으로써 에너지 누수를 최소화하는 것이다.

프리-패시브 기술은 입지, 지형, 기후 및 미기후를 분석하여 토지이용계획을 수립하고 생태적 외부공간을 조성하는 것으로, 3절에서 다룬다. 패시브 기술은 건물배치 및 형태계획, 외피 단열성능 강화, 방위별 창면적비 최적화, 차양 및 유리의 SHGC 개선으로 에너지요구량을 최소화하는 것이며, 앞의 패시브주택 부분에서 살펴보았다.

① 냉난방방식 및 열원설비 최적화, 환기시스템 적용

우리나라에서 주택의 난방은 바닥복사난방을 채택하고 있으나, 패시브주택은 난방설비의 가동시간이 매우 줄어든다. 패시브주택은 겨울철에도 난방을 새벽에 두 시간만 가동해도 하루 종일 실내온도의 유지가 가능하다는 연구결과가 있다(김종란 외, 2019). 바닥에 온수배관을 시공하는 것은 초기비용도 많이 들고, 노후화로 인한 초기성능 저하방지를 위한 유지관리 및 보수가 필요하다. 따라서 제로에너지주택에는 바닥복사난방방식 및 보일러 대신 냉난방 겸용 고효율EHP[5]를 채택하고 환기시스템용 덕트를 겸용으로 설계하면 초기비용 및 유지관리비용을 상당히 줄일 수 있으므로 이에 대한 검토를 추천한다.

제로에너지주택은 화석연료를 에너지원으로 하는 설비 대신 전기를 에너지원으로 하는 설비를 채택하여 전전화全電化하고, 소요되는 전기는 신재생에너지를 이용함으로써 개별주택에서 배출하는 대기오염물질을 제로로 하는 것을 지향한다.

법적기준보다 상향된 단열성능 적용 등 프리-패시브 및 패시브 설계를 했다면, 기존의 냉난방부하 기준 대신 이를 반영한 냉난방부하 재산정으로 설비용량을 최적화한다. 최적용량의 냉난방설비는 지열히트펌프[6] 등 고효율 또는 신재생에너지 하이브리드 제품을 채택한다.

---

5 고효율기기
- COP(Coefficient Of Performance, 성능계수): 투입된 에너지(input) 대비 출력된 에너지(output)가 높은 기기이다.
- EHP(Electric Heat Pump): 전기모터를 사용하여 컴프레서를 구동하는 히트펌프이다.
- 히트펌프: 낮은 온도의 물체에서 높은 온도의 물체로 열량을 운반하는 장치이다.

6 지열냉난방: 외부환경과 무관하게 지중온도는 일정하게 유지되는 원리를 이용하여, 땅속으로부터 더운 여름에는 찬 공기가, 겨울철에는 따뜻한 공기가 실내로 유입되도록 한 냉난방 체계이다.

② 고효율조명 채택 및 조명밀도 최적화

조명광원은 고효율LED를 선택하고 조명밀도를 최적화한다. 조명밀도는 조명기기의 소비전력을 실내바닥면적으로 나눈 값으로, 조명밀도가 높으면 내부열 취득이 증가하고 필요 이상의 에너지가 소비되므로 주거용 건물의 경우 50m^{2}형은 6W/m^2, 84m^{2}형은 5.5W/m^2 이하를 적용한다.

③ 신재생에너지설비 최적화

주동의 일조조건을 검토하여 옥상 태양광의 최대 설치가능용량을 산정한다. 한국에너지공단 「신재생에너지 설비 지원 등에 관한 지침」의 태양광설비 시공기준에 따르면, 일조시간은 1일 5시간(3~5월, 9~11월 기준) 이상 확보가 필요하다. 태양광패널 설치는 〈그림 9-15〉와 같이 옥상 → 입면 → 측벽 순으로 적용한다. 태양광패널의 발전효율은 남향설치각도 23° 이상, 단결정 고효율PV모듈을 적용함으로써 향상시킬 수 있다.

단독주택의 경우 태양광과 지열 등 신재생공급비율이 84m^{2}형 기준 1.6kWp(킬로와트피크)/세대 이상이면 에너지자립률 20%를 달성하여 제로에너지건축물 5등급 수준이 된다.

④ BEMS 또는 전자식 원격검침계량기 설치

제로에너지건축물이 달성되기 위해서는 BEMS를 설치하여 거주 중에 에너지를 관리함으로써 에너지 누수를 최소화해야 한다. BEMS 또는 전자식 원격검침계량기의 기능은

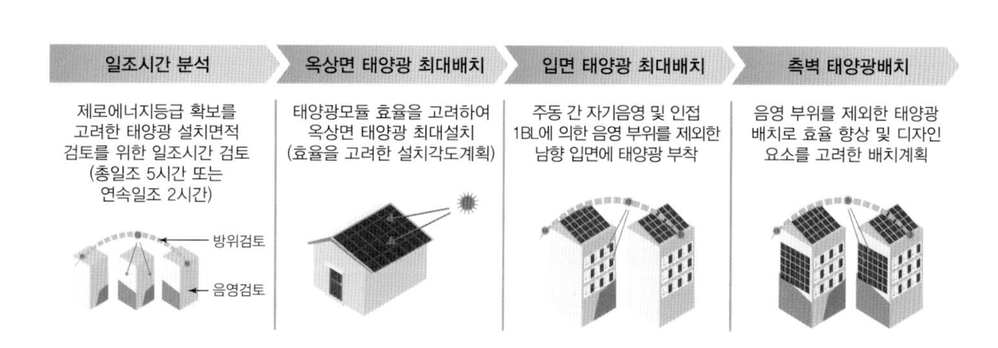

그림 9-15 태양광패널 설치 최적화 단계

자료: 국토교통부 · 한국에너지공단(2022). p.30

데이터 수집 및 표시, 데이터 조회, 에너지 소비현황 분석, 에너지비용 조회 및 분석, 계측기 관리, 데이터 관리 등이다.

3. 공동주거단지: 녹색건축인증단지로

1) 녹색건축인증제도의 개요

녹색건축인증제도란 설계와 시공, 유지, 관리 등 전 과정에 걸쳐 에너지절약 및 환경오염 저감에 기여한 건축물에 대한 친환경건축물 인증을 부여하는 제도이다. 또한 지속가능한 개발의 실현을 목표로 인간과 자연이 서로 친화하며 공생할 수 있도록 계획된 건축물의 입지, 자재선정 및 시공, 유지관리, 폐기 등 건축물의 전 생애life cycle를 대상으로 환경에 영향을 미치는 요소에 대한 평가를 통하여 건축물의 환경성능을 인증하는 제도를 말한다(http://www.gseed.or.kr/overview.do).

건설교통부와 환경부에서 시행하던 초창기 인증제들을 통합하여 2002년 1월 공동주택을 대상으로 시행을 시작하였다. 현행 인증심사 세부기준은 토지이용 및 교통, 에너지 및 환경오염, 재료 및 자원, 물순환 관리, 유지관리, 생태환경, 실내환경의 7개 전문분야의 평가항목별 점수를 합산하여 등급을 인증하고 있으며, 신축 주거용 건축물 중 공동주택의 인증심사기준은 〈표 9-2〉와 같다. 그러나 인증제도는 현재 개정 작업 및 논의 중에 있다.

표 9-2 녹색건축인증 심사기준 – 신축 주거용 건축물 중 공동주택[1)]

전문분야	인증항목	배점
1. 토지이용 및 교통	1.1 기존대지의 생태학적 가치	2
	1.2 과도한 지하개발 지양	3
	1.3 토공사 절성토량 최소화	2
	1.4 일조권 간섭방지 대책의 타당성	2
	1.5 단지 내 보행자 전용도로 조성과 외부보행자 전용도로와의 연결	2

(계속)

전문분야	인증항목	배점
1. 토지이용 및 교통	1.6 대중교통의 근접성	2
	1.7 자전거주차장 및 자전거도로의 적합성	2
	1.8 생활편의시설의 접근성	1
2. 에너지 및 환경오염	2.1 에너지 성능	12
	2.2 에너지 모니터링 및 관리지원 장치	2
	2.3 신 · 재생에너지 이용	3
	2.4 저탄소 에너지원 기술의 적용	1
	2.5 오존층 보호 및 지구온난화 저감	2
3. 재료 및 자원	3.1 환경성선언 제품(EPD)의 사용	4
	3.2 저탄소 자재의 사용	2
	3.3 자원순환 자재의 사용	2
	3.4 유해물질 저감 자재의 사용	2
	3.5 녹색건축자재의 적용 비율	4
	3.6 재활용가능자원의 보관시설 설치	1
4. 물순환관리	4.1 빗물관리	5
	4.2 빗물 및 유출지하수 이용	4
	4.3 절수형 기기 사용	3
	4.4 물 사용량 모니터링	2
5. 유지관리	5.1 건설현장의 환경관리 계획	2
	5.2 운영 · 유지관리 문서 및 매뉴얼 제공	2
	5.3 사용자 매뉴얼 제공	2
	5.4 녹색건축인증 관련 정보제공	3
6. 생태환경	6.1 연계된 녹지축 조성	2
	6.2 자연지반 녹지율	4
	6.3 생태면적률	10
	6.4 비오톱 조성	4
7. 실내환경	7.1 실내공기 오염물질 저방출 제품의 적용	6
	7.2 자연 환기성능 확보	2
	7.3 단위세대 환기성능 확보	2
	7.4 자동온도조절장치 설치 수준	1
	7.5 경량충격음 차단성능	2

(계속)

전문분야	인증항목		배점
7. 실내환경	7.6 중량충격음 차단성능		2
	7.7 세대 간 경계벽의 차음성능		2
	7.8 교통소음(도로, 철도)에 대한 실내 · 외 소음도		2
	7.9 화장실 급배수 소음		2
ID 혁신적인 설계 (가산항목)	1. 토지이용 및 교통	대안적 교통 관련 시설의 설치	1
	2. 에너지 및 환경오염	제로에너지건축물	3
		외피 열교 방지	1
	3. 재료 및 자원	건축물 전과정평가 수행	2
		기존 건축물의 주요구조부 재사용	5
	4. 물순환관리	중수도 및 하 · 폐수처리수 재이용	1
	5. 유지관리	녹색 건설현장 환경관리 수행	1
	6. 생태환경	표토재활용 비율	1
	녹색건축인증전문가[2]	녹색건축인증전문가의 설계 참여	1
	혁신적인 녹색건축 계획 및 설계[3]	녹색건축 계획 · 설계 심의[4]를 통해 평가	3

1) 공동주택은 「주택법」 제15조에 따른 사업계획승인대상의 주택을 말한다.
2) 녹색건축인증전문가는 규칙 제8조 제3항에 따른 교육을 이수한 사람을 말한다.
3) 혁신적인 녹색건축 계획 및 설계 인증항목은 최우수 및 우수 등급으로 신청하는 건축물만 평가한다.
4) 녹색건축 계획 · 설계 심의는 인증심의위원회 4인 이상과 설계분야 전문가 1인으로 구성된 녹색건축 계획 · 설계 심의단을 통해 평가한다.

자료: 녹색건축 인증 기준(2023. 7. 1. 개정) 별표 1

2) 녹색건축인증항목의 적용

공동주거단지는 녹색건축인증항목을 계획요소로 적용하여 친환경주거단지로 조성할 수 있다. 토지이용 및 교통, 물순환 관리, 생태환경 분야는 대체로 프리-패시브 디자인 단계에 해당되는 항목들로서, 토지가 가지고 있는 생태학적인 기능을 최대한 고려하거나 복구하는 측면에서 외부환경과의 관련성을 고려한 계획, 물절약 및 효율적인 물순환을 도모하는 것을 목적으로 빗물을 관리하고 이용하는 방법, 개발과정에서 생물종의 다양성에 직접적으로 미치는 영향을 최소화하여 단지 내 생물종을 다양하게 구성하기 위한 계획개념이다.

에너지 및 환경오염 분야는 건축물 운영을 위해 소비되는 에너지에 대한 건축적 방안 및 시스템 측면에서의 대책으로서 2절에서 설명한 제로에너지주택의 계획개념과 같다. 유지관리 분야는 적절한 유지관리체계를 통해 환경적 영향의 최소화와 최대화를 달성하는 건축적 방법, 재료 및 자원 분야는 건축물의 전全 과정 단계에서 재료가 미치는 영향에 따라 환경오염 및 영향을 저감하는 저탄소자재, 자원순환 자재 등의 사용과 투입비율에 대한 계획이다.

실내환경 분야는 건강과 복지 측면에서 건축물 내 재실자와 이웃에게 미치는 위해성을 최소화하기 위한 부분을 검토하여 온열환경, 음환경, 빛환경, 공기환경의 조성계획으로, 이 책의 7장에서 다룬 개념이다. 혁신적인 설계 분야는 건축물의 혁신적인 녹색건축설계를 통해 독창적이고 창의적인 아이디어에 관한 것으로, 위의 분야들과는 달리 가산항목이다(한국건설기술연구원, 2021).

친환경재료를 선택하는 데는 인증제도가 도움이 된다. 제품의 오염물질 방출 정도를 인증하는 국내제도 중 대표적인 것으로, '친환경건축자재 단체표준인증제도(HB마크)'는 건축물의 내장재료로 사용되는 합판, 패널과 보드 등의 제품, 벽지와 카펫, 바닥재 등 롤 형태의 제품과 이들의 시공에 사용되는 접착제, 페인트 등 건축자재에 대한 휘발성유기화합물VOCs 및 알데히드류의 방출 정도를 인증하는 것이다(www.kaca.or.kr). 가구에 표시되고 있는 'KS표시인증제도 중 SE_0~E_1형'은 합판, 파티클보드 등의 포름알데히드 방산량에 따른 인증으로 SE_0형이 가장 방산량이 적은 등급이다.

그러나 이들 인증제도는 의무 법령이 아니므로, 현재 유통되는 건축자재나 가구 등이 모두 이러한 인증을 받은 제품은 아니다. 제품을 생산하는 과정에서 배출한 탄소량을 인증하는 제도로는 환경표지제도, 환경성적표지제도, GR인증제도, 녹색인증제도, 로하스인증 등이 있다.

표 9-3 대표적인 친환경자재 및 제품 인증제도

구분	HB마크인증제도	KS표시인증제도 중 SE_0~E_1 형	환경표지제도	환경성적표지
개요	국내외에서 생산되는 건축자재에 대한 휘발성유기화합물(VOCs) 및 알데히드류의 방출 정도를 인증	• KS: 특정 상품이나 가공기술 또는 서비스가 한국산업표준 수준에 해당함을 인정하는 제품인증제도 • SE_0~E_1형: 합판, 파티클보드 등의 포름알데히드 방산량에 따른 인증	동일 용도의 제품 중 생산 및 소비과정에서 오염을 상대적으로 적게 일으키거나 자원을 절약할 수 있는 제품에 환경표지를 인증	• 제품 및 서비스의 환경성 제고를 위해 제품 및 서비스의 원료채취, 생산, 수송, 유통, 사용, 폐기 등 전 과정에 대한 환경영향을 계량적으로 표시하는 제도 • 7대 영향범주: 탄소발자국, 물발자국, 오존층영향, 산성비, 부영양화, 광화학 스모그, 자원발자국
운영기관	한국공기청정협회	산업통상자원부 기술표준원	환경부, 한국환경산업기술원	환경부, 한국환경산업기술원
인증마크	NO : HB000O00-00 HB HEALTHY BUILDING MATERIAL	K	친환경0000 인증사유 “친환경○○○○”	환경성적 환경부 www.epd.or.kr

자료: 한국공기청정협회(http://www.kaca.or.kr)
산업통상자원부 기술표준원(http://www.kats.go.kr)
국가표준인증종합정보센터(http://www.standard.go.kr)
한국환경산업기술원(http://ecosq.or.kr)–환경표지인증, 환경성적표지인증

4. 기존주거: 그린리모델링으로

1) 그린리모델링의 정의와 계획요소

그린리모델링이란 「녹색건축물 조성 지원법」에 의하면, 환경친화적 건축물을 만들기 위해 에너지성능 향상 및 효율개선이 필요한 기존건축물의 성능을 개선하는 것이다. 기존의 에너지 낭비가 많은 건물로부터 주거환경을 개선하고 에너지효율을 향상시켜 쾌적한 녹색건물로 탈바꿈함으로써 냉난방비용 절감, 온실가스 배출감소와 함께 건축물의 가치상승이 동반된다.

그린리모델링의 계획요소는 앞에서 학습한 제로에너지주택과 동일한 원리를 기존주택에 적용하는 것으로, '민간건축물 그린리모델링 이자지원사업'의 지원대상이 되는 그린리모델링 요소는 〈표 9-4〉와 같다. 즉, 패시브디자인의 원리인 단열 및 기밀 성능을 강화하기 위해 기존주택의 창호를 고성능 창 및 문으로 교체, 구조체 단열보강, 고기밀주택의 건강성 확보를 위한 폐열회수형 환기장치 설치, 일사차단 원리를 적용하기 위한 차열도료와 일사조절장치, 액티브설비를 고효율기기로 교체하기 위한 고효율냉난방장치, 고효율보일러, 고효율조명LED, 신재생에너지설비와 건물에너지관리시스템 설치 등이 그린리모델링의 계획요소들이다.

표 9-4 민간건축물 그린리모델링 이자지원사업의 그린리모델링 요소

구분	이자지원 대상 공사범위
필수공사	고성능 창 및 문, 폐열회수형 환기장치, 내외부 단열보강, 고효율냉난방장치, 고효율보일러, 고효율조명(LED), 신재생에너지(태양광 등), BEMS(건물에너지관리시스템) 또는 원격검침전자식계량기
선택공사	cool roof(차열도료), 일사조절장치, 스마트에어샤워, 순간온수기, 기타 에너지성능 향상 및 실내공기질 개선을 위한 공사
추가지원 가능공사	기존공사철거 및 폐기물처리, 석면조사 및 제거, 구조안전보강, 기타 그린리모델링 관련 건축부 대공사, 열원교체에 따른 공사비 또는 분담금, 전기용량 증설 등 그린리모델링 관련 전기공사
주의사항	• 필수공사 항목 중 한 가지 이상을 반드시 적용하여야 함 • 정부지원사업(ESCO 등) 또는 지자체(BRP 사업 등)로부터 지원을 받은 경우, 해당 지원금액 이외의 에너지성능개선 공사비에 한하여 지원 ※ 도시재생 뉴딜사업 지구 내 민간건축물의 그린리모델링 사업을 우선 선정 · 지원

자료: 국토교통부(2023)

2) 그린리모델링 사업의 현황과 효과

국토교통부와 국토안전관리원에서 주관하는 그린리모델링 사업으로는 '민간건축물 그린리모델링 이자지원사업', '공공건축물 그린리모델링 사업', '그린리모델링 사업자 선정 및 등록'이 시행되고 있다(www.greenremodeling.or.kr).

공공건축물 그린리모델링 지원사업은 2020년과 2021년에 총 1,645곳의 공공건축물이 선정되어, 그다음 해에 그린리모델링이 진행되었고, 이에 따른 사업효과는 건물당 1차에너지소요량은 평균 약 30% 절감, 온실가스는 총 약 12만 톤 저감, 소나무는 총 약 84만 그루(축구장 140개 면적)의 식재효과, 일자리 약 1만 개 창출로 요약된다(국토교통부, 2021).

〈표 9-5〉에 에너지성능평가 및 사업효과분석 등을 맡고 있는 그린리모델링 지역거점 플랫폼에서 조사분석한 사례를 소개한다. 청주 Y보건진료소는 2021년 지원사업에 선정되어, 총예산 2.3억으로 2022년에 외단열보강, 창호교체, 고효율냉난방장치로 교체, LED로 교체, 열교환 환기장치 설치 등의 그린리모델링을 진행하였다. ECO2-OD 모델링 결과, 1차에너지소요량 47.8% 절감, 에너지효율등급수준은 2등급에서 1+등급으로 상향된 것으로 분석되어, 그린리모델링의 효과를 확인할 수 있었다.

앞서 살펴본 바와 같이, 기후위기가 심각한 상황이므로 인류 생존을 위해서는 기존건물의 온실가스 배출량을 감축하지 않을 수 없다. 에너지비용도 상승되는 상황이고 대기질이 좋지 않은 날이 많으므로 민간주택에서도 경제성과 건강성 측면에서 그린리모델링이 필요하다. 국토교통부는 민간건물의 그린리모델링 활성화를 위한 규제완화와 세제 등의 혜택을 고려하고 있다.

표 9-5 청주 Y보건진료소 현황 및 그리린리모델링 개요

구분		그리린리모델링 전	그리린리모델링 후
외관			
공사 내역	외벽	외단열	외단열보강
	지붕	내단열	내단열보강
	주요 창호	24mm 복층유리 이중창	24mm 로이복층유리 이중창
	냉난방장치	기름보일러, 축열식 전기보일러	가스보일러, 축열식 전기보일러
		1층 에어컨 1대 2층 에어컨 1대	1층 고효율EHP 2층 에어컨 1대
	조명	FL 33%, EL 51%, LED 16%	LED 100%
	환기	화장실 환기팬 8개 -	화장실 환기팬 3개 전열교환환기장치 1대
예산		2.3억(공사비, 설계비, 임시시설 이전비 등을 포함한 총사업비)	

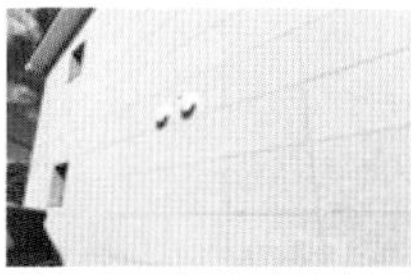 외단열 보강	 24mm 로이복층유리 이중창	 고효율EHP	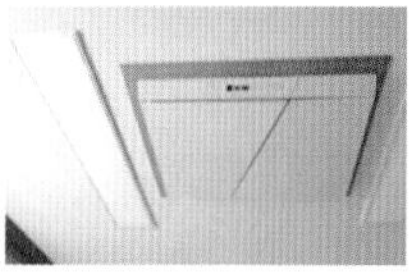 LED 조명과 무덕트형 전열교환환기장치

자료: 최윤정 교수 연구팀(2022)

관련 활동

1. 가볼 만한 곳

제로에너지주택을 이해하는 데 도움이 될 수 있는 견학장소로 노원에너지제로주택의 교육홍보관을 소개한다. 홈페이지에서 예약과 방문 전 스터디가 가능하고, 일일 학술모임과 1박 2일 숙박체험 등의 목적으로 에너지제로체험주택도 직접 체험할 수 있다. 국내에서 유일하게 에너지제로주택단지와 연계하여 운영되고 있는 노원이지EZ센터의 설립목적은 노원이지EZ하우스 홍보, 제로에너지주택 체험, 교육프로그램 개발, 신기술과 기자재 소개 그리고 에너지제로리더 양성 등이다.

노원에너지제로주택은 쾌적한 주거환경을 제공하는 국내 최초의 친환경 에너지제로주택 실증단지로서, '노원이지EZ House'라는 별칭으로 불린다. 여기서 'EZ'는 '에너지제로Energy Zero'와 이롭고 지속가능한 주택을 의미한다. 노원이지하우스는 국내 녹색건축인증 최우수(그린1)등급과 건축물에너지효율등급인증 1+++등급을 취득하였고, 국내 최초 국제 패시브하우스 인증까지 취득한 공동주택(121세대) 단지이다(www.ezcenter.or.kr).

2. 관련 진로

본문에서 기후위기가 심각한 상황이므로 지금까지의 주택을 친환경주거로 전환해야 하며, 정책적으로 제로에너지주택이 의무화되고 있음을 살펴보았다. 제로에너지주택을 건축하기 위해서는 기획 및 설계 단계에서 친환경요소기술을 적용하고 시뮬레이션 기법을 활용하여 정량적인 에너지 통합설계안을 도출해야 한다.

또한 앞에서 학습한 제로에너지건축물인증, 녹색건축인증 등의 인증을 받기 위한 과정도 진행해야 한다. 건축 후에는 건축물의 실태조사를 통한 운영단계에서 소비되는 에너지 및 실내환경의 쾌적성 평가를 통해 설계 초기 성능이 실현되고 있는지 검토하고 운영에 반영할 필요가 있다.

친환경건축물 컨설팅산업은 이러한 건물 신축 및 운영의 여러 단계에서 그리고 기존건축을 그린리모델링하고 인증받기 위한 과정에서 컨설팅, 모니터링, 평가 등의 업무를 진행하는 산업이다. 전 세계적으로나 국내 정책적으로도 친환경주거로 강력히 추진되는 상황이므로 주거 관련 분야 중 중요한 산업이며, 미래형 인재로 성장할 수 있는 분야이다.

노원이지하우스 교육홍보관

자료: 노원이지하우스 블로그

PART 3

주거계획 · 관리

CHAPTER 10
주택 · 주거단지의 계획

본 장은 주택·주거단지의 계획원리와 커뮤니티계획이론을 살펴보면서 관련 법령에서의 계획요소를 이해하고 주거재생의 현황과 한계를 논의하는 것으로 구성되어 있다. 먼저, 주택과 주거단지의 계획원리를 바탕으로 계획요소를 이해하고 계획 및 설계과정에서 활용할 수 있도록 한다. 주택·주거단지 계획의 원리는 주택과 주거단지 계획 시 고려해야 할 사항을 단독주택단지, 공동주택단지, 복합용도 주거단지의 계획으로 구분하여 살펴본다. 다음으로, 주거와 주거지를 중심으로 형성되는 커뮤니티의 개념과 커뮤니티의 유형 및 이와 주거환경의 밀접한 관련성을 살펴본다. 특히, 커뮤니티계획과 개발의 중요성을 이해하는 것이 중요하다. 이와 같은 계획원리에 대한 이해를 바탕으로 주택·주거단지 관련 법제도에서 규정하고 있는 사항을 적용할 수 있도록 살펴본다. 마지막으로, 주거재생의 의미를 고민한다.

1. 주택 · 주거단지 계획의 원리

1) 주택계획

(1) 계획요소

주택의 계획요소는 사전계획이 이루어지는 준비단계부터 계획이 완료되는 시점까지 고려되어야 하는 사항들로 주택관리와도 관련이 있다. 여기에서는 주택의 계획요소 중 거주자, 대지환경, 관련 법규를 기본으로 살펴본다.

① 거주자와 공간

주택은 가구구성, 생활양식, 생애주기에 따라 계획의 방향이 결정된다. 가구구성은 전통적인 가족구성을 기준으로 부부가구, 부부가구와 자녀가구, 3세대 가구 등이 있고, 최근 1인 가구, 비혈연가구, 분거가구도 증가하는 추세이다.

가구구성은 생활양식과도 밀접한 관련이 있어, 가구구성이 다양해짐에 따라 생활양식도 다변화되고 있다. 이러한 요소들은 주택계획 시 공간수요와 공간배치에도 영향을 미친다. 또한 거주자는 주택계획 시 생애주기도 고려하게 된다. 예를 들면, 부부가구와 자녀가구로 구성된 경우 자녀가 성장함에 따라 희망하는 거주지, 주택형태, 주택규모가 달라질 수 있기 때문이다.

② 대지와 주변환경

주택은 대상지가 위치한 지형과 주변환경을 고려하여 계획한다. 계획대상지가 도시지역인 경우와 교외지역인 경우 주변환경은 도로, 건물 밀도, 유동인구 등에 차이가 있을 것이다. 도시지역은 도시계획과 도시설계의 이해가 요구된다. 반대로 대상지가 자연환경으로 둘러싸인 곳에 위치할 수도 있는데, 이 경우 주택과 환경과의 조화도 계획의 한 방향이 된다. 계획대상지가 경사지일 경우 지형의 레벨 차이를 파악해야 한다. 경사지는 대지를 조성할 때 여러 가지 계획대안을 고민할 수 있으며, 주택계획을 합리적이고 경제적인 방향으로 진행할 필요가 있다.

그림 10-1 주택의 기본 계획요소

③ 관련 법규

주택은 대상지의 용도에 따라 건축할 수 있는 주택의 유형과 규모가 정해져 있는데, 이는 토지이용계획에 의해 정해진 토지의 성격 때문이다. 또한 「건축법」의 용도분류에 의해 주택유형을 적용하고, 건폐율과 용적률에 의해 대상지에서의 건축면적과 층수가 결정된다. 그 밖에 대상지에 면한 도로의 현황, 주변 건물의 높이, 주거환경 관련 규정 등의 검토도 필요하다.

(2) 공간구성

주택은 사람의 일상생활을 영위하는 곳으로 쾌적하고 안전한 환경이 갖춰져야 한다. 주택은 의식주와 같은 기본기능을 수행하기 위한 공간 외에도 목적에 따라 공간을 구성할 수도 있다.

주택의 공간구성은 기능에 따라 침실과 같은 개인영역, 거주자들이 공동으로 사용하거나 교류하는 거실과 같은 사회영역, 부엌이나 세탁실과 같은 가사영역 등으로 구

그림 10-2 주택의 영역별 공간

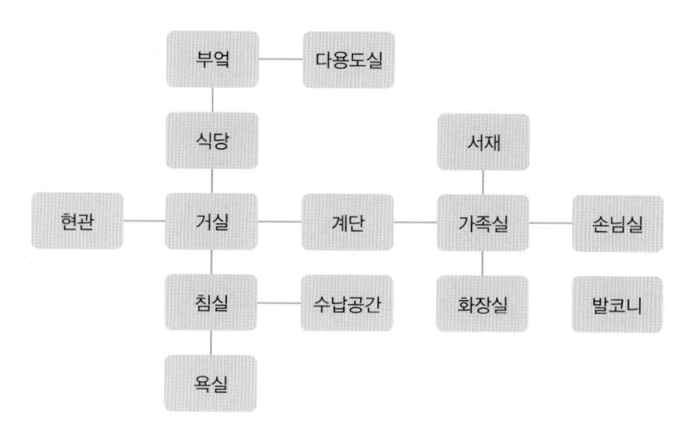

그림 10-3 주택동선계획

분할 수 있다. 〈그림 10-2〉는 주택의 영역별 공간구성을 보여준다. 구체적으로는 실내공간은 현관, 침실, 거실, 부엌, 화장실, 발코니, 다용도실 등으로 구성되고, 실외공간은 출입문, 주차공간 또는 차고, 마당(정원), 창고 등으로 구성된다.

주택에서 공간의 구획은 공간의 기능과 용도에 따라 연관성이 있는 경우 해당 공간을 서로 가까이 배치하여 주택 내 이동을 위한 동선의 효율성을 기본적으로 추구한다. 주택은 필요에 따라서 거주자의 생활양식에 맞춤형으로 공간을 구성하고 계획할 수도 있다. 예를 들면, 거주자의 직업이나 여가생활에 따라 주택의 동을 구분하여 작업실을 주택과 별동으로 배치할 수 있고, 거주자의 공간 이용 시간대를 고려하여 오전과 오후 시간대, 저녁 이후 시간대로 구분하여 거주자 맞춤형으로 계획하는 경우도 있다.

(3) 계획과정

주택의 계획과정은 다섯 단계로 구분할 수 있다.

첫 번째 단계는 주택의 계획방향과 목표를 수립하는 것이다. 주택의 계획방향은 기본적으로 의식주의 생활을 영위하기 위한 최소한의 기능을 충족시키면서 일상을 영위할 수 있는 공간을 만드는 것이다. 주택계획은 거주자의 프라이버시를 확보함과 동시에 쾌적한 주거환경을 제공하는 데 목표를 두고 있다. 구체적인 계획목적은 계획요소에 따라 수립한다. 두 번째 단계는 주택계획을 위한 사례를 조사하거나 정보를 수집하는

그림 10-4 주택의 계획과정

것이다. 기존 주택계획의 선례를 통해서 응용 및 개선할 수 있는 부분을 살펴본다. 세 번째 단계는 대상지를 분석하면서 주변환경 조건을 진단하는 것이다. 이를 바탕으로, 네 번째 단계인 배치계획, 평면계획, 입면계획 등 계획이 진행된다. 이 과정에서는 일조와 환기를 고려한 건물배치와 공간의 활용방향이 큰 틀에서 결정된다. 또한 필수적으로 요구되는 설비와 안전시설을 포함하여 여러 가지 계획대안이 검토된다. 마지막 단계에서 이전에 제안된 대안들을 객관적으로 평가하여 최종계획안을 결정한다.

2) 주거단지의 계획

(1) 계획의 이해

① 주거단지의 계획체계

주거단지住居團地, residential complex는 단일 건물이 아닌 여러 개의 주거동이 집단으로 조성된 영역을 의미한다. 주거단지가 어떻게 계획되는지를 알아보기 위해서는 먼저, 개발계획에서 시작하여 주거단지의 계획과 배치계획에 이르기까지의 계획체계planning system를 이해할 필요가 있다.

도시의 개발계획은 수용인구계획, 토지이용계획, 공원녹지계획, 교통계획, 기반시설계획, 경관계획의 내용을 담은 종합계획이다. 그중 토지이용계획은 주거, 상업·업무, 공업, 공공시설 등 어떻게 토지를 활용할 것인지를 제안하는 계획으로, 주거단지를 계획하는 데 큰 영향을 미친다. 주거단지계획에는 동선계획, 외부공간계획 및 배치계획도 포함되어야 한다. 배치계획에는 각 건물에 해당하는 주동, 단위세대 평면, 공동시설 및 공간, 조경, 외부 시설물의 계획이 포함된다.

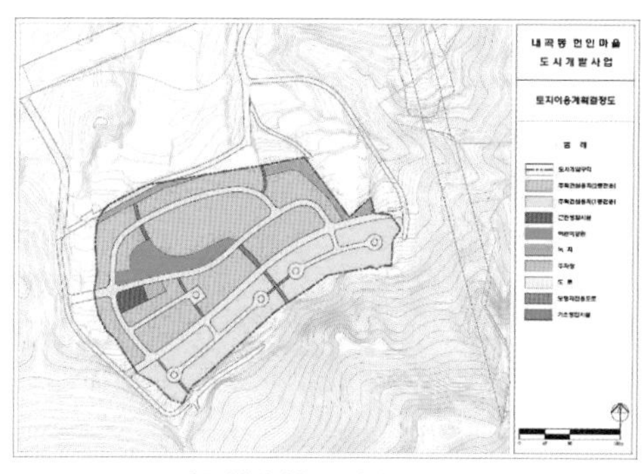

서초 헌인마을 토지이용계획도

서초 헌인마을 조감도

그림 10-5 토지이용계획과 주거단지계획
자료: 서울시(2021). 서울시고시 2021-113호

주거단지의 계획은 생활권 설정과도 관련이 있다. 생활권은 "일상의 생활을 영위하는 공간적 범위"로, 시대나 지역의 여건에 따라 다르게 고려될 수 있다(오병록, 2012). 도시의 기본계획을 구상하는 과정에서 생활권을 설정할 때 인구규모를 고려하여 근린생활권에서 대규모 생활권까지 규모별 위계와 각 위계별 기반시설을 고려한다. 주거단지는 생활권 계획의 최소단위에 해당하는 근린생활권의 일부로, 여러 개의 주거단지가 하나의 근린생활권을 형성한다.

② 주거단지의 유형

주거단지의 유형은 주택유형, 개발·공급방식뿐만 아니라 적용 기술, 계획개념, 거주대상에 따라 다양하게 구분할 수 있다. 예를 들면, 계획목표에 따라 친환경 주거단지, 생태주거단지, 전원형 주거단지 등으로 구분할 수 있고, 물리적인 계획방식에 따라 가로중심형, 중정형, 복합형으로 구분할 수 있다. 또는 주거단지에 거주하는 대상 주민을 동호인, 예술인, 노인과 같이 한정하여 주거단지를 조성하기도 한다. 여기에서는 주거단지의 유형을 주택의 유형과 용도를 기준으로 단독주택단지, 공동주택단지(아파트 단지), 복합용도 주거단지(주상복합)로 구분하여 살펴본다.

(2) 동선계획

주거단지의 동선계획은 단지 내 동선체계를 구성하는 것으로 차량동선과 보행자동선의 계획이 필요하다. 동선계획의 기본원칙은 차량과 보행자 모두의 동선이 명확해야 하고 이동 시 단거리가 우선적으로 고려되어야 한다. 차량동선과 보행자동선의 구성은 보차혼용, 보차병렬, 보차분리방식이 있다. 보차분리방식은 차량동선과 보행자동선이 완전히 분리되거나 부분적으로만 분리되는 경우가 있다. 주거단지에서는 교통문제를 해결함과 동시에 보행자 안전을 확보해야 한다.

앞서 언급한 보차혼용, 보차병렬, 보차분리방식 중 특정 동선계획방식이 매우 우수하다고 평가하기는 어렵다. 각 계획방식의 특징과 장단점이 다르고, 주거단지 사례별 계획 여건에 차이가 있기 때문이다. 주거단지에서 안전한 보행환경과 효율적인 교통을 위한 대안과 노력의 과정에서 다양한 계획방식이 고려되어야 할 것이다.

① 차량동선

주거단지의 동선체계는 차량동선을 기준으로 할 때 도로의 형태와 순환구조에 따라 다음 그림과 같이 격자형, 순환형, 컬데삭Cul-de-sac으로 구분할 수 있다.

격자형은 통행량을 분산시킬 수 있고 다양한 경로를 선택할 수 있으나 교차점이 많이 생긴다. 순환형은 단지 내에서 순환구조loop가 형성되는 방식으로 대규모 주거단지에서 주로 사용된다. 이 경우 중심 순환구조와 보조 순환구조가 있거나, 순환구조가 병렬로 계획될 수 있다. 컬데삭은 미국과 유럽의 교외지역 주거단지에서 많이 사용되었던 방식으로 막다른 길을 만들어 차량의 회차공간으로 사용하는 보차분리방식이다.

그림 10-6 주거단지 동선체계 유형

그림 10-7 주거단지 승하차공간(drop-off zone)과 대기공간 사례

차량의 동선계획은 주거단지의 출입뿐만 아니라 내부 순환체계를 결정하는 데 보행자동선계획, 주거동배치방식, 외부공간 활용과 함께 고려된다.

주거단지의 차량 진입공간은 〈그림 10-7〉과 같이 주로 회차공간과 스쿨버스존 또는 승하차공간drop-off zone으로 계획되고 있다. 차량의 동선계획에서 주차공간을 고려하는 것도 매우 중요하다. 단독주택단지는 공용주차장보다는 주택과 인접하여 옥외 또는 필로티 하부공간에 개별 주차장이 계획되는 경우가 많다. 차량의 동선계획도 시대 흐름에 따라 변화하였는데, 공동주택단지와 복합용도 주거단지는 1980년대부터 지하주차장계획이 보편화되기 시작하였다.

한편 관련 법령에서는 소방차 진입을 고려하여 외부공간에 소방차 전용구역을 설치하도록 규정하고 있는데, 이와 같은 긴급 차량동선 확보가 필요하다.

② 보행동선

주거단지에서 보행자의 동선계획은 주거단지의 보행환경을 안전하고 쾌적하게 조성하는 데 목적을 두고 있다. 주거단지는 여러 가지의 공간과 시설이 계획됨과 동시에 주민이 일상생활을 영위하는 곳이다. 보행자의 동선계획 시 고려해야 할 사항은 다음과 같다.

먼저, 주거단지 내 공용시설과 공간, 주거동, 기타 공간으로의 연결이 원활해야 한다. 목적을 갖고 이동하는 보행동선은 명확하고 간결해야 한다. 다음으로 보행로가 활

그림 10-8 주거단지 내 보행로 사례

성화되도록 계획한다. 예를 들면, 목적을 갖고 이동하는 보행동선이 계획된 이후에 산책로, 보행광장, 소광장과 같이 보행동선과 연계한 공간이 고려될 수 있다. 주거단지에서 보행로는 이동뿐만 아니라 산책을 나온 주민들의 만남 장소가 되기도 한다. 마지막으로 주거단지의 외부에 조성된 보행로와 주거단지 내 보행로의 연계를 고려해야 한다. 단지 내에서 보차혼용 또는 보차병렬로 인해 보행로가 잠시 끊긴 곳이라도 횡단보도나 보행자 안전을 위한 연결이 필요하고 단지 외부의 보행로와도 자연스럽게 연결되도록 한다.

(3) 공용공간 · 시설계획

① 공용시설 범위

주거단지에서는 주민편의를 위해 공동으로 사용하는 공간과 시설이 있다. 주거단지의 공용시설은 주민들이 사용할 목적으로 조성되는데 주거단지의 유형과 규모에 따라 공용시설에 차이가 날 수 있다. 예를 들면, 주거단지의 소규모 단지와 대규모 단지는 계획 대상과 범위에 차이가 있는데, 대규모 단지일수록 공용시설의 면적이 증가하기 때문이다. 공동주택단지에는 단독주택단지와 비교하였을 때 법적으로 설치해야 하는 편의시설이 정해져 있다. 공동주택단지는 세대수를 기준으로 하여 일정규모 이상인 경우 주민공동시설로 놀이터, 운동시설, 휴게시설, 노인정, 어린이집, 상가, 주차장과 같은 시설을 의무적으로 설치해야 한다.

② 공용시설의 계획 사례

주거단지 내 공용시설계획 시 우선적으로 고려해야 할 사항은 주민의 접근성이다. 공용시설은 주민의 일상생활 반경 내에 있어 주택 내부뿐만 아니라 외부에서도 생활의 한 부분을 차지하기 때문이다. 특정 시설이 단지 내에서 접근하기 불편한 곳에 위치할 경우 해당 시설의 이용빈도가 낮아질 것이다.

다음으로 주민의 수요를 고려한 계획이 필요하다. 주거단지 주변에 이미 위치한 시설현황, 주거단지의 세대 규모 및 구성, 시설관리와 운영을 고려하여 계획된다. 주민의 수요는 생활양식과 밀접한 관련이 있어, 시대에 따라 변화하기도 한다. 예전에 조성된 주거단지보다 최근에 조성된 주거단지의 공용시설이 다변화된 것은 그만큼 다양한 수요에 대응하고 있음을 보여준다. 주거단지계획 시 기존에 설치되었던 공용시설에서 나아가 주거단지의 차별화 전략의 일환으로 계획하는 사례가 증가하고 있다. 예를 들면, 실내수영장, 사우나, 전망대, 게스트하우스, 물놀이형 수경시설, 카페 시설이 단지 내에 설치된다. 최근 공용시설과 함께 다양한 주민 서비스 프로그램이 운영되면서 운동이나 여가 프로그램 외에도 식사 서비스, 공간 대관을 운영하는 사례도 증가하고 있다.

단독주택단지는 공동주택단지와 복합용도 주거단지보다는 공용시설이 다양하지 않고 단지에 따라 차이가 있다. 일반적으로 관리사무소와 경비실이 계획되고, 광장, 놀이터, 커뮤니티시설과 같은 주민공동시설이 추가로 계획되기도 한다. 출입차단시설이 설치된 경우와 그렇지 않은 경우가 있다.

공동주택단지는 외부공간에 계획되는 주민운동시설, 휴게시설, 놀이터가 단지 전체에 분산되어 배치되고 상가는 도로에 면하여 단지의 주 출입구(정문)에 위치한다. 외부공간에 계획되는 시설은 분산되는 반면, 실내에 계획되는 공용시설은 커뮤니티시설로서 한두 건물에 통합적으로 계획되며, 종류는 독서실, 작은도서관, 회의실, 놀이방(키즈룸), 골프연습장, GX룸, 피트니스센터 등 매우 다양하다.

(4) 주거동계획

① 주거동형태

주거동(주동)은 주거단지를 구성하는 건물로, 동수는 주거단지의 규모와 밀도에 따라

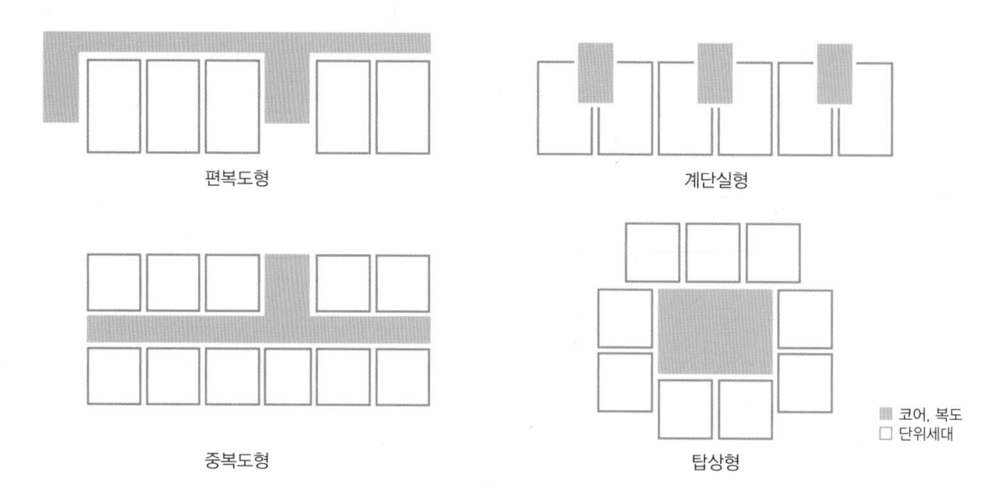

그림 10-9 주거동계획 유형

결정된다. 주거동계획은 주택 단위세대의 조합방법, 코어부계획, 주거동 입면 및 경관계획으로 구분할 수 있다. 주거동의 형태는 일반적으로 주택의 단위세대와 복도, 승강기와 같은 코어를 구성하는 방법에 따라 결정된다.

〈그림 10-9〉는 단위세대와 코어의 구성방식에 따라 주거동형태가 판상형과 탑상형(타워형)으로 구분되는 것을 보여주는데, 주로 공동주택단지와 복합용도 주거단지의 주거동계획에 해당된다. 그림에서 제시된 주거동계획 유형 외에도 주거동형태는 ㄱ자형, ㄷ자형, ㅁ자형, Y자형과 같이 다양한 형태로 계획될 수 있다. 한 주거단지 내에서도 몇 가지 유형이 복합적으로 계획되는 경우도 많다. 공동주택단지와 복합용도단지는 일부 주거동의 저층부나 특정 층에 주거단지 공용시설이 배치되는 경우도 있다. 또한 주거동형태를 구성하는 과정에서 고층일 경우 피난공간, 피난층, 피난동선과 같은 피난계획을 함께 고려해야 한다.

② 주거동 출입공간

단독주택단지는 주로 단지의 정문이나 후문에서 외부인 통행이 제한되고, 주택 출입은 개별 외부공간인 마당을 거쳐 현관을 통하거나 차고가 있는 경우 주택과 직접 연결되기도 한다. 공동주택단지와 복합용도 주거단지에서 주거동의 출입공간은 외부공간에서

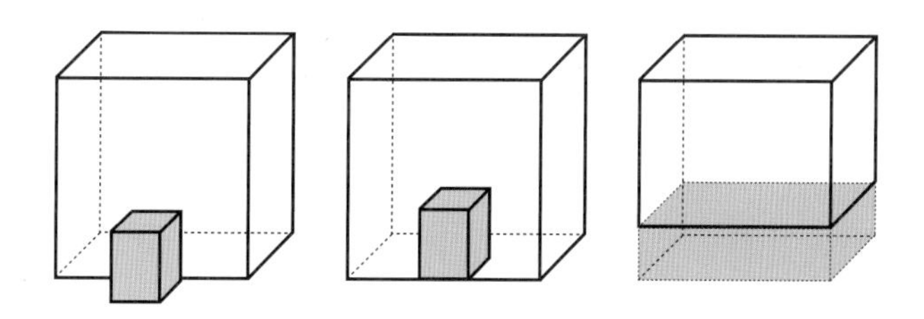

그림 10-10 주거동 출입공간배치 예시

편리하게 접근할 수 있어야 하고, 반대로 외부공간에 위치한 각 시설과 공간으로 이동하는 데도 용이해야 한다.

주거동 출입공간은 건물 바깥으로 돌출되도록 계획되거나 건물의 1층 공간을 활용하여 계획되는 방식이 있다. 일반적으로 주거동 출입공간 내부에는 주거관리 관련 게시판과 우편함이 설치되고, 외부는 필로티로 계획되어 자전거 보관장소, 휴게장소, 이동통로와 연결되기도 한다. 한편 이 출입공간은 외부인의 출입을 통제하기도 하며 CCTV와 같은 방범시설이 설치되기도 한다.

③ 주거동배치와 경관

주거동의 배치계획은 외부공간의 구성과 밀접한 관련이 있다. 주거동의 배치에 따라 형성되는 외부공간의 개방감이나 위요감은 주민들이 생활하는 주거환경의 바탕이 되기 때문이다. 주거동의 배치는 동선계획과 함께 주거단지의 시설과 공간의 효율적인 활용을 종합적으로 고려해서 배치한다.

또한 주거동의 배치는 기본적으로 법적 인동간격을 유지하면서 조망, 소음, 통풍, 프라이버시를 고려하여 이루어진다. 단독주택단지는 공동주택단지와 복합용도 주거단지보다는 주거동 층수가 낮고 각 주택별 외부공간이 구획된 경우가 많기 때문에 이를 고려한 배치가 이루어진다. 공동주택단지와 복합용도 주거단지는 주거동형태가 다양하게 구성되면서 〈그림 10-11〉과 같이 하나의 특정 배치방식으로 계획되기보다는 주거단지의 규모, 획지형태, 주거동형태 등을 종합적으로 고려하여 여러 가지의 배치방식이 혼합되어 활용된다.

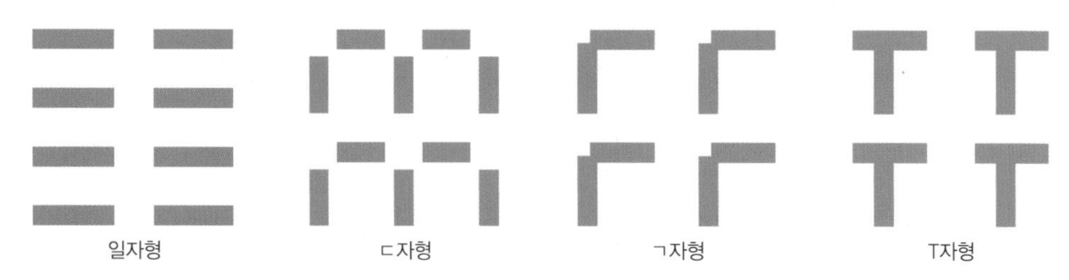

그림 10-11 주거동형태를 고려한 배치 예시

그림 10-12 주거단지의 주택 입면과 경관

한편 주거동의 입면은 건물 출입구나 창문 외에도 건물 외벽의 재료, 색채, 사인, 장식 또는 구조물을 포함한다. 주거동의 입면계획은 해당 단지의 경관을 구성하는 작은 단위로 주거단지의 이미지에도 영향을 미친다. 또한 도시경관의 한 부분을 형성하기 때문에 단지 조성 시 경관심의 대상에도 해당된다.

단독주택단지는 저층 건물로, 단지계획의 목적이나 주택 성격에 따라 설계지침이 적용되는 경우도 있다. 예를 들면, 친환경 주거단지, 전원주거단지, 제로에너지 주거단지 등을 들 수 있다. 공동주택단지와 복합용도단지는 건물별 층수가 다른 경우 중저층형과 고층형 배치 관련 지침이 제시되거나 건물 상층부 구조물, 야간조명, 주거단지명 등 디자인관리가 이루어지기도 한다.

(5) 외부공간계획

주거단지에서 외부공간은 생활공간의 일부로 단순히 주택 밖을 의미하지는 않는다. 외부공간은 생활공간의 연장선상에 있고, 건강한 주거환경을 조성하는 데 중요한 역할을 한다. 시대별 외부공간계획이 다양하게 시도된 것은 변화하는 생활양식과 가치를 반영한 결과로도 볼 수 있다. 주거단지에서 외부공간은 생활편의를 위한 공용시설이 위치하고 주민 커뮤니티가 활성화될 수 있는 잠재력을 지니고 있으며 쾌적한 주거환경의 바탕이 된다. 이러한 외부공간계획의 목표는 개방성, 안전성, 심미성, 다양성을 고려하여 건강한 주거환경을 조성하는 것이다.

외부공간계획은 지하주차장이 보편화된 이후 녹지공간을 포함하여 다양하게 시도되었다. 녹지공간은 조경계획뿐만 아니라 외부공간에 위치한 여러 시설과 공간의 연계성을 고려하면서 동시에 완충공간buffer zone으로 설치되고 한다. 주거단지 내 보행광장이 계획되어 있다면, 이 보행광장과 인접하여 설치된 운동시설이나 휴게시설은 성격이 다른 공간에 해당된다. 이때 녹지공간은 성격이 각각 다른 공간이 만나게 되는 경계를 자연스럽게 연결해준다. 녹지공간을 중심으로 외부공간이 계획된 경우 주거단지 출입공간 가까이 또는 주거단지 중앙부분에 주요 녹지공간이 위치하거나 소광장, 분수나 연못과 같은 수경시설과 함께 조성될 수 있다.

〈그림 10-13〉은 녹지공간이 주거단지와 연계되어 계획되거나 단지별로 독립적으로 계획되는 경우를 보여준다. 도시에서 여러 개의 주거단지가 조성된 경우, 근린환경 관점에서 녹지공간이 주거단지와 주거단지 간 선형이나 집중형으로 연계되어 계획되는 경우도 있다.

〈그림 10-14〉는 주거단지의 휴게공간 모습이다. 녹지공간이 조경으로만 구성되는 것이 아니라 유아·어린이 놀이시설, 벤치, 수경시설을 포함하여 계획되고 보행로와 자연스럽게 연결된다. 외부공간에 설치된 주민공동시설 중 휴게공간은 단지 내에서 대규

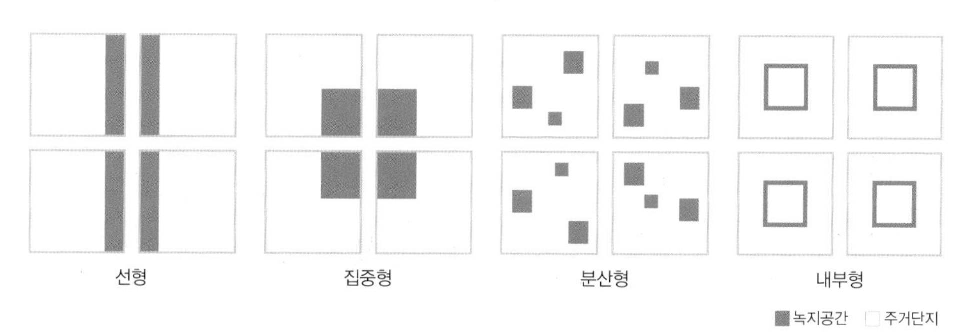

그림 10-13 주거단지 녹지공간계획 사례

그림 10-14 주거단지 외부공간 시설계획 사례

모의 집중형 배치와 소규모의 분산된 배치가 동시에 이루어진다.

주거단지의 경계공간은 다양한 방식으로 구획되고 있다. 담장이나 울타리로 구획하여 통행을 제한하고, 시각을 차단하거나 물리적으로 구획물을 설치하지 않고 식재를 하여 통행을 제한하는 방식도 있다. 도시에서 주거단지의 경계부는 근린공원, 산지, 도로 외에도 다른 주거단지와 맞닿아 있는 경우도 있다. 최근 주거단지의 경계 구성은 통행이 어려운 단절된 구성만이 아닌 여러 가지 방식이 시도되고 있다. 주거단지의 경계 구성 시 주거단지의 관리 문제와 도시공간과의 단절 문제를 동시에 고려해야 한다.

〈그림 10-15〉는 공동주택단지와 복합용도 주거단지의 경계 모습을 보여준다. 왼쪽 사진은 공동주택단지의 주거동 하부가 필로티로 계획된 사례로 진입통로, 휴게공간, 주차장으로 활용되고 있다. 오른쪽 사진의 주상복합은 주거단지 경계가 외부인은 상가가 위치한 층에만 접근할 수 있도록 수직적으로 통행을 제한하고 있다.

그림 10-15 주거단지의 다양한 경계 모습

2. 커뮤니티계획 이론

1) 커뮤니티의 이해

(1) 커뮤니티 개념

커뮤니티community는 사전적 의미로 "지역사회, 주민", "공동체", "공동체 의식"을 의미한다(네이버, 2023). 커뮤니티는 개인들의 통일된 관점에서는 "특정 지역에 살면서 공통된 관심사를 갖는 집단"을 의미하기도 하지만, "사회적 상태나 조건", "사회활동"을 뜻하기도 한다(Merriam Webster, 2023). 커뮤니티에는 사회적 참여와 활동의 의미도 포함되어 있기 때문에 활성화된 커뮤니티라고 표현하는 것은 해당 커뮤니티에서 활발한 활동이 유지되고 구성원의 참여도 높은 상태를 뜻한다. 온라인 건축용어사전에서는 커뮤니티를 "공동 생활체, 지방적·근린적 친근감과 같은 공통 요소로 이어진 사회 집단. 공동사회, 기초사회, 지역사회 등"이라고 정의한다.

커뮤니티는 자체적으로 특정목적이 없이 친목 교류를 위해 존재하는 경우가 많다. 도시계획에서 좁은 의미로 사용하는 경우는 근린주거 혹은 그 집단을 말하지만, 넓은 의미로는 "도시 또는 지역"을 의미할 수 있다고 정의하였다(정성문, 2023). 여기에서는 살고 있는 지역에서 형성되는 커뮤니티에 중점을 둔 의미로 '공동생활체'와 '집단'의 개념을 강조한 것으로 볼 수 있다.

다양하게 제시된 커뮤니티 개념들을 종합해보면, 커뮤니티를 구성하는 기본요소는 커뮤니티를 형성할 수 있는 배경이 되는 '환경', 커뮤니티의 주체가 되는 '사람', 교류와 활동이 수반되는 사회적 관계나 또는 특정 목적을 중심으로 유지되는 '관계'로 정리할 수 있다.

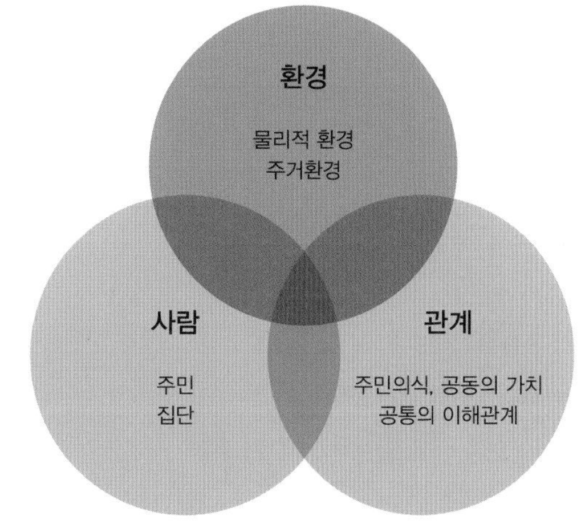

그림 10-16 커뮤니티의 구성요소

(2) 커뮤니티 유형

커뮤니티 유형은 분류기준에 따라 공식formal communities 및 비공식informal communities, 지역local communities 및 국제global communities, 사회적 활동 및 공간social activity and space 등으로 다양하게 나눌 수 있다. 커뮤니티는 형성된 배경과 과정에 따라 유형이 구분될 수 있으며, 목적을 갖고 의도적으로 형성된 커뮤니티는 고유한 특성을 지닌다(FIC, 2022). 한편 커뮤니티 유형은 참여형태와 활동에 따라 구분되기도 한다. 기술이 발달하면서 커뮤니티의 참여형태가 온오프라인으로 다양해졌는데, 온라인으로 참여해서 온라인에서만 활동하는 경우도 있다. 최근에는 온라인 커뮤니티를 발굴하거나 식별하는 연구도 활발하게 진행되고 있다(Ruchi Mittal & M.P.S. Bhatia, 2023). 여기에서는 커뮤니티 유형을 주택과 주거지 중심의 주거환경, 도시화의 수준에 따라 조성된 물리적 환경을 기준으로 살펴본다.

① 커뮤니티의 주거환경

커뮤니티는 주거지와 밀접한 관련이 있다. 예를 들면, 같은 지역에 살면서 형성된 커뮤니티(주거지 또는 주거 중심의 공동체)에서는 생활양식, 주민의식, 지역활동을 공유한다. 같은 주거지, 같은 동네, 나아가 지역사회에 지내면서 소속감을 갖고 하나의 커뮤니티가 만들어지는 것이다. 도시에서 주거 중심의 커뮤니티는 주거단지-마을(동네)-생활권으로 이어지면서 건강한 지역사회를 유지할 수 있는 중요한 역할을 한다.

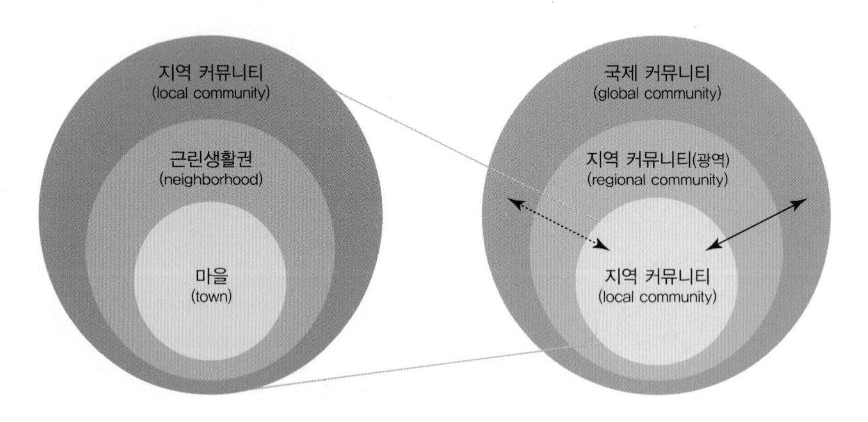

그림 10-17 주거 생활권 위계와 커뮤니티

② 커뮤니티의 물리적 환경

커뮤니티는 물리적 환경을 기준으로 하였을 때 도시urban, 교외suburban, 농촌·시골rural과 같이 구분할 수 있다. 이는 도시계획에서 일반적으로 도시화가 진행된 정도에 따라 도시공간을 관리하는 접근이다. 도시화 여부에 따라 또는 도시화로 인한 토지이용에 따라 물리적인 환경도 달라지기 때문에 건물밀도, 인구규모, 기반시설 등이 커뮤니티 유형에 영향을 미치는 요소가 되기도 한다. 초등학교, 상점과 같은 시설을 이용할 수 있는 반경이나 지역의 서비스를 공유할 수 있는 근린·동네neighborhood도 더 작은 범위에서 고려될 수 있다.

2) 커뮤니티계획 이론

(1) 커뮤니티계획

커뮤니티계획community plan은 공동체를 주택과 주거지의 환경, 주민 일상생활을 중심으로 구성하는 것을 의미한다. 커뮤니티계획은 계획단위로 주거단지, 생활권뿐만 아니라 나아가 지역사회의 각 분야를 종합적으로 다룬다.

커뮤니티계획의 분야는 환경과 생활뿐만 아니라 사회, 경제, 문화, 기반시설을 포함하는 종합적인 접근계획comprehensive community plan으로 수립되는 것과 생활권·근린계획neighborhood plan과 동일한 위계와 성격으로 수립되는 것도 해당된다(황금회 외, 2016; ISC, 2018). 이와 같이 커뮤니티계획의 성격이 구분되는 것은 국가별 계획체계와 지방정부의 권한에도 차이가 있기 때문이다.

(2) 커뮤니티계획 단계

커뮤니티계획은 사전계획pre-planning, 계획planning, 실행implementation, 평가 및 모니터링monitoring & evaluation 단계의 과정을 거친다. 커뮤니티계획에는 실제 계획안을 수립하는 단계만이 계획과정에 해당하는 것이 아니라, 이전, 이후의 단계를 모두 포함하고 있다. 커뮤니티계획 과정은 나선형으로 묘사되기도 하는데, 각 단계가 선형의 단순한 구조가 아닌 연속적이고 비선형적인 과정을 거치기 때문이다(ISC, 2018). 즉, 커뮤니티계획의 단계는 각 단계별로 구분되지만 단계 간 긴밀하게 연계되는 사항들이 많고, 이전 단계에서의 진행 정도에 따라 다시 반복되는 과정들도 있으며 전全 단계의 속성이 연속적이다.

(3) 커뮤니티계획 사례: 마을만들기

마을만들기는 주거지 중심의 커뮤니티계획 사례로 주민참여 또는 주민주도를 통해서 살고 있는 지역의 물리적 환경을 만드는 것뿐만 아니라 주민조직과 같은 공동체를 만들거나 주민의식을 갖고 활동하는 것도 해당된다.

주민참여는 일상생활에서의 소통을 통해서 시작하는 것부터 선호도조사와 같은 설문조사, 인터뷰 등 여러 가지 방식이 있다. 국내에서는 지자체별로 조례 제정을 통해 관련 사업을 지원하기 위한 제도적 기반을 확보하고 있다.

마을만들기 관련 사업은 지역별 커뮤니티 상황을 고려하여 커뮤니티 기반이 부족한 경우 사업 발굴이나 교육에 중점을 두고, 커뮤니티 기반이 어느 정도 형성된 경우 사업을 구체화하면서 몇 가지 사업을 추진한다. 커뮤니티 활동이 활발한 경우 문화, 보육, 환경 등 다양한 분야에서의 사업계획과 실행이 가능하게 된다. 도시에서 마을공동체는 최소 행정구역 단위인 '동' 단위보다는 작게 만들어지며, 보통 주거지나 주거단지

표 10-1 마을만들기 관련 조례 사례

조항		내용	
第6조	기본 계획	• 마을공동체 만들기 정책방향 • 마을공동체 만들기 지원센터 설치 · 운영 • 마을공동체 만들기 협의회 구성 · 운영 • 마을공동체 만들기 위원회 등 민 · 관 협력체계 구성 · 운영 • 마을공동체 만들기 사업의 효율적 추진방안 및 지원체계 • 그 밖에 마을공동체 만들기 지원에 필요한 사항	
第10조	마을 공동체 사업	• 주거환경 및 공공시설 개선 • 마을기업 육성 • 마을환경 보전 및 개선 • 마을자원을 활용한 호혜적 협동조합 • 마을공동체 복지증진 • 마을공동체와 관련된 단체 · 기관 지원	• 마을 문화예술 및 역사보전 • 마을공동체 만들기 관련 교육 · 컨설팅 등 주민역량강화 사업 • 마을공동체 자원 발굴과 관련된 교육 · 연구 · 조사 • 그 밖에 마을공동체에 적합하다고 인정되는 사업

자료: 강원특별자치도 마을공동체 만들기 지원 등에 관한 조례(2023. 6. 9. 개정)

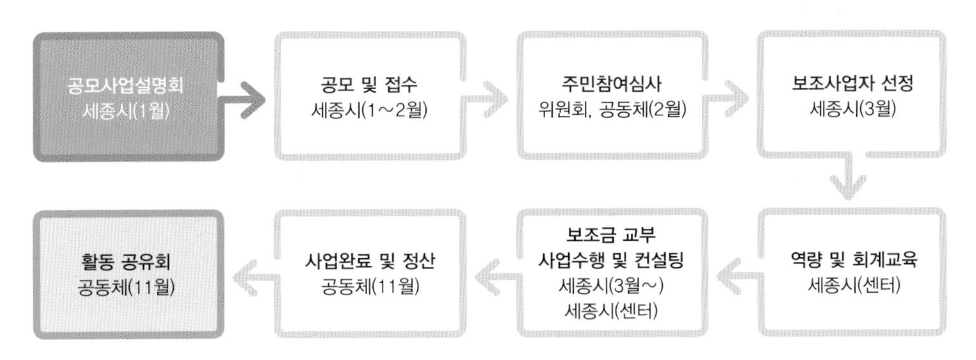

그림 10-18 마을공동체사업 진행 사례
자료: 세종시청 홈페이지(2023)

단위로 형성된다. 지역자치단체에서 시행하는 마을공동체 관련 지원사업은 일반적으로 공모사업을 통해 진행되고 그 과정이 모두 공개된다. 사업내용은 지역현안 해결, 사회활동, 주거지원 등 매우 다양하다. 예를 들면, 마을활동가 교육, 직거래장터 운영, 문화체험교실, 공실상가 활용 전시, 공동육아 나눔터 조성, 업사이클링 등이 진행되었다(세종시청, 2023).

3. 주거단지 계획요소

1) 관련 법제도상 계획요소

(1) 주택법, 주택건설기술 등에 관한 규정

주택의 유형은 「주택법」 제2조에서 주택을 단독주택과 공동주택으로 구분하고, 그 외 준주택, 세대구분형 공동주택, 도시형 생활주택 등을 정의하고 있다. 이와 관련하여 「주택법」에서 부대시설은 주택을 지을 때 함께 조성되는 시설과 설비, 복리시설은 주거단지 주민의 생활복리를 위한 공동시설로 정의하고 있으며, 동법 시행령 제6조와 제7조에서 시설 범위를 규정하고 있다. 〈표 10-2〉는 부대·복리시설의 범위와 대상을 정리한 것이다.

표 10-2 부대 · 복리시설의 개념 및 범위

구분	부대시설	복리시설
개념	• 주택에 딸린 시설 또는 설비 • 주차장, 관리사무소, 담장 및 주택단지 안의 도로 • 「건축법」 제2조 제1항 제4호에 따른 건축설비	• 주택단지의 입주자 등의 생활복리를 위한 공동시설 • 어린이놀이터, 근린생활시설, 유치원, 주민운동시설 및 경로당
대상	• 보안등, 대문, 경비실 및 자전거보관소 • 조경시설, 옹벽 및 축대 • 안내표지판 및 공중화장실 • 저수시설, 지하양수시설 및 대피시설 • 쓰레기 수거 및 처리시설, 오수처리시설, 정화조 • 소방시설, 냉난방공급시설(지역난방공급시설은 제외한다) 및 방범설비 • 전기자동차에 전기를 충전하여 공급하는 시설	• 제1종 근린생활시설 • 제2종 근린생활시설(총포판매소, 장의사, 다중생활시설, 단란주점 및 안마시술소는 제외한다)
		• 종교시설 • 판매시설 중 소매시장 및 상점 • 교육연구시설 • 노유자시설 • 수련시설 • 업무시설 중 금융업소 • 지식산업센터 • 사회복지관 • 공동작업장 • 주민공동시설 • 도시 · 군계획시설인 시장

자료: 「주택법」 제2조(정의)(2024. 1. 16. 개정), 「주택법 시행령」 제6조(부대시설의 범위), 제7조(복리시설의 범위)(2023. 9. 12. 개정)

「주택건설기준 등에 관한 규정」에서는 주민공동시설의 대상이 되는 시설을 "경로당, 어린이놀이터, 어린이집, 주민운동시설, 도서실(작은도서관), 주민교육시설, 청소년수련시설, 주민휴게시설, 독서실, 입주자집회소, 공용취사장, 공용세탁실, 「공공주택 특별법」 제2조에 따른 공공주택의 단지 내에 설치하는 사회복지시설, 돌봄센터, 공동육아나눔터"로 정의하고 있다.

「주택건설기준 등에 관한 규정」에서 규정하고 있는 부대·복리시설의 설치기준을 정리하면 〈표 10-3〉과 같다. 이 중에서 주차장과 관리사무소는 해당 규정의 제27조와 제28조의 기준에 근거하여 계획된다. 복리시설은 같은 규정 제50조, 제52조, 제55조의2에서 명시한 근린생활시설, 유치원, 주민공동시설의 설치기준 내용을 적용해야 한다. 주택의 유형은 「주택법」 제2조에서 주택을 단독주택과 공동주택으로 구분하고, 그 외 준주택, 세대구분형 공동주택, 도시형 생활주택 등으로 정의하고 있다. 주택분류는 공급목적과 공급대상에 따라 다르게 분류되기도 한다.

이에 수반되는 부대복리시설의 설치도 앞서 언급한 적용 외에 별도로 규정하고 있다. 「주택건설기준 등에 관한 규정」 제2조와 「주택건설기준 등에 관한 규칙」 제2조에 따라 근로자주택, 영구임대주택, 행복주택 및 기존주택 매입 후 개량주택의 건설기준과 부대시설, 복리시설의 설치기준을 '별표 1'로 규정하고 있다.

표 10-3 주거단지의 부대 · 복리시설의 설치기준

<table>
<tr><th>시설 구분</th><th>내용</th></tr>
<tr><td>주차장</td><td>
주택단지 주차장 설치기준
• 주택전용면적 합계 기준 면적당 대수 비율 산정 주차대수 이상
• 세대당 주차대수 1대(세대당 전용면적 60m² 이하인 경우 0.7대) 이상
<table>
<tr><th rowspan="2">주택규모별
(전용면적 m²)</th><th colspan="4">주차장 설치기준(대/m²)</th></tr>
<tr><th>가. 특별시</th><th>나. 광역시 · 특별자치시 및 수도권 내의 시 지역</th><th>다. 가목 및 나목 외의 시지역과 수도권 내의 군지역</th><th>라. 그 밖의 지역</th></tr>
<tr><td>85 이하</td><td>1/75</td><td>1/85</td><td>1/95</td><td>1/110</td></tr>
<tr><td>85 초과</td><td>1/65</td><td>1/70</td><td>1/75</td><td>1/85</td></tr>
</table>
• 원룸형 주택: 세대당 주차대수 0.6대(세대당 전용면적 30m² 미만인 경우 0.5대) 이상

주택 외의 시설
「주차장법」에 따른 부설주차장 설치

노인복지주택
세대당 주차대수 0.3대(세대당 전용면적 60m² 이하인 경우 0.2대) 이상

철도시설 중 역시설로부터 반경 500m 이내 건설 공공주택
「주택건설기준 등에 관한 규정」 제27조 제1항에 따른 주차장 설치기준의 1/2 범위에서 완화 적용 가능
※ 일부 전기자동차의 전용주차구획으로 구분 설치하도록 조례 지정 가능
</td></tr>
<tr><td>관리사무소</td><td>
50세대 이상
10m² + [500cm² × (50 + 세대수)], 면적의 합계 100m² 초과 시 100m²로 설치 가능
※ 관리업무의 효율성과 입주민의 접근성 등을 고려하여 배치
</td></tr>
<tr><td>근린생활
시설 등</td><td>
근린생활시설 전용면적 1,000m² 이상
주차 또는 물품의 하역 등에 필요한 공터 설치, 그 주변 소음 · 악취의 차단과 조경을 위한 식재 등의 조치 필요
</td></tr>
</table>

(계속)

<table>
<tr><th>시설 구분</th><th>내용</th></tr>
<tr><td>유치원</td><td>2,000세대 이상
유치원을 설치할 수 있는 대지 확보, 그 시설의 설치 희망자에게 분양하여 건축 또는 유치원 건축 후 운영하고자 하는 자에게 공급
※ 예외 사항
1. 통행거리 300미터 이내에 유치원이 있는 경우
2. 통행거리 200미터 이내에 「교육환경 보호에 관한 법률」 제9조 각 호의 시설이 있는 경우
3. 노인주택단지 · 외국인주택단지 등으로서 유치원의 설치가 불필요한 경우
유치원 외의 용도의 시설과 복합으로 건축하는 경우
의료시설 · 주민운동시설 · 어린이집 · 종교집회장 및 근린생활시설에 한하여 설치 가능(유치원 용도의 바닥면적 건축물 연면적의 1/2 이상)
※ 복합건축물은 유치원의 출입구 · 계단 · 복도 및 화장실 등을 다른 용도의 시설(어린이집 및 사회복지관 제외)과 분리된 구조로 설치</td></tr>
<tr><td>주민공동시설</td><td>100세대 이상
주민공동시설 설치
<table>
<tr><td>100세대 이상 1,000세대 미만</td><td>2.5m^2 × 세대수</td></tr>
<tr><td>1,000세대 이상</td><td>500m^2 + (2m^2 × 세대수)</td></tr>
</table>
※ 지역 특성, 주택유형 등을 고려하여 조례로 설치면적을 1/4 범위에서 강화 및 완화 적용 가능
단지규모별 설치 주민공동시설
<table>
<tr><td>150세대 이상</td><td>경로당, 어린이놀이터</td></tr>
<tr><td>300세대 이상</td><td>경로당, 어린이놀이터, 어린이집</td></tr>
<tr><td>500세대 이상</td><td>경로당, 어린이놀이터, 어린이집, 주민운동시설, 작은도서관, 다함께돌봄센터</td></tr>
</table>
※ 해당 주택단지의 특성, 인근 지역의 시설설치 현황 등을 고려하여 필요 없는 시설은 미설치 가능</td></tr>
<tr><td>기타 주거단지</td><td>공업화주택, 시장 · 주택 복합건축물, 상업지역 주택, 독신자용 주택, 저소득근로자 주택, 노인복지주택, 행정중심복합도시 및 재정비촉진지구 안 주택단지, 도시형 생활주택 등
[주택건설기준 등에 관한 규칙 제2조 적용의 특례(별표 1)]
세대당 전용면적 60m^2 이하 저소득근로자 대상 주택(근로자주택), 영구임대주택, 행복주택, 공공매입임대주택 건설기준 및 부대 · 복리시설 설치기준 별도 제시(별표 1)</td></tr>
</table>

자료: 「주택건설기준 등에 관한 규정」(2024. 1. 2. 개정)
「주택건설기준 등에 관한 규칙」(2023. 12. 11. 개정)

(2) 공공주택 특별법 등

앞에서 살펴본 주거단지에서 주민공동시설을 부대시설, 복리시설로 구분하여 설치기준을 규정하고 있는 것 이외에도 공공주택은 단지계획 시 별도의 법령을 확인해야 한다. 「공공주택특별법」과 「공공주택 업무처리지침」에서는 공공주택의 단위세대와 부대

표 10-4 공공주택의 단위세대 면적과 부대 · 복리시설의 설치기준

<table>
<tr><th>구분</th><th>내용</th></tr>
<tr><td>공공준주택의 면적</td><td>「주거기본법」에 따른 최저주거기준 중 1인 가구의 최소 주거면적 만족</td></tr>
<tr><td rowspan="2">공공주택의
부대복리시설 및
기타 시설의 기준</td><td>공공주택의 구조 · 기능 및 설비에 관한 기준과 부대 · 복리시설의 범위, 설치기준 등에 필요한 사항을 대통령령으로 지정 가능</td></tr>
<tr><td>공공주택의 구조 · 기능 및 설비에 관한 기준과 부대시설 · 복리시설의 범위 및 설치기준은 「주택건설기준 등에 관한 규정」 준용
※ 구체적인 기준은 국토교통부장관이 정하여 고시
※ 주택지구 내 공공주택단지 인근에 「주택건설기준 등에 관한 규정」에 따른 부대시설 · 복리시설에 상응 또는 기준 이상의 규모와 기능 충족 및 접근의 용이성과 이용의 효율성 등 확보 시 「주택건설기준 등에 관한 규정」에 따른 설치기준 미적용 가능</td></tr>
</table>

출처: 「공공주택특별법」 제2조의2, 제37조(2023. 4. 18. 개정)
「공공주택특별법 시행령」 제31조(2024. 1. 16. 개정)

복리시설의 설치기준을 규정하고 있다.

공공주택의 부대·복리시설의 설치와 관련하여 「공공주택 업무처리지침」에서는 주차장, 사회복지관, 어린이집, 통합부대·복리시설, 사회적 기업 등 입주공간 및 입주민 일상생활지원센터, 행복주택의 지역편의시설, 행복주택의 주민공동시설 특화, 사회통합형 주택단지 등 시설용도를 상세하게 하여 별도의 기준을 제시하고 있다.

2) 기타 계획요소

앞에서 주거단지 관련 법령에서 규정하고 있는 필수 시설과 공간의 계획요소를 살펴보았다. 이러한 내용은 범용의 성격으로 일반적인 주거단지의 계획 시 검토될 수 있다.

한편 주거단지는 특정 계층을 고려하여 공급되는 경우도 있는데, 전체 주거단지 공급에서 높은 비율을 차지하는 것은 아니다. 예를 들면, 청년이나 사회초년계층을 대상으로 공급되는 경우 주택·주거단지의 계획은 수요계층을 중심으로 수립하게 되고, 주민공동시설의 종류와 운영프로그램도 결정된다. 주택 수요계층이 노인일 경우 돌봄시설, 복지시설, 건강의료 서비스 시설이 우선적으로 고려된다. 급속하게 고령화를 겪고 있는 국내 상황을 고려하면 앞으로 다양한 주택·주거단지의 계획 수요가 지역별로 증가할 것으로 예상된다. 그 밖에 예술인 주거단지에는 주택 개별 작업실이나 창고 외에

도 주거단지 내 전시공간(갤러리), 예술품 판매시설, 공동작업공간, 공동창고, 공용주차장이 마련되기도 한다.

표 10-5 청년 대상 주거단지 공동시설 사례

공급계층	적정 평형	적용 가능	맞춤형 단위세대	필수적용시설	선택적용시설*
일반지구	16㎡	16㎡, 26㎡	콤팩트 주택, 빌트인 생활용품 적용	빌트인 설비, 무선인터넷, 무인택배보관함, 공동세탁장, 작은도서관 (500세대 미만 미적용)	세미나/스터디실, 공용취사장, 창업지원센터, 편의점, 체력단련장, 카셰어링, 게스트하우스, 홈오피스 평면, 취업지원센터, 농구장/족구장
대학생 특화지구			1인/2인 셰어형, 빌트인 생활용품 적용		셰어하우스, 다목적룸, 체력단련장, 재능기부센터, 게스트하우스, 카셰어링, 북카페, 농구장/족구장, 취업지원센터, 세미나/스터디실
사회초년생 특화지구			콤팩트 주택, 빌트인 생활용품 적용		세미나/스터디실, 공용취사장, 창업지원센터, 편의점, 체력단련장, 카셰어링, 게스트하우스, 홈오피스 평면, 취업지원센터, 농구장/족구장
신혼부부 특화지구	36㎡	36㎡, 44㎡	부부+영유아형, 공간확장형, 다가족형	무선인터넷, 공동세탁장, 무인택배보관함, 게스트하우스, 작은도서관, 국공립어린이집	맘스카페, 게스트하우스, 카셰어링, 실내놀이터, 의원(소아과 등), drop off zone, 반찬가게(플리마켓), 쌈지농장, 다용도 현관수납, 엄마공방, 모자도서관, 공동세탁장

주) 지자체와 협의 시 운영 가능 여부를 확정하여 실제 사용 가능한 시설 배치
게스트하우스는 주민공동시설 총량제 범위 내에서 설치
자료: LH청년주택사업처(2018). pp.66-75

1. 가볼 만한 곳

먼저, 서울시 강남보금자리주택지구에 위치한 세 개의 단지를 추천한다. 서울시 강남구 자곡동 일대에 위치한 이곳은 국제설계공모를 통해 계획된 사례로 새로운 유형과 계획이 시도되었다. 주거동이 모두 연결된 형태, 클러스터 구성, 연속보행체계 구축 등 각 블록별 세대구성과 이를 고려한 계획기법이 적용되었다. 2014, 2015, 2016 한국건축문화대상 준공건축물부문(공동주거)에서 모두 수상을 하였다.

다음으로 세종시 한솔동 첫 마을단지를 추천한다. 세종시 한솔동 첫 마을 공동주택 1, 2, 3단지는 자연공간과 조화를 추구하는 단지계획 개념이 적용된 사례로 각 단지별 배치계획의 특성이 잘 드러난다. 주거동의 형태와 배치방식이 다양하게 시도되었고 단위세대 유형도 여러 가지로 계획되었다. 또한 지역공동체를 고려하여 단지 경계, 내부, 외부의 공간이 주변 시설과 잘 연결될 수 있는 방식으로 계획되었다. 이곳은 2012 한국건축문화대상 준공건축물부문(공동주거) 본상을 수상하였다.

2. 관련 서적과 자료

단지계획은 시대별 생활양식에 따라 진화해온 부문과 기본적으로 적용되는 계획원의 부문이 있다. 현재 우리가 경험하고 있는 공동주택단지의 계획이 많은 시행착오와 계획적 시도의 결과물임을 보여주는 강부성 외(1999)의 ≪한국 공동주택계획의 역사≫ 문헌(단행본)을 추천한다. 공동주택의 도입과 확대 과정에 대한 계획사 관점에서 서술된 이 책은 공동주택의 계획에서 쟁점이 되었던 사항과 공공부문에서 각 시대별로 어떻게 대응하였는지를 잘 보여주고 있다.

3. 토론주제

- 고령사회와 주거단지

  한국은 빠른 속도로 인구 고령화가 진행되고 있다. 현재 다양한 연령이 거주하고 있는 주거단지도 미래에는 고령자의 비율이 증가할 것으로 예상된다. 기존 주거단지에서 고령세대 증가로 인한 필요한 시설, 개선해야 할 시설 및 공간 등의 계획 수요를 논의해보자.

- 1~2인 가구와 주택·주거단지의 계획

  앞으로 3~4인 가구보다는 1~2인 가구가 전체 가구구성에서 지속적으로 증가할 것임이 발표되고 있다. 주택계획과 주거단지계획에서 이러한 소규모 가구구성이 증가하고 있는 흐름을 반영하여 주거공간을 구성하고 환경을 건강하게 유지하기 위해 계획적으로 제안될 수 있는 사항을 논의해보자.

CHAPTER 11
주거공간의 실내디자인

실내디자인은 기능적이고 미적으로 쾌적하며 편안한 환경을 만들기 위해 건물의 내부공간을 계획, 설계 및 배치하는 것을 포함하는 다각적인 분야이다. 인간은 대부분의 시간을 실내에서 생활하게 되면서 공간디자인의 중요성은 더욱 극대화되고 있다. 따라서 실내공간은 아름다움을 위해 디자인의 요소와 원리를 적용하여 계획되어야 하며 공간을 구획하고 실내에서 보다 편리한 생활을 위한 벽, 바닥, 천장과 같은 기본요소에 대한 이해가 필요하다.
본 장은 실내디자인을 이해하고 계획하는 데 필요한 기초지식과 디자인 프로세스에 대해 설명하고, 실내공간의 전체적인 분위기를 결정하는 스타일의 종류를 살펴보기 위해 실내디자인 요소와 원리, 실내공간 기본요소, 실내디자인 스타일, 실내디자인 프로세스로 나누어 구성하였다.

1. 실내디자인 요소와 원리

1) 실내디자인 요소

디자인 요소는 실내디자인에만 적용되는 것이 아니라 모든 디자인에 적용되는 요소로 선, 공간, 형태, 질감, 무늬, 색채 등이 있다. 디자인의 특성은 이러한 요소들의 사용방식과 결합방식에 의해 나타나게 된다. 인간은 공간 안에서 생활하면서 형태 위에 앉고, 시각적·물리적으로 선을 접하게 된다. 또한 질감을 보고 느끼며 색에 반응하며, 이 모든 것은 빛에 의해 보여지게 된다.

(1) 선

선은 무수한 점의 흔적으로 실내의 분위기는 선을 어떻게 적용시키느냐에 따라 달라진다. 인간의 눈은 공간에 놓여 있는 방의 모양, 가구의 형태, 직물의 문양 등을 인지할 때 이들 선을 따라가게 되는데, 선은 방향을 표현한다.

대표적으로 수직선은 중력에 대한 저항감을 가지며 공간을 실제 치수보다 더 높게 보이게 하여 공식적이고 위엄 있는 분위기를 연출할 때 효과적이다. 실내공간에서 채광량을 조절하는 버티컬 블라인드, 기둥 등이 수직선을 보여주는 예가 될 수 있다.

수평선은 편안함과 안정된 느낌을 주는데, 특히 선이 길 때 더 효과적으로 연출할 수 있다. 실내공간에서 바닥과 천장 등의 건물구조에 많이 쓰이며 침대와 소파 등의 가구와 수평 블라인드로 표현된다.

사선은 역동적이고 흥미를 유발하며 활동적인 분위기를 연출하여 실내공간에 많이 이용되지는 않으나, 경사진 천장, 계단 난간, 가구, 실내 내장재의 패턴 등에 활용될 경우 시선을 끌 수 있다. 그러나 사선 자체가 불안정한 느낌을 주므로 지나치게 사용하는 것은 자제해야 한다.

곡선은 직선에 비해 우아하고 부드러운 느낌을 주고 시선을 집중시키는 효과가 있다. 실내공간에서는 아치arch형의 문 또는 창, 원형 탁자, 전등의 갓, 직물의 무늬 등에 적용된다. 곡선은 스케일, 반복 정도, 방향 등에 따라 느낌이 다르게 연출된다.

수평선

수직선

사선

곡선

그림 11-1 실내공간에 선을 활용한 예

(2) 공간과 형태

공간은 건축물 내부의 물리적인 구획을 의미하며, 사용자가 생활하고 작업하는 환경을 형성하는 기본적인 요소이다. 실내디자이너는 공간을 한정 짓고 변화를 조절하는 역할을 담당한다. 공간은 길이, 폭, 깊이를 갖는 3차원적인 특성을 갖고 있으며 디자인의 시작점이 된다.

형태form는 3차원적인 모양, 부피, 구조 등으로 정의할 수 있으며 인간에게 물리적·감정적으로 영향을 미친다. 형 또는 모양shape은 형태와 달리 이차원적인 모양으로 형태의 한 면을 의미한다. 즉, 사각형은 형 또는 모양에 해당하고 육면체는 사각형이 모여 형태를 이룬 것이다. 육면체는 건축물이나 실내공간의 구조에 자주 이용되는 형태로 디자인과 제작이 용이하며 90°를 유지하여 구조적으로 견고하고 시각적 안정감을 제공한다. 침대, 소파, 책상 등 큰 가구, 실내소품 등이 예가 될 수 있다.

삼각형과 피라미드는 생동감과 변화를 주며 동적인 분위기를 만든다. 원형과 구형은 나무, 구름, 꽃, 조개 등 자연을 연상시켜 사각형 실내공간을 편안하고 안정된 분위기를 연출한다. 둥근 탁자는 사람들이 서로 친근감 있게 원형으로 모여 쉽게 시선을 마주칠 수 있어 대중적으로 활용되고 있다. 실내공간은 하나의 형태만으로 구성될 수 없으므로 여러 가지 형태들이 조합되어 통일감과 변화를 주며 동시에 조화를 이루어야 비로소 아름다운 공간이 될 것이다.

(3) 질감

질감texture은 표면의 성질이나 만졌을 때의 느낌 또는 빛을 비추었을 때의 모습을 말하며, 촉각적 질감tactile texture, actual texture과 시각적 질감visual texture, illusionary texture으로 분류할 수 있다. 촉각적 질감은 손으로 직접 만져서 느껴지는 것을 의미하고, 시각적 질감은 착시적 질감이라고도 하며 명암이나 무늬에 의한 효과로 표면이 실제와 다르게 보이는 질감을 의미한다. 예를 들어 눈으로 보기에는 요철이 있는 것처럼 보이지만 실제로 만졌을 때 매끄러운 경우가 있다.

질감에 의한 효과는 형태, 색상 그리고 질감 자체와 밀접한 관계에 의해 나타나며 실내공간에서 질감은 공간을 흥미롭고 다양하게 보이게 한다. 〈그림 11-2〉에서는 여러 질감을 느낄 수 있는데, 거친 느낌의 석재로 마감된 벽과 부드러운 천으로 마감된 소파와 스툴, 매끈한 느낌의 대리석 바닥과 소파 테이블, 따뜻한 느낌의 목재의자 등 다양한 재료의 재질이 공간을 더욱 풍성하게 보이게 한다.

실내공간에서 질감이 미치는 영향은 다양하다. 첫째, 물리적인 인상을 제공한다. 공간에 사용된 직물이 거친 재질이라면 불편해 보여 거슬릴 것이며, 매끄럽게 반질거린다면 미끄럽거나 차갑다고 느낄 것이다. 둘째, 질감은 빛에 의한 반사와 색채에 영향을 준다. 매끄러운 질감은 빛을 반사하여 시선을 집중시켜 같은 색채라도 조금 더 깨끗하고 강하게 보이게 한다. 반면 거친 질감은 빛을 흡수하여 색채가 덜 강조되어 명암효과로 입체적인 느낌이 강조되기도 한다. 셋째, 질감은 소리의 반사와 흡수에 영향을 미치

그림 11-2 질감이 느껴지는 거실

는데, 단단하고 매끄러운 질감은 소리를 반사하고, 부드럽거나 거친 질감은 소리를 흡수한다. 따라서 소리가 중요한 공간에는 마감재 선택에 특히 유의해야 한다. 마지막으로 질감은 가사작업량과도 관련이 있다. 반짝이는 매끄러운 질감의 재료는 청소하기는 쉬우나 더러움이 너무 눈에 띄어 불편하고 지저분하게 보일 수 있고, 거친 질감의 재료는 더러움이 쉽게 보이지는 않지만 먼지 등을 청소하는 데 시간과 노력이 든다. 따라서 가사작업량을 줄이기 위해서는 시각적 질감은 거칠지만 실제로는 매끄러운 질감이 이상적일 것이다.

(4) 무늬

무늬pattern는 표면을 아름답게 보이게 하기 위한 이차원적인 장식으로, 물체에 직접 그리기도 하고 벽지와 마감재료에 무늬를 넣어 표현하기도 한다. 무늬는 직물이나 카펫과 같이 제조과정에서 생기기도 하고 직조 시 의도적으로 넣기도 한다. 한편 타일, 벽돌과 같은 재료는 부착방법에 따라 다양한 무늬를 넣을 수 있다. 이때 반복적으로 나타나는 무늬를 모티프motif라고 하는데 모티프의 종류는 자연의 꽃이나 나무 등을 소재로 하는 자연적인 모티프, 자연적인 소재를 단순화한 양식화된 모티프, 선, 사각형, 원 등으로 구성된 기하학적인 모티프, 추상적인 모티프 등이 있다.

모티프의 종류, 색상과 크기는 실내분위기를 좌우하며, 공간을 축소 또는 확대되어 보이게 하므로 목적에 맞는 올바른 선택을 해야 한다. 일반적으로 큰 무늬는 물체를 확대되어 보이게 하여 실내공간의 벽에 큰 무늬의 벽지를 사용하면 공간이 협소하게 보인다. 반대로 작은 무늬는 같은 방이라도 시각적으로 넓어 보이게 한다.

(5) 색채

색채는 실내디자인의 매우 중요한 요소로 인간의 감정적·심리적 반응에 영향을 끼치며 작업능률과도 관련이 있다. 색채 관련 이론은 매우 광범위하고 내용이 복잡하며, 여기에서는 색의 3가지 속성, 즉 색상hue, 명도value, 채도intensity와 이들에 의한 주거공간 실내디자인 효과를 중심으로 알아본다.

① 색상

색상은 색을 구분 짓기 위해서 지어진 이름이며 기본 3원색(빨강, 파랑, 노랑)을 중심으로 이들의 혼합으로 만들어진다. 실내디자인에서 주로 사용되고 있는 색상환은 먼셀Muncell 색상환, NCS 색상환, 오스트발트Ostwald 색상환 등이다.

색상에 의한 실내디자인 효과는, 기본적으로 따뜻한 색상은 자극적이고 동적이며 시선을 집중시키고 진출하는 느낌을 주어 물체에 이용하면 외곽선을 부드럽게 보이게 하여 실제보다 더 커 보이게 한다. 또한 주거공간의 벽면이나 천장에 이용하면 진출성 때문에 공간이 좁게 느껴질 수 있다. 반면 차가운 색상은 벽면이나 천장이 후퇴하게 보이고 침착한 분위기를 연출하여 공간이 넓어 보이게 한다.

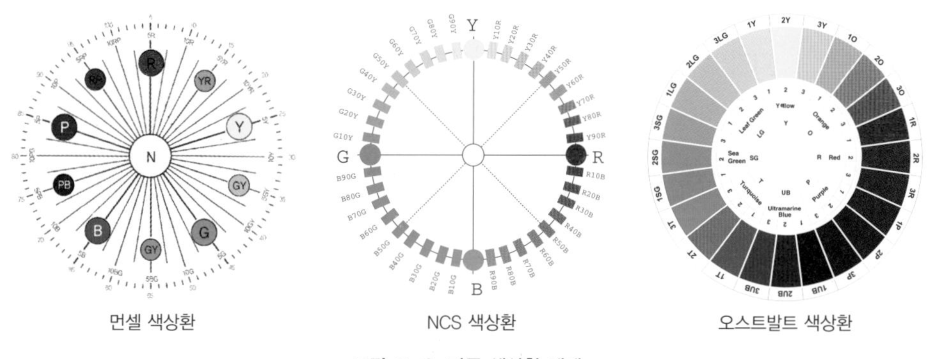

먼셀 색상환 / NCS 색상환 / 오스트발트 색상환

그림 11-3 각종 색상환 체계

② 명도

명도는 색의 밝고 어두운 정도를 말하는 것으로 반사되는 빛의 양에 의해 결정된다. 빛을 가장 많이 흡수하는 어두운색을 0으로 하고, 빛을 가장 많이 반사하는 밝은색을 10으로 분류한다. 명도에 의한 실내디자인 효과를 살펴보면 명도가 높은 색상은 명랑한 분위기를 연출하고 물체를 실제보다 크게 보이게 하므로 벽을 밝게 하면 공간이 넓어 보인다. 또한 명도를 대비시키면 물체의 윤곽이 뚜렷하게 보여 물체가 돌출하는 느낌을 준다.

③ 채도

채도는 색의 순수한 정도를 말하는 것으로 다른 색상과 섞이지 않은 순도가 높은 상태의 색상을 '채도가 높다' 또는 '채도가 강하다'라고 표현한다. 순도가 낮은 무채색을 0으로 하고 순도가 높은 순색이 채도가 가장 높다. 채도는 인접한 색과 조명의 영향을 받는데, 조명색과 물체색이 같으면 채도가 훨씬 높아 보인다. 예로 정육점에서는 고기에 붉은색 조명을 비춰 더 선명하고 신선해 보이게 한다.

색을 다루는 작업은 예술일 뿐만 아니라 과학이다. 디자이너는 한 가지 색이나 색의 혼합에서 나타나는 단순한 시각적인 효과 이상의 미묘한 변화도 고려해야 한다. 따라서 색채에 대한 기본적인 이론을 이해하는 것은 매우 중요하며 이를 장소와 목적에 맞게 적용하는 것은 효과적인 실내디자인 방법이 될 것이다.

2) 실내디자인 원리

디자인원리는 디자인 요소들 간의 관계가 어떻게 시각적으로 아름답게 보이거나 불쾌하게 보이는지를 설명하는 개념이다. 아름다운 자연경관이나 예술작품은 사람들을 즐겁게 하는데 그 이유는 균형과 조화, 비례 등 디자인원리가 적용되었기 때문이다. 실내디자이너는 시각적으로 아름다운 공간을 디자인하기 위해 디자인원리를 이해하고 이를 실내공간 디자인에 적용할 수 있어야 한다. 이는 창의적이고 개성 있는 공간연출을 위한 역량을 확장하는 기초가 될 것이다.

(1) 스케일(scale)과 비례(proportion)

스케일은 규모로 표현되기도 하는데 공간이나 물건의 크기에 대한 상대적인 크기를 의미한다. 예를 들어 어린이 방에 성인 인체치수에 맞는 가구가 있으면 스케일이 맞지 않는다고 표현한다. 비례는 한 물체의 부분과 부분 또는 물체 전체와 부분 간의 크기를 비교하는 개념으로 테이블 상판의 가로세로, 다리 높이가 서로 어울리지 않아 아름답지 않은 경우, 비례가 적합하지 않다고 평가한다.

실내공간이나 가구는 생활하고 이용하는 사람의 인체치수와 용도에 맞아야 한다. 특히, 침대나 의자는 신체가 직접 닿고 지탱하는 가구이므로 인간적인 스케일, 즉 인체치수를 고려해야 하며, 황금분할과 같은 비례도 공간을 아름답게 보이게 하는 데 중요한 역할을 한다. 같은 비례로 만들어진 물건이라도 조명, 색채나 질감 등에 따라 전혀 다르게 보일 수 있다. 실내공간에서는 가구 자체의 크기, 공간과 가구의 크기와 비례 그리고 가구와 가구 사이의 공간에도 스케일과 비례의 원리를 적용해야 한다.

(2) 균형(balance)

균형은 실내공간에서 평형감각과 침착함을 주는 것으로 대부분의 생활공간에 널리 적용되고 있는 기본적인 물리적 법칙이라 할 수 있다. 특히, 자연계인 인간, 동물, 곤충 등에서 아주 명백하게 법칙을 보여주고 있다. 디자인에서는 물리적 균형보다는 시각적 균형이 더 의미가 있다. 시각적으로 무겁게 보이는 물건들은 부피가 크고 질감이 뚜렷하며 무늬가 두드러지거나 독특한 형태(부정형태)인데, 이는 시선을 집중시키는 효과가 있기 때문이다. 주거공간에서 균형감은 계속 변화하게 되는데, 고정적인 물건 외에 사람의 움직임, 인공조명, 자연채광 등이 변하기 때문이다. 실내공간에서의 균형은 대칭균형, 비대칭균형, 방사균형의 세 가지로 분류된다.

① 대칭균형

대칭균형은 주변에서 흔히 볼 수 있는 원리로 중심선을 기준으로 좌우에 같은 크기와 형태를 이루고 있을 때 나타난다. 이는 가장 쉽고 편하게 적용할 수 있는 균형방법이며 공간 내에서 안정감과 편안함을 제공한다. 위엄 있고 공식적인 실내분위기를 표현하는 데 효과적이나, 지나치게 대칭균형을 적용하면 지루하고 개성이 없어 보인다.

대칭균형

비대칭균형

방사균형

그림 11-4 균형의 종류

② 비대칭균형

비대칭균형은 좌우가 실제로는 균형을 이루지 않으나 시각적으로 균형 잡힌 듯이 느껴지는 상태일 때 보이는 것으로 생동감 있고 동적이며 호기심을 유발한다. 일반적으로 비대칭균형으로 가구를 배치하면 공간이 넓어 보이고 활용도가 높아, 보다 개성 있고 흥미로운 공간을 연출할 수 있다. 다만, 지나칠 경우에는 실내공간이 산만하게 보일 수 있으므로 주의해야 한다.

③ 방사균형

방사균형은 중앙을 중심으로 방사상으로 균형을 이루는 상태로 실내의 나선형 계단, 원형 식탁 등이 있고 접시, 컵 등의 제품에 쓰이며 실내에서는 흔하지 않은 편이다. 방사균형을 잘 활용하면 개성 있고 호기심을 유발하며, 시각적 관심을 집중시키고 신선한 느낌을 줄 수 있다.

(3) 리듬(rhythm)

리듬이라는 용어는 음악에서 비롯된 개념으로 마치 리듬악기가 음정 없이 소리의 크기와 박자만을 표현하듯이 디자인에서 리듬은 반복을 통해 나타난다. 규칙적인 요소들의 반복으로 통제된 운동감이 나타나며 정돈된 느낌을 주고 조화를 이루어 동적인 느낌을 준다. 다만, 리듬은 또 다른 원리인 균형이 이루어진 상태에서 시도되어야 산만하지 않다. 실내디자인에서 리듬은 반복, 교체, 점이, 대비 등에 의해 이루어질 수 있다.

① 반복

반복은 실내디자인 요소인 선, 형태, 질감, 무늬, 색채 등을 이용하여 일정하게 반복하면 규칙적인 리듬이 생기게 되는 것으로, 주로 벽지, 카펫의 무늬나 색채, 창문형태, 창살무늬에 이용된다. 그러나 평범한 것을 계속적으로 반복하면 지루하고 흥미를 잃을 수 있으므로 강조해야 할 것이나 특징적인 형태, 색채 등을 반복하는 것이 좋다.

② 교체

교체는 두 개의 서로 다른 요소가 서로 교차하여 반복되는 일련의 교대를 의미하는 것으로 반복의 응용된 형태로 볼 수 있다. 교체의 간격에 따라 효과가 강해지거나 약해지기도 한다. 예로는 벽과 창 또는 문의 구성이 있다.

③ 점이

점이는 형태, 질감, 무늬, 색채 등이 어떤 체계 속에서 점점 커지거나 강해져 동적인 리듬감이 생겨 개성 있어 보이고 시선을 집중시키는 것이다. 실내에서 점이를 통한 리듬을 얻기 위해 무늬 크기를 변화시키거나 색채의 명도나 색상의 점이효과 또는 모양이 같은 가구의 크기와 높이를 점진적으로 변화시킨다. 반복보다는 복잡하고 동적이며 리듬감이 강하다. 또한 덜 강요하는 느낌을 주면 창의력이 있어 보인다. 친근감이 있고 통일과 변화에 의한 조화미를 형성하여 많이 이용되고 있다.

그림 11-5 리듬의 종류

④ 대비

대비는 점진적인 변화가 아닌 돌발적인 변화를 주는 것으로 형태, 색상, 재료, 분위기를 이용하며 단조롭지 않아 최근에 실내디자인에 많이 적용되고 있다. 예로 사각형 요소가 많은 거실에 둥근 스툴을 놓거나 현대식 분위기의 식당에 전통 목가구를 배치하는 것 등이 있다.

(4) 강조(emphasis)

강조는 디자인에서 가장 중요한 요소를 강조하여 눈에 띄게 하고 보는 사람의 주의를 사로잡는 것으로 주로 대비, 색상, 크기, 배치 등을 통해 달성된다. 예로 넓고 단순한 벽면에 그림을 걸어두기, 벽면 중 한쪽에 큰 창을 만들기, 수집품을 진열하고 스포트라이트로 집중적으로 비추는 것 등이 있다. 강조의 효과를 극대화하고 아름답게 하기 위해서는 균형과 리듬의 원리가 기초가 되어야 한다.

(5) 조화(harmony)

조화는 다양성variety과 통일성unity이 잘 합해졌을 때 이루어지며 통일성에서 느껴지는 아름다움을 유지하면서 적절한 변화, 즉 다양성을 추구함으로써 좀 더 차원이 높은 아름다움을 얻을 수 있다. 결국 통일성과 다양성은 서로 유기적인 관계이며 조화는 다른 디자인원리인 균형, 리듬, 강조, 비례 등을 제대로 사용했을 때 이루어지는 것으로 실내디자인에서 매우 중요하며 기초가 되는 원리이다.

2. 실내공간 기본요소

실내공간 기본요소는 내부공간을 한정하고 구획하며 에워싸는 고정적 요소인 바닥, 벽, 천장과, 공간에서의 이동을 가능하게 하는 개구부 및 실내에서 보다 편리하고 안락한 생활이 가능하도록 하고 공간의 분위기를 형성하는 역할을 하는 가구, 조명, 마감재료 등으로 구분한다.

1) 고정적 요소

(1) 바닥

바닥은 기본요소 중 가장 아랫부분에 위치하여 인간의 신체와 가장 접촉이 많은 부분이다. 또한 걸어 다니거나 설 수 있는 직접적 요소로 여러 감각 중 시각적·촉각적 요소와 밀접한 관계가 있다. 특히, 우리나라는 실내에서 신발을 벗고 생활하므로 바닥의 촉감이 매우 중요하다. 바닥디자인은 물리적·시각적으로 공간의 전체 디자인에 영향을 주므로 신중하게 선택해야 한다. 바닥의 재료는 유지관리가 용이해야 하며 이에 따른 비용도 고려해야 한다.

바닥은 차갑고 습기가 많은 대지로부터 차단해 주는 기능을 하며, 걸어 다닐 수 있고, 가구를 놓을 수 있을 정도로 단단하고 평평한 면을 제공한다. 또한 고저 차를 두어 공간을 영역으로 구분할 수 있다. 고저 차가 없는 바닥은 정적인 공간을 만드는데, 색상, 질감, 마감재료로 변화를 주어 강조할 수 있다. 공간의 연속성을 주어 공간을 더 넓게 보이게 하며 안전성이 높아 어린이나 노인, 장애인이 있는 가정에 필수적이다. 또한 고저 차가 있는 바닥은 동적인 공간을 생성하며 범위를 한정하여 영역을 분리하는 역할을 한다.

바닥은 여러 물건을 올려놓고 보행을 하므로 튼튼하고 안정적이어야 하며, 동시에 내구성, 내오염성, 흡음성, 유지관리·교체의 용이성 등이 요구된다. 주로 사용되는 재료는 목재, 석재, 점토 소성재, 합성수지재 등이다.

(2) 벽

벽은 공간을 에워싸는 수직적 요소로 내부와 외부공간을 구분하고 인간을 보호하며 시각적·청각적 프라이버시를 제공한다. 구조적으로는 천장과 바닥을 구조적으로 지지하는 역할을 하며 실내공간의 형태와 규모를 결정하는 기본요소이다. 특히, 네 면을 차지해 구조체 중 면적이 가장 넓고 시선이 많이 머무는 곳이므로 디자인이 매우 중요한 요소이다.

벽의 높이는 인체의 스케일과 관련되어 있어 높이에 따라 시각적·심리적으로 다른 효과를 줄 수 있다. 높이 600mm 이하의 벽이나 담장은 공간을 상징적으로 분리하고 구분하면서도 공간 상호 간에 통행과 자유로운 시선 교환을 가능하게 하며, 영역을 표시하거나 경계를 나타내는 기능을 한다. 높이가 허리 정도 되는 벽은 시각적 연결을 약화하고 에워싼 느낌을 주므로 주로 공원 벤치 주변의 휴식공간, 사우나, 레스토랑에 설치된다.

시각적 차단을 위해서는 높이가 1,800mm 이상이 되어야 프라이버시가 보장된다. 일반적으로 키를 넘거나 천장까지 맞닿아 있으면 영역은 완벽히 분리될 수 있다. 따라서 벽의 높이가 눈높이 정도가 되면 공간이 분할된 것으로 지각한다. 벽은 구조에 따라 내력벽과 비내력벽으로 구분되고 구조적 마감재로는 벽판[drywall], 목재, 석재 등이 쓰이며 표면처리는 페인트, 벽지, 회반죽, 직물 등으로 마감한다.

(3) 천장

천장은 공간을 형성하는 수평적 요소로 바닥이나 벽에 비해 접촉빈도는 낮으나 실내공간의 수직적 규모와 형태를 결정하는 중요한 요소이다. 천장은 높낮이에 의해 느낌이 달라지는데, 천장을 낮게 하면 영역이 구분되어 안락하고 친근한 느낌과 은신처의 느낌을 주고, 높게 하면 개방감, 경쾌감 및 공간의 확대감을 줄 수 있다. 주요 기능은 실내공간에서 소리, 빛, 열환경의 중요한 조절매체 역할과 위층의 바닥이나 지붕을 지지하는 구조체 역할이다.

대부분의 천장은 평평하지만 단차이나 구조에 의해 형성된 다양한 형태를 가질 수 있다. 천장면의 다양한 모양이나 방향성은 시각적으로 흥미를 유발한다. 천장의 형태

평천장

우물천장

들보노출천장

그림 11-6 천장의 종류

는 평천장이 가장 일반적이며 우물천장과 들보노출천장 등으로 다양하다. 재료는 주로 연질 섬유질판(텍스), 석고보드, 플라스틱 등이 쓰인다.

2) 개구부

(1) 창

창은 벽에 만드는 투명하거나 반투명한 개구부로 자연적인 여러 요소로부터의 보호, 사생활 제고, 시각적으로 즐거운 전망을 제공하는 디자인 요소로서 다양한 부가적 기능을 한다. 창은 조망, 채광, 환기, 통풍의 역할을 하며 주로 벽과 천장에 위치한다. 실의 성격, 크기, 방위, 기후, 디자인 의도에 따라 창의 크기, 형태, 위치, 개수 등이 결정된다. 특히, 지역적 조건에 따라 여러 형태로 시도되는데 햇빛이 부족한 북유럽에서는 창으로 더 많은 햇빛이 실내로 들어오게 하기 위해 창을 벽에 길게 여러 개를 설치하거나 천장에 설치한다. 창의 위치는 가구배치와 동선에 영향을 주는데, 창턱의 높이에 따라 앞에 놓일 가구가 한정되며 일반적으로 전면창 앞에는 가구를 놓지 않는다.

창의 종류와 특성은 다양하다. 먼저 개폐방식에 따라 고정식 창과 이동식 창으로 나눌 수 있다. 고정식 창은 열지 못하게 되어 있어 유리로 된 벽과 비슷한 창이고, 이동식 창은 창문이 상하좌우로 움직여 미닫이 또는 여닫이로 개폐되므로 채광뿐만 아니라 환기도 가능하다. 이동식 창에는 여닫이창, 미닫이창, 오르내리창, 빗살창, 들창 등이 있다.

또한 설치 위치에 따라 창을 분류할 수 있는데, 측창, 천창, 고창, 경사창이 있다. 측창은 수직창이라고도 하며, 일반적으로 벽면에 설치되는 창을 말한다. 천창은 천장에

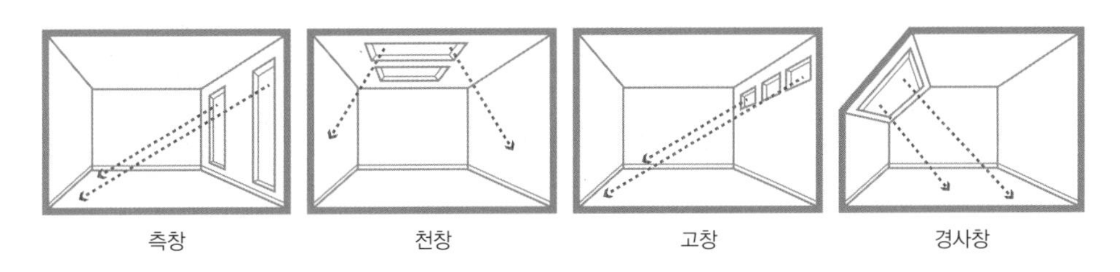

그림 11-7 설치 위치에 따른 창의 종류

설치하며, 창의 종류 중 가장 채광효과가 우수하여 채광이 중요한 미술관 등에 설치된다. 고창은 천장 가까이에 있는 벽에 위치한 좁고 긴 창문으로, 욕실이나 화장실과 같이 높은 프라이버시를 요구하는 실이나 부엌과 다용도실과 같이 환기가 요구되는 실에 적합하다. 경사창은 천창과 고창을 절충하여 만든 창으로 흔히 쓰이지 않아 설치 시 시선을 끄는 효과를 얻을 수 있다.

(2) 문

문은 사람과 물건이 실내와 실외를 통행하고 출입하기 위한 개구부이다. 문의 계획 시 실의 성격과 사용목적, 전체 공간의 동선계획, 실내분위기, 실내와 외부의 관계성 등이 중요하며 이에 따라 문의 크기, 위치, 형태, 개수와 디자인이 결정된다. 구조적으로 문의 윤곽이 되는 문틀이 필요하며 최근에는 문틀 없이 문을 설치하는 무문틀 디자인이 유행하고 있다.

문은 위치에 따라 동선이 유도되며 실내공간에서의 움직임에도 영향을 준다. 따라서 문의 주변은 통로가 되어야 하므로 가구를 배치할 수 없다. 일반적으로 문의 치수는 사람의 출입을 기준으로 결정하므로 문의 최소 폭은 600mm 정도이나, 여유치수를 고려하여 900mm 내외로 하며, 결정기준은 출입하는 빈도, 동작 등에 의해 조정된다. 또한 문 높이는 보통 1,800~2,600mm이며 적절한 높이는 문 폭과의 비례 등을 고려하여 결정한다. 문의 종류는 개폐방식에 따라 여닫이문, 미서기문, 미닫이문, 접이문, 회전문, 자재문(자유문)이 있다.

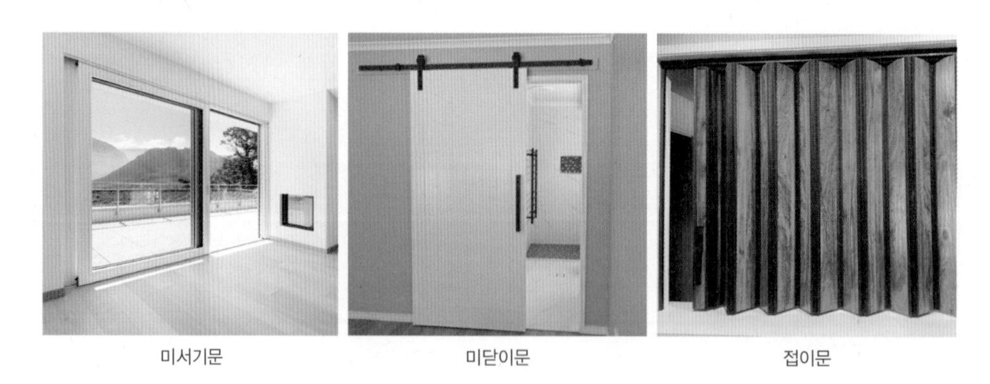

미서기문 미닫이문 접이문

그림 11-8 개폐방식에 따른 문의 종류

3) 가구

(1) 가구의 개념

가구는 영어로 퍼니처furniture인데 이는 'furnish'(실내에 물건을 비치하다)에서 나온 말이다. 또한 프랑스어로 가구는 'meuble'이며, 독일어로 가구는 'möbel'로 모두 "움직일 수 있는 물건"을 의미한다. 즉, 가구는 실내에 놓인 움직이는 물건이라 할 수 있다.

실내공간에서 가구는 인간과 건축물을 연결해주는 요소로 인체를 지지해 주며 휴식, 작업 등의 행위를 보다 편안하고 능률적으로 행하게 하는 인간생활 행위의 수단이다. 또한 가구는 실내 장식적 요소로서 미적 효과를 증대한다.

가구 선택 시 고려해야 하는 것은 기능성, 심미성, 상징성이다. 기능성은 인간공학적 배려, 구조와 재료의 합리성, 유지관리의 용이성, 안전성에 대한 것으로 가구가 외부의 힘이나 충격을 견뎌야 하고 오랫동안 지지해 줄 수 있는지를 살펴봐야 하며 사용된 철물이나 다양한 부품에 대한 점검도 필요하다. 또한 가구의 크기, 기능, 구조가 인간의 스케일에 잘 부합되어야 하고 안정성을 고려해야 한다. 예를 들어 작업의자는 오랜 시간 인체를 바른 자세로 유지시켜야 하므로 등받이의 경사는 95~105°를 넘지 않아야 한다. 그 외에도 테이블 상판의 높이, 의자의 좌판 높이 등이 기능성과 관련이 있다.

심미성은 디자인 요소인 색채, 형태, 질감 등이 창출하는 통일성, 균형, 비례, 대비 등과 같은 보편적인 아름다움을 의미한다. 또한 완전한 만족감을 위해서는 기능성과 더불어 미적 질서에 부합해야 한다. 결국 심미성은 시간이 지나도 변하지 않는 절대적인 가치로 유행과 같은 한 시대에만 통용되는 취향과는 차별화된 가치이다.

상징성은 사람들이 소유하고 있는 물건, 즉 가구가 사용자의 가치관과 개성 또는 신분을 나타낸다는 것이다. 앞서 언급한 기능성과 심미성이 거의 완벽한 가치를 지녔다고 하더라고 개인의 취향이나 독특한 의미가 없으면 만족시키지 못한다. 따라서 실내디자이너는 가구 선택 시 고객의 취향을 고려하되 미적 기준에서 벗어나지 않도록 최선을 다해야 한다.

(2) 가구의 종류

가구는 여러 가지 방법으로 분류할 수 있는데, 대표적으로 인간공학적 입장에서 기능에 따라 인체계 가구, 준인체계 가구, 건축계 가구로 분류한다.

① 인체계 가구

인체계 가구는 의자나 침대처럼 인체를 지지하는 것을 목적으로 하는 가구로 의자 및 침대류가 해당된다.

㉠ 의자류

의자류는 주로 육체적인 긴장을 최소로 줄이는 것을 목적으로 하는 가구로 오늘날 인간들은 깨어 있는 대부분의 시간을 의자에 앉아서 작업, 휴식, 학습, 대화, 식사 등을 하며 보내므로 신중하게 선택해야 한다. 선택의 기준은 어떤 용도로 쓸 것인가로, 피로를 푸는 휴식용, 어느 정도 정신적인 집중을 요하는 행위용 등으로 설명할 수 있다. 대표적인 가구는 소파와 의자가 있다.

- 소파: 소파는 두 사람 이상이 앉을 수 있는 긴 의자를 모두 나타내는 용어로 편안한 좌판과 패딩, 팔걸이 및 등받이가 있는 것이 특징이다.
  소파를 구매할 때는 충분히 누울 수 있는 길이인 1,800mm 이상인지 체크해야 하며 휴식을 위해서는 사용자에게 받쳐주는 듯한 느낌을 주고 혼자 힘으로 일어날 수 있을 정도로 높고 튼튼해야 한다. 또한 소파는 안락감을 주기 위해 팔걸이가 달려 있어야 하며, 미와 내구성을 모두 갖춘 재료로 만들어져야 한다.
- 의자: 의자 제작 시 고려사항은 좌판의 폭, 깊이와 높이, 등받이의 각도 및 높이, 팔걸이의 길이이며, 특히 사용자의 인체치수를 고려하여 제작해야 한다. 의자의 종류에는 라운지 체어lounge chair, 윙체어wing chair, 다이닝 체어dining chair, 오토만ottoman 등이 있다.

㉡ 침대

침대는 가장 개인적인 가구로 수면이나 휴식이 목적이며 안락성이 가장 요구된다. 전

라운지 체어

다이닝 체어 윙체어 오토만

그림 11-9 의자의 종류

형적인 구조는 커다란 사각형에 용수철이 들어 있는 기초부분box spring 위에 용수철이 들어 있는 매트리스나 폼 매트리스를 올려놓는다. 침대 길이는 키보다 최소 15cm 더 길어야 안락감을 느끼며 주변에 여유공간을 두어 침대 정리 시 필요한 공간을 확보해야 한다.

② 준인체계 가구

준인체계 가구는 사람과 물체, 물체와 물체와의 관계를 갖는 가구로 테이블, 탁자, 책상, 조리대 등 작업용 가구들이 해당된다. 테이블은 다양한 기능에 맞는 크기, 모양, 높이, 재료로 만들어져야 한다.

③ 건축계 가구

건축계 가구는 수납가구류로 현대사회의 생활행태가 복잡하고 다양해지면서 이를 유지하기 위해 많은 종류의 물건들이 필요하게 되어 합리적인 수납을 목적으로 하는 수납시스템이 고안되고 있다. 수납가구의 발상은 궤chest(뚜껑이 달린 상자형태의 가구)로, 물건의 크기, 형태, 용도, 중요성 등에 맞춰 선택해야 하며 선반, 벽장, 옷장, 칸막이 등이 있다. 효율적인 수납장은 건축적인 디자인의 일부가 되어야 하며 다락이나 지하실이 사라짐에 따라 충분한 크기의 수납장에 대한 요구가 커지고 있다.

3. 실내디자인 스타일

실내디자인 스타일은 실내공간을 꾸미고 장식하는 독특하고 인지할 수 있는 접근방법으로, 각 스타일에는 고유한 특성, 미학, 색상, 가구 선택 및 장식요소가 존재한다. 다양한 실내디자인 스타일에 대한 이미지는 인테리어 4요소인 소재, 질감, 형태, 색상으로 구성된다. 이러한 스타일들을 이해하고 선택할 수 있는 안목은 디자이너에게 필요한 능력으로 고객이 어떻게 생활하고 싶은지를 파악하는 것과도 직결된다. 실내디자인 스타일 중 대표적인 스타일을 소개한다.

1) 내추럴 스타일(natural style)

내추럴 스타일의 특징은 자연소재인 나무와 흙 등을 많이 사용하며 색상보다는 소재의 내추럴한 질감을 중시한다. 튀는 디자인보다는 여유로운 분위기를 연출하여 연령대와 상관없이 선호하는 스타일이다. 가구나 실내마감재의 소재로 원목 또는 천연목 합판을 사용하고 광택이 없는 도장 마감처리를 한다. 면, 마 등 천연섬유나 내추럴한 분위기의 화학섬유를 주로 사용한다. 색상은 크림색, 갈색, 녹색 등 소재 본연의 색을 그대로 살린 자연의 색이 주를 이룬다.

그림 11-10 내추럴 스타일

2) 모던 스타일(modern style)

모던 스타일은 20세기 중반에 등장한 스타일로 단순함, 깔끔한 선 및 기능에 중점을 두고 있다. 가구, 건축 및 장식요소는 최소한으로 하고 단순하며, 색상은 흰색, 검은색, 회색 및 베이지색의 무채색과 금속색, 선명한 색상을 사용한다.

가구는 기능과 편안함을 추구하며 과도한 장식을 배제한다. 재료는 유리, 금속, 콘크리트 및 천연목재와 같은 재료를 혼합하여 연출하며 마감은 광택이 있고 무늬가 없이 균일하게 한다. 형태는 날렵한 직선과 평평한 면, 인공적인 곡선으로 구성되며, 큰 창문과 열린 공간을 만들어 풍부한 자연 채광이 실내에 들어오고 실내와 실외를 연결해준다.

그림 11-11 모던 스타일

3) 빈티지 스타일(vintage style)/레트로 스타일(retro style)

빈티지 스타일은 옛것을 이용하여 편안하고 화려함이 있는 스타일로, 클래식 스타일과 비슷하게 앤티크 가구들을 사용한다. 유럽 스타일의 곡선이 있는 옛 가구들과 아기자기한 옛 스타일의 소품들을 활용하는 경우가 많고 나무와 금색 장식을 이용하여 편안함과 옛 느낌을 살린다. 주로 목재가구들과 어두운색을 사용하며 체크나 꽃무늬를 활용하여 빈티지 스타일을 한층 더 강화시킨다.

레트로 스타일은 "옛날의 상태로 돌아가다"라는 뜻으로 빈티지 스타일과 거의 비슷하며, 다른 점은 색상에서 유니크함을 보여줄 수 있다는 점이다.

4) 북유럽 스타일(scandinavian style)

북유럽 스타일은 기능성, 단순성, 자연과의 연결성을 강조한다. 이 스타일은 밝은 색상, 자연 소재 및 형태와 기능의 균형을 특징으로 한다. 이 스타일은 스웨덴, 덴마크, 노르웨이, 핀란드, 아이슬란드의 북유럽 국가에서 유래하였고, 미니멀리즘과 따뜻함을 결합

그림 11-12 빈티지 스타일/레트로 스타일

그림 11-13 북유럽 스타일

하여 균형 잡히고 편안한 분위기를 연출한다. 재료는 천연목, 나뭇결이 거의 없는 목재, 합판, 모직물, 마직물 등 천연소재와 강철, 유리 등이 주로 이용되며, 천연목의 느낌을 유지하면서 균일하고 매끄럽게 마감하며 직선과 인공적이면서 단순한 곡선을 사용한다.

색상은 일반적으로 흰색, 밝은 회색 및 부드러운 베이지색을 포함한 중립적인 색상을 사용하고, 이러한 색상은 자연광을 극대화하여 밝고 통풍이 잘되는 느낌을 준다. 직물과 액세서리는 기하학적인 간단한 패턴으로 선택하고 자연의 아름다움을 위해 종종 실내 식물과 식물의 요소를 활용한다. 이 스타일은 따뜻하고 매력적인 분위기를 유지하면서 차분하고 단순하며 기능성 있는 연출을 한다.

5) 미니멀 스타일(minimal style)

미니멀 스타일은 심플함과 깔끔한 선 그리고 본질적인 요소에 중점을 둔 것이 특징이다. "less is more"라는 생각을 포용하는 스타일로, 깔끔한 공간, 세련된 미학을 강조하며 주조색은 흰색, 검은색, 회색 및 채도가 낮은 색이다. 기능을 우선시하여 가구와 장식은 목적과 유용성을 기준으로 선택하며 종종 다기능의 가구를 활용한다.

공간의 레이아웃은 개방적이고 방해받지 않는 형태이며 불필요한 가구와 환경을 어지럽힐 수 있는 장식을 피한다. 디자인에 사용되는 재료는 품질과 내구성이 중요하며 나무, 돌, 금속과 같은 천연재료가 일반적이다. 색의 높은 대비를 사용해 눈에 띄는 시각적 효과를 추구하기도 하고, 단순함을 위해 질감을 제한하기도 한다.

그림 11-14 미니멀 스타일

6) 인더스트리얼 스타일(industrial style)

인더스트리얼 스타일은 도시의 다락방과 공장에서 영감을 얻은 것으로 노출된 벽돌벽, 금속 악센트 및 목재와 금속과 같은 원자재를 혼합하는 것이 특징이다. 원시 및 미완성 재료를 그대로 사용하고 목재는 건물의 원래 구조요소를 보여주기 위해 사용된다. 파이프, 덕트 및 전기 시스템과 같은 인프라 요소를 노출시키는 경우가 많다.

색상은 주로 회색, 검은색, 갈색 및 흰색과 같은 흙빛 톤의 중성 컬러를 사용하여 산업적인 분위기를 연출한다. 철강, 철 및 알루미늄과 같은 재료의 금속을 악센트 요소로 활용하며, 오래된 공장조명, 빈티지 간판, 금속 프레임, 풍화되고 노화된 재생 목재 등의 사용은 필수적이다. 매끄러운 표면에 대한 거친 질감이나 밝은 배경에 어두운 악센트와 같은 대조적인 요소들로 역동적이고 균형 잡힌 매력적인 분위기를 연출한다.

그림 11-15 인더스트리얼 스타일

4. 실내디자인 프로세스

실내디자인의 궁극적인 목표는 사람이 생활하기에 적합한 실내환경, 즉 거주자의 다양한 욕구와 기호를 충족시키고, 개별 공간에서 필요로 하는 기능에 맞게 실내공간을 창조하는 것이다. 이러한 목표를 달성하기 위해서는 일련의 과정을 단계적으로 진행해 나가야만 한다. 이 과정은 조사하고 분석하는 프로그래밍 단계와 이를 구체화하는 디자인 단계를 거쳐 시공하고 거주자가 직접 살아본 후 평가하는 사용 후 평가단계로 나눌 수 있다.

1) 프로그래밍 단계

디자인에 착수하기 전에 프로젝트에 대한 조사와 분석을 하는 프로그래밍 단계는 계획하려는 공간의 모든 사항은 물론이고 실내디자인을 의뢰한 고객과 공간 사용자에 대한 정보를 수집하는 단계로, 실내디자인 과정 중 가장 중요하고 필수적인 단계라 할 수 있다.

먼저 디자인의 목적과 범위를 파악해야 하는데, 이는 신축과 개조에 따라 다르므로 이를 구체적으로 파악하는 일이 가장 우선적으로 이루어져야 하는 단계이다. 다음으로는 문제점을 인식하는 것이며 이를 상세하게 파악할수록 훌륭한 디자인에 접근할 수 있다. 실내디자인에서 발생되는 문제점은 공간의 문제, 가족의 요구사항, 시간 및 경제적 문제로 나누어 살펴보아야 한다. 가족의 요구사항은 공간 사용자의 생활양식, 취

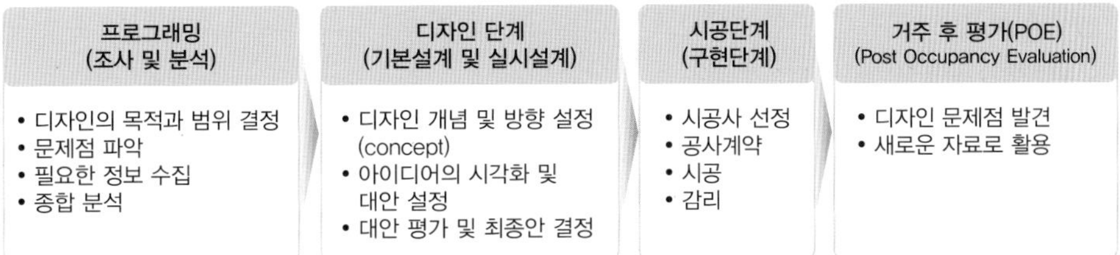

프로그래밍 (조사 및 분석)	디자인 단계 (기본설계 및 실시설계)	시공단계 (구현단계)	거주 후 평가(POE) (Post Occupancy Evaluation)
• 디자인의 목적과 범위 결정 • 문제점 파악 • 필요한 정보 수집 • 종합 분석	• 디자인 개념 및 방향 설정 (concept) • 아이디어의 시각화 및 대안 설정 • 대안 평가 및 최종안 결정	• 시공사 선정 • 공사계약 • 시공 • 감리	• 디자인 문제점 발견 • 새로운 자료로 활용

그림 11-16 실내디자인 프로세스

향, 가치관 등을 파악하는 것이고, 경제성 문제는 합리적인 예산계획을 수립하여 이에 적합한 디자인을 하는 데 필수적으로 알아야 할 사항이다. 또한 동일하거나 유사한 디자인의 사례들을 검토할 수 있도록 정보를 수집하여 새로운 아이디어를 창출할 수 있게 한다. 프로그래밍 단계에서 수집한 정보와 문제점을 종합적으로 분석한 결과를 바탕으로 디자인을 하게 된다.

2) 디자인 단계

디자인 단계는 기본설계와 실시설계 단계로 나뉜다. 기본설계 단계에서는 프로그래밍 단계에서 수집한 모든 정보를 활용하여 고객이 추구하는 방향에 따라 대상공간에 대한 디자인을 평면도, 입면도, 투시도 등의 도면으로 제시하고, 사용될 재료나 가구, 조명, 색채 등에 대한 계획을 시각적으로 제시한다. 이러한 과정에서 고객은 미래에 완성될 실내공간을 예측할 수 있게 되며, 디자이너가 제시한 실내공간계획에 대하여 의견을 제시하고 계획을 변경 또는 수정할 수 있다.

일반적으로 디자인에 대한 구상은 아이디어 스케치 과정을 거치게 되며 이때 각 실의 연관성을 검토하여 이를 다이어그램diagram화하여 공간 간의 인접성 및 효율적인 동선을 찾아낸다. 다양한 각도에서 디자인 방향을 연구하면서 공간구성 및 가구배치의 대안을 시도해 본다. 이 중 가장 효율적이고 고객의 니즈에 부합하는 대안을 선택하여 구체화한다.

실시설계 단계에서는 공사를 실시하기 위한 모든 도서가 완성되고 설계도서에는 평면도, 입면도 등의 설계도면과 시방서, 내역명세서 등의 공사상의 지시사항이 포함된다. 실시설계 단계의 도면은 기본 설계도면보다 구체적이고 정확하게 작성되어야 공사에 차질이 생기지 않는다.

3) 시공단계

시공단계는 계약, 시공, 감독(감리)의 세 과정을 거친다. 계약이란 클라이언트가 실내디자이너가 제시한 설계도서에 의해 산출된 견적서를 제출하고 공사금액에 대한 협상이 이루어져 공사자로 선정되는 과정을 말한다. 시공은 디자인 단계에서 제시된 자료를 바탕으로 공간 내부를 새로 만들거나 리모델링하는 현장작업과정이다. 감독 또는 감리는 시공과정에서 전체적인 공사나 부분적인 제작과정이 의도한 대로 시행되었는지의 여부를 조사하여 판단하는 것이다.

구체적인 시공과정은 신축과 리모델링에 따라 차이가 있으나 일반적인 과정은 거의 비슷하다고 볼 수 있다. 실내디자인 시공은 공정표대로 진행하는 것이 중요한데, 이는 공사일정을 예측하게 해주고 마감을 깔끔하게 하며 추가 공사를 방지해 불필요한 예산과 노동을 줄일 수 있기 때문이다.

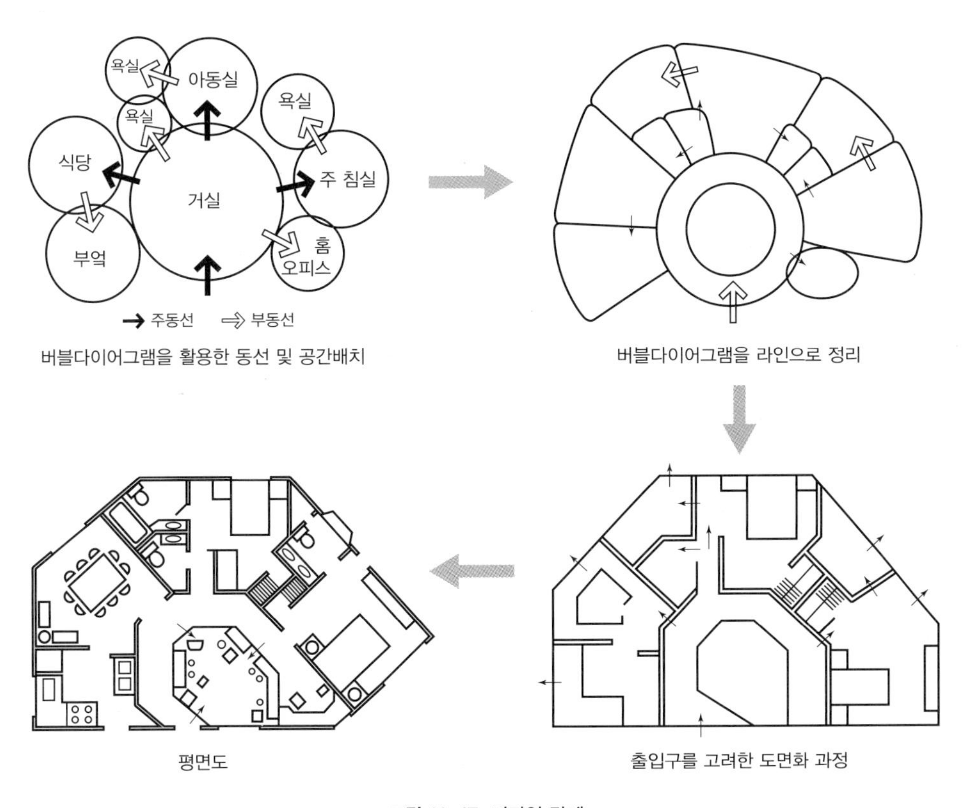

그림 11-17 디자인 단계

자료: 박영순 · 오혜경(1988). 인테리어 디자인. 다섯수레. pp.78-79 재구성

리모델링은 먼저 철거 또는 가설 및 구조보강공사를 실시한 후 창호공사, 설비공사 순으로 진행한다. 설비공사는 소방, 상하수도, 가스 등의 매설이나 매입 등의 작업을 하는 것인데, 특히 화장실에 상하수도 이동 그리고 주방의 수전이동 등의 공사를 하는 것이다. 창호공사는 새시 교체 또는 필름작업과 창호를 설치하는 작업으로 주로 공사 초기에 실시한다.

다음 단계는 전기공사로, 조명에 필요한 배선작업과 콘센트 및 스위치 위치를 결정하여 작업을 해둔다. 이후 목공작업을 하게 되는데 구체적으로 몰딩, 걸레받이, 가벽, 문, 천장 평탄화, 등박스, 단열 등 예산이 많이 들고 공간을 드라마틱하게 바뀌게 하는 중요한 공정이다. 목공작업 후 타일작업과 욕실공사를 하고 도배와 마루작업, 싱크대 및 붙박이 가구 설치, 조명설치 등이 순서대로 진행된다.

4) 거주 후 평가(POE, Post Occupancy Evaluation)

거주 후 평가는 거주자 입주 6~12개월 후에 실시하는 것이다. 건축물의 성능, 기능성, 사용자의 만족도를 평가·분석하는 과정으로 사용자, 입주자 및 이해관계자로부터 정보와 피드백을 수집하여 공간 또는 건물이 의도된 목표와 목적에 얼마나 잘 부합하는지 평가하는 것을 의미한다.

거주 후 평가는 일반적으로 설문조사, 인터뷰, 관찰, 성능 데이터 분석 및 때로는 센서 기반 데이터 수집(예: 온도, 조명, 거주 패턴 모니터링)과 같은 정성적 방법과 정량적 방법을 조합하여 실시하는데, 이러한 평가를 철저히 실시함으로써 건축가, 디자이너 및 시설관리자는 건물 또는 공간이 의도된 목적을 얼마나 잘 충족시키는지에 대한 의미 있는 통찰력을 얻을 수 있으며 향후 설계 프로젝트를 진행할 때 정보에 입각한 결정을 내릴 수 있다. 이는 지속적인 문제점을 발견하고 새로운 자료로 활용하게 함으로써 보다 사용자 중심적이고 효과적인 환경을 만드는 데 도움이 되는 중요한 단계이다.

관련 활동

1. 실내디자인 요소와 원리를 적용한 사례들을 찾아본다.

인터넷에서 찾거나 인상 깊었던 장소를 직접 찍은 사진을 선택한 후, 그 사진에 나타난 실내디자인 요소와 원리를 찾아 설명한다.

2. 실내디자인 스타일 중에 개인적인 선호 스타일을 찾아본다.

- 사진을 보고 소재, 질감, 형태, 색상의 4가지 스타일 요소를 찾아보고 어떤 스타일인지 맞혀본다.
- 어떤 집에 살고 싶은가? 미래에 자신의 집 또는 방을 어떤 스타일로 인테리어를 할 것인지 생각해보고 이에 적합한 재료, 가구, 마감재 등을 선택한다.

3. 실내디자인 프로세스의 단계를 디자인에 적용해 본다.

본인 또는 부모님, 가상의 클라이언트를 대상으로 실내디자인 프로세스 중 프로그래밍 단계에 필요한 정보를 조사해본다.

예: 필요한 공간 조사, 가족원 각각의 요구사항 취합하기, 원하는 콘셉트 알아보기 등

CHAPTER 12
주거복지와 정책

본 장의 학습목표는 주택시장과 주거복지정책에 대한 이해도를 높이는 것이며, 본 장은 주택시장과 주거정책, 주거권과 주거복지, 주거복지정책, 특수계층의 주거 등 네 개 소절로 구성되어 있다.

1절 '주택시장과 주거정책'에서는 타 상품의 시장과 구별되는 주택시장의 고유특성, 공공부문과 민간부문 등 주택공급주체별 역할특성, 각 시대별 주거정책의 흐름에 대하여 간략히 소개한다. 2절 '주거권과 주거복지'에서는 주거권과 주거복지의 개념 그리고 적절한 주거에 대한 내용을 살펴본다. 3절 '주거복지정책'에서는 우리나라의 주거복지정책을 생산자보조방식과 소비자보조방식으로 구분하여 설명한다. 마지막 4절 '특수계층의 주거'에서는 주거복지 대상자를 정의하는 방식과 노인가구, 청년가구 그리고 아동가구의 주거문제가 무엇이며 어떠한 제도적 지원이 있는지 소개한다.

1. 주택시장과 주거정책

1) 주택시장의 고유특성

주택은 시장에서 거래된다는 점에서 상품으로 간주된다. 하지만 일반상품과는 다른 상품으로서 주택이 가지는 차별적인 특성이 있고, 이 때문에 주택시장은 다른 상품의 완전경쟁시장과 구별되는 독특한 특성을 갖는다. 주택과 주택시장의 대표적인 고유특성은 다음과 같이 요약된다(하성규, 2010).

첫째, 주택은 그 위치가 고정되어 있다. 이를 '입지의 고정성'이라고 하는데, 주로 물건이 이동하는 타 상품의 거래와 달리 주택은 그 위치가 고정되어 있기 때문에 사람이 이동하며, 거래가 특정한 지역적 범위에 국한되는 공간적 제한이 있다. 그래서 주택시장은 다른 상품의 완전경쟁시장과 달리 지역시장이 존재하며, 판매자와 구매자의 수가 매우 제한적이다.

둘째, 모든 주택상품은 이질적heterogeneous이다. 동일한 평면, 디자인, 자재를 가지고 동일한 시공사가 건축했다 하더라도 각 주호의 위치나 층수, 향向, 주변환경 등이 다를 수밖에 없기 때문에 각 주호가 모두 이질적인 상품으로 간주된다.

셋째, 주택시장에서 거래란 부동산의 소유나 사용에 대한 '권리의 교환'을 뜻하며, 소유권과 사용권이 분리될 수 있다. 예를 들어 A주택에 대한 소유권은 해당 주택의 소유자인 집주인이 가지고, 사용권은 해당 주택을 전세나 월세로 임차한 임차인이 가질 수 있다는 뜻이다.

넷째, 거래과정이 복잡하고 고가이며, 법률과 정책 등의 제도적 제한을 많이 받는다. 이 때문에 주택 거래에서 전문적인 지식을 갖춘 중개인의 역할이 중요하다. 또한 거래하는 주택이 고가일수록 중개인 수수료 역시 증가한다.

다섯째, 중고제품시장이 제한적인 타 상품의 완전경쟁시장과는 달리 주택시장은 신규주택시장뿐만 아니라 중고주택시장이 존재한다. 이 중 신규주택시장은 분양을 목적으로 한 주택이 새로 건설되면서 형성되고, 중고주택시장은 기존에 거주하던 가구가 다른 집으로 이사하면서 빈 집(공가vacant unit)이 발생하면서 형성된다.

2) 주택공급주체별 역할특성

(1) 공공부문과 민간부문의 특성

주택과 주택시장의 고유한 특성 때문에 다른 상품의 거래와 달리 주택의 공급과 거래를 단순히 자유경쟁시장의 기능에만 의존하기에는 무리가 있다. 특히, 주택의 불균형적인 공급과 배분은 사회적 불안으로까지 비화될 수 있는 중요한 문제이다. 그렇기 때문에, 정부가 주택시장에 직간접적으로 개입을 하고, 공공부문을 두어 민간부문에 의한 주택의 공급과 배분에서 나타나는 문제점을 보완한다. 주택시장에서 공공부문과 민간부문의 주요한 특성 차이를 요약하면 다음과 같다(하성규, 2010).

첫째, 주택시장에서 가장 중요한 목표가 민간부문은 이윤 추구인 반면, 공공부문은 주택자원 배분의 형평성이다. 민간부문의 이윤 추구는 자본주의체제의 시장경제에서 중요한 부분이며, 이윤을 극대화하기 위하여 경제적 효율성이 강조되고 소비자의 선호에 민감하게 반응한다. 반면, 공공부문은 복지 차원에서 주택자원을 형평성 있게 배분하는 것을 가장 큰 목표로 둔다.

둘째, 공급대상 면에서 볼 때, 민간부문의 공급대상은 모든 소득계층이지만 현실적으로 이 중 더 경제력(지불능력)을 갖춘 중·고소득층에게 집중하는 반면, 공공부문의 공급대상은 시장경제체제에서 소외되기 쉬운 저소득층 등 취약계층이다.

셋째, 민간부문은 공급과정에서 공급대상이 되는 계층의 주택수요housing demand와 공급자와 공급자 간, 공급자와 수요자 간 경쟁원리에 우선순위를 두지만, 공공부문은 취약계층의 주거소요housing needs[1]에 우선순위를 둔다.

(2) 우리나라 주택시장에서 공공부문과 민간부문의 역할

우리나라의 주택시장에서 공공부문은 중앙정부, 지방자치단체, 한국토지주택공사LH, 주택금융기관, 특수목적기관 등이 있으며, 민간부문은 공공이 아닌 주택사업자와 공급

1 주거소요(housing needs): 일정기준 이하의 주거수준에서 거주하는 사람에게 요구되는 주택의 양과 질(하성규 외, 2012)이며, 어느 특정한 가구의 주거기대가 아닌 사회적 · 복지적 · 정책적 개념이다.

자 등이다. 이 중 한국토지주택공사의 모체는 1941년 조선총독부 시기에 설립된 조선주택영단이다. 조선주택영단은 1948년에 대한민국 정부가 출범하면서 명칭이 대한주택영단으로 바뀌었으며, 1962년에 대한주택공사(주공)로 확대 개편되었다. 이후 2009년에 공기업선진화 정책에 따라 한국토지공사와 합병되어 현재의 한국토지주택공사가 되었다.

주택시장의 흐름과 정책의 변화에 따라서 시대별로 공공부문과 민간부문의 역할이 다르게 나타났다. 주택을 빠른 시간 안에 다량으로 공급해야 하거나 민간부문의 주택공급 역량이 미흡한 시기에는 공공부문의 역할이 강조된다. 반면, 어느 정도 공급이 이루어지고 민간부문의 역량이 성장한 이후에는 공공부문의 역할이 축소되고 민간부문의 역할 비중이 커지는 특성이 있다. 또한 취약계층을 위한 임대주택의 공급에 중점을 두는 시기에는 공공부문의 역할이 증대된다.

우리나라는 1950년대 초반, 6·25전쟁 직후 외국원조를 받아 빠른 전후복구를 꾀하던 시기였기 때문에 공공부문이 주택건설에 적극 참여하였으나, 1960년대에 들어서면서 민간부문의 주택건설을 촉진하여 1970년대 초반까지는 민간부문이 주택건설을 주도하였다. 하지만 1970년대 초반부터 공공부문의 역할이 점점 증대되기 시작하였고, 1980년대 후반에 주택 200만 호 건설계획이 시행되면서 공공부문에서 우리나라 최초의 사회주택인 영구임대주택을 건설하였다(하성규, 2010). 1990년대에 들어서는 민간부문의 역할이 확대되었고 공공부문은 저소득층을 위한 주거지원과 무주택서민의 주거향상을 도모하였다(한국주거학회, 2007).

3) 주거정책의 변화

(1) 1970년대 이전

1960년대 이전 우리나라는 전후복구에 총력을 기울이던 시기였다. 1948년에 대한민국 정부가 수립된 후 채 2년이 되지 않아 6·25전쟁이 발발하였기 때문에 우리나라 정부는 법령 등 제도적 장치를 제대로 갖추지 못했고, 몇 차례의 주택건설 계획이 수립되었지만 현실적 여건 때문에 제대로 실현되지는 못하였다.

1960년대에 들어서면서 주택시장에 다양한 변화가 나타났는데, 1960년대 초반에 「도시계획법」(1962년), 「건축법」(1962년), 「국토건설종합계획법」(1963년) 등 주택과 관련된 각종 법률이 최초로 제정되고, 주택정책의 제도적 기반이 정비되기 시작하였다. 또한 1962년에 대한주택공사가 발족되었다. 우리나라 경제개발에 큰 역할을 담당한 경제개발 5개년계획이 1962년에 처음 시작되었고, 이때 주택건설이 처음으로 경제개발계획에 포함되었다.

(2) 1970년대

1972년에는 「주택건설촉진법」이 제정되고 주택사업자등록제가 시행되었으며, 공공주택뿐만 아니라 공공자금을 지원받는 민간주택에도 개발계획, 시공계획, 분양방법, 주택관리에 이르기까지 정부에서 관리할 수 있는 권한을 부여했다. 「주택건설촉진법」은 이후 30여 년간 우리나라의 공급 위주 주택정책의 핵심이 되었다. 「특정지구개발촉진법」 등 민간건설업체의 주택건설과 공급 촉진을 위한 여러 가지 유인책을 제공했으며, 도시주택난 해결을 위하여 표준아파트 건설을 촉진하였다. 이 시기에 저소득층을 위한 임대주택 건설의 필요성이 대두되었지만 실현되지는 못하였다.

(3) 1980년대

1980년대에는 주택경기 부양과 서민 주거안정을 위한 각종 주택정책과 제도가 시행되었다. 1981년에는 주택도시기금의 모체인 국민주택기금이 설립되어 공공주택건설사업과 소형주호 공급을 지원하였고, 임대주택육성방안(1982년)과 「임대주택건설촉진법」 제정(1984년) 등 저소득층을 위한 임대주택건설 지원책이 마련되었다.

1980년대 말에는 주택문제에 대한 해결책으로 주택 200만 호 건설계획이 수립되었다. 이 계획은 공급체계를 소득분위별, 주택규모별로 구분하여 주택을 공급하고 이에 대한 정부의 재정지원을 차등화하였는데, 저소득층에게는 정부가 재정을 지원하여 저렴한 임대주택을 공급하고, 중산화 가능 계층과 중산계층에게는 민간자금을 이용한 중대형 규모의 분양주택을 공급하도록 하였다. 이 계획의 일환으로 우리나라 최초의 사회주택인 영구임대주택이 1989년부터 공급되기 시작하였다.

(4) 1990년대

우리나라 공공임대주택의 역사에서 영구임대주택은 도시 최저소득층의 주거안정에 크게 기여하였으나, 최저소득층의 집단거주에 의한 지역 슬럼화와 부동산 가격 하락 등에 대한 지역의 반대로 1993년 공급이 중단되었다. 이에 대한 보완방안으로 1992년에 50년공공임대주택이 도입되었지만 그 역할을 다하지 못하고 1997년에 공급이 영구 중단되었고, 1998년에 국민임대주택이 건설되기 시작하였다. 1990년대에는 국민주택기금에 의한 소비자보조방식의 주거복지정책인 저소득영세민 전세자금지원제도(1990년)와 근로자·서민 주택구입 및 전세자금지원제도(1994년)가 시행되었다.

(5) 2000년대

1972년에 「주택건설촉진법」이 제정된 이후 우리나라의 주택정책은 주택공급이 주된 목표였고, 그 결과 2000년대 초반, 우리나라의 당시 주택보급률 산정방식으로 100%를 초과하여 그 목표를 달성하게 되었다. 이에 2003년에 「주택건설촉진법」이 폐지되고 「주택법」이 제정되었다. 이를 기점으로 우리나라는 물리적 주택의 양적 공급 중심의 주택정책에서 주거의 질적 수준과 주거약자의 주거문제 등에 초점을 두는 주거복지정책으로 전환되는 대변환기를 맞이하였다.

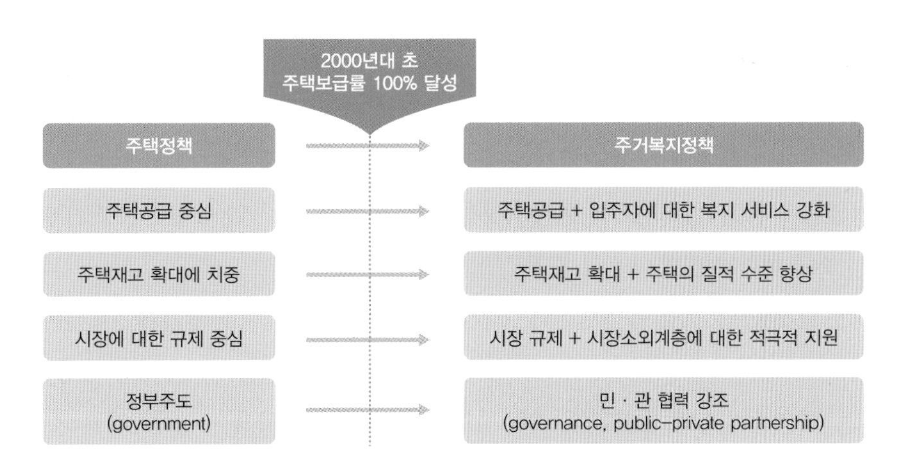

그림 12-1 2000년대 초를 기점으로 한 주택정책의 변화
자료: 한국주거학회(2007). p.80 일부 수정

2001년에 주거급여가 최초로 시행되었으며, 소득계층에 따른 차등적 주거복지정책(2003년)이 도입되었는데(권오정 외, 2023), 이때 '주거복지' 용어가 우리나라 정책에 처음 출현한 것으로 보인다(김혜승, 2015). 또한 2003년 건설교통부 주택국 내에 주거복지과가 신설되었으며 2005년에는 주택국이 주거복지본부로 확대 개편되는 등(국토해양부, 2011) 정부조직에 주거복지 용어가 사용되기 시작하였다.

2000년에 우리나라 최초의 최저주거기준이 제안되었고, 2003년에 「주택법」의 전부개정에 따라 최저주거기준의 법적 근거가 마련되었다. 2000년대에는 주거환경개선사업이 활발하게 진행되었으며, 2004년에 다가구주택 매입임대사업이 도입되었다. 2009년에 대한주택공사와 한국토지공사가 한국토지주택공사로 합병되었으며, 그해 영구임대주택 공급이 재개되었다.

(6) 2010년대 이후

2010년대의 주거정책에서 가장 주요한 변화는 2015년에 「주거기본법」의 제정과 주거급여의 개편, 정부의 주거복지 로드맵(2017년) 발표이다. 1981년에 설치되어 운영되던 국민주택기금이 2015년에 주택도시기금으로 확대 개편되고 같은 해 주택도시보증공사 HUG, Housing and Urban Grant가 주택도시기금의 전담운용기관으로 설립되었다.

주거기본법의 제정은 주택정책의 기조가 과거 물리적 거처인 '주택'의 공급에서 국민의 주거권을 보장하기 위한 '주거복지'로 전환되었음을 선언한 대대적인 주택 관련 법제의 변화로 평가되며, 이 법의 제정으로 최저주거기준 설정 및 최저주거기준 미달 가구 지원의 법적 근거가 주거기본법으로 전환되었다. 정부는 주거기본법에 주거정책의 기본법 지위를 부여하고 기존 주택정책 관련 법령을 그 하위에 두어 주거기본법을 주택정책에 대한 개별법 제정의 근거로 삼았다.

정부는 2017년 11월, 주거현실과 그간의 주거복지정책에 대한 평가에 기반하여 사회통합형 주거사다리 마련을 목표로 향후 5년(2018~2022)의 주거복지정책 방향을 제시하는 '주거복지 로드맵(2017)'을 발표하였다. 주거복지 로드맵은 생애단계별·소득수준별 맞춤형 주거지원, 무주택서민 실수요자를 위한 주택공급 확대, 임대차시장의 투명성과 안정성 강화 등 3대 추진과제와 각각의 세부 추진과제를 담고 있으며, 추진과제

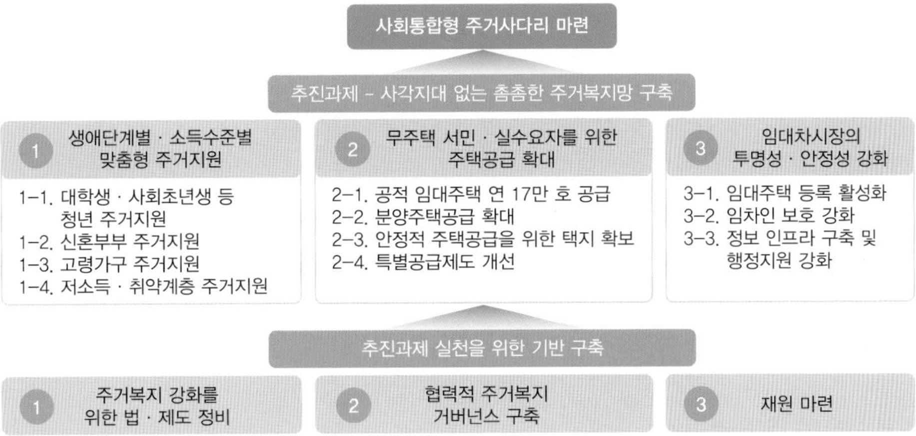

사회통합형 주거사다리 마련

추진과제 – 사각지대 없는 촘촘한 주거복지망 구축

① 생애단계별 · 소득수준별 맞춤형 주거지원
1–1. 대학생 · 사회초년생 등 청년 주거지원
1–2. 신혼부부 주거지원
1–3. 고령가구 주거지원
1–4. 저소득 · 취약계층 주거지원

② 무주택 서민 · 실수요자를 위한 주택공급 확대
2–1. 공적 임대주택 연 17만 호 공급
2–2. 분양주택공급 확대
2–3. 안정적 주택공급을 위한 택지 확보
2–4. 특별공급제도 개선

③ 임대차시장의 투명성 · 안정성 강화
3–1. 임대주택 등록 활성화
3–2. 임차인 보호 강화
3–3. 정보 인프라 구축 및 행정지원 강화

추진과제 실천을 위한 기반 구축

① 주거복지 강화를 위한 법 · 제도 정비

② 협력적 주거복지 거버넌스 구축

③ 재원 마련

그림 12–2 사회통합형 주거사다리 구축을 위한 주거복지 로드맵(2017)
자료: 관계부처 합동(2017a, 2017b). 재구성

실천을 위한 기반 구축방안을 제시하였다.

정부는 또한 주거복지 로드맵(2017) 집행기간의 반환점을 맞이하는 시점인 2020년 3월에 그간의 성과와 한계점을 점검하여 이를 보완하는 새로운 주거복지 종합대책안인 '주거복지 로드맵 2.0'을 발표하였다. 이 계획은 선진국 수준의 주거안전망 완성을 위해 공급계획을 혁신하고, 달라지는 인구 트렌드에 대응하는 것에 중점을 둔 공급혁신, 생애주기 지원, 주거상향, 지역상생 방안을 담고 있으며 주거복지 로드맵의 수행기간을 2025년까지로 연장하였다(국토교통부, 2020a).

2. 주거권과 주거복지

1) 주거권의 개념

(1) 주거권의 정의

모든 사람은 인간다운 생활을 영위하기 위하여 필요한 최소한의 기준을 충족시키는 주택에 거주할 수 있는 권리를 가지며, 이러한 권리를 '주거권housing rights'이라고 한다.

주거권은 "인간의 존엄성과 가치를 훼손시키지 않는 주거와 주거환경에 거주할 권리"라고도 해석된다. 주거에 대한 '권리'라는 것은 한 개인이나 가구가 스스로의 주거에 대한 권리를 주장하기 어려울 때 국가와 사회가 이를 제도적으로 보장해 주어야 한다는 의미이다.

UN United Nations이 1948년에 발표한 세계인권선언(UN, 1948)에는 "모든 사람은 의식주, 의료 및 필요한 사회복지를 포함하여 자신과 가족의 건강과 안녕에 적합한 생활수준을 누릴 권리"가 있다고 명시하여 주거가 모든 인류의 기본 권리임을 주장하고 있다.

(2) UN의 주거권 논의

전 세계적으로 이루어진 대표적인 주거권 논의는 '인간정주에 관한 밴쿠버 선언(1976)', UN 경제사회이사회 결의(1986)', '인간정주에 관한 이스탄불 선언(1996)', '새로운 도시 의제(2016)' 등으로 이어졌으며, UN 사회권규약위원회에서 1991년에 발표한 '적절한 주거의 일곱 가지 요건'은 주거권에 적합한 주거의 구체적인 조건을 명시하였다.

이 중 '인간정주에 관한 벤쿠버 선언(UN, 1976)'은 UN이 전 세계적인 도시화와 주택문제를 논의하기 위하여 1976년에 캐나다 벤쿠버에서 개최한 첫 번째 공식회의인 Habitat I[2]에서 채택된 정책 선언문으로, 주거권이 인간의 기본 권리이며 정부는 모든 사람의 주거권 보장을 위하여 노력할 의무가 있음을 강조하였다(한국주거학회, 2007). 그로부터 20년 후인 1996년에 Habitat II가 터키 이스탄불에서 개최되었는데, 이때 적정한 주거권의 완전하고 지속적인 실현을 재다짐하는 '인간정주에 관한 이스탄불 선언'(UN, 1996)을 채택하였다. 2016년에는 에콰도르 키토에서 Habitat III를 개최하고 모두를 위한 도시를 표방한 '도시권'으로 그 개념을 확장한 '새로운 도시 의제New Urban Agenda(UN, 2017)'를 채택하였다.

(3) 우리나라의 주거권 관련 법제

「대한민국헌법」에서는 직접적으로 '주거권'이라는 용어를 언급하지는 않고 있다. 하지

2 Habitat 회의는 1976년에 시작되어 20년 주기로 개최되는 UN총회 차원의 공식회의이다.

만 "행복을 추구할 권리(제10조)", "인간다운 생활을 할 권리(제34조 제1항)", "쾌적한 환경에서 생활할 권리(제35조)" 등의 내용을 통하여 주거권을 국민의 권리로 규정하고 있으며, "국가가 주택개발정책 등을 통하여 모든 국민이 쾌적한 주거생활을 할 수 있도록 노력하여야 한다(제35조 제3항)"라고 명시함으로써 국민의 주거권을 보장하기 위하여 적극적으로 노력하는 것이 국가의 의무라고 규정하고 있다.

주거복지와 주거권이 가장 직접적으로 언급된 최초의 국가 법령은 2015년에 제정된 「주거기본법」이다. 해당 법의 제1조(목적)에는 "이 법은 주거복지 등 주거정책의 수립·추진 등에 관한 사항을 정하고 주거권을 보장함으로써 국민의 주거안정과 주거수준의 향상에 이바지하는 것을 목적으로 한다"라고 명시하고 있다.

또한 '최저주거기준'이라는 법적 기준을 설정하여 이를 "인간다운 생활을 영위하기 위하여 필요한 최소한의 기준"으로 삼고 정책적으로 활용함으로써 국민의 주거권을 보장하기 위하여 노력하고 있다.

(4) 주거권 관련 개념

① 주거안정성(housing stability, tenure stability)

점유안정성 또는 거주안정성이라고도 하며, 점유유형(자가, 임차)에 관계없이 누구나 강제퇴거나 철거 등으로부터 보호되어 안정적으로 거주할 수 있는 상태를 뜻한다. 우리나라에서는 임차인의 주거안정성을 보호하기 위하여 주택임대차계약서를 작성하며, 이 계약서에 명시된 기간 동안은 안정적으로 해당 주호에 거주할 수 있는 법적으로 보장된 권리를 가진다.

② 주거불평등(housing inequality)

경제력이 상이한 계층 간에 발생하는 주택의 구입 및 소비의 불평등을 뜻한다.

③ 주거격차(housing gap)

주거불평등의 한 척도로, 주택 구매를 위하여 대출을 받은 가구의 해당 대출금의 상환액, 임차가구의 임대료 등을 측정하기 위한 표준적인 주택소비 비용과 중·저소득층 가구가 합리적으로 부담할 수 있는 능력과의 차이를 뜻한다.

④ 주거비 지불가능성(주거비 지불능력, housing affordability)

한 가구가 그 가구의 식품이나 의약품, 병원비 등과 같은 필수적인 지출과 생활의 질을 희생하지 않고 주거비를 지불할 수 있는 능력 또는 지불 가능 여부를 뜻한다. 주거학 연구에서 보편적으로 가구소득의 30% 이상을 주거비로 지불하는 가구를 '주거비 부담housing cost burden이 있는 가구'라고 정의하며, 경우에 따라서 주거비가 가구 소득의 30~50%인 가구는 '보통 수준의 주거비 부담이 있는 가구', 50% 초과인 가구는 '극심한 주거비 부담이 있는 가구'로 더 상세히 분류하여 정의한다.

⑤ 주거취약계층

노숙인, 쪽방 거주자, 비닐하우스·움막·축사 등 주택 이외의 거처(비주택거처) 거주자와 고시원과 여관 장기거주자 등 주거불안정에 놓여 있는 가구 등을 뜻한다.

2) 적절한 주거

(1) UN의 적절한 주거의 일곱 가지 요건

1991년에 UN 사회권규약위원회에서 발표한 '적절한 주거의 일곱 가지 요건'은 주거권에 적합한 주거를 '적절한 주거adequate housing, decent housing'로 규정하고, 그동안 선언적 수준에 그쳤던 주거권 논의에서 진일보하여 주거권에 적합한 주거가 갖추어야 할 구체적인 필수 요건을 명시하였다는 점에서 중요하다.

그 일곱 가지 요건과 구체적인 내용은 다음과 같다(Office of the United Nations High Commissioner for Human Rights, 2009).

① 법적으로 보장된 점유의 안정성
② 주거기반시설 및 제반 서비스의 이용가능성
③ 지불가능성
④ 거주적합성
⑤ 접근가능성
⑥ 적절한 위치
⑦ 문화적 적절성

① 법적으로 보장된 점유의 안정성(security of tenure)

모든 사람은 점유유형(자가, 임차 등)에 관계없이 일정 수준 이상의 점유안정성을 가져야 하며, 강제퇴거와 위협 등으로부터 법적인 보호를 받아야 한다.

② 주거기반시설 및 제반 서비스의 이용가능성 (availability of services, materials, facilities and infrastructure)

보건과 보안, 안락함과 식생활을 위한 일정 설비를 갖추어야 하며, 자연 및 공공자원, 안전한 식수, 조리를 위한 에너지, 난방과 조명, 위생·생리를 위한 설비, 식품저장수단, 쓰레기 처리, 배수 및 응급서비스에 대한 지속가능한 접근성이 보장되어야 한다.

③ 지불가능성(affordability)

주거비는 그 비용을 지불하기 위하여 다른 기본적인 필요의 충족이나 만족도를 희생하지 않는 수준이어야 한다.

④ 거주적합성(habitability, 최저주거수준의 확보)

거주자에게 적정한 규모의 공간을 제공하고, 추위, 습한 환경, 더위, 비, 바람 등 거주자의 건강에 해가 되는 요소, 구조적 위험과 질병 매개체 등으로부터 거주자를 보호해야 한다.

⑤ 접근가능성(accessibility)

거주할 자격이 있는 사람들 모두가 접근할 수 있어야 한다. 취약계층이 적절한 주거로 온전하고 지속적으로 접근할 수 있도록 해야 하며, 거주영역에서 이들에 대한 일정 수준의 우선적 배려가 이루어져야 한다.

⑥ 적절한 위치(location)

취업, 의료 서비스, 학교, 보육시설 및 그 밖의 사회시설 등에 접근할 수 있는 곳에 위치해야 하며, 거주자의 건강에 대한 권리를 위협하는 오염지대나 오염원에 근접한 지역에 지어져서는 안 된다.

⑦ 문화적 적절성(cultural adequacy)

주거의 건축방식이나 재료 그리고 이와 관련한 정책은 문화적 고유성과 다양성의 표현을 가능하게 할 수 있어야 하며, 거주영역의 개발과 현대화를 위한 행위는 주거의 문화적 속성을 해치지 않아야 한다.

(2) 우리나라의 최저주거기준

최저주거기준은 "국민이 쾌적하고 살기 좋은 생활을 하기 위하여 필요한 최소한의 주거기준에 관한 지표(「주거기본법」 제17조 제1항)"로, 적절하지 못한 주거를 판단하기 위한 지표이며 우리나라 공공임대주택계획의 기본적인 기준이다. 2023년 기준, 주거정책에서 사용하고 있는 최저주거기준은 2011년에 당시 주택정책의 주무부처인 국토해양부에서 개정한 것이며, 최저주거기준의 법적 근거는 「주거기본법」[3]이다.

현행 최저주거기준(국토해양부, 2011a)에 포함되는 내용은 다음과 같다.

① 가구구성별 최소주거면적 및 용도별 방의 개수
② 전용 부엌 · 화장실 등 필수적인 설비의 기준
③ 안전성 · 쾌적성 등을 고려한 주택의 구조 · 성능 및 환경기준

① 가구구성별 최소주거면적 및 용도별 방의 개수

가구구성별 최소주거면적 및 용도별 방의 개수는 〈표 12-1〉과 같다.

② 전용 부엌 · 화장실 등 필수적인 설비의 기준

상수도 또는 수질이 양호한 지하수 이용시설 및 하수도시설이 완비된 전용 입식 부엌, 전용 수세식 화장실 및 목욕시설(전용 수세식 화장실에 목욕시설을 갖춘 경우도 포함)을 갖추어야 한다.

3 2011년 개정 당시 최저주거기준의 법적 근거는 「주택법」이었으나, 2015년 「주거기본법」이 제정되면서 최저주거기준의 법적 근거가 「주거기본법」으로 변경되었다.

표 12-1 가구구성별 최소주거면적 및 용도별 방의 개수(국토해양부공고 제2011-490호)

가구원 수(인)	표준 가구구성[1]	실(방) 구성[2]	총주거면적(m^2)
1	1인 가구	1K	14
2	부부	1DK	26
3	부부 +자녀1	2DK	36
4	부부 + 자녀2	3DK	43
5	부부 + 자녀3	3DK	46
6	노부모 + 부부 + 자녀2	4DK	55

1) 3인 가구의 자녀 1인은 6세 이상 기준
4인 가구의 자녀 2인은 8세 이상 자녀(남 1, 여 1) 기준
5인 가구의 자녀 3인은 8세 이상 자녀(남 2, 여 1 또는 남 1, 여 2) 기준
6인 가구의 자녀 2인은 8세 이상 자녀(남 1, 여 1) 기준
2) K는 부엌, DK는 식사실 겸 부엌을 의미하며, 숫자는 침실(거실겸용 포함) 또는 침실로 활용이 가능한 방의 수를 말한다.

비고: 방의 개수 설정을 위한 침실분리원칙은 다음 각 호의 기준을 따른다.
1. 부부는 동일한 침실 사용 2. 만 6세 이상 자녀는 부모와 분리
3. 만 8세 이상의 이성자녀는 상호 분리 4. 노부모는 별도 침실 사용

③ 안전성 · 쾌적성 등을 고려한 주택의 구조 · 성능 및 환경기준

다음의 다섯 가지 세부기준을 충족해야 한다.

- 영구건물로서 구조강도가 확보되고, 주요 구조부의 재질은 내열·내화·방열 및 방습에 양호한 재질이어야 한다.
- 적절한 방음·환기·채광 및 난방설비를 갖추어야 한다.
- 소음·진동·악취 및 대기오염 등 환경요소가 법정기준에 적합해야 한다.
- 해일·홍수·산사태 및 절벽의 붕괴 등 자연재해로 인한 위험이 현저한 지역에 위치하여서는 안 된다.
- 안전한 전기시설과 화재 발생 시 안전하게 피난할 수 있는 구조와 설비를 갖추어야 한다.

이상에서 설명한 기준 중 어느 한 가지라도 충족하지 못한 주호를 '최저주거기준 미달 주호'라고 하며 최저주거기준 미달 주호에 거주하는 가구를 '최저주거기준 미달 가구'라고 한다. 2021년 주거실태조사 결과(국토교통부, 2022a)에 따르면, 전체 일반가구

(보통가구, 1인 가구, 비혈연 5인 이하 가구) 중 최저주거기준 미달 가구는 약 93만 2천여 가구로 추정되며, 이는 같은 시기의 전체 일반가구 중 6인 이하 가구의 4.5%에 해당한다. 주거실태조사가 최초로 시행된 2006년에 추정한 최저주거기준 미달 가구가 약 268만 5천여 가구(16.6%)였던 점을 감안하면, 최저주거기준 미달 가구는 가구 수나 전체 가구 중 비율 면에서 모두 크게 감소하였다. 지역적 특성이나 소득수준에 따른 차이를 보면, 수도권 거주 가구이거나 소득수준이 낮은 가구일수록 최저주거기준 미달 가구의 비율이 높았다.

(3) 주거빈곤

주거빈곤housing poverty, shelter poverty은 "개별적으로 도저히 헤어나기 어려운 열악한 주거환경과 과도한 주거비 부담, 극도로 불안정한 주거여건에 장기간 방치되어 생존에 위협받게 되는 상태(권오정 외, 2023)"를 뜻하며, 주거의 질적 수준이 열악하거나 가구소득의 50% 이상을 주거비로 지출하는 등의 주거문제에 직면한 상태를 의미한다. 연구자에 따라서 지하·반지하·옥탑방, 최저주거기준 미달 주호, 판잣집, 쪽방, 비닐하우스 등 비주택거처에 거주하는 상황을 주거빈곤으로 정의하기도 한다.

2021년 주거실태조사 결과에 따르면, 전국 일반가구 중 1.1%가 지하·반지하·옥탑방에 거주하고 있으며, 4.5%가 최저주거기준 미달 가구, 3.7%가 비주택거처에 거주하고 있는 것으로 나타났다(국토교통부, 2022a).

3) 주거복지의 개념

주거권은 헌법에 보장된 권리이지만, 현실적으로 최저주거기준 미달 가구나 주거빈곤 가구 등과 같이 주거권을 제대로 보장받지 못하는 가구가 많다. 이들 중 대부분이 주택시장에서 자력으로는 주거권을 행사하기 힘들기 때문에 주거복지 차원에서의 사회적·정책적 지원이 필요하다.

주거복지의 개념은 광의와 협의의 개념으로 나누어 볼 수 있다. 먼저, 광의의 주거복지는 국민 전체를 대상으로 주거수준을 향상시킴으로써 사회적 안정을 도모하고 복지를 증진하는 것으로, 주거복지가 가장 이상적으로 실현된 상태이다. 하지만 정책집행의 현실적인 한계를 고려할 때, 국민 전체의 주거문제를 접근하는 것은 사실상 불가능하다. 따라서 보편적인 주택시장에서 자력으로 주택문제를 해결할 수 없는 취약계층을 대상으로 정부가 적극적으로 개입하여 이들의 주거여건을 개선하는 협의의 개념을 정책적으로 지향하고 있다.

주거불평등, 주거격차, 주거양극화와 같은 주거문제는 사회적 갈등과 불안정, 생산성 저하 등과 같은 사회문제로 이어질 수 있다. 그러므로 주거복지는 개별가구의 주거권 보장을 넘어서 사회적 안정과 경제에도 매우 중요하다.

3. 주거복지정책

1) 생산자보조방식의 주거복지정책

생산자보조방식의 주거복지정책은 주택을 건설하는 생산자나 시장에 공급하는 공급자에게 직접적인 혜택을 주어 생산과 공급을 촉진함으로써 주거복지를 증진하려는 방식으로, 대물보조방식의 주거복지정책이라고 부르기도 한다. 이 방식은 주택의 공급자에게 정부가 보조금이나 인센티브 등을 제공함으로써 주택생산을 증대하고 서민에게 저렴한 주택의 공급확대를 유도하는 방식이다.

우리나라의 대표적인 생산자보조방식의 주거복지정책은 공공주택이며, 2017년에는 일정 수준 이상의 공공성을 지닌 민간임대주택을 공급할 때 공급자에게 혜택을 주는 공공지원 민간임대주택 개념이 도입되었다. 공공주택 중 공공임대주택과 공공지원 민간임대주택을 합하여 '공적임대주택'이라고 부른다.

(1) 공공임대주택

「공공주택 특별법」에서는 공공주택을 "공공주택사업자가 국가·지방자치단체의 재정이나 주택도시기금을 지원받아 건설, 매입 또는 임차하여 공급하는 주택"으로 정의하고

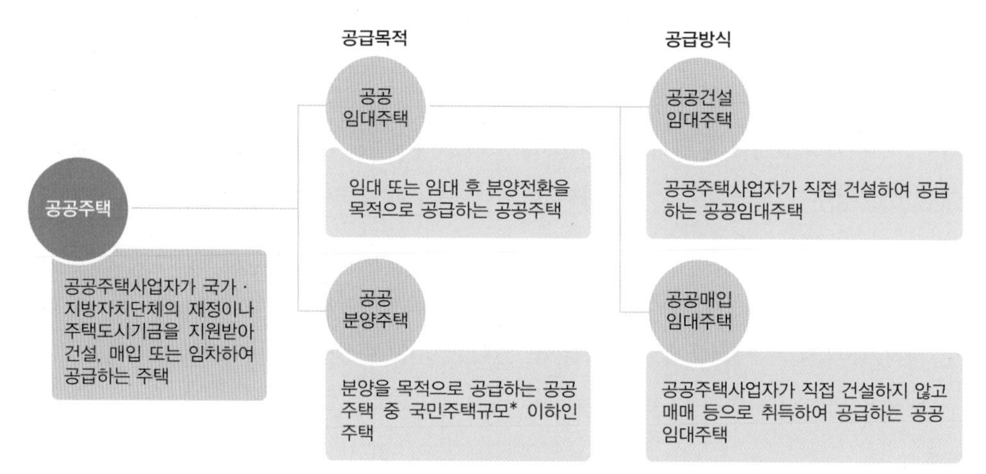

그림 12-3 공공주택의 유형
자료: 「공공주택 특별법」 제2조 ; 국토교통부(2022b). p.219 재구성

있다. 공공주택은 공급목적에 따라 공공임대주택과 공공분양주택으로 구분되며, 공공임대주택은 공급방식에 따라 공공건설임대주택과 공공매입임대주택으로 구분된다.

대표적인 공공건설임대주택은 영구임대주택, 50년공공임대주택, 국민임대주택, 행복주택 등이 있으며, 그 외에 5·10년 공공임대주택, 분납임대주택, 토지임대부 임대주택 등이 있다. 영구임대주택은 우리나라에 최초로 도입된 사회주택으로, 도시 최저소득층에게 주거를 제공하기 위한 목적으로 1989년 11월에 처음 공급되었다.

공공매입임대주택은 공공주택사업자가 매입 등으로 기존 주택의 소유권을 취득하여 이를 임대하는 방식이다. 공공주택사업자가 기존 주택을 전세로 임차한 뒤 이를 다시 저렴한 임차료로 재임대하는 방식으로 주거를 지원하는 전세임대주택도 있다.

(2) 공공지원 민간임대주택

정부에서는 2015년에 중산층 주거선택권 확대로 전세난을 완화하고 내수시장을 활성화하기 위하여 임대주택을 8년간 연 5%의 임대료 상승률로 제한하여 공급하고 이사, 육아, 청소, 세탁, 하자보수 등의 서비스를 제공하는 중산층 대상 기업형 민간임대주택인 뉴스테이New Stay를 도입하였다. 이후 2017년 기존 뉴스테이의 장점을 살리면서 공공성을 강화한 공공지원 민간임대주택으로 뉴스테이를 전환하였다.

공공지원 민간임대주택은 10년 거주를 보장하고, 임대료 인상을 법정 상한선인 5% 범위로 제한하며, 무주택자에게 우선 공급하고, 시세의 95% 이하(특별공급은 시세의 75% 이하)의 저렴한 임대료로 전체 세대수의 20% 이상을 청년, 신혼부부 등 주거지원 계층에게 특별공급하는 등의 공공성을 강화한 민간임대주택이다.

2) 소비자보조방식의 주거복지정책

소비자보조방식의 주거복지정책은 주택을 구입하거나 임차하려는 소비자에게 혜택을 주어 주거비 지불능력을 향상시킴으로써 이들의 주거소요를 시장에서의 실수요로 전환시켜 주거선택의 범위를 확대하는 접근방식이다. 대인보조방식의 주거복지정책이라고 부르기도 한다.

소비자보조방식의 주거복지정책은 주거서비스의 시장가격을 현실대로 인정하면서 소비자의 지불능력을 보조해주어 주거안정을 돕고 개별가구의 주거선택권을 반영할 수 있다는 장점이 있다. 우리나라의 대표적인 소비자보조방식의 주거복지정책은 주거급여와 주택도시기금을 활용한 다양한 주택금융 제도가 있다.

(1) 주거급여

주거급여는 「국민기초생활 보장법」에 따른 국민기초생활보장사업의 4대 급여(생계급여, 의료급여, 주거급여, 교육급여) 중 하나이다. 주거급여는 국민의 최소한의 주거생활을 보장하기 위하여 2000년에 최초로 시작되었으며, 수급자에게 주거안정에 필요한 임차료, 주택의 유지수선비 등을 현금이나 현물로 지급하여 보조한다. 이후 2014년 송파 세 모녀 사건[4]을 기점으로 국민기초생활보장제도가 기존의 포괄급여all or nothing방식에서 생계,

4 2014년 2월, 서울시 송파구 단독주택 반지하에 거주하던 어머니와 두 딸이 생활고를 비관하여 동반 자살한 사건이다. 이 사건으로 사회보장제도의 사각지대에 대한 많은 논쟁과 비판이 야기되었으며, 소위 '송파 세 모녀법'으로 알려진 「국민기초생활 보장법」과 「긴급복지지원법」의 개정과 「사회보장급여의 이용 · 제공 및 수급권자 발굴에 관한 법률」의 제정 등 법제의 개편이 이루어졌다.

의료, 주거, 교육의 욕구별 개별급여(맞춤형)방식으로 대대적으로 개편되어 현재의 주거급여 체계를 갖추게 되었다. 현행 주거급여는 「국민기초생활 보장법」과 「주거급여법」에 법적 근거를 두고 있다.

2024년 주거급여 지급 기준(국토교통부, 2023)에 따르면, 소득인정액이 기준 중위소득의 48% 이하[5]인 가구 중 주거급여를 신청한 가구를 대상으로 임차가구에게는 지역, 가구규모별 기준임대료[6]에 따라 임차료를 지원하는 '임차급여'를 지급하고, 자가가구에게는 주택의 노후도를 평가하여 종합적인 주택개량을 지원하는 '수선유지급여'를 지급한다.

표 12-2 2024년 주거급여 선정기준(국토교통부고시 제2023-478호)

구분	1인 가구	2인 가구	3인 가구	4인 가구	5인 가구	6인 가구	7인 가구
금액(원/월)	1,069,654	1,767,652	2,263,035	2,750,358	3,213,953	3,656,817	4,087,197

주) 8인 가구는 7인 가구 기준과 6인 가구 기준의 차이를 7인 가구 기준에 더하여 산정(9인 가구 이상은 동일한 방식에 따라 산정)

표 12-3 2024년 주거급여 기준임대료(국토교통부고시 제2023-478호)

(단위: 원/월)

구분	1급지 (서울)	2급지 (경기 · 인천)	3급지(광역 · 세종시 · 수도권 외 특례시)	4급지 (그 외 지역)
1인	341,000	268,000	216,000	178,000
2인	382,000	300,000	240,000	201,000
3인	455,000	358,000	287,000	239,000
4인	527,000	414,000	333,000	278,000
5인	545,000	428,000	344,000	287,000
6인	646,000	507,000	406,000	340,000

주) 가구원 수가 7인인 경우 6인 기준임대료와 동일하고, 가구원 수가 8~9인인 경우 6인 기준임대료의 10%를 가산한다[10인 가구 이상은 동일한 방식(2인 증가 시 10% 인상)에 따라 적용].

---

5 2014년 국민기초생활보장제도가 개편되었을 당시 주거급여의 소득기준은 당시 기준 중위소득의 43% 이하인 가구였으며, 이후 기준 중위소득과 주거급여 소득기준이 지속적으로 상승하였다.

6 매해 8월 국토교통부장관이 차년도 주거급여 선정기준과 최저보장수준을 발표하는데, 이에 소득기준, 지역별, 가구규모별 기준임대료와 수선유지급여의 보수범위별 수선비용 등이 포함된다.

표 12-4 2024년 주거급여 보수범위별 수선비용(국토교통부고시 제2023-478호)

구분	경보수	중보수	대보수
수선비용	457만 원	849만 원	1,241만 원
수선주기	3년	5년	7년

주 1) 소득인정액이 ① 생계급여 선정기준 이하인 경우 수선비용의 100%,
② 생계급여 선정기준 초과~중위소득 35% 이하인 경우 수선비용의 90%,
③ 중위소득 35% 초과~중위소득 48% 이하인 경우 수선비용의 80% 지원

주 2) 육로로 통행이 불가능한 도서지역(제주도 본섬 제외)의 경우, 위 수선비용을 10% 가산

(2) 주택금융 제도

우리나라 주거복지정책에서는 현재 주택도시기금(구, 국민주택기금)을 활용한 다양한 금융(융자) 제도를 시행하고 있다. 2023년 기준, 주택도시기금 주택금융상품은 크게 개인상품(주택전세자금대출, 주택구입자금대출, 기타주택자금대출)과 기업상품(임대주택건설지원, 분양주택건설지원, 주거환경개선 지원 및 기타)으로 구분된다. 주택금융상품은 대출대상자의 조건(나이, 경제수준 등)뿐만 아니라 대출대상 주택에 대한 조건(구입금액이나 보증금, 월세 규모, 면적, 유형 등)도 명시되어 있고, 대출상품을 신청할 수 있는 시기가 제한적이므로 주택금융상품의 대출조건을 볼 때는 이 모든 조건을 살펴보아야 한다.

4. 특수계층의 주거

1) 주거복지 대상자의 정의

광의의 주거복지 대상자는 '국민 전체'이지만 주거복지정책 집행의 현실적인 한계를 감안할 때, 협의의 주거복지 대상자는 '보편적인 주택시장에서 자력으로 주택문제를 해결할 능력이 없는 자들'인 취약계층이다. 우리나라 주거복지정책의 대상자인 취약계층은 보편적으로 소득수준을 기준으로 정의하지만, 특수한 주택소요에 기반을 두고 접근해야 할 필요성이 강조된다.

(1) 소득기준에 따른 대상자 정의

우리나라 주거복지정책의 대상자를 정의하기 위하여 사용하는 가장 대표적인 소득기준은 기준 중위소득, 소득분위 및 도시근로자 가구당 월평균 소득이다.

① 기준 중위소득에 따른 대상자 정의

중위소득이란 가구를 소득에 따라 순서대로 정렬했을 때 정확히 중간 등수에 해당하는 가구의 소득을 의미한다. 매년 보건복지부장관이 「국민기초생활 보장법」에 따라 중앙생활보장위원회의 심의·의결을 거쳐서 차년도 생계·의료·주거·교육급여 지원대상자 선정에 사용할 가구 규모별 '기준 중위소득'을 발표한다. 수급자 선정을 위한 소득기준으로 기준 중위소득이 도입된 것은 2014년 12월에 「국민기초생활 보장법」이 개정되면서부터이고, 그 이전에는 소득기준으로 최저생계비라는 개념을 사용하였다.

중위소득이 주거복지 지원 대상자 선정기준으로 사용된 대표적인 예는 주거급여이다. 2024년 주거급여 지원대상 가구의 소득기준은 소득인정액이 기준 중위소득의 48% 이하인 가구이다. 같은 해 생계급여 지원대상자의 소득인정액 기준은 가구 규모

표 12-5 2023년과 2024년 기준 중위소득

(단위: 원/월)

연도	1인 가구	2인 가구	3인 가구	4인 가구	5인 가구	6인 가구
2023	2,077,892	3,456,155	4,434,816	5,400,964	6,330,688	7,227,981
2024	2,228,445	3,682,609	4,714,657	5,729,913	6,695,735	7,618,369

자료: 보건복지부(2023), 재구성

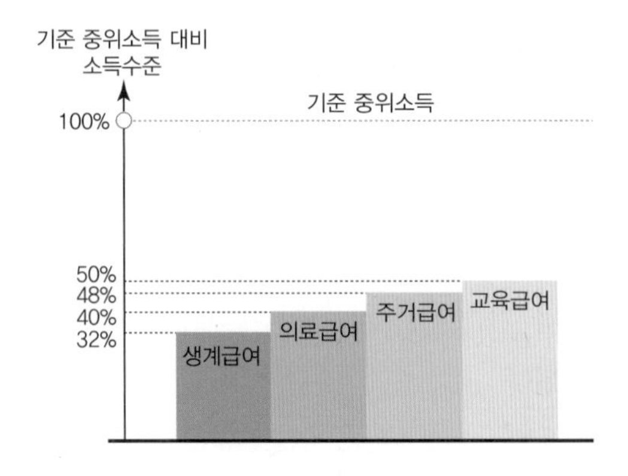

그림 12-4 기준 중위소득을 사용한 국민기초생활보장사업 급여별 소득기준(2024년 기준)

별 기준 중위소득의 32% 이하, 의료급여 지원 대상자는 40% 이하, 교육급여는 50% 이하인 자이다(보건복지부, 2023).

'차상위계층'이란 "소득인정액이 수급권자[7]의 소득 이상이면서 기준 중위소득의 150% 이하인 사람(「국민기초생활 보장법」 제2조 제10호, 「국민기초생활 보장법 시행령」 제3조)"으로, 수급권자 바로 위 수준의 저소득층을 일컫는다. 이들은 현재는 수급권자가 아니지만, 그렇다고 수급권자보다 경제력이 낫다고 보기에도 어렵고 빈곤층으로 진입할 위험성이 크기 때문에 주거복지정책에서 관심의 대상이 되는 저소득계층이다.

② 소득분위에 따른 대상자 정의

소득분위란 특정 기간 동안의 가구소득을 순위대로 나열한 뒤, 이를 최하위 소득부터 일정 간격으로 집단화한 것이다. 이때 순위의 20%씩 전체를 다섯 집단으로 나눈 5분위와, 순위의 10%씩 전체를 열 개의 집단으로 나눈 10분위 구분방법이 있다. 별도의 설명이 없다면 소득분위를 사용하는 대부분의 최근 정책은 10분위 구분방법을 사용한다. 소득수준이 최하위인 집단을 소득1분위[8]라고 하며, 소득수준이 높아질수록 분위가 높아진다. 2021년도 주거실태조사 연구보고서(국토교통부, 2022a)에 보고된 소득분위는 〈표 12-6〉과 같다.

표 12-6 2021년 주거실태조사에 나타난 소득구분

소득10분위	월평균 가구소득[1)]	소득구분[2)]
1분위	88만 원 이하	하위
2분위	89만 원~155만 원	
3분위	156만 원~220만 원	
4분위	221만 원~278만 원	
5분위	279만 원~300만 원	중위
6분위	301만 원~378만 원	
7분위	379만 원~430만 원	
8분위	431만 원~500만 원	
9분위	501만 원~600만 원	상위
10분위	601만 원 이상	

1) 세금 등을 제외한 월평균 실수령액
2) 2021년 주거실태조사 일반가구 연구보고서(국토교통부, 2022a)에서 사용한 구분이며 소득수준의 구분은 연구자나 정책에 따라 달라질 수 있음

자료: 국토교통부(2022a). p.50 일부 수정

---

7 수급자격이 되는 자를 수급권자라고 하며, 수급권자 중 실제로 급여를 신청하여 지급받는 자를 수급자라고 한다.

8 소득을 5분위로 구분할 때 소득1분위는 가구소득이 최하위 20%에 해당하는 가구를 뜻하지만, 소득을 10분위로 구분할 때 소득1분위는 가구소득이 최하위 10%에 해당하는 가구를 뜻한다. 이를 구분하기 위하여 자료에 따라서 소득1오분위, 소득1십분위 등과 같은 방식으로 기재하기도 한다.

표 12-7 소득분위별 수요특징 및 주택정책 지원

소득10분위	수요특징	정책목표	주요 정책수단
1분위	임대료 지불능력 취약계층	최저소득계층의 주거안정	• 주거급여 지원 확대 • 영구임대주택, 매입임대주택 공급 • 기존주택 전세임대 • 소형 국민임대주택 공급
2~4분위	자가 구입능력 취약계층	무주택서민의 주거수준 향상 지원	• 국민임대주택 집중 공급 • 국민임대주택 임대료, 보증금 경감 • 주거환경개선사업 • 전 · 월세자금 지원 확대
5~6분위	정부지원 시 자가 구입 가능 계층	중산층의 내 집 마련 지원	• 10년 공공임대주택 공급(분양 전환) • 중소형 분양주택 저가 공급 • 주택구입자금 융자지원
7분위 이상	자력으로 자가 구입 가능 계층	주택가격 안정	• 모기지론 등 민간주택금융 활성화 • 민간주택임대사업 활성화

자료: 국토해양부(2011b). p.315; 김옥연(2015). p.40; 마이홈(http://myhome.go.kr); 주택관리공단(n.d.) 자료를 종합하여 재구성

현재 공공임대주택 입주대상자 선정기준을 비롯하여 소득계층별 주거복지 지원 정책의 계획에서 소득분위를 사용하고 있다. 소득분위를 소득계층별 주택정책 수립에 사용한 예는 〈표 12-7〉과 같다.

③ 도시근로자 가구당 월평균 소득에 따른 대상자 정의

통계청에서는 매년 초에 전년도 도시근로자 가구의 월평균 가계수지를 발표한다. 이 소득기준은 맞춤형 복지서비스 제공과 한국토지주택공사LH와 서울주택도시공사SH가 공급하는 임대주택의 입주, 분양주택 특별공급 시 소득기준에 적용되고 있다. 2023년에 적용되는 전년도인 2022년 도시근로자 가구의 가구원 수별 월평균 소득(100%)과 150%, 120%, 70%, 50% 소득기준은 〈표 12-8〉과 같다.

도시근로자 가구당 월평균 소득이 주거복지정책의 대상자 기준으로 사용된 한 예로, 「공공주택 특별법 시행규칙」 별표 3 영구임대주택의 입주자 자격에서 일반공급의 1순위 입주자격 나목에는 "해당 세대의 월평균 소득이 전년도 도시근로자 가구원 수별 가구당 월평균 소득의 70퍼센트 이하"라는 소득기준이 명시되어 있다.

표 12-8 2023년도 적용 전년도 도시근로자 가구당 월평균 소득

(단위: 원)

월평균 소득 대비 비율	1인 가구	2인 가구	3인 가구	4인 가구	5인 가구	6인 가구	7인 가구	8인 가구
150%	5,030,826	7,508,064	10,077,297	11,433,084	12,060,738	13,052,458	14,044,179	15,035,899
120%	4,024,660	6,006,451	8,061,837	9,146,467	9,648,590	10,441,966	11,235,343	12,028,719
100%	3,353,884	5,005,376	6,718,198	7,622,056	8,040,492	8,701,639	9,362,786	10,023,933
70%	2,347,718	3,503,763	4,702,738	5,335,439	5,628,344	6,091,147	6,553,950	7,016,753
50%	1,676,942	2,502,688	3,359,099	3,811,028	4,020,246	4,350,819	4,681,393	5,011,966

자료: 서울주택도시공사(2023). 재구성

(2) 특수한 주택소요에 따른 대상자 정의

같은 저소득층 가구라 하더라도 가구의 특성에 따라 주택소요가 다르다. 예를 들어, 저소득 독거노인과 저소득 한부모가정, 청년의 주거소요가 같을 수는 없다. 이렇게 특수한 주거소요를 가진 계층을 '특수소요계층special-need population', '특수계층'이라고 한다.

우리나라 주거복지정책에 나타난 특수계층은 노인과 장애인, 한부모가구, 소년소녀가장, 보호아동, 아동복지시설 퇴소자, 미혼모, 성폭력 피해자, 가정폭력 피해자, 탈성매매여성, 국가유공자 또는 그 유족, 북한이탈주민(새터민), 갱생보호자(출소자), 노숙인, 철거민, 쪽방 거주자, 신혼부부·대학생·사회초년생 등의 청년가구 등으로 다양하다.

2) 특수계층의 주거문제와 지원제도

(1) 노인가구의 주거문제와 지원제도

① 노인가구의 주거문제

노인가구는 자기 소유의 집에 거주하는 자가가구의 비율은 높지만, 저소득 노인가구가 거주하는 일반주택, 특히 농촌지역에 거주하는 저소득층 노인가구 주택의 질적 수준은 전반적으로 매우 열악한 경우가 많다.

오래된 흙벽 집이 노후화되면서 벽체에 균열이 생기고 벽체가 떨어져 나가거나 지붕이 기울어지고 균열로 빗물이 새는 등 구조적 보강이 시급한 경우가 많다. 또한 이로 인한 안전사고 및 곰팡이 문제는 거주자의 안전과 건강에 악영향을 준다. 벽체나

그림 12-5 흙벽이 심하게 파손된 농촌지역 노인주거
자료: 청주시 상당노인복지관

문과 창의 단열이 거의 되지 않거나, 주 건물과 동떨어진 어둡고 습한 재래식 화장실, 오래된 집의 불규칙하거나 파손된 계단, 높은 문턱, 미끄러운 바닥재료 등도 노인에게 큰 위협이 될 수 있다.

2020년 노인실태조사 결과, 조사대상 주택의 8.9%는 노인이 생활하기에 불편한 구조이며, 71.3%는 생활하기 불편한 구조는 아니지만 노인 배려 설비가 없는 것으로 나타났다(보건복지부·한국보건사회연구원, 2020). 따라서 낙상 등의 사고를 예방할 수 있도록 안전손잡이를 설치하거나 바닥재를 미끄럽지 않은 재질로 교체하는 등 노인의 신체적 능력수준에 맞는 주택개조를 위한 세심한 주의가 필요하다.

노인이 되면 새로운 환경이나 기술에 적응하는 데 어려움을 겪거나 이로 인한 정신적 스트레스와 위축감을 경험하기 쉽기 때문에, 불편하더라도 현재 주택에 계속 거주하고자 하는 '지속거주(계속거주AIP, Aging in Place)' 욕구가 강하게 나타난다. '지속거주'란 나이, 소득, 능력에 상관없이 자신의 가정과 지역사회에서 안전하게, 독립적으로 그리고 편안하게 살도록 하는 개념으로, 지속거주가 가능할 수 있도록 유니버설디자인universal design(보편적 디자인), 베리어프리 디자인barrier-free design(무장애디자인) 등의 개념을 적용한 주택개조 서비스와 재가노인지원 서비스가 필요하다.

노인가구는 은퇴와 재취업 기회의 부족 등으로 가구소득 수준이 매우 낮고, 이러한 경제적 문제는 앞으로 크게 개선되기 힘든 경우가 많다. 이 때문에 주거비 부담이 크다는 문제도 있다. 2020년 노인실태조사 결과, 노인가구가 가구 소비지출 중 가장 부담을 느끼는 항목은 식비(46.6%) 다음으로 월세, 주택관리비, 냉·난방비, 수도비 등 주거 관련 비용(24.5%)이었을 정도(보건복지부·한국보건사회연구원, 2020)로 많은 노인가구가 주거비를 매우 부담스러워하고 있다.

② 노인가구의 주거지원제도

저소득층 노인가구를 위한 주거복지정책은 노인전용임대주택, 공공임대주택의 입주 우선순위, 주거급여에서 노인 자가가구에 대한 편의시설 설치비용 추가지원, 「장애인·고령자 등 주거약자 지원에 관한 법률」에 따른 주거약자용 주택의 의무 공급과 주택개조비용 지원, 「노인복지법」에 따른 노인주거복지시설(양로시설, 노인공동생활가정, 노인복지주택)과 재가노인복지시설(단기보호서비스, 방문간호서비스, 방문목욕서비스, 방문요양서비스, 복지용구지원서비스, 재가노인지원서비스, 주·야간보호서비스), 서울시와 서울주택도시공사, 금천구가 협약하여 공급하는 어르신 맞춤형 공공원룸주택(보린保隣주택), 사회취약계층 주택 개·보수 사업, 농촌지역 독거노인 그룹홈(공동생활가정) 등이 있으며, 비영리민간단체 등에 의한 저소득 취약계층 집수리 사업 등이 있다.

또한 시설입소를 꺼리는 노인의 특성을 반영하여 인구의 20% 이상이 노인인 경기도 성남시 산성동 전체를 2017년 실버타운화하여 노인이 기존 주거에 거주하도록 하면서 마을에 노인일자리와 문화여가시설을 제공한 카네이션마을 사례도 있다.

(2) 청년가구의 주거문제와 지원제도

① 청년가구의 주거문제

최근 경제불황으로 청년의 취업이 어려워지면서 청년이 사회적으로 매우 취약한 계층으로 대두되었다. 청년은 저축을 할 수 있는 기회가 상대적으로 극히 적고, 기회가 있어도 독립생활을 넉넉하게 시작하고 유지할 만큼의 경제적 수준을 갖추기는 어려울 가능성이 크다. 또한 학업, 취직과 이직, 결혼, 출산 등 많은 인생의 굵직한 변화를 겪게 되면서 잦은 주거이동을 하게 될 수도 있다.

청년가구는 전월세 임차가구의 비율이 매우 높고, 그중에서 보증금이 있는 월세(보증부 월세)가구의 비율이 중·장년층 가구에 비하여 매우 높다. 우리나라의 주택임대차 시스템에서 전세나 보증부 월세는 계약 시에 목돈의 보증금이 있어야 하는데, 이러한 목돈의 보증금은 청년이 부모로부터 경제적으로 독립하여 스스로 가구를 꾸리는 데 가장 큰 걸림돌이기도 하다.

월세는 매달 임차료를 지불해야 하기 때문에 그만큼 청년가구가 다음 주거이동이나 주거 재계약 시 인상될 주거비를 마련하기 위하여 저축할 수 있는 가능성이나 저축 규모가 작아지고 주거비 과부담 문제에 시달린다.

하지만 전세는 보증부 월세보다 더 많은 보증금을 내야 하기 때문에, 보통은 보증부 월세로 독립생활을 시작하는 경우가 많다. 월세 보증금을 지불할 여력이 없어서 보증금이 없는 월세(무보증 월세)나 보증금이 저렴한 월세를 구할 수도 있는데, 무보증 월세로 선택할 수 있는 양질의 주거가 많지 않다.

청년가구가 본인의 경제수준에 적합한 주거를 찾다보면 주거와 주거환경의 질적 수준이 불량한 상황이나 범죄에 취약하고 교통이 불편한 주거환경, 고시원, 쪽방 등 열악한 주거환경에 거주하는 경우가 많이 발생한다. 이 때문에 청년의 주거를 '지·옥·고' 또는 '지·옥·비'라고 부르는 신조어가 등장했다. '지·옥·고'는 지하·반지하, 옥탑방, 고시원·고시텔을, '지·옥·비'는 지하·반지하, 옥탑방, 비주택 거처를 각각 줄여 부른 말로, 청년의 열악한 주거상황을 지옥과 같은 상황으로 빗대어 이른 말이다.

2021년 주거실태조사 결과(국토교통부, 2022c), 청년가구의 81.9%가 임차가구이며, 최저주거기준 미달 가구 비율이 7.9%로 전체 일반가구(4.5%)보다 높아 열악한 주거상황에 놓인 청년가구가 많다. 또한 청년가구에게 가장 필요한 주거지원은 전세자금이나 주택구입자금 대출지원과 월세보조금 지원 등으로 나타나 이들이 주거비 부담을 크게 느끼고 있음을 볼 수 있다.

그뿐만 아니라 독립거주나 주택 거래 경험이 적기 때문에 각종 정보에 취약하고 문제가 발생했을 때 적절하게 대응하지 못하는 경우가 많은 청년가구의 약점을 노려 청년을 대상으로 하는 중개사기나 전세사기와 같은 범죄가 빈번하게 발생하여 사회적으로 문제가 되고 있다.

② 청년가구의 주거지원제도

현재 청년을 대상으로 하는 공적임대주택(공공임대주택, 공공지원 민간임대주택)은 시중보다 저렴한 임대료로 청년가구의 주거비 부담을 낮추고 이를 통하여 저축의 기회를 제공함으로써 청년의 빠른 경제적 독립을 도울 수 있다. 대표적인 것은 행복주택과 역세권 청년주택, 대학생 전세임대주택, 청년 전세임대주택, 서울시의 희망하우징과 도전숙 등이 있다. 또한 2017년 주거복지로드맵 발표 이후 다양한 청년 전용 주택금융상품이 개발되었고, 2021년부터는 주거급여 수급가구의 만 19세 이상 30세 미만 미혼청년이 부모와 떨어져서 주민등록(거주지)을 달리하여 거주하는 경우 부모와 별도로 주거급여를 지급하는 '청년주거급여 분리지급'이 시작되었다.

(3) 아동가구의 주거문제와 지원제도

① 아동가구의 주거문제

아동기의 발달과정상 이 시기에 이루어진 신체적·정서적 발달은 성인기에까지 영향을 미치게 된다. 아동은 성인보다 환경에 더욱 민감하며, 나이가 어리고 위험요소에 노출된 기간이 길수록 발달에 미치는 영향력이 크다. 하지만 아동은 이러한 위험을 인식하고 대처하거나 환경을 자신에게 유리한 방향으로 변경할 수 있는 능력이 성인에 비하여 현저하게 부족하다. 이러한 점에서 아동의 주거권이 매우 중요하다.

UN은 '인간정주에 관한 이스탄불 선언(UN, 1996)'을 통하여 모두가 살기 좋은 포용적 도시환경을 만드는 것이 곧 아동의 건강, 안전, 성장 및 발달에 바람직한 정주환경을 마련하는 것이라고 선언함으로써 아동의 주거권이 보장되는 주거환경 제공의 필요성을 강조하였다.

서울시에서 2021년, 만 18세 미만 아동이 가구구성원인 일반가구(아동가구)를 대상으로 주거실태조사를 실시한 결과, 서울 아동가구 수는 838,696가구이며 이 중 15.0%에 해당하는 126,058가구가 최저주거기준에 미달하거나 지하·옥상에 거주하고 있는 주거빈곤 상태인 것으로 나타났다(서울특별시·한국도시연구소, 2021).

② 아동가구의 주거지원제도

우리나라에서는 2019년 10월, 보건복지부와 여성가족부, 법무부 등 관계부처가 합동으로 '아동주거권 보장 등 주거지원 강화 대책'을 발표하였다(국토교통부, 2019). 이 정책에는 맞춤형 공공임대주택에 다자녀 유형을 신설하고 공급물량을 확대하며, 다자녀가구 등을 대상으로 주택도시기금 금융상품의 금리를 인하하고, 주거공간과 연계한 돌봄·정착 서비스를 지원하는 등의 다자녀가구와 보호종료아동 주거지원을 강화하는 대책이 포함되어 있다.

또한 2020년에는 국토교통부와 한국토지주택공사LH, 굿네이버스, 세이브더칠드런, 초록우산어린이재단이 업무협약을 통하여 위기 아동가구에 대한 신속한 주거지원 핫라인 구축, 아동이 처한 여건에 맞는 돌봄·교육·놀이 등 다양한 프로그램의 종합적 지원, 공공주택 단지 내 아이돌봄시설, 놀이터, 안전시설 지속적 확대, 아동주거 연구 및 홍보 협력 등을 합의하였다(국토교통부, 2020b).

관련 활동

1. 최신 정책 및 통계 검색 과제

본 장에서는 집필하는 시점을 기준으로 최신 정책이나 훈령·고시, 통계정보를 수록하고 있다. 이러한 정책이나 통계는 지속적으로 변하기 때문에 현시점에 시행되고 있는 정책과 최신 통계를 아는 것이 매우 중요하다. 현재 시행되고 있는 정책, 훈령·고시, 최신 국가통계의 검색을 통하여 최신 정보를 습득할 수 있을 뿐 아니라 관련 자료를 검색하는 방법을 훈련할 수 있다.

예시 1 주거급여 지급과 관련한 최신 정보　현행 주거급여의 담당부처(예: 국토교통부) 홈페이지에서 올해 또는 내년의 주거급여 지급과 관련한 고시를 검색한다. 찾은 정보와 본 장에 수록된 정보를 비교하여 지급기준이나 지급액 등이 어떻게 변화하였는지 살펴본다.

예시 2 최저주거기준 등과 관련한 최신 통계　국토교통부나 보건복지부 등 정부부처의 홈페이지, 통계청의 국가통계포털(KOSIS)이나 국토교통통계누리 등의 웹사이트를 통하여 본 장에서 소개한 최저주거기준 미달 가구 통계나 노인주거실태조사 결과 등 주거복지 실태를 살펴볼 수 있는 통계자료를 검색해 본다. 찾은 정보와 본 장에 수록된 정보를 비교하여 통계에 어떠한 변화가 있었는지 살펴본다.

2. 주거복지 문제 개선방안 토론

최근 이슈가 되고 있는 주거복지 문제와 관련한 국내·외 언론자료를 기반으로 다양한 계층의 주거복지 문제를 개선할 수 있는 아이디어를 모색해 본다.

예시 1 전세사기 예방방법　전세사기와 관련한 언론자료를 찾아보고 이러한 문제를 예방하기 위한 개인적 차원과 제도적 차원의 해결방안에 대한 아이디어를 브레인스토밍해 본다.

예시 2 외국의 특수계층 주거 지원제도　이 책에서 소개한 특수계층이나 그 외 특수계층을 위한 다른 나라의 지원제도에 대하여 조사해보고, 장단점과 우리나라에 도입 시 고려사항 등을 토론해 본다.

3. 관련 자격증: 주거복지사

주거복지사는 (사)한국주거학회에서 운영·관리하는 국가공인민간자격증으로, 2013년에 국가등록민간자격으로 시작하여 2016년에 국가공인민간자격으로 승격되었다.

주거복지사란 자력으로 주거문제를 해결하기 어려운 가구의 주거안정을 위해 복지 차원에서 주거서비스를 지원하는 전문인력으로, 주거분야에 대한 고도의 전문지식을 갖추고 현장에 적용할 수 있는 실무경험을 통하여 주거서비스 전달체계의 코디네이터 역할을 수행한다. 주거복지사 자격을 취득하기 위해서는 현장실습을 포함한 소정의 교육과정을 이수해야 하며, 연 1회 실시되는 시험에 합격해야 한다. 주거복지사는 국가 및 지방자치단체의 주거복지 업무부서와 공공과 민간의 주거복지지원센터를 포함한 다양한 공공과 민간부문에서 주거복지 업무를 수행할 수 있다. 구체적인 주거복지사 자격증 취득방식을 포함한 더 자세한 내용은 주거복지사 자격검정사업단 홈페이지(https://housingwp.or.kr/)에서 확인할 수 있다.

CHAPTER 13
주거관리와 서비스

주거는 건축물이자 개인과 가족의 생활이 이루어지는 장소이다. 살기 좋은 주거를 만들기 위해서는 물리적 환경이 적절할 뿐 아니라 자산가치를 증진하며 주생활의 질이 향상될 수 있도록 주택이 속한 사회문화·경제적 요구를 반영하고 거주자의 주생활 요구를 충족시키는 방향으로 관리되어야 한다.

공동주택의 비중이 매우 높은 우리나라는 공동주거에서의 삶이 국민 대다수의 주거생활과 직결되므로 공동주거관리가 정책의 대상이 되며 제도권 안에서 관리되고 있다. 주거관리의 영역은 크게 유지관리, 운영관리, 생활관리로 구분된다. 과거 초기에는 물리적 환경에 대한 관리에 집중되었으나 점차 운영관리, 생활관리가 중요시되었다. 그리고 주거관리는 서비스산업으로 발전하고 있으며, 복지 측면에서 거주자의 생활을 지원하는 방향으로 고도화되고 있다.

본 장에서는 주거관리의 개념, 공동주택관리의 제도, 관리방법, 주요 규정사항, 커뮤니티관리 및 임대주택관리를 살펴본다. 마지막으로 새로운 주거관리의 경향과 이슈가 되는 주거생활서비스에 대해 알아본다.

1. 주거관리의 이해

1) 주거관리의 의미

2000년대 들어 우리나라의 주택보급률이 높아지고 주택재고도 증가하면서 사회적·정책적 관심은 공급된 주택과 노후화된 주택을 안전하게 관리하여 주택이 제 기능을 발휘하고 쾌적하고 살기 좋은 주거생활을 만드는 주거관리로 전환되었다.

주거관리는 주택관리, 공동주택관리, 공동주거관리 등 다양한 용어로 사용되고 있는데, 그 배경에는 관리대상을 주택과 주거를 혼동해서 사용하는 것과 관련되며, 우리나라에서 주거관리는 주로 공동주택이 대상이 되어 공동주거관리라는 주제로 논의된 것에 기인한다. 주택과 주거의 의미를 볼 때 주택은 개인과 가족이 살 수 있는 물리적 건물로서의 의미를 가지는 반면, 주거는 사람이 생활을 영위하는 장소로 물리적 건물뿐 아니라 거주자의 행위와 삶을 포함한다. 이러한 차이로 주택관리는 물리적 구조체의 건물과 시설의 유지관리를 의미하는 협의의 개념이며, 주거관리는 주택관리를 포함하여 주거에서 일어나는 주생활과 제반 사항을 관리하는 개념으로 볼 수 있다.

주거관리의 대상이나 쟁점들은 시대에 따라 변한다. 초기 주택관리의 과제는 주택의 물리적인 상태를 유지하여 본래의 기능을 수행하거나 개선하는 것 그리고 이와 관련된 운영관리업무에 집중되었다. 그러나 현재는 주거관리 개념으로 전환하여, 사람들이 거주하는 환경의 물리적 조건을 유지하고 활용도를 높일 뿐만 아니라, 쾌적한 주생활을 영위할 수 있도록 인적·사회적·경제적으로 관리하고 생활을 지원하며 공동체문화를 형성하는 방향으로 나아가고 있다(홍형옥 외, 2016).

따라서 주거관리란 주택이라는 물리적 대상에 대한 물적 관리와 거주자의 삶의 질 향상을 위한 주생활관리까지 포함하는 개념으로, 주택의 시설과 설비들을 안전하고 쾌적하게 유지하고 재정과 운영적인 측면에서 경제적이고 효율적인 관리를 하며 거주자 생활의 편리함과 편의를 지원하며 주거수준 향상을 목적으로 하는 행위를 말한다.

적절한 유지관리는 물리적 노후화를 예방하고 수명을 연장할 뿐 아니라 안전사고를 예방하여 거주자 안전을 지킬 수 있다. 안전성의 확보는 경제적 가치 유지에도 직결되어 관리소홀로 인해 발생할 수 있는 국가적인 낭비를 줄인다. 또한 커뮤니티관리와 생활관리는 원만한 생활을 유도하고 이웃관계에도 긍정적인 영향을 미쳐 생활을 지원하고 호혜적인 삶과 공동체 활성화에도 기여할 수 있다.

2) 주거관리의 내용

(1) 주거관리 내용

주거관리는 눈에 보이는 주택의 시설과 설비를 유지관리하는 데 필요한 재정운영과 관리계획, 구매, 계약, 주거생활과 관련하여 생활규범, 공동체, 편의, 복지에 이르기까지 그 대상과 범위가 다양하다. 주거관리의 범위는 크게 유지관리, 운영관리, 생활관리로 구분한다.

첫째, 유지관리는 건물과 시설·설비의 본래 기능과 효율을 유지시키는 것으로, 주택의 수명을 연장하여 재산을 보호하기 위한 것이다. 건축물은 시간이 흐르고 사용함에 따라 점차 노후화되고 기능이 저하된다. 하지만 이것을 어떻게 관리해서 사용하는가에 따라 노후화의 정도와 속도는 달라진다. 집이 지어진 이후 건축물의 수명을 유지하고 가능한 한 최장기간 동안 기능을 발휘하기 위해서는 관리가 필요하다. 관리대상은 주택, 시설과 설비 등이며, 일상적·정기적인 청소, 정리, 점검, 수선, 개량 등의 행위를 통해 파손, 부식, 노후화를 예방하는 것이다.

둘째, 운영관리는 금전, 인적자원과 물적자원을 운영하는 것으로, 효율성과 경제성 측면의 관리이다. 관리대상은 주거비, 유지관리비 등을 관리하는 행위, 주거관리를 위한 역할 분담, 공동주택에서 조직을 구성하고 운영하는 행위, 관리비의 결정과 징수, 임대료, 각종 비용 등이며, 관리를 효과적으로 수행하는 것과 관련된다.

셋째, 생활관리는 거주자의 생활과 관련된 관리영역으로, 주생활 측면에서 생활규범, 생활편의, 지역과 공동체 생활을 관리하는 것이다. 관리내용은 개인생활, 준개인생활, 공동생활, 공공·거주환경정책으로 구분할 수 있으며, 각 수준에 따라 관리의 목적, 대상, 영향권에 차이가 있다. 개인생활은 각 가정생활에 관한 것이며, 준개인생활은 지역생활 수준에서, 공동생활은 지역사회 수준에서, 공공·거주환경정책은 제도권에서 거주환경에 대한 정책 마련이 다루어진다.

(2) 공동주거관리 내용과 업무

① 공동주거관리의 내용

대규모 공동주택 단지의 비율이 높은 우리나라에서, 많은 세대가 거주하고 여러 가지 시설과 설비가 있는 공동주택은 관리의 범위가 넓고 다양하다. 공동주택은 각 세대가 독립적으로 사용하는 전용부분과 세대들이 함께 사용하는 복도, 승강기, 주차장, 부대복리시설 등의 공용부분으로 구분된다. 개별 주호에 해당하는 전용부분은 거주자가 관리하고, 공용시설·설비, 공용부분은 공동으로 관리한다.

공동주택에서 업무는 운영관리, 행정관리, 유지관리, 기술관리, 생활관리, 입주자관리, 환경관리 등이 수행되고 있으며, 통상적으로 관리주체가 수행하는 공동주택관리업무를 유지관리, 운영관리, 생활관리의 세 분야로 나눌 수 있다.

② 공동주거관리의 업무

건물의 수명을 뜻하는 '내용연수'는 유지·보수, 관리상태에 따라 달라진다. 우리나라에서는 노후공동주택이 증가함에 따라 공동주택 장수명화를 강조하고 있다. 공동주거의 유지관리는 수명연장을 위한 보수업무, 시설물에 대한 안전 관련 업무, 보안업무, 기술관리업무가 포함되며, 시설관리, 설비관리, 장기수선계획관리, 하자보수관리, 전기관리, 보안관리, 안전관리, 주차장관리, 홈네트워크관리 등이 해당한다.

공동주택의 운영관리는 주로 효율적이고 합리적인 경영 측면의 관리로서 관리업무의 기획, 관리조직 운영, 회계, 사무, 공사 및 계약, 행정 관련 업무이다. 회계관리, 관리비 집행, 관리비 정산 및 징수, 잡수입 처리, 공사 및 용역 계약, 행정업무, 조직관리, 사무관리, 대외업무, 임대관리업무 등이 속한다.

공동주택의 생활관리는 거주자 간의 원만한 공동생활과 공동체 활성화를 유지하고 생활서비스 지원같이 주생활 문제를 해결하고 주거문화 가치를 향상시키기 위한 업무이다. 구체적인 수행업무로는 입주자 의견 수렴, 공동생활 방식 홍보, 소음·금연·반려동물 사육에 대한 계몽, 주차지도, 에너지 절감, 주민모임, 공동체 활성화, 주거생활서비스 지원 등이 있다.

표 13-1 공동주거관리 업무

내용	정의	업무
유지관리	건축물 · 설비 · 부대시설 등의 기능과 성능 유지, 안전, 보안, 방재와 관련된 업무	하자보수관리, 건물관리, 시설 · 설비 관리, 장기수선계획 관리, 안전관리, 안전점검, 보안관리, 방재관리, 청소 및 위생관리, 수질관리, 조경관리 등
운영관리	관리업무의 기획, 관리조직 운영, 회계, 사무, 행정, 공사 및 계약 등과 관련된 업무	회계관리, 관리비 집행, 관리비 정산 및 징수, 잡수입 처리, 공사 및 용역 계약, 행정업무, 조직관리, 사무관리, 대외업무, 임대관리업무 등
생활관리	거주자의 원만한 공동생활 유지, 공동체 활성화, 생활서비스 지원 등에 수행되는 업무	입주자 의견 수렴, 공동생활 방식 홍보, 소음에 대한 계몽, 주차지도, 쓰레기 분리수거 홍보, 주민모임, 주민자치행사, 주거생활서비스 등

3) 단독주택의 관리

단독주택에서 주거시설·설비의 기능과 수준을 유지하고 편리한 생활을 위해서는 관리가 필요하다. 단독주택의 관리내용에는 건축물의 구조적 안전, 가스·전기의 안전 사용, 각종 설비와 기기들의 기능 유지와 활용 등이 있으며, 주생활의 능률화를 지원할 수 있는 주생활관리가 포함된다.

우리나라에서 유지관리와 관련된 단독주택의 개량은 대수선 수준보다는 대부분 소규모 개량이 이루어지며, 주택의 경과연수나 주관적 평가에 의한 노후·불량상태에 따라 대수선 이하의 주택개량을 하는 경향이 있다(임윤환 외, 2016). 단독주택의 유지관리를 위해서는 주택의 외부 구조물, 지붕, 외벽, 물받이, 현관, 내장재, 바닥 등을 주기적으로 점검하고 청소, 도장, 보수 등을 해야 한다. 물리적인 더러움을 제거하는 청소는 가장 기본적인 관리행동으로 주거환경을 쾌적하게 유지해주는 기능을 한다. 또한 냉난방과 환기설비기기들은 사용방법 준수 및 간단한 수선, 보수만으로도 수명이 길어질 수 있다.

단독주택에서 주생활관리는 효율성과 경제성에 초점을 두며 개인과 가족이 능률적인 주생활을 영위하기 위한 관리이다. 적절한 설비와 기기를 활용함으로써 가사노동시간을 줄이거나 작업효과를 향상시킬 수 있으며, 효과적인 수납관리는 공간과 물품의 정리뿐만 아니라 주거생활의 질서를 유지하도록 도와주어 편리하고 쾌적한 실내환경을 조성한다.

합리적인 관리계획과 적절한 시기의 관리로 거주자는 안전한 주거환경에서 재산적 가치를 유지할 수 있다. 주거에서 안전성, 보건성, 편리성, 경제성을 실현하기 위한 주거의 요건들을 주택의 계획단계와 관리단계로 구분하여 수행함으로써 관리의 효율을 높이고 주거생활의 질도 향상시킬 수 있다(표 13-2).

공동주택과 다르게 단독주택관리를 위한 전문적 제도나 법률은 마련되어 있지 않지만, 일부 지자체에서는 단독주택관리를 지원하기 위한 사업을 시행하고 있다. 해피하우스는 주거서비스 지원사업으로 단위주택 내 유지관리 서비스, 에너지 효율개선 서비스를 지원하며, 반딧불센터는 일반주택 단지에서 부족한 커뮤니티 공간을 제공하는 사업이다. 하지만 사업에 따라 주로 물리적 환경정비, 공간과 간단한 서비스 제공에 초점이 맞춰져 있어 종합적인 주거관리로 보기에는 한계가 있다.

표 13-2 주거의 질 구성 요인과 주거관리 행위

구분	관리 행위	주거의 질	주거의 요건	고려시점	
				계획단계	관리단계
주택의 물리적 측면	유지 관리	안전성	• 자연조건 · 재해로부터 안전	○	○
			• 일상적 사용(누전, 가스누출 등)에 대한 안전	○	○
			• 홈오토메이션	○	○
		보건성	• 주택의 보건 성능 설비 – 급배수, 급탕, 환기, 냉난방, 전기 · 가스, 쓰레기 처리시설, 취사, 세면 · 세탁설비, 수세 · 욕실설비	○	○
			• 건축물의 보건성 – 단열, 차음, 흡음, 결로 방지, 통풍, 방습, 일조, 채광, 차광	○	○
			– 청결		○
거주자의 주생활 측면	생활 관리	편리성	• 합리적인 관리계획의 수립		○
			• 주거관리에 대한 각종 제도적 지원의 활용	○	○
			• 공간활용을 위한 적절한 수납공간 확보	○	○
			• 적절한 기구의 사용: 취사, 세탁, 청소기기 등		○
			• 주택건축 시 적절한 주거공간의 구성과 배치	○	
경제적 측면	운영 관리	경제성	• 주거비(각종 세금)	○	○
			• 유지관리비	○	○
			• 시설 · 설비 개보수비	○	○

자료: 주거학연구회(2018) 개정판. p.291 일부 수정

PLUS+

반딧불센터(서울시 서초구)

아파트 단지와 달리 일반 주택단지에는 택배, 순찰, 집수리 등을 하는 관리사무소가 없고, 공동으로 사용할 수 있는 공유공간도 없다. 서울시 서초구에서는 주생활에서 일어나는 불편을 해소하기 위해 일반 주택지역 관리사무소 역할을 할 수 있는 센터를 설치하여 총 9개 센터를 운영 중이다. 제공되는 서비스는 주로 커뮤니티 공간, 무인택배 서비스, 공동육아공간, 공구은행 서비스를 제공하며 지역센터에 따라 차이가 있다.

• 제공 서비스

커뮤니티 공간 제공
마을의 공동문제를 토론할 소통 공간 제공

무인택배 서비스
부재 중 택배를 받을 수 있게 무인택배함 운영

공구은행
간단한 집수리에 필요한 각종 공구 대여

공동육아공간 제공
부모들이 모여 육아정보를 공유하고, 자녀들은 친구들과 자유롭게 놀 수 있는 공동육아공간 제공

• 운영시간: 평일 10 : 00~18 : 00(무인택배함은 연중 무휴)

자료: 서울시 서초구 홈페이지

단독주택의 관리책임은 소유자나 거주하는 개인과 가족에게 있다. 단독주택에서 독자적으로 주거를 관리하기에는 어려움이 있는 고령자나 여성가구, 단독가구 등이 증가하는 상황에서 관리를 지원할 수 있는 조직이나 기구가 확대될 필요가 있다.

2. 공동주택의 관리

1) 공동주택관리 정책과 제도

(1) 공동주거관리 정책의 필요성과 방향

우리나라 주택재고에서 공동주택이 차지하는 비율은 78.7%이고, 이 중 아파트는 64%에 이른다(통계청, 2022). 아파트와 같은 공동주택 공급은 주택부족 문제를 해결하고 주거생활의 편리함을 가져왔다. 하지만 단독주택과 달리 한 건물 안에 여러 가구가 거주하는 공동주택에서는 공동생활규범에 익숙하지 않은 거주자들 간에 생활양식의 차이로 인한 갈등이 생기고 함께 사용하는 공간과 시설, 공유부분을 관리하는 데 문제들이 발생한다. 일부 아파트에서는 시설·설비에 대한 관리 부실과 입주자대표회의 구성과 운영, 관리비, 장기수선, 하자보수 등의 민원과 분쟁, 입찰계약과정에서의 불법·비리 문제들이 일어나기도 한다.

공동주거관리 정책이 필요한 배경을 보면 다음과 같다.

첫째, 기술의 발전과 사회변화, 생활양식의 변화에 대응하는 관리가 필요하다. 고층화, 고급화, 시설·설비의 첨단화, 다양한 커뮤니티 시설과 설비 등을 갖춘 공동주택이 증가함에 따라 관리업무에 전문지식을 갖춘 기술인력과 장비, 관리시스템이 필요하다.

둘째, 공동주택의 관리비와 사용료, 장기수선충당금 등 공동주택관리 관련 비용은 꾸준히 상승하여, 2018년 의무관리대상 공동주택을 기준으로 그 규모가 19조 원(관리비, 사용료, 장기수선충당금 포함)을 넘는다. 관리규모가 커지는 상황에서 비리를 없애고 손실과 갈등을 줄이기 위해서는 투명하고 공정한 회계 집행과 관리가 요구된다.

셋째, 공동주택의 구조적 특성으로 인해 발생하는 층간소음, 흡연 피해 등의 공동주거생활의 문제 대응과 공동생활규범의 유지로 주거문화 가치를 높이는 공동주거관리 정책과 제도가 요구된다.

공동주거에서의 삶은 국민의 주거생활의 질과 수준에 직결된다. 대부분의 공동주택은 사유재산이므로 소유자들의 책임으로 사적 자치 원리에 의해 관리되지만 보편적인 주거로서 자리매김한 상황에서 국민들의 주거욕구를 충족시키고 주거만족을 높인다는 측면에서 주거관리는 중요한 정책대상이 된다. 따라서 공동주택관리는 공익실현을 위한 공공업무이자 국가 자산을 관리는 것으로 정책적 지원과 개입이 필요한 영역이다.

현재 우리나라는 투명하고 안전하며 효율적인 관리를 위하여 국가 및 지자체, 관리주체, 입주자등 각 주체들의 역할을 법에서 규정하고 있다. 국가 및 지방자치단체는 공동주택 입주민이 쾌적하고 살기 좋은 주거생활을 하고, 단지관리가 투명하고 체계적이며 평온하게 관리되고, 공동주택관리 관련 산업이 건전하게 발전할 수 있도록 노력해야 한다고 명시하고 있다. 또한 관리주체는 공동주택을 효율적이고 안전하게 관리해야 하며, 입주민은 공동체 생활의 질서가 유지될 수 있도록 이웃을 배려하고 관리주체의 업무에 협조하여야 한다는 것이다.

(2) 우리나라 공동주거관리의 법체계

공동주택관리가 중요해지고 관리업무의 공공성과 객관성 확보가 강조됨에 따라 정부와 지자체에서는 공동주택관리와 관련하여 각종 제도와 정책을 꾸준히 펴고 있다.

우리나라의 공동주택관리 법령 연혁을 정리하면 다음과 같다. 1979년에 「공동주택관리령」을 제정하여 관리체계의 법적 기틀을 잡았다. 1987년에는 「주택건설촉진법」에 주택관리사 제도를 도입하여 의무관리대상 공동주택에서는 전문자격을 갖춘 주택관리사(보)를 공동주택의 관리책임자로 두어 관리하도록 하는 제도적 장치를 마련하였다. 2003년에는 「주택건설촉진법」을 「주택법」으로 개정하면서 공동주택 노후화 방지와 주거생활 향상 등의 공동주택관리 내용을 강화하였으며, 그 후 기존 「주택법」에서 공동주택관리 분야를 분리하고 운용상 미비점을 보완하는 내용으로 2015년에 「공동주택관리법」을 제정하였다.

표 13-3 공동주택관리법 주요 내용

구분	장 편제	주요 내용
제1장	총칙	정의, 국가 등의 의무, 다른 법률과의 관계 등
제2장	공동주택의 관리방법	자치/위탁관리, 공동/구분관리, 의무관리대상 공동주택 전환, 주택관리업자 선정 등
제3장	입주자대표회의 및 관리규약	입주자대표회의 구성/선거, 교육, 관리규약, 층간소음/간접흡연 방지, 공동체 생활의 활성화 등
제4장	관리비 및 회계운영	관리비 공개, 회계감사, 회계서류 작성/보관/공개 등
제5장	시설관리 및 행위허가	장기수선계획, 장기수선충당금 적립, 안전관리계획, 안전점검 등
제6장	하자담보책임 및 하자분쟁조정	하자담보책임, 하자보수, 하자보수보증금 예치/사용, 하자심사, 하자분쟁조정위원회 등
제7장	공동주택의 전문관리	주택관리업, 관리주체의 업무, 관리사무소장, 주택관리사 등
제8장	공동주택관리 분쟁조정	공동주택관리 분쟁조정위원회 설치, 분쟁조정 절차 등
제9장	협회	주택관리사단체 설립
제10장	보칙	관리비용의 지원, 공동주택관리 지원기구, 공동주택관리 정보시스템, 공동주택관리 감독
제11장	벌칙	벌칙, 양벌규정, 과태료

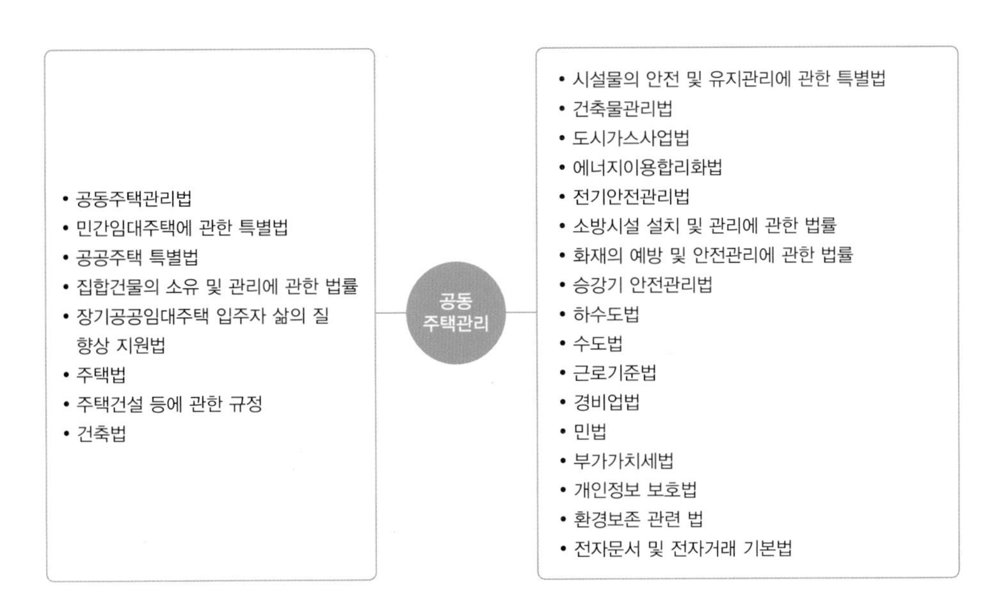

그림 13-1 공동주택관리 관련 법

「주거기본법」에 의하면 국가 및 지방자치단체가 국민의 살기 좋은 주거생활 영위를 위해 투명하고 효율적인 관리체계를 구축해야 하며, 「공동주택관리법」을 정하여 공동주택관리에 관하여 필요한 사항을 명시하고 있다. 「공동주택관리법」은 공동주택관리에 대해 직접적으로 규정하는 법률로서 공동주택의 관리를 체계적·효율적으로 지원하기 위해 제정된 공동주택관리 전문법률이다.

분양공동주택은 「공동주택관리법」에 의해 관리되고, 여기서 규정되지 않은 사항은 「민법」, 「집합건물 소유 및 관리법 등의 법률」을 적용하며, 관리사무소 지원관리 관련 법률, 안전관리, 시설관리에 관련된 법률에도 적용을 받는다. 또한 임차인이 거주자가 되는 임대주택에서는 관리방식이 분양주택과 다르고 적용되는 법률도 부분적으로 차이가 있다(3절 임대주택의 관리 참고).

2) 공동주택의 관리방법

공동주택에서는 관리를 위한 조직과 관리방법을 결정해야 한다. 「공동주택관리법」상 의무관리대상 공동주택에는 관리조직으로 의결기구인 입주자대표회의와 집행기구인 관리주체가 있으며, 관리방법으로 자치관리 또는 위탁관리를 택하여 관리하도록 규정되어 있다.

(1) 의무관리대상 공동주택

일정 규모 이상 또는 특정 시설·설비가 있는 공동주택은 의무관리대상 공동주택이다. 의무관리대상 공동주택에는 일정한 의무가 부과되는데, 공동주택을 전문적으로 관리하는 자를 두고 자치의결기구를 의무적으로 구성해야 한다. 즉, 입주대표회의의 구성, 전문적 관리를 위해 주택관리사(보)에 의한 관리, 관리규약 제정 및 신고, 관리방법 결정 등의 의무가 있다.

의무관리대상 공동주택의 범위는 300세대 이상의 공동주택, 150세대 이상으로서 승강기가 설치된 공동주택, 150세대 이상으로서 중앙집중식 난방방식(지역난방방식 포함)의 공동주택, 주택 외의 시설과 주택을 동일 건축물로 건축한 건축물로서 주택이 150세대 이상인 건축물, 그 밖에 이에 해당하지 않지만 전체 입주민들의 3분의 2 이상이 서면으로 동의하여 정한 공동주택 중 어느 하나에라도 해당되는 공동주택이다.

의무관리대상 공동주택에 해당하지 않는 소규모 아파트, 연립주택, 다세대주택은 의무대상 단지와 유사한 방식으로 관리하거나 최소한의 관리 인원을 두고 관리하거나 입주자 중 총무를 선임하여 자치적으로 관리하고 있다.

(2) 공동주택의 주체별 관리업무

공동주택의 관리는 「공동주택관리법」에 근거하여 자치의결기구로서 입주자대표회의를 구성하고, 관리주체로서 관리사무소장을 중심으로 관리하는 체계이다. 각 주체는 규정된 책임과 의무를 지키고 관리업무 수행을 위해 상호협조를 해야 한다.

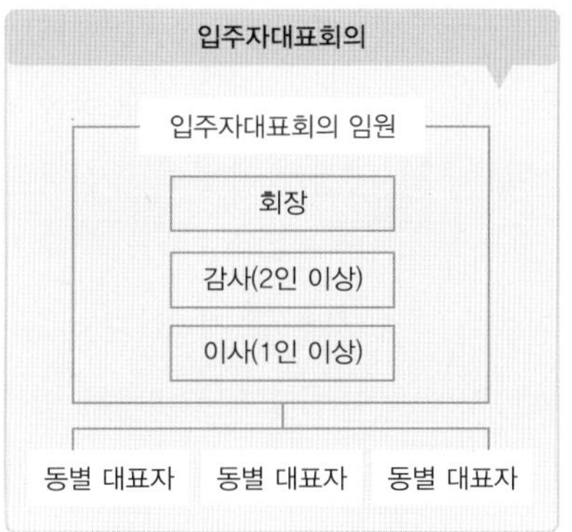

그림 13-2 공동주택의 관리조직
자료: 중앙공동주택관리지원센터(2023). 일부 수정

① 입주자등

입주민이란 공동주택에 거주하는 소유자, 소유자의 가족, 임차인을 말한다. 「공동주택관리법」에서는 입주자와 사용자를 구분하여 정의하고 있는데, 입주자는 공동주택의 소유자 또는 그 소유자를 대리하는 배우자 및 직계존비속을 말하며, 사용자는 공동주택을 임차하여 사용하는 사람을 말한다. 입주자와 사용자를 모두 합하여 '입주자등'이라는 용어를 사용한다.

입주자등은 공동주택의 유지관리 의무를 지키고 공동생활의 규범을 준수해야 한다. 또한 공동주택을 자치관리하거나 위탁관리를 하고, 공동주택을 관리하기 위하여 자치기구인 입주자대표회의를 구성하고, 자치규약인 관리규약을 제정하여 운영하며, 공동주택의 유지관리 등을 위해 관리비를 납부해야 한다. 그리고 입주자등은 입주자대표회의 동별 대표자 선출에 입후보하거나 투표할 수 있으며 해임권을 갖는다.

② 입주자대표회의

공동주택에서는 효율적인 관리를 위해 입주민대표가 주민 전체의 의견을 대변하여 관리의결을 한다. 선거[1]를 통해 단지의 동별 세대수에 비례하여 선출된 동대표로 결성된

1 선거관리위원회: 공동주택에서 동별 대표자나 입주자대표회의의 임원을 선출하거나 해임하기 위해 선거관리위원회를 구성한다.

입주자대표회의는 자치의결기구로서 단지의 중요한 관리사항을 결정한다. 의결사항은 관리규약 개정과 관리방법의 제안, 관리비 등의 예산과 결산 승인, 주민공동시설 이용, 장기수선계획에 따른 공용부분 수선, 공동체 생활의 활성화에 관한 사항들이다. 그리고 자치관리의 경우 자치관리 직원을 임면한다.

입주자대표회의는 단지관리의 주요 사항을 결정하므로 주민들은 공정하고 책임감 있는 동대표를 선출해야 한다. 하지만 일부 공동주택에서 입주자대표회의가 주택관리업자나 관리사무소장의 업무에 부당하게 간섭하거나 업무방해를 하는 경우가 발생하기도 한다. 「공동주택관리법」에는 입주자대표회의가 주택관리업자, 관리사무소장의 업무에 대한 부당한 지시나 간섭을 해서는 안 되며, 근로자에게 부당 대우를 해서는 안 된다는 사항이 명시되어 있다.

입주자대표회의는 관리에 필요한 지식과 역량을 갖추고 투명하고 효율적인 운영을 위한 의사결정을 할 수 있어야 한다. 이를 위해 입주자대표회의는 운영과 관련하여 필요한 교육 및 윤리교육을 내용으로 하는 입주자대표회의 의무교육을 받아야 한다.

③ 관리주체

관리주체는 공동주택에서 관리실무를 담당한다. 자치관리기구의 대표자인 공동주택의 관리사무소장, 관리업무를 인계하기 전의 사업주체, 위탁관리 시 주택관리업자, 임대관리 시 임대사업자 및 주택임대관리업자가 공동주택의 관리주체이다.

관리주체의 업무는 공동주택의 공용부분 유지·보수 및 안전관리, 단지 안의 경비·청소·쓰레기 수거, 관리비 및 사용료의 징수와 공과금의 납부대행, 장기수선충당금 징수 및 관리, 관리규약으로 정한 사항의 집행, 입주자대표회의에서 의결한 사항 집행 등이 있다.

④ 관리사무소장

관리사무소장은 관리주체의 책임자로서 공동주택을 안전하고 효율적으로 관리하여 공동주택 입주민의 권익을 보호하는 일을 한다. 주요 업무는 입주자대표회의에서 의결한 운영유지관리 업무와 이를 집행하는 데 필요한 금액을 관리하는 업무, 공동주택의 안전 관련 업무를 수행하며 관리사무소 업무를 지휘·총괄한다.

관리사무소장이 중요한 책임업무를 수행하려면 전문 관리자로서의 능력과 지식을 갖춰야 한다. 「공동주택관리법」에서는 의무관리대상 공동주택의 관리사무소장은 단지의 규모에 따라 500세대 미만의 공동주택은 국가에서 인증하는 주택관리사보 또는 주택관리사, 500세대 이상의 공동주택은 주택관리사의 자격을 갖추도록 규정하고 있다.

(3) 관리방법의 결정

의무관리대상 공동주택의 입주민은 아파트의 관리방법을 결정해야 한다. 공동주택의 관리방법은 크게 자치관리와 위탁관리로 나뉜다. 다만, 신규 아파트의 경우 관리방법이 결정되고 관리업무를 인계하기 전까지 한시적으로 사업주체가 관리하는 사업주체에 의한 관리가 있다.

① 자치관리

자치관리는 입주민들이 스스로 관리하는 방식으로, 자치관리하려는 경우에는 입주자대표회의가 자치관리기구의 대표자로 관리사무소장을 선임하고 필요한 장비와 인력을 갖추어야 한다. 입주자대표회의에서 직접 자치관리기구를 구성하기 때문에 입주자의 참여와 의사 반영을 기대할 수 있고 위탁관리 수수료 부담이 없다는 장점이 있다. 그러나 입주자대표회의의 전문성이 부족할 경우 관리계획이 제대로 세워지지 않고 비효율적으로 운영될 수 있으며 회계사고 발생 시 입주자대표회의가 책임을 지기 어려울 수 있다.

② 위탁관리

위탁관리는 전문관리업체와 계약을 맺고 관리를 맡기는 방식이다. 이 방식에서는 입주자대표회의에서 선정한 주택관리업자가 관리주체로서, 관리에 필요한 조직을 배치하고 지도·감독한다. 세대수가 많거나 공용 시설·설비가 많은 공동주택에서는 장비와 인력을 보유하여 전문적인 관리서비스를 제공할 수 있는 주택관리업체에 관리책임을 맡기는 위탁관리방법을 선택한다. 하지만 위탁관리 수수료 부담이 있고, 주택관리업체가 영세할 경우 전문적인 관리를 기대하기 어렵다는 단점이 있다.

각 관리방식에 따라 장단점이 있고 관리 효율성과 입주민들의 만족도가 달라질 수 있으므로 아파트의 세대수, 단지 규모, 관리비, 입주민의 요구 등을 고려하여 관리방법을 결정하는 것이 바람직하다. 신축 아파트에서 입주 후 최초 관리방법을 결정하는 절차는 다음과 같다.

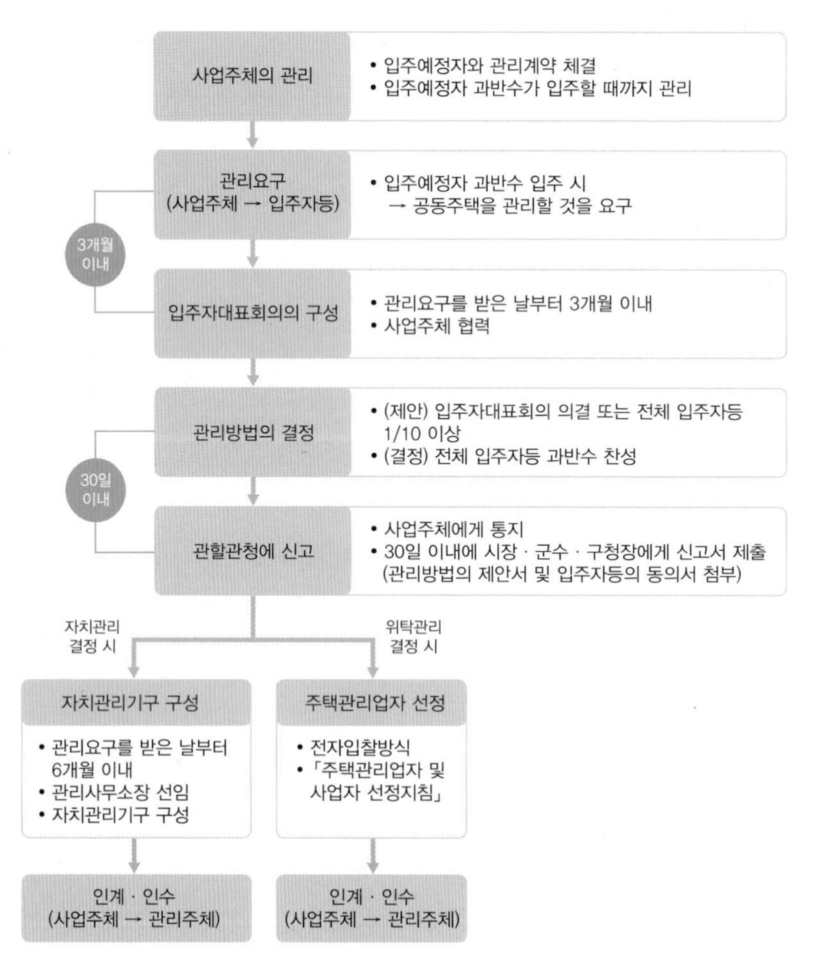

그림 13-3 입주자대표회의의 구성과 관리방법의 결정 과정

자료: 중앙공동주택관리지원센터(2023)

3) 공동주택관리 관련 주요 규정

(1) 공동주택관리규약

공동주택관리규약은 입주민들이 지켜야 할 주거관리와 생활규범 관련 사항 등을 담은 자치규약이다. 공동주택의 입주자와 사용자를 보호하고 주거생활의 질서를 유지하기 위해 입주민들이 합의하여 제정하였으므로 단지의 운영과 관리의 기준이 되며, 규약을 통해 분쟁을 예방할 수 있는 지침 역할도 한다.

공동주택에서 공동주택관리규약을 제정할 때 입주민이 관리규약의 준칙을 참고하여 단지 실정에 맞게 정하도록 하고 있다. 공동주택의 관리 또는 사용에 관하여 준거가 되는 관리규약준칙은 시·도지사가 미리 정한다. 관리규약의 준칙에 포함되어야 할 사항은 입주자등, 입주자대표회의, 관리비, 장기수선충당금, 회계관리, 공사 및 용역 발주, 층간소음, 주민공동시설 위탁, 공동체 생활의 활성화, 주차장, 경비원과 근로자 등 공동주택의 관리에 필요한 사항이다. 단지에서 관리규약을 개정하고자 할 때는 입주자등의 1/10 이상 또는 입주자대표회의가 제안하고 전체 입주자등의 과반수 찬성이 있어야 한다.

(2) 관리비와 회계감사

공동주택 입주민들은 공동주택단지의 공용부분 유지에 지출되는 공용관리비와 각 세대가 소비하는 각종 에너지 및 처리 수수료인 개별 사용료를 납부해야 한다.

관리비를 구성하는 항목은 총 10가지이다. 일반적으로 관리비 통지서에는 사용료가 포함되어 있는데, 사용료는 관리주체가 입주민이 사용한 비용을 관리비 항목에 포함하여 수납한 후 사용료를 받을 자에게 납부하는 비용으로, 전기료, 수도료, 가스사용료 등이 있다.

공동주택관리비 항목

일반관리비, 청소비, 경비비, 소독비, 승강기유지비, 지능형 홈네트워크 설비 유지비, 난방비, 급탕비, 수선유지비, 위탁관리수수료(위탁관리하는 경우에만 발생됨)

공동주택의 연간 관리비의 규모는 매년 증가하고 있으며 관리비 절감과 투명한 관리비 사용을 위한 장치들이 마련되고 있다. 입주민은 공동주택의 인터넷 홈페이지, 동별 게시판, 공동주택 관리정보시스템K-APT 등에서 관리비의 회계처리 사항을 파악할 수 있다.

의무관리대상 공동주택의 관리주체는 회계감사를 받도록 규정되어 있다. 회계감사는 입주민이 지불한 관리비의 운영과 회계처리를 투명하게 처리하고 관리주체의 업무 관련 부정행위를 방지하기 위한 제도이다. 회계정보를 산출하여 자료를 공개하는 것은 효율적인 관리활동을 도울 뿐만 아니라, 관리주체의 관리활동에 대한 적정성 여부를 확인하고 판단할 수 있는 근거자료를 제공한다.

(3) 장기수선계획과 장기수선충당금

주택은 시간이 갈수록 낡아지므로 시설과 설비를 보수하거나 교체해야 한다. 장기수선계획은 공동주택에서 전용부분을 제외한 공용부분 주요 시설물의 교체 및 보수 등에 관한 수선계획을 말한다.

장기수선계획의 수립목적은 장기수선계획을 통해 수선항목과 수선주기를 예상하여 시설물을 적절한 시기에 유지·보수함으로써 시설물을 최적의 상태로 유지하여 안전에 대비하기 위함이다. 또한 수선·교체에 대해 개별 소유자로부터 동의를 얻어야 하는 어려움이나 적기에 시설의 교체 및 수선을 시행하지 못할 경우 과다한 수선비용이 발생하는 문제에 대응할 수 있다.

사업주체는 공동주택을 건설·공급할 때 장기수선계획을 수립해야 하고, 관리주체는 3년마다 이 계획을 검토하고 문제가 생기면 주요 시설을 교체 및 보수해야 한다. 이 작업에는 비용이 들기 때문에, 수선부담이 되지 않도록 미리 비용을 적립해두어 제때에 수리할 수 있도록 해야 한다. 장기수선충당금은 장기수선계획에 따라 발생되는 주요 시설의 교체 및 보수에 대한 총비용을 연도별로 분산 적립하는 적립금으로, 공동주택의 소유자가 부담해야 하는 비용이다.

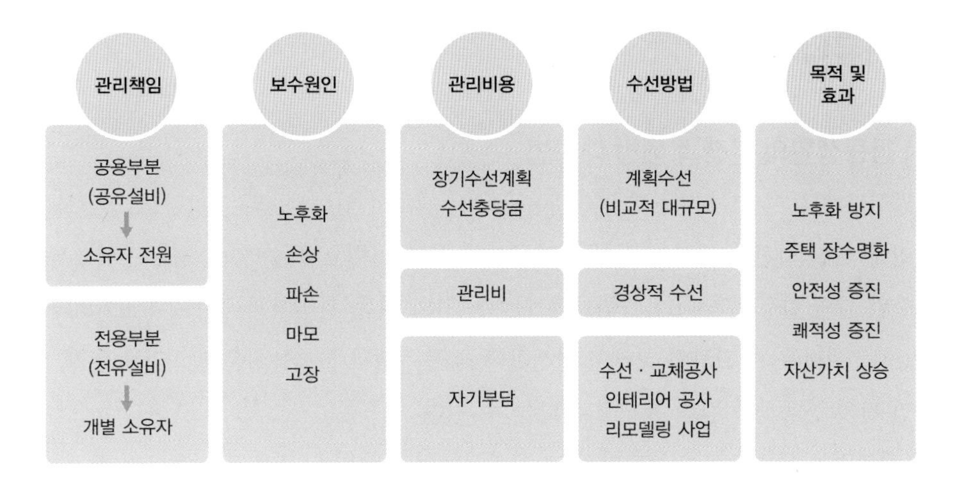

그림 13-4 공동주택 시설물 유지관리 개념도
자료: 중앙공동주택관리지원센터(2022). p.4

(4) 하자담보책임과 하자분쟁조정

공동주택을 건축할 때 공사상의 잘못으로 인해 균열, 처짐, 비틀림, 누수, 붕괴, 작동 또는 기능 불량 등이 발생할 수 있다. 하자는 건축물 또는 시설물의 안전상·기능상·미관상의 지장을 초래할 정도의 결함을 말한다.

사업주체는 담보책임기간에 공동주택에 하자가 발생한 경우 손해를 배상할 책임이 있다. 하자보수책임기간은 시설공사에 따라 2~10년의 기간을 두고 있으며, 기둥과 내력벽과 같은 건물 주요 구조부에 대해서는 10년을 하자보수책임기간으로 정하고 있다. 사업주체는 하자보수를 보장하기 위해 하자보수보증금을 예치해야 한다.

공동주택이 증가함에 따라 공동주택의 하자가 공사상의 잘못인지, 유지관리 잘못인지 등의 책임범위에 대한 분쟁이 증가하고 있으며, 국토교통부는 하자담보책임에 관한 분쟁을 해결하기 위해 하자심사·분쟁조정위원회를 설치·운영하고 있다.

4) 커뮤니티관리

(1) 공동생활의 분쟁과 예방 대처법

다양한 사람들이 모여 살면서 관리하는 공동주택에서 입주민들의 생활양식, 공간사용, 관리에 대한 의견과 입장의 차이가 갈등이나 분쟁을 일으킬 수 있다. 공동주택에서는 입주민 간의 갈등뿐 아니라 관리자와 입주민 간의 갈등, 관리자와 입주자대표회의와의 갈등 등 여러 가지 갈등과 분쟁이 발생한다. 공동주택의 분쟁유형은 관리업무 분쟁, 입주민 간의 공동생활 관련 분쟁으로 나눌 수 있다.

관리업무 분쟁으로 입주민의 관리 불만사항이나 서비스 문제, 시설물관리 문제, 안전사고에 대한 책임·배상 문제, 하자보수 관련 문제 등이 주로 일어난다. 분쟁을 예방하기 위해서는 기본적인 관리업무의 범위를 문서화하고, 관리주체가 관리점검을 철저히 하며, 일지 등의 문서로 관리 기록을 남기도록 한다.

입주민 간의 갈등과 분쟁은 공동생활규범과 관련된 것들로 소음, 흡연, 주차, 공유공간 사용, 반려동물 사육 등이 대표적이다. 특히, 층간소음 갈등은 범죄로까지 이어져 사회문제가 되기도 하였다. 「공동주택관리법」에는 공동주택 거주자가 층간소음으로 이웃에게 피해를 주지 않도록 노력해야 한다고 명시되어 있다.

공동주택 내의 흡연도 주민 간 갈등을 일으킨다. 「공동주택관리법」에서는 공동주택 세대 내 간접흡연 피해를 막기 위해 공동주택 거주자들은 발코니, 화장실 등 세대 내에서 흡연으로 인하여 다른 거주자에게 피해를 주지 않도록 할 것을 명시하고 있다.

층간소음이나 간접흡연으로 피해를 입었을 때 대처방안으로 입주민은 관리주체에

표 13-4 층간소음의 기준

층간소음의 구분		층간소음의 기준[단위: dB(A)]	
		주간(06 : 00~22 : 00)	야간(22 : 00~06 : 00)
1. 제2조 제1호에 따른 직접충격 소음	1분간 등가소음도(L_{eq})	39	34
	최고소음도(L_{max})	57	52
2. 제2조 제2호에 따른 공기전달 소음	5분간 등가소음도(L_{eq})	45	40

자료: 「공동주택 층간소음의 범위와 기준에 관한 규칙」(2023. 1. 2. 개정)

게 피해 사실을 알리고, 관리주체는 피해를 끼친 입주민에게 문제 발생을 중단하거나 조치를 취하도록 요청한다. 관리주체의 조치에도 불구하고 소음이나 흡연 발생이 계속될 경우에 피해 입주민은 공동주택관리 분쟁조정위원회에 조정을 신청할 수 있다.

공동생활의 분쟁은 주거만족도를 떨어뜨릴 뿐 아니라 감정적 대응으로 이웃관계가 손상되고 공동체에 부정적 영향을 미치기도 한다. 공동주택에서 입주민들이 법에 의한 강제가 아니더라도 이웃의 사생활 보호와 공동생활규범을 지키도록 노력하고, 갈등 예방을 위해 적극적으로 소통하며 서로를 배려하는 주거문화가 필요하다.

(2) 공동주택관리의 입주민참여

공동주택관리에는 기술적인 능력이 요구되고 관련 법률에 대한 지식도 갖춰야 한다는 인식 때문에, 입주민들이 관리에 무관심하며 참여하는 인원도 적다. 관리는 입주민이 실제로 생활하면서 이루어지므로 유지·보수와 같은 시설물관리를 효율적으로 수행하기 위해서는 입주자의 협조가 있어야 한다. 입주민참여는 입주민들의 요구를 관리에 반영할 수 있으며, 입주자참여의 감시기능은 관리 비리의 소지를 없애고 입주민들에게 관리에 대한 신뢰감을 줄 수 있다.

입주민참여 방법은 다양하며 어떠한 목적을 가지고 참여하느냐에 따라 참여수준이 달라진다. 1단계 단순참여는 참여수준이 비교적 낮은 단계로, 주민들이 자신이 거주하는 단지에 관심을 갖고 홍보나 안내 등을 청취하는 정도이다. 2단계 의견제시는 단순참여에 비해 좀 더 적극적인 참여를 하며, 주민들이 관리계획과 결정과정에 의견을 제시하는 수준이다. 생활상의 불편함을 개선하기 위한 아이디어 제공, 공청회, 반상회나 주민회의 참여, 아파트 전자투표 참여 등이 있다. 3단계 계획참여는 주민들이 계획과정에 직접 참여하는 것으로, 입주자대표회의나 부녀회와 같은 주민조직 참여, 공동체 활성화 사업 참여, 아이디어 공모사업 참여 등이 있다.

(3) 아파트의 커뮤니티 활성화

아파트 입주민의 근린관계를 보면 익명성이 높고 서로에게 무관심하며 이웃관계도 소원한 경향이 있다. 공동주택관리와 관련된 갈등이나 분쟁이 증가하면서 아파트 커뮤니티의 중요성이 대두되었다. 아파트 커뮤니티는 아파트 단지가 공동체 형성의 공간적 범위가 되며, 주거생활공간을 매개로 하여 입주민들 간의 접촉과 참여를 통해 심리적 유대감을 갖는 사회적 집단으로 정의할 수 있다(홍형옥 외, 2016).

커뮤니티 의식은 상부상조, 사회통제, 사회통합 기능을 한다. 주거를 기반으로 한 커뮤니티는 입주민에게 소외감을 줄이고 생활의 안정감을 주며, 개인주의로 인해 발생하는 문제를 예방할 수 있다. 또한 참여를 통해 단지와 지역에 관심을 갖고 문제를 해결하여 살기 좋은 단지와 지역환경을 만들 수 있다.

아파트 공동체 활성화는 공동체 의식 형성으로 주민들의 관심을 유발하여 의식을 변화시키는 과정이지만 계획적인 전략을 통해 활성화할 수 있다. 주민참여, 커뮤니티 공간, 커뮤니티 프로그램, 지원조직은 아파트 공동체를 활성화하는 데 필요한 요소들로서 이들 요소를 갖출 때 아파트 단지에서 공동체 활성화를 효과적으로 이뤄낼 수 있다.

① 주민참여, 주민조직

커뮤니티 활성화의 주체는 입주민이며 커뮤니티 활동에 주민의 참여가 필수적이다. 참여를 통해 자신이 살고 있는 아파트 단지와 지역에 대한 관심을 갖고 문제해결과정에도 참여할 수 있다. 아파트 단지에서 주민참여는 주민조직을 통해 구체화될 수 있다.

아파트에서 구성되는 대표적인 주민조직은 법정단체인 입주자대표회의가 있고, 자생단체로 부녀회, 노인회, 각종 동호회 등이 있다. 아파트 입주자대표회의와 주민조직이 활성화될수록 단지의 커뮤니티가 활성화되는 것으로 알려져 있다.

② 커뮤니티 공간

커뮤니티 공간은 아파트 단지 내에서 거주자의 편익과 커뮤니티 증진을 위해 제공되는 시설·공간이자 서비스 프로그램이 운용되는 기능의 공간을 말한다. 커뮤니티 공간은 커뮤니티센터, 주민공유공간이라고도 하며, 공동주택 단지의 복리시설과 주민공동시설이 여기에 속한다.

커뮤니티 공간은 주민들의 커뮤니티 의식 함양에 유용하다고 보고되고 있는데, 커뮤니티 공간이나 시설물이 잘 갖추어져 있을 때 주민들 간의 접촉이나 교류가 증가하

PLUS+

커뮤니티 공간, 주민공동시설의 운영

- 주민공동시설: 공동주택의 입주민이 공동으로 사용하는 시설과 공간으로 입주민의 생활을 지원하고 커뮤니티 활동에 이용된다. 종류는 경로당, 어린이놀이터, 어린이집, 주민운동시설, 도서실, 주민휴게시설, 독서실, 공용취사장, 공용세탁실 등으로 다양하다.
- 운영방식: 관리주체가 운영하거나 위탁하여 운영할 수 있다. 개방운영에 대한 입주민들의 동의가 있으면 인근 공동주택단지 입주민들도 이용 가능하다. 하지만 영리 목적으로 운영할 수 없다.
- 이용료: 관리주체가 주민공동시설의 이용료를 이용자에게 부과할 수 있다. 위탁하여 운영되는 주민공동시설의 이용료는 주민공동시설의 위탁에 따른 수수료 및 주민공동시설 관리비용 등의 범위에서 정하여 부과·징수해야 한다.

고 함께 모여 공동체 문제를 해결할 수도 있다.

최근 아파트의 주민공동시설은 점차 다양해지고 있으며, 아파트를 선택하는 데 중요한 요소가 되고 있다. 아파트에 거주자들의 취미, 여가, 안전, 편익, 건강을 지원하는 커뮤니티 공간이 갖춰져 있고 적절하게 관리될 때 거주자의 주거만족도도 높아진다.

③ 커뮤니티 프로그램

커뮤니티 프로그램은 커뮤니티를 활성화하기 위해 계획된 활동들의 집합이자 구체적인 방법이 된다. 커뮤니티를 활성화하기 위해서는 입주민들의 특성과 요구를 반영한 프로그램이 개발되어야 한다. 커뮤니티 프로그램은 입주민들의 공동생활 참여, 공동체 의식을 높이는 활동이며, 여러 측면에서 주민들의 주거생활의 질과 만족도를 높인다.

프로그램의 종류는 주거환경개선, 건강·체육, 여가·취미·교육, 사회봉사, 친환경·재활용·에너지 절약, 취창업 프로그램 등 매우 다양하다. 공유공간을 기반으로 제공되는 프로그램은 개인에게 편리함을 줄 뿐만 아니라 주민교육의 기회를 마련하고 근린관계를 증가시킨다.

④ 지원조직

공동주택 커뮤니티 활성화의 중심에는 주민이 있지만 입주민들의 힘이나 자원만으로는 한계가 있을 수 있다. 지원조직은 커뮤니티 활성화에 도움이나 협조를 구할 수 있는 조직을 말하며 관리사무소, 지역사회 내 외부조직이 있다.

그림 13-5 아파트 커뮤니티 활동 사례

관리사무소는 관리사무소장의 사고방식이나 커뮤니티 활성화 추진 경력 등에 따라 지원능력이 좌우될 수 있다. 커뮤니티 시설 점검·관리, 청소, 활동비 지출 및 프로그램 운영에 대한 행정적 지원, 지역자원 연계를 위한 협조공문 발송, 단지 내 안내방송 및 홍보물 부착 등의 지원업무를 주로 한다. 또한 지역사회 내 외부조직에는 행정기관, 공공시설, 교육기관, 정보와 자료, 전문가, 사회활동가, 자원봉사자 등이 있으며 이들 자원과 서로 도움을 주고받을 수 있다.

3. 임대주택의 관리

1) 임대주택관리 관련 규정

임대주택은 공공기관이나 민간업자가 임대를 목적으로 지은 주택을 의미한다. 임대주택관리 관련 규정은 임대주택의 유형에 따라 달라지는데, 임대의 목적이 다르고, 임대사업자의 특성이 달라지기 때문이다. 임대주택은 민간임대주택과 공공임대주택으로 구분된다. 민간임대주택은 주로 임대수익을 목적으로 지어지고, 공공임대주택은 정부나 지자체, 공공기관에서 주관하며, 저소득층이나 취약계층 등의 주거안정과 복지 향상을 목적으로 공급된다.

민간임대주택 관리의 경우 「공동주택관리법」과 「민간임대주택에 관한 특별법」에 따른다. 공공임대주택의 운영·관리에 대해서는 「공동주택관리법」, 「공공주택특별법」, 「장기공공임대주택 입주자 삶의 질 향상 지원법」에 따르며, 임대주택의 관리, 임차인대표회의, 임대주택 분쟁조정위원회에 대해서는 「민간임대주택에 관한 특별법」을 준용한다.

2) 임대주택의 관리방법

(1) 임대주택의 관리방법과 업무

임대주택의 관리방법은 자체관리와 위탁관리로 구분된다. 임대사업자는 임대주택이 300세대 이상의 공동주택, 150세대 이상으로서 승강기가 설치된 공동주택, 150세대 이상으로서 중앙집중식 난방방식 또는 지역난방방식인 공동주택 중에 해당하면 자체관리하거나 주택관리업자에게 위탁관리를 해야 한다. 자체관리는 임대사업자가 임대주택을 주택관리업자에게 위탁하지 않고 직접 관리하는 것이다. 임대주택을 자체관리하려는 임대사업자는 「공동주택관리법」에서 정하는 기술인력 및 장비를 갖춰야 한다.

임대주택의 관리업무는 분양 공동주택의 관리업무와 차이가 있다. 유지관리, 운영관리, 생활관리와 더불어 임대사업과 관련된 업무가 핵심적인 업무로 추가된다. 임대사업 업무는 주택을 임대하고 임대료를 받는 입주 및 퇴거 관련 업무, 임대계약 유지관리 업무가 중심을 이룬다. 공공임대주택의 관리사무소에서는 임차인 자격 확인, 임대차 재계약, 공실 재공급, 입주 및 퇴거 관련 처리 등의 임대 관련 업무를 수행한다.

2021년 한국토지주택공사LH는 공공임대주택 입주민에게 종합적인 주거서비스를 제공한다는 취지에서 관리사무소의 명칭을 '주거행복지원센터'로 변경하였다. 공공임대주택의 경우 주거복지와 공공성이 강조되므로 주거복지 전달체계로서 주거서비스 업무를 확대하고 있다.

(2) 임차인대표회의 구성

임차인대표회의는 임대주택 입주민을 대표하는 조직이다. 임대주택단지에서 임차인들이 관리에 관한 의사결정에 소외될 수 있다. 따라서 임차인대표회의는 관리에 필요한 사항들을 스스로 결정하고 입주민의 의견을 관리주체에 제기하는 역할을 한다. 임차인대표회의가 구성된 단지의 임대사업자는 관리규약, 관리비, 임대주택과 공용부분 관리, 임대료 증감 등에 필요한 사항을 임차인대표회의와 협의하도록 규정되어 있다.

임차인대표회의는 임대주택의 동별 세대수에 비례하여 선출한 동별 대표자로 구성된다. 임대주택단지의 규모가 300세대 이상, 150세대 이상의 승강기 설치, 150세대 이상의 공동주택으로서 중앙집중식 난방방식 또는 지역난방방식인 공동주택의 임차인은 임차인대표회의를 의무적으로 구성해야 한다.

(3) 장기수선계획 수립과 특별수선충당금 적립

임대주택을 건설한 임대사업자는 공공임대주택의 공용부분, 부대시설 및 복리시설(분양된 시설은 제외)에 대하여 장기수선계획을 수립하여 관리사무소에 비치해야 한다. 그리고 임대사업자는 주요 시설을 교체하고 보수하는 데 필요한 특별수선충당금을 매달 적립해야 한다. 특별수선충당금을 적립해야 할 공공임대주택은 300세대 이상의 공동주택, 승강기가 설치된 공동주택, 중앙집중식 난방방식이 있는 공동주택이다.

PLUS+

분양과 임대가 혼합된 주택단지에서는 누가 관리를 결정하나요?

혼합주택단지란 동일한 아파트 단지 내에 일반 분양공동주택과 임대주택이 함께 있는 공동주택단지를 의미한다. 주로 계층 간 사회적 통합을 목적으로 혼합주택단지가 지어졌다.

혼합주택단지에서는 분양공동주택의 입주자대표회의와 임대공동주택의 임대사업자가 혼합주택단지의 관리에 관한 사항을 공동으로 결정한다. 하지만 임차인대표회의가 구성된 혼합주택단지에서는 임대사업자는 임차인대표회의와 사전에 협의하여야 하고, 입주자대표회의와 임대사업자가 공동으로 결정한 관리에 관한 사항과 공동결정의 방법 및 절차 등에 필요한 사항을 대통령령으로 정하고 있다.

혼합주택단지에서 공동으로 결정할 사항은 관리방법의 결정, 주택관리업자의 선정, 장기수선계획의 조정, 장기수선충당금 및 특별수선충당금을 사용하는 주요 시설의 교체 및 보수, 관리비 등을 사용하여 시행하는 각종 공사 및 용역에 관한 사항이다.

4. 서비스산업으로서의 주거관리

1) 주거관리의 변화

주거관리의 쟁점은 시대에 따라 변화한다. 과거 기존 아파트에서는 물적 유지관리가 중시되고 입주민이 주로 기대했던 관리 부분이 청소, 경비, 수선 등의 수준이었다. 하지만 공동주택의 고층화·대형화가 가속되고, 첨단기술을 적용한 단지 내 시설과 설비 도입, 생활편의와 공동체를 지원하는 다양한 커뮤니티 공간의 확보 등에 따라 이제 공동주거관리는 향상된 주거의 기능에 대응하는 고도화된 관리기법을 필요로 한다. 공동주거관리는 다음과 같이 체계적이고 전문적인 관리를 강조하는 관리체계로 변화하고 있다.

첫째, 주거관리에 있어서 비용money, 능률efficiency, 효과effectiveness, 전략적 관리strategic management 등의 가치가 중요시된다. 비용절감을 위한 합리적 예산 수립과 재무관리, 관리사무소 운영자금의 안정적 관리와 수익성 개선, 투명한 재정관리 등을 강조하고 있다.

둘째, 소프트웨어 중심의 관리서비스 강화이다. 서비스 개선을 추구하고 입주민들의 요구에 대응할 수 있는 주거서비스를 개발하여 제공함으로써 입주자들의 주거만족도를 향상시키고자 한다. 예방적 시설관리와 입주자가 제공받기 원하는 주거관리서비스의 조합을 통해 쾌적하고 안정된 주거환경을 조성하여 입주자가 편안한 주거생활을 영위하도록 한다.

셋째, 거주자 중심의 관리에 대한 가치이다. 시민과 소비자의 권리가 중요해져 거주자tenant에서 고객(소비자customer)으로 개념을 전환하고, 주택관리에 거주자 의견 반영은 물론, 거주자가 주거관리에 직접 참여할 수 있는 장치를 마련하고 있다. 공동주택관리업체는 입주민 만족을 위한 고품질 서비스를 제공하는 고객관리 시스템을 구축하고 마케팅 전략으로 활용하기도 한다.

넷째, 관리현장에서 관리사무소의 변화이다. 아파트 관리사무소의 명칭을 고객지원센터, 생활지원센터, 생활문화지원실 등으로 바꾸고, 관리서비스 개선을 추구하였다. 단지 내 입주민의 민원 및 편의제공 업무, 공동체 활성화 업무 등은 입주민에게 부차적인 것이 아닌 핵심적인 관리서비스로 점차 인식되고 있다.

주거관리는 기존의 단순한 시설관리와 노무서비스 제공을 넘어 주택의 이용과 자산가치를 증대하는 전략적 관리를 개발하고 관리 전반에 걸친 컨설팅 서비스를 제공하고 있다. 관리의 전문성을 강화한 주택관리회사들은 주거관리서비스의 품질향상과 고객만족도 제고를 위한 주거생활서비스 제공을 추구하고 있다.

2) 주거생활서비스와 주거관리

주거생활이 안전하고 쾌적하고 편리하려면 주택의 물리적 상태, 생활을 지원하는 다양한 서비스가 동반되어야 한다. 주거서비스란 개별 단위(주거-단지-지역사회)로 연결된 인프라를 기반으로 한 물리적 서비스, 경제적 서비스, 생활서비스를 모두 포괄하는 개념이다.

주거생활서비스는 주거서비스 중에서 생활서비스에 해당된다. 개인이나 가구를 지원하기 위해 이루어지는 가사, 여가, 건강, 교육, 보육지원 등의 생활편의를 위한 서비스(개인생활 지원서비스)와 공동체 활성화를 위한 다양한 모임활동, 봉사활동, 재능기부 활동, 커뮤니티시설 지원, 업무 창업 등을 위한 서비스(공동체 활동 지원서비스)가 포함된다(하성규 외, 2020).

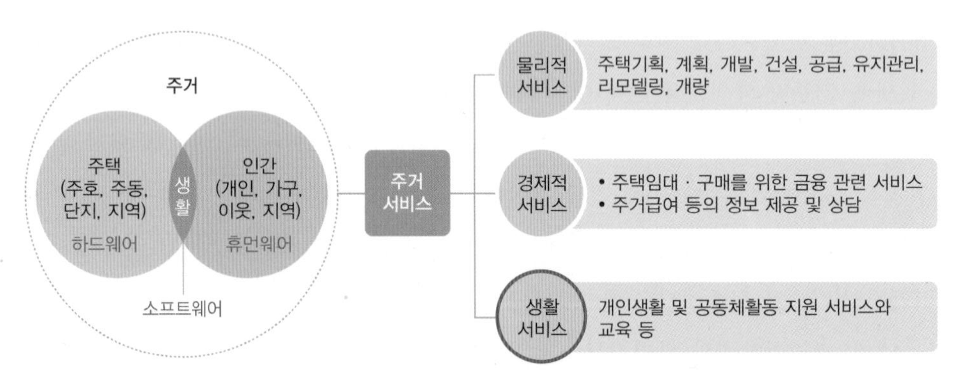

그림 13-6 주거생활서비스의 개념과 범위
자료: 하성규 외(2020). p.28

초기 주거생활서비스는 1990년대 후반 차별화된 서비스를 제공하고 다양한 주민공유공간을 집중 도입한 고급 아파트나 고령자·독신자를 위한 주거에 공급되기 시작했다. 입주민에게 제공되는 생활을 지원하는 서비스는 여가활동과 편익을 선호하는 개인과 가족에게 호응을 얻었으며, 이는 일반 분양아파트나 임대주택에까지 확산되었다.

공동주택단지에 주민공유공간이나 커뮤니티센터 등의 설치는 공간을 기반으로 한 다양한 영역의 주거생활서비스가 제공될 수 있는 환경을 마련하였다. 서비스의 방향도 개인가구 중심의 편익 서비스뿐 아니라 입주민 간의 교류를 증진할 수 있도록 확대되었다. 공공부문에서는 행복주택이나 공공분양주택 신혼희망타운 등에서 주거생활서비스가 제공되어 청년이나 신혼부부의 생활편의를 지원하고 있다.

주거생활서비스의 유형은 가사생활 지원, 건강 지원, 여가생활 지원, 생활편의 지원, 육아 지원, 교육 지원, 공동체 활동 지원 등 매우 다양한 서비스들이 일반 분양아파트에서 제공되고 있다(표 13-5). 또한 일부 신규 아파트 단지에서 시작한 조식 서비스는 제공하는 아파트가 점차 늘어나고 있다. 입주민들의 관심이나 요구가 높고 생활에 필요한 서비스들이다. 물론 주거단지의 유형이나 입주민의 특성에 따라 선호하는 유형에 차이가 있으므로 입주민의 요구도가 높은 서비스를 제공하는 전략이 필요하다.

관리현장에서 서비스 수요자인 입주민들은 소프트웨어적 요소인 서비스관리 업무를 중요하게 인식하므로 서비스 제공자인 관리자는 입주민들이 필요로 하고 기대하는 서비스가 무엇인지를 인식하고 이에 대응할 필요가 있다(김창현 외, 2018).

입주민의 생활을 지원하고 편익을 도모하는 생활서비스, 첨단시스템을 활용한 공동

표 13-5 주거생활서비스 유형

구분	항목
가사생활 지원	세대 내 청소, 잡일 대행(전구 교체 등), 가사도우미(알선), 조식 서비스, 코인 세탁소 등
건강여가생활 지원	종합검진, 건강관리, 실버 케어, 전자책 도서관, 휴가 · 숙박 지원 등
생활편의 지원	무인택배, 물품 보관, 전기차 충전, 카 셰어링, 자전거 셰어링, 이사 알선 및 지원, 입주 도움 서비스, 방문 세차, 차량 점검, 생활 가전 · 시설 수리 지원, 공유 공구 등
육아 · 교육 지원	아이키움(돌봄) 서비스, 유학 상담 등
공동체 활동 지원	소식지, 음악회 개최, 그룹 취미활동, 공유 부엌 등

자료: 최병숙 외(2020). p.16

시설의 유지방안, 최첨단 시설의 관리 등이 중요한 관리업무로 부각되고 있다. 이러한 경향으로 관리현장에서도 관리 자체의 품질이나 서비스 측면에서 전문성을 갖춘 주택관리업자를 찾는 입주민들이 현저하게 증가하였다. 이렇듯 주거서비스산업은 입주민의 변화하는 요구에 대응하여 발전하고 있다.

관련 활동

1. 수업과제

공동주택과 아파트의 관리사무소에 방문하여 현장에서 관리자에 의해 수행되는 관리업무와 내용을 조사해보자. 관리조직와 업무분장을 파악하고, 유지관리, 운영관리, 생활관리의 내용을 확인한다. 관리내용은 단지의 특성에 따라 달라질 수 있으므로 소규모 공동주택과 대단지 아파트를 방문하여 비교해본다.

최근에는 주민공유공간, 커뮤니티 시설을 다양하게 갖춘 아파트가 공급되어 있으므로, 이들 공간의 관리와 운영방법 등을 파악하고 공간에서 입주민을 대상으로 진행할 수 있는 커뮤니티 프로그램을 개발하고 그 유용성을 토론해보자.

2. 진로와 전망

본문에서 우리나라의 대표적인 주거형태인 공동주택, 아파트 관리의 중요성과 방법을 다뤘다. 주거관리는 입주민의 재산과 권익 보호에 기여하고, 생활의 편익 제공과 공동체문화 형성뿐 아니라 사회적 자산 보호에 중요한 역할을 한다. 쾌적하고 살기 좋은 공동주택을 만들기 위해서는 관리기법 개발, 법령 및 제도 정비 등의 정책 개선, 기술분야의 발전이 요구되며, 공동주택의 장수명화와 전문적 관리를 위한 전문기법들이 연구되어야 한다. 또한 이를 수행하는 관리자의 역량을 강화하기 위해서는 전문교육도 개발되어야 한다. 개인과 가족의 생활영역을 지원하는 주거관리서비스 확대는 서비스업으로서의 주거관리산업 발전을 전망한다. 아울러 리모델링, 공동주거자산 관리, 임대주택사업 시장의 성장으로 주거관리 인력의 수요를 기대한다.

3. 관련 자격증: 주택관리사보, 주택관리사

주택관리사보는 한국산업인력공단에서 시행하는 국가전문자격 중 하나로, 공동주택의 공용부분과 부대복리시설의 운영·관리·유지, 안전관리 업무 등의 주택관리서비스를 수행한다. 의무관리대상 공동주택에서는 관리사무소장으로 주택관리사보 또는 주택관리사 자격증 소지자를 채용할 의무가 있다. 주택관리사보 자격을 취득하기 위해서는 매년 시행되는 주택관리사보 자격시험에 합격해야 한다. 시험과목은 회계원리, 공동주택시설개론, 민법, 주택관리 관계법규, 공동주택관리실무이다. 주택관리사보 자격증을 취득하고 실무 경력을 쌓으면 주택관리사 자격을 취득할 수 있다. 주택관리사는 공동주택에 취업하거나 주택관리업 등록기준을 갖춰 주택관리업 회사를 설립하여 운영할 수 있으며, 공무원, 공사, 건설업, 임대주택사업 등의 관련 분야에 취업할 수 있다.

참고문헌

CHAPTER 1 가족과 주거

건축법 (2022. 6. 10., 일부개정)

건축법 시행령 (2023. 9. 12., 일부개정)

국토교통부 (2022). 2021년도 주거실태조사 (일반가구) 연구보고서.

김난도, 전미영, 최지혜, 이향은, 이준영, 이수진, 서유현, 권정윤, 한다혜 (2020). 트렌드코리아 2021. 서울: 미래의창.

신경주, 곽경숙, 남경숙, 이민아, 이영심, 장상옥, 최정신, 황연숙 (2005). 신개념주거학. 서울: 기문당.

여성가족부 (2022). [별첨] 2021년 한부모가족 실태조사 주요 결과 요약.

이경희, 윤정숙, 홍형옥 (1999). 주거학개설. 서울: 문운당.

주거학연구회 (2018). 넓게 보는 주거학. 경기: 교문사.

주택법 (2024. 1. 16., 일부개정)

주택법 시행령 (2023. 9. 12., 타법개정)

한국소비자원 (2018). 집에서 즐거움을 찾는 사람 홈루덴스족. 소비자시대 12월호.

■

Maslow, A. H. (1943). A theory of human motivation. Psychological Review, 50(4), p. 370–396.

Morris, E. M. & Winter, M. (1975). A theory of family housing adjustment. Journal of Marriage and the Family, 37(1), p. 79–88.

Morris, E. M. & Winter, M. (1978). Housing, family, and society. New York: Wiley.

■

국립국어원 (2021). 다듬은 말(홈루덴스). https://www.korean.go.kr/front/imprv/refineView.do?mn_id=158&imprv_refine_seq=20968

국립국어원 한국어기초사전. https://krdict.korean.go.kr/mainAction

네이버 지식백과. https://terms.naver.com/entry.naver?docId=5929013&cid=43667&categoryId=43667

대한건축학회 온라인 건축용어사전. http://dict.aik.or.kr/

안지호 (2023. 4. 26). [백세인생] 고령 1인 가구, 안전사고 목숨까지 위협. 1코노미뉴스. http://www.1conomynews.co.kr/news/articleView.html?idxno=23461

조형국 (2023. 1. 2). '남'과 함께 사는 100만 명... 이들도 '가족'입니다. 경향신문. https://m.khan.co.kr/national/health-welfare/article/202301022159005

지표누리. https://www.index.go.kr/

KOSIS(2000~2022). 인구주택총조사(전수, 표본 20%), 장래인구추계. https://kosis.kr

배은정, 김정빈 (2022). 내비게이션 데이터를 활용한 코로나19 이후 서울시 제3의 장소 이용 변화 연구. 서울도시연구, 23(1), p. 67–86.

최나은, 김숙연, 윤여은 (2022). 코로나19 이후 Z세대의 특성에 따른 라이프스타일 변화 연구. 커뮤니케이션디자인학연구, 78, p. 173–182.

최준호 (2020). 코로나–19 이후, 인간중심의 주거공간 연구와 방향. 한국주거학회지, 15(2), p. 15–19.

■

Rapoport, Amos (1979). 'Cultural Origins of Architecture', Introduction to Architecture. McGraw–Hill, p. 2–20.

Rapoport, Amos (1969). House form and culture. prentice–hall.

Viollet–le–Duc, E. E. (1875). Discourses on architecture (Vol. 1). Ticknor.

■

권종원 (2011. 3. 4). 정비사업 숨어 있는 1%를 찾아라 – "단지 품격 좌우하는 커뮤니티 시설, 전문가에 맡겨라". 주거환경신문. https://www.rcnews.co.kr/news/articleView.html?idxno=19963

기상청. https://m.blog.naver.com/kma_131/220851614004

나무위키. https://namu.wiki/w/%EB%B6%88%EB%8B%A8

다음부동산. http://dev.zipdeco.co.kr/asp/story/View.do?lnb=2&mngIdx=1257&category=&pageIndex=3

류중석 (2004). 월간 도시문제. 2004년 11월 호. https://m.blog.naver.com/PostView.naver?isHttpsRedirect=true&blogId=joongseokryu&logNo=120007726466

박병률 (2018. 5. 13). 월세·보증금·생활비 적게 드는 셰어하우스 "친구도 생겨 만족". 경향신문. https://v.daum.net/v/oqaoZ1Mijm?f=p

신베이시 정부 관광여행국. https://newtaipei.travel/ko/attractions/detail/403268

아웃 디자인. https://outdesign.tistory.com/41

여성신문 (2022. 7. 26.). https://www.womennews.co.kr/news/articleView.html?idxno=226267

위키피디아. https://en.m.wikipedia.org/wiki/File:Bobo's_along_the_river_the_Niger.jpg

이오주은 (2016. 10. 21). 친환경 체험·교육 가능한 '가락몰 옥상텃밭' 개장. 한국건설신문. https://www.lafent.com/photo/news_view.html?news_id=117753

인천광역시. https://www.incheon.go.kr/IC010205/view?repSeq=DOM_0000000001440282

전수일 (2022. 10. 21). 포스코건설, 아파트 커뮤니티시설 '클럽 더샵' 친환경 디자인 개발. 테크홀릭. http://m.techholic.co.kr/news/articleView.html?idxno=205745

정현희 (2021. 3. 13). [EBS 건축탐구 집] 내가 시골집에 사는 이유 '서천 시골집 vs 하동 시골집'. 한국강사신문. https://www.lecturernews.com/news/articleView.html?idxno=62858

토문건축. https://m.blog.naver.com/PostView.naver?isHttpsRedirect=true&blogId=tomoon1990&logNo=60179570114

픽사베이. https://pixabay.com/photos/desert-travel-tourism-mongolia-6780445/

한국민족문화대백과사전. https://encykorea.aks.ac.kr/Article/E0025442
호텔스닷컴. https://kr.hotels.com/go/germany/most-beautiful-castles-germany
Electronics Arts. https://www.ea.com/ko-kr/news/cottage-living-reveal
heartiststay. https://heartiststay.tistory.com/39
OpenAI. https://openai.com/
SCB. https://korean.miceseoul.com/spot01
Solana at The Park. https://koelschseniorcommunities.com/senior-living/az/surprise/assisted-living/solana-at-the-park/
SPACE. https://vmspace.com/project/project_view.html?base_seq=MTc0Ng==
UPAN. https://www.upan.cc/news/gonglue/1205.html
YOAIR. https://www.yoair.com/ko/blog/anthropology-how-the-neolithic-humans-changed-modern-culture/

CHAPTER 3 주거사

강영환 (2002). 새로 쓴 한국 주거문화의 역사. 서울: 기문당.
김정근, 홍형옥 (2002). 서양의 주택과 실내의 양식. 서울: 경춘사.
김철호 (1984). 전통 주거공간의 변천에 관한 연구 : 서양 주거양식의 영향을 중심으로. 중앙대학교 석사학위논문.
서울연구원 (2021). 주거문화의 충돌과 융합. 서울: 서울연구원.
손보기 (1973). 석장리 선사유적. 서울: 동아출판사.
손세관 (2016). 도시주거 형성의 역사. 경기: 열화당.
신영훈 (1997). 우리문화 이웃문화. 서울: 문학수첩.
유복희 (2021). 1970년대 이후 도시 단독주택 공급 및 외관형태 특성. 한국생활과학회지, 30(1) : 3207-225.
윤정숙, 유옥순, 박선희, 김선중, 박경옥 (2011). 한국 주거와 삶. 서울: 교문사.
이연숙 (1998). 실내디자인 양식사. 서울: 연세대학교 출판부.
임창복 (2017). 한국의 주택, 그 유형과 변천사. 서울: 돌베개.
전남일, 손세관, 양세화, 홍형옥 (2008). 한국 주거의 사회사. 서울: 돌베개.
전남일 (2010). 한국 주거의 공간사. 서울: 돌베개.
주남철 (1986). 주거역사와 양식; 서양의 주거. 현대주택, p. 70-76.
허진 (2013). 저소득층의 주거안정을 위한 임대주택 정책연구-다가구매입임대주택 정책을 중심으로-. 영남대학교 박사학위논문.
홍형옥 (1995). 한국주거사. 서울: 민음사.

■

後藤 久 (2022). 西洋住居史. 일본: 彰国社.

■

강릉선교장. https://knsgj.net/tour

기상청. https://m.blog.naver.com/kma_131/221868052835

김영훈 (2014. 6. 12). 도시와 집합 주거-인슐라. 경기일보. https://www.kyeonggi.com/article/201406120580030

김유영 (2006. 11. 15). 아·파·트…지금은 황금알 낳는 오리지만 한때 천덕꾸러기. 동아일보. https://www.donga.com/news/Economy/article/all/20061115/8373255/1

김현우 (2023. 2. 26). 사천 늑도유적서 고대 온돌시설·환두도 등 출토. 부산일보. https://www.busan.com/view/busan/view.php?code=2023022613452656223

나무위키. https://namu.wiki/w/%EC%98%AC%EB%A6%BC%ED%94%BD%EC%84%A0%EC%88%98%EA%B8%B0%EC%9E%90%EC%B4%8C

동북아역사넷. http://contents.nahf.or.kr/goguryeo/mobile/html/03_mural.html?ver=1.1

문화재청 국가문화유산포털. https://www.heritage.go.kr/heri/cul/chartImgHeritage.do?file_seq=2910209&title3d=%EB%8F%84%EB%A9%B4_%EC%82%AC%EC%A0%81%20_%EC%95%84%EC%82%B0%20%EB%A7%B9%EC%94%A8%20%ED%96%89%EB%8B%A8_%EC%A0%95%EB%B9%84%EA%B3%B5%EC%82%AC%20%ED%8F%89%EB%A9%B4%EB%8F%84(%EB%B3%B8%EC%B1%84)

블루송 (2019). 신도시 특징과 우리나라 신도시 건설 현황. https://blog.naver.com/bluemine/221539824656

블룸버그. https://www.bloomberg.com/news/features/2023-05-05/the-design-history-of-leeds-back-to-back-homes

위키미디어. https://ko.wikipedia.org/wiki/%EB%A9%94%EB%94%94%EC%B9%98_%EB%A6%AC%EC%B9%B4%EB%A5%B4%EB%94%94%EA%B6%81

위키미디어. https://ko.wikipedia.org/wiki/%EB%B9%8C%EB%9D%BC_%EC%95%8C%EB%A9%94%EB%A6%AC%EC%BD%94_%EC%B9%B4%ED%94%84%EB%9D%BC

티스토리. https://kjs1906.tistory.com/2267/

픽사베이. https://pixabay.com/ko/photos/%EC%97%90%EA%B8%B0%EC%8A%A4%ED%95%98%EC%9E%84-%ED%94%84%EB%9E%91%EC%8A%A4-%EC%A4%91%EC%84%B8-%EB%8F%84%EC%8B%9C-352982/

artarchitectureinflorence. https://artarchitectureinflorence.wordpress.com/classes/class-8/

A Tale of A Tub. http://a-tub.org/en/program/guided-tour-housing

Left in Paris. https://leftinparis.org/places/place-des-vosges-place-royale

CHAPTER 4 주거환경심리

발터슈미트 지음, 문항심 옮김 (2020). 공간의 심리학. 서울: 반니.

에스더 M. 스턴버스 지음, 서영조 옮김 (2009). 공간이 마음을 살린다. 서울: 더퀘스트.

이연숙 (1998). 실내환경심리행태론. 서울: 연세대학교 출판부.

임승빈 (2012). 환경심리와 인간행태. 서울: 보문당.

주거환경교육연구회 (2010). 주거환경학총론. 경기: 교문사.

EBS (2019. 7. 2). 건축탐구 집.

■

Altman, I. (1975). The Environment and Social Behavior, Wadsworth Publishing Company, California.

Bell, P. A.,et al. (1990). Environmental Psychology, Holt, Rinehart Winston, Inc.

Fisher, J. D., Bell, P. A., & Baum, A. (1984). Environmental Psychology. New York:CBS College publishing.

Hall, E. T. (1966). The Hidden Dimension. New York: Doubleday.

Stokols, D. (1976). The experience of crowding in primary and secondary environments. Environment and behavior, 8, p. 49-86.

■

디자인 스토리. https://blog.naver.com/designpress2016/222708507946

아파트 트렌드 리뷰. https://kcccolorndesign.com/entry/%EA%B5%AD%EB%82%B4-%EC%95%84%ED%8C%8C%ED%8A%B8-%ED%8A%B8%EB%A0%8C%EB%93%9C-%EB%A6%AC%EB%B7%B0

CHAPTER 5 인간공학과 유니버설디자인

김재형, 임재범, 조광형 (2022). 디자인 인간공학. 서울: 세이프티퍼스트닷뉴스.

박경옥, 김미경, 박지민, 신수영, 유호정, 은난순, 이상운, 이현정, 최유림, 최윤정 (2017). 사회 속의 주거 주거 속의 사회, 8장 누구나 살기 편한 주거. 경기: 교문사.

신태양 (2007). 공간의 이해와 인간공학. 서울: 도서출판 국제.

안옥희, 정준현, 김순경 (2000). 주거인간공학. 서울: 기문당.

윤영삼, 김은경, 이재호 (2015). 건축 및 인테리어 디자이너를 위한 인간공학. 서울: 도서출판 서우.

한국실내디자인학회 (2015). 실내디자인총설 03. 인간공학. 서울: 기문당.

한국표준협회 (2019). KS P 1509: 고령자 배려 주거 시설 설계 치수 원칙 및 기준. 서울: 한국표준협회.

■

김정덕 (2021. 12. 9). [학생, 기업을 컨설팅하다❸ 휠링큡] 특별한 싱크대를 더 특별하게 만들다. 더스쿠프. https://www.thescoop.co.kr/news/articleView.html?idxno=52848

서울시 유니버설디자인 적용지침, 공공주택. 서울특별시 유니버설디자인센터. http://www.sudc.or.kr/udlibrary/guideline-1400.html
유니버설 하우징 협동조합. https://udhouse.co.kr/ud-house/mang-woo/#
장애인·고령자 등 주거약자 지원에 관한 법률 (2023. 4. 18., 일부개정)
장애인·노인·임산부 등의 편의증진 보장에 관한 법률 (2023. 3. 28., 일부개정)
한국장애인개발원. 유니버설디자인 주거정보제공. https://koddi.or.kr/service/bf_house_01_b1.jhtml
pickpik. https://www.pickpik.com/emergency-exit-exit-sign-escape-emergency-door-154188

CHAPTER 6 주택구조와 실내재료

김상연 (2013). 국내 초고층 주상복합 건축물의 구조시스템 유형과 콘크리트 강도 조닝 분석. LHI Journal.
김형대 (2006). 실내건축시공학. 서울: 기문당.
전원속의 내집 189호, p. 120. 건축개요.
이종민 (2016). 단독주택 리모델링 무조건 따라하기. 서울: 한국경제신문.
이종민 (2020). 우리 집이 앓는 속병. 부산: 리노하우스.
인테르니 & 데코 디자인부 (2007). 인테리어 제품과 코디네이션 1. 인테르니 & 데코.
인테르니 & 데코 디자인부 (2007). 인테리어 제품과 코디네이션 2. 인테르니 & 데코.
하라구치 히데아키 (2009). 건축디자이너를 위한 RC조 건축이해. 서울: 기문당.

■

픽사베이. https://pixabay.com/ko/photos/u-e-%EC%95%84%EB%9E%8D%EC%97%90%EB%AF%B8%EB%A6%AC%ED%8A%B8-%EB%91%90%EB%B0%94%EC%9D%B4-5439560/
mobilemodular. https://www.mobilemodularcontainers.com/blog/shipping-container-apartments

CHAPTER 7 실내환경

건축물의 설비기준 등에 관한 규칙 (2021. 8. 27., 타법개정)
건축물의 에너지절약설계기준 (2023. 2. 28., 일부개정)
건축 텍스트 편찬위원회 (1996). 기초 건축환경. 일본: 학예출판사
국립환경과학원 (2022). 우리집 실내공기 이렇게 관리해요. 환경부.
박문수, 김병선, 이경회 (2000). 사무소 건물의 공기질 향상을 위한 이산화탄소 농도 제어에 관한 연구. 한국퍼실리티매니지먼트학회지, 2(2), p. 81-88.
산업통상자원부 국가기술표준원, 조도기준(KS A 3011: 2018년 확인)
산업통상자원부 에너지관리공단 (2004). 주택단열개수 지침서.
실내공기질 관리법 (2021. 12. 7., 타법개정).

실내공기질 관리법 시행규칙 (2023. 4. 17., 타법개정)
환경부. 다중이용시설 실내 부유미생물 관리매뉴얼
환경부 (2016). 미세먼지, 도대체 뭘까?

■

山形一彰 (2000). 実用教材建築環境工学(基礎からその演習まで). 일본: 彰国社.
Sunil Batra, Chandrakant S Pandav, Sonia Ahuja(2019). LED Lighting Clicker, its Impact on Health and the Need to Minimise it. Journal of Clinical and Diagnostic Research, 13(5), p. 1-5.

■

네이버. https://search.pstatic.net/common/?src=http%3A%2F%2Fblogfiles.naver.net%2F20100803_178%2Fd73106_1280809593244DmlcL_jpg%2F%25B8%25F1%25C0%25E7%25C0%25E7%25BC%25F6%25C1%25A4_d73106.jpg&type=sc960_832
알리바바. https://korean.alibaba.com/product-detail/Factory-Manufacture-Moisture-proof-Particle-Board-1600334456089.html
archdaily. https://www.archdaily.com/871784/de-baedts-house-architektuuburo-dirk-hulpia
BELIMO. https://www.belimo.com/ch/en_GB/cesim-eu/comfort
Designing Idea. https://designingidea.com/manufactured-wood/

CHAPTER 8 주택설비와 스마트하우징

건축물의 설비기준 등에 관한 규칙 (2021. 8. 27., 타법개정)
국토교통부, 국토교통과학기술진흥원 (2021). AI기반 스마트 하우징 플랫폼 및 서비스 기술개발 과제 연구성과 보고서. 국토교통부.
안기언 (2021). AI기반 스마트 하우징 플랫폼 및 지능형 융복합 주거서비스 기술 개발. KICTzine, Vol.4.
오츠카 마사유키 (2010). 알기쉬운 건축설비. 서울: 기문당.
이철구, 방승기, 함흥돈 (2019). 건축설비입문. 서울: 세진사.
임만택 (2007). 건축설비. 서울: 기문당.
임정명 (2020). 건축설비. 서울: 기문당.
조광희, 신인중 (2020). 건축설비개론. 서울: 보문당.

■

데일리애이앤뉴스. https://blog.naver.com/draegon3/222578222980
대림바스. https://www.daelimbath.com/product/product_view?idx=808
대림바스. https://www.daelimbath.com/product/product_view?idx=88
㈜유성에너텍. https://m.blog.naver.com/yse5005/222221491642

채창우 (2023). AI기반 스마트 하우징플랫폼이 온다. https://blog.naver.com/sooheenam/223124719548
iwarm. https://iwarm-en.techinfus.com/truby-dlya-otopleniya/vidy-otopitelnyh-priborov.html
KOMIPO. https://www.komipo.co.kr/fr/content/34/main.do

CHAPTER 9 친환경주거와 그린리모델링

국토교통부, 한국에너지공단 (2022). 제로에너지건축물 인증 기술요소 참고서 Ver.3.
국토교통부 (2023). 민간건축물 그린리모델링 이자지원 사업 공고.
김원 외 13인 공저 (2009). 친환경 건축설계 가이드북. 서울: 도서출판 발언.
김종란, 정송희, 유보영, 최윤정 (2019. 6). 소규모 패시브 주거단지의 거주성 평가 : 청주 가온누리마을을 대상으로. 한국가정관리학회지, 37(2) : 31-50.
최윤정 교수 연구팀 (2022). 청주 Y보건진료소 에너지성능보고서. 국토안전관리원.
한국건설기술연구원 (2014). 건축물 에너지성능의 정량적 평가방법 표준화를 위한 연구 최종보고서. 세종: 국토교통부.
한국건설기술연구원 (2021). 녹색건축 인증기준 해설서 - 신축 주거용 건축물.

■

日 地球環境住居研究會 (1994). 環境共生住宅 - 計劃·建築編 -. 일본: 小池印刷.

■

국가표준인증종합정보센터. http://www.standard.go.kr
국토교통부 (2021. 7. 29). 공공건물 그린리모델링 본궤도… 시그니처사업 시·도별 1곳 선정. https://www.korea.kr/special/policyFocusView.do?newsId=148890901&pkgId=49500747
국토안전관리원 그린리모델링창조센터. https://www.greenremodeling.or.kr/
노원EZ센터. http://www.ezcenter.or.kr
녹색건축인증. http://www.gseed.or.kr
산업통상자원부 기술표준원. http://www.kats.go.kr
이경원 외 (2023. 4. 26). 이대로면 서울 목동까지… 2050년 바다에 잠긴다. 국민일보. https://v.daum.net/v/20230426183010114
이재은 (2023. 1. 11). “2022년 역대 5번째 더운 해”...지구 평균온도 1.2°C까지 상승. 뉴스트리. https://www.newstree.kr/newsView/ntr202301110004
제로에너지주택. https://blog.naver.com/ez-house/222852635347
태평양관광기구. https://blog.naver.com/sptokorea/222323435523
한국공기청정협회. http://www.kaca.or.kr
한국에너지공단 신재생에너지센터. https://www.knrec.or.kr
(사)한국패시브건축협회. http://www.phiko.kr

한국환경산업기술원. http://ecosq.or.kr
Passivhaus Institut. http://passiv.de

CHAPTER 10 주택 · 주거단지의 계획

강원특별자치도 마을공동체 만들기 지원 등에 관한 조례 (2023. 6. 9., 일부개정)
공공주택 업무처리지침 (2017. 1. 13., 일부개정)
공공주택특별법 (2023. 4. 18., 일부개정)
공공주택특별법 시행령 (2024. 1. 16., 일부개정)
오병록 (2012). 생활권 이론과 생활권계획 실태 분석 연구: 도시기본계획에서의 생활권계획을 중심으로. 서울도시연구 13권, 4호, p.1-20.
주택건설기준 등에 관한 규정 (2024. 1. 2., 일부개정)
주택건설기준 등에 관한 규칙 (2023. 12. 11., 일부개정)
주택법 (2024. 1. 16., 일부개정)
주택법 시행령 (2023. 9. 12., 타법개정)
한국토지주택공사 청년주택사업처 (2018). 지속가능한 수요맞춤형 청년주택 매뉴얼, p. 66-75.
황금회, 남지현, 박성호 (2016). 도시계획과 커뮤니티계획의 융합방향 연구. 경기연구원. p. 17-43.

■

Foundation for Intentional Community (FIC), "community types", https://www.ic.org/directory/community-types
Indigenous Services Canada (2018). Comprehensive Community Planning(CCP) Handbook, 4th Edition, PDF file, p.2, p.12. https://www.sac-isc.gc.ca/eng/1377629855838/1613741744194
Merriam Webster, "community", https://www.merriam-webster.com/dictionary/community
Mittal, R., Bhatia, M.P.S. (2021). Classification and Comparative Evaluation of Community Detection Algorithms. Arch Computat Methods Eng 28, p. 1417-1428.

■

네이버. "community". 옥스퍼드 영한사전. 네이버 영어사전. https://en.dict.naver.com/#/entry/enko/d35990cca8bd405c8b721041721b9fad
마을만들기전국네트워크. http://www.maeul.net
서울시 (2021). 서울 서초구 '헌인마을' 친환경 주택단지로 개발 고시. https://n.news.naver.com/mnews/article/032/0003062120?sid=102
서울시 (2021). 헌인마을 도시개발구역지정 및 개발계획변경(경미한) 및 실시계획인가 지형도면 고시(서울시고시 2021-113호)

세종시청 (2023). 마을공동체 육성 지원사업. 세종시청 홈페이지. https://www.sejong.go.kr/kor/sub04_100101.do

정성문 (2023). 커뮤니티. 온라인 건축용어사전. 대한건축학회. http://dict.aik.or.kr

정성문 (2023). 커뮤니티계획. 온라인 건축용어사전. 대한건축학회. http://dict.aik.or.kr

CHAPTER 11 주거공간의 실내디자인

박영순, 오혜경 (1994). 인테리어 디자인 서울: 다섯수레.

박홍 (1990). 실내디자인론. 서울: 기문당.

주거학연구회 (2018). 넓게 보는 주거학. 경기: 교문사.

주부의벗사 (2014). 쉽게 배우는 인테리어. 서울: 삼호미디어.

최정신, 김대년, 천진희 (2011). 실내디자인. 경기: 교문사.

한국실내디자인학회 (1997). 실내디자인각론. 서울: 기문당.

■

Faulkner, R. & Faulkner, S. (1975). Inside Today's Home, Holt Rinehart and Winston.

CHAPTER 12 주거복지와 정책

공공주택 특별법 (2023. 4. 18., 일부개정)

공공주택 특별법 시행규칙 (2023. 12. 29., 일부개정)

관계부처 합동 (2017a). 사회통합형 주거사다리 구축을 위한 주거복지로드맵. 세종: 관계부처 합동.

관계부처 합동 (2017b). 집주인과 세입자가 상생하는 임대주택 등록 활성화 방안. 세종: 관계부처 합동.

국민기초생활 보장법 (2023. 8. 16., 일부개정)

국민기초생활 보장법 시행령 (2023. 11. 16., 타법개정)

국토교통부 (2020b). 국토부, LH-굿네이버스-세이브더칠드런-초록우산 어린이재단과 함께 아동 주거복지 강화한다(보도자료).

국토교통부 (2022a). 2021년도 주거실태조사: (일반가구) 연구보고서.

국토교통부 (2022b). 2022년 주택업무편람.

국토교통부 (2023). 2024년 주거급여 선정기준 및 최저보장수준(국토교통부 고시 제2023-478호).

국토해양부 (2011a). 최저주거기준(국토해양부 공고 제2011-490호).

국토해양부 (2011b). 2011년도 주택업무편람.

권오정, 강인호, 김인성, 양세화, 은난순, 이윤재, 이태경, 이현정, 정지석, 최병숙 (2023). 주거복지총론(2023 개정판). 서울: ㈜이테시스.

권혁진 (2015). 주거기본법 제정배경 및 정책 추진방향. 2015년 한국주거학회 추계학술발표대회 자료집, p. 1-14.
김옥연 (2015). 인구사회구조 변화에 대응한 임대주택 공급 다변화. 2015년 한국주거학회 추계학술대회 자료집, p. 33-56.
김혜승 (2015). 주거복지개론. 서울: 주거복지아카데미.
노인복지법 (2023. 6. 13., 일부개정)
노인장기요양보험법 시행규칙 (2023. 9. 25., 일부개정)
대한민국헌법 (1987. 10. 29., 전부개정)
보건복지부, 한국보건사회연구원 (2014). 2014년도 노인실태조사.
보건복지부, 한국보건사회연구원 (2020). 2020년도 노인실태조사.
서울특별시, 한국도시연구소 (2021). 서울시 아동가구 주거실태 통계보고서.
장애인·고령자 등 주거약자 지원에 관한 법률 (2023. 4. 18., 일부개정)
장애인복지법 (2023. 8. 8., 일부개정)
주거기본법 (2021. 12. 7., 일부개정)
하성규 (2010). 주택정책론(제4전정증보판). 서울: 박영사.
하성규, 이성우, 황재희, 전희정, 서원석, 서종균, 김수현, 조덕호, 강미나, 김태섭, 박윤호, 윤원근, 임경수, 서종녀, 박미선, 배문호, 김성연, 한봉수 (2012). 한국주거복지정책: 과제와 전망. 서울: 박영사.
한국주거학회 (2007). 주거복지론. 경기: 교문사.

■

Office of the United Nations High Commissioner for Human Rights (2009). The right to adequate housing. Geneva, Switzerland: United Nations.
United Nations (1948). The universal declaration of human rights. Paris, France: United Nations.
United Nations (1976). The Vancouver declaration on human settlements. Vancouver, Canada: United Nations.
United Nations (1996). The Habitat agenda: Istanbul declaration on human settlements. Istanbul, Turkey: United Nations.
United Nations (2017). The new urban agenda. Quito, Ecuador: United Nations.

■

국토교통부 (2019). 아동 주거권 보장을 위한 발걸음을 내딛다(보도자료). http://www.molit.go.kr/USR/NEWS/m_71/dtl.jsp?lcmspage=1&id=95082959
국토교통부 (2020a). 주거복지로드맵 2.0으로 달라지는 점은? 대한민국 정책브리핑. http://www.korea.kr/news/issueQAView.do?newsId=148870644
국토교통부 (2022c). 2021년도 주거실태조사 결과 발표(보도자료). http://www.molit.go.kr/USR/NEWS/m_71/dtl.jsp?id=95087649
마이홈. http://myhome.go.kr

보건복지부 (2023). 2024년도 생계급여 지원기준 역대 최대인 13.16% 인상(보도자료). https://www.mohw.go.kr/react/al/sal0301vw.jsp?PAR_MENU_ID=04&MENU_ID=0403&CONT_SEQ=377507
서울주택도시공사 (2023). 청약자격. https://www.i-sh.co.kr/app/lay2/S48T1587C589/contents.do
주택관리공단. 임대주택 공급 유형. https://www.kohom.or.kr/web/mainComm/HM003002001.do
주택도시기금. http://nhuf.molit.go.kr
(사)한국주거학회 주거복지사 자격검정사업단. https://housingwp.or.kr/

CHAPTER 13 주거관리와 서비스

권명희, 김선중 (2013). 공동주택 관리업무의 체계적인 분류에 관한 연구. 한국주거학회논문집, 24(1), p.11-20.
권오정, 김인성, 박근석, 은난순, 이윤재, 이현정, 지은영, 채혜원, 최병숙 (2016). 주거복지 실무와 적용. 서울: ㈜이테시스.
김정인 (2014). 공동주택관리 제도의 현황. 주거: 한국주거학회지 9(2), p. 8-10.
김창현, 김갑열 (2018). 공동주택 관리서비스 중요도에 관한 연구 - 서비스 공급자와 수요자간의 인식 비교를 중심으로. 대한부동산학회지 36(3), p. 251-273.
손윤호 (2018). 공동주택관리에 있어서 사적 자치의 한계에 관한 연구. 인문사회21, 9(6), p. 1531-1546.
이홍장 (2019). 공동주택관리법상 입주자 대표회의 법적 지위에 관한 연구. 동국대학교대학원 박사학위논문.
임윤환, 최막중 (2016). 단독주택 소유가구의 주택개량 형태와 결정요인 - 대수선이하에서 증·개축 이상까지. 대한국토·도시계획학회지 「국토계획」 51(3), p. 147-162.
주거학연구회 (2018). 넓게 보는 주거학. 경기: 교문사.
중앙공동주택관리지원센터 (2022). 장기수선계획실무가이드. LH·국토교통부.
중앙공동주택관리지원센터 (2023). 공동주택관리 매뉴얼. LH·국토교통부.
채혜원, 은난순, 지은영 (2008). 공동임대주택의 입주자관리서비스. 도시정보, 320호, p. 66-74.
최병숙 외 (2020). NCS학습모듈 주거생활서비스 지원, 교육부, p. 16-17.
하성규 외 9인 공저. 한국주거소사이어티 엮음 (2020). 주거서비스 인사이트. 서울: 박영사.
홍형옥, 은난순, 유병선, 김정인 (2016). 주거관리. 서울: 한국방송통신대학교 출판문화원.

■

서울시 서초구 홈페이지. https://www.seocho.go.kr

찾아보기

저자 소개

최윤정
충북대학교 주거환경학과 교수

유복희
울산대학교 주거환경학과 교수

이민아
국립군산대학교 공간디자인융합기술학부 교수

김진희
국립공주대학교 그린에너지기술연구소 연구교수

박정아
원광대학교 가정교육과 교수

박희진
울산대학교 주거환경학과 교수

변나향
충북대학교 건축학과 교수

유성은
국립군산대학교 공간디자인융합기술학부 교수

이종민
울산대학교 주거환경학과 겸임교수
(주)리노하우스 대표

이현정
충북대학교 주거환경학과 교수

주수언
동국대학교 WISE캠퍼스 가정교육과 교수

지은영
한국교원대학교 가정교육과 교수

채혜원
경남대학교 가정교육과 교수